(Par René Ouvrard)

V. 949. $\sqrt{2}$

In perpetuum ... ... ternitat ...

ישוה · I

HARMONIQUE

DE
Arithmetique
Physique
Rhetorique
Poëtique
Rhythmique
&c.

In æternum cantabo. Ps. 88.

ποιεῖν καὶ διδάσκειν.

Par
René Ouvrard, de Chinon en Touraine,
Maître de la Musique de la S.te Chapelle de Paris,
Et cy-devant des Eglises Metropolitaines
de Tours, Bourdeaux, et Narbonne.

Cessabunt Artes, transibunt terra polusque,
Digna Deo Harmonice, sola superstes erit.

L'ART

ET

LA SCIENCE

DES NOMBRES

par indication

L'ART ET LA SCIENCE
DES NOMBRES
EN FRANÇOIS ET EN LATIN:
OU
L'ARITHMETIQUE
PRATIQUE ET SPECULATIVE
EN VERS LATINS
EXPLIQUE'E PAR DES QUESTIONS.
DIVISE'E EN DEVX PARTIES.

COMPRISE EN DIX LIVRES, DONT LES SEPT
Premiers contiennent l'Arithmetique ordinaire, avec la Theorie
des Nombres, telle qu'elle eſt dans les anciens Auteurs Grecs
& Latins, principalement dans les V. VII. VIII. & IX.
des Elemens d'Euclide, & dans les deux Livres de Boëce.
Les Trois derniers enſeignent L'ALGEBRE par une methode courte
& facile, & donnent des Maximes pour découvrir les Nombres
inconnus, auſſi bien par l'Arithmetique ordinaire, que par l'Algebre.

AVEC VNE PREFACE
*De l'Excellence de l'Arithmetique, & de ſon utilité pour aider
à former le jugement.*

A PARIS,

Chez

LAMBERT ROULLAND, Imprimeur-Libraire ordinaire
de la Reyne, ruë du Foin, aux Armes de la Reyne.

ET

CHRISTOPHE BALLARD, ſeul Imprimeur du Roy pour
la Muſique, ruë S. Jean de Beauvais, au Mont de Parnaſſe.

M. DC. LXXVII.
AVEC PRIVILEGE DV ROY.

Extrait du Privilege du Roy.

PAR Grace & Privilege du Roy, en datte du quatriéme de Mars 1677. Signé, BOCTOIS. Il est permis au Sieur RENE' OUVRARD, Maître de la Musique de la Sainte Chapelle de Paris, de faire imprimer, vendre & debiter en tous les lieux de l'obeïssance de Sa Majesté, par tel Imprimeur & Libraire qu'il voudra choisir, en tant de volumes, marges, caracteres, & autant de fois que bon luy semblera, un Ouvrage de Musique en François & en Latin; intitulé, *La Musique rétablie depuis son origine, & l'Histoire des divers progrez qui s'y sont faits jusqu'à nostre temps; avec l'explication de tous les Auteurs Grecs, Latins, François, Italiens, Allemans, Espagnols, & Anglois, qui en ont traité ou à dessein ou par occasion, & toute sa Theorie & Pratique tant ancienne que moderne; Avec plusieurs Traitez particuliers qui regardent cette Science, comme de Physique, Arithmetique, Rhetorique, Poëtique, & Rhythmique,* pendant vingt années consecutives, à commencer du jour qu'il sera achevé d'imprimer pour la premiere fois: Et deffences sont faites à tous Imprimeurs, Libraires ou autres, d'imprimer, vendre & distribuer ledit Livre, ny partie d'iceluy sans son consentement exprés, ou de ceux qui auront droit de luy, à peine de trois mille livres d'amende, & de tous dépens, dommages & interests, comme il est porté plus amplement par ledit Privilege.

Registré sur le Livre de la Communauté des Libraires, Imprimeurs de Paris, le 22. Mars 1677. suivant l'Arrest du Parlement du 8. Avril 1653. & celuy du Conseil Privé du Roy, du 27. Février 1665. Signé, THIERRY, Syndic.

PREFACE.

De l'Excellence de l'Arithmetique, & de son utilité pour aider à former le jugement.

JE pourrois bien me dispenser icy de faire une Preface, s'il ne s'agissoit que de rendre raison de l'ordre & du dessein de cet Ouvrage, puisque le premier Livre, qui suit la Preface Latine, y satisfait pleinement. Mais je me sens obligé de prevenir d'abord ceux qui n'ont qu'une basse idée de l'Arithmetique, & qui ne regardent sa Theorie que comme un amusement d'esprit, & sa Pratique que comme une occupation mécanique de tres-peu d'utilité. Ceux qui sont dans cette disposition, s'étonneront sans doute de voir le soin que j'ay pris de rendre considerable par la matiere & par la forme, un Art pour lequel ils ont si peu d'estime. Et comme je sçay qu'ils n'ont formé cette idée que parcequ'ils n'ont jamais veu l'Arithmetique que par ses dehors; j'ose aucontraire me promettre, que quand ils auront entendu les raisons qui m'ont engagé à cette entreprise, quand ils auront appris les découvertes que j'ay faites dans la Science des Nombres, & qu'ils auront connu l'étenduë & la puissance de cet Art, & le fruit qui en doit revenir au Public, ils s'étonneront eux-mesmes d'avoir eu des sentimens si peu favorables pour une Science si noble, si relevée, & si digne de l'esprit de l'homme.

Je diray donc, qu'ayant entrepris un plus grand Ouvrage sur

PREFACE.

une autre matiere, où l'Arithmetique estoit necessaire pour l'intelligence d'une de ses parties, je n'en voulois faire qu'un Abregé. Mais ayant trouvé un fonds inépuisable dans les Nombres, je me suis veu insensiblement engagé de remonter jusqu'à leur source, c'est à dire d'en penetrer les proprietez, la puissance & les secrets, en un mot la Theorie, telle qu'elle est non seulement dans les Livres des anciens Auteurs Grecs & Latins, comme Euclide, Nicomaque, Theon & Boëce ; mais telle encore qu'on la peut découvrir par la meditation, & dans les reflexions des nouveaux Theoriciens. Et je l'ay d'autant plus volontiers embrassée, que je la voy negligée par tous les Praticiens de ce temps, qui mettent tous les jours en lumiere des Arithmetiques, pour n'en donner tout au plus que cinq ou six Regles. A l'égard d'Euclide, j'ay pris son cinquième Livre des Proportions, les VII. VIII. & IX. des Nombres, & les ay mis en Vers Latins dans un ordre plus naturel, mieux suivy, & plus methodique.

Cette Theorie des Nombres m'a porté encore plus avant, & enfin m'a conduit jusqu'à l'Algebre dont le nom m'estoit inconnu, comme il l'est encore à plusieurs qui mesme sçavent l'Arithmetique. En attendant que j'en parle à fonds en son lieu, il faut dire en peu de paroles ce qu'on entend par ce mot. L'Algebre est un Art de l'invention des derniers Grecs Egyptiens, ou des Arabes, d'où il a emprunté son nom, qui marque, dans l'opinion de quelques-uns, celuy de son principal Auteur, ou son principal effet, qui est de remettre au jour le nombre qui estoit caché. Cet Art commence où l'Arithmetique ordinaire finit pour la découverte des Nombres inconnus, & sert à resoudre toutes les questions possibles sur les Nombres, que l'Arithmetique ordinaire ne peut resoudre. On l'a rendu si obscur, que tout le monde s'en est rebuté. J'ay tâché de faire icy deux choses : La premiere, de le rendre intelligible ; & l'autre, de trouver dans la Theorie des Nombres, des Maximes qui fassent le mesme effet que l'Algebre. Si je ne les ay pas toutes trouvées, je croy avoir donné assez d'ouverture pour en découvrir tant qu'on voudra, à mesure qu'on approfondira dans cette Science, qui est, comme je l'ay dit, inépuisable, & qui contient des tresors infinis & surprenans, comme on le verra dans le corps de ce Traité.

Au reste, comme nous ne devons pas regarder les Sciences seu-

PREFACE.

lement par ce qu'elles ont d'agréable & de curieux, mais par l'utilité qui nous en revient; j'entens l'utilité qui sert à former ou nos mœurs, ou noftre jugement: il y a lieu d'esperer que cette Arithmetique accompagnée de la Theorie des Nombres, sera bien reçeüe du Public, puisqu'elle peut produire puiffamment le dernier de ces effets, c'est à dire, donner une grande penetration d'esprit; mettre de la clarté dans nos idées, par l'orde & l'arrangement des chofes qu'elle diftingue & separe les unes d'avec les autres; nous preparer aux autres Sciences où elle est necessaire; enfin nous élever, pour ainfi dire, au deffus de noftre nature, & nous faire approcher de celle des Anges, par l'habitude de raifonner indépendemment des fens, qui est particuliere à l'Arithmetique par deffus toutes les autres Sciences. C'eftoit là le fentiment de ces Grands-hommes de l'antiquité qui nous ont precedé beaucoup plus par leur fcience, que par le temps qui nous a fi fort éloigné d'eux; & principalement des Pythagoriciens qui mettoient toute leur Philofophie dans les Nombres. C'eftoit auffi le fentiment de Platon, qui reduifant en ordre les Arts & les Sciences neceffaires pour l'inftruction de la jeuneffe, en faifoit deux Claffes; l'une de celles qui fervent à former l'efprit & les mœurs des hommes, pour les rendre raifonnables, doux & humains; l'autre de celles qui les élevent au deffus d'eux-mefmes, & les font devenir, difoit-il, les Dieux des autres hommes. Dans la premiere Claffe il mettoit la Grammaire, la Mufique, la Danfe, les Exercices du corps, & les Loix. La Grammaire pour inftruire les enfans par la lecture des anciens Poëtes, où l'on leur propofoit l'imitation des actions vertueufes des Heros: La Mufique pour adoucir leur naturel, eftimant que fans elle les hommes n'eftoient que des beftes farouches: La Danfe pour regler leurs geftes, le port de leurs corps, & donner de l'air & de la bonne grace à toutes leurs actions: Les Exercices du corps, pour les rendre adroits & robuftes; Enfin l'Etude des Loix divines & humaines, pour leur apprendre la pieté envers leurs Dieux, le refpect envers leurs parens, l'obeïffance aux Magiftrats, l'amour de la Patrie, & les devoirs de la fociété civile. Dans la feconde Claffe il mettoit l'Arithmetique, la Geometrie, & l'Aftronomie. *Il y a encore*, difoit-il au feptiéme Livre des Loix, *trois Sciences que doivent apprendre les enfans: La premiere,*

PREFACE.

celle des Nombres : La seconde, celle qui mesure la longueur, la largeur, & la profondeur : Et la troisiéme, celle qui considere le cours des Astres. Et quoyque peu de gens les apprennent toutes trois exactement, il est neanmoins honteux d'ignorer ce que tout le monde devroit necessairement sçavoir. Et bien encore qu'il soit difficile & presque impossible de s'y rendre parfaitement sçavant, du moins on ne peut s'exempter d'en apprendre le necessaire. Ces trois Sciences ne sont pas humaines, mais Divines. Et celuy qui les ignore ne pourra jamais s'élever au dessus des autres pour les bien gouverner; ne deviendra jamais à l'égard des autres hommes, un Dieu, un Ange, ou un demy-Dieu. Celuy là, dis-je, est bien éloigné de devenir un homme Divin, qui ne sçait pas compter, ny mesurer, ny connoistre les mouvemens du Soleil & de la Lune, & des autres Astres. Que si quelqu'un osoit dire que ces belles Sciences dont l'homme est capable ne luy sont pas necessaires, il auroit absolument perdu le sens. Car si l'on y fait reflexion, l'ignorance de ces choses n'est pas une ignorance d'hommes, mais de bestes, & de bestes les plus stupides.

Οὐκ ἀνθρώπου δὲ ὑμᾶν τοῦ ἔργῳ μένει θρεμμάτων, Non hominum, sed suum pecorumque ignorantia.

C'est ainsi qu'on instruisoit autrefois les enfans dans la Grece, pour en faire non seulement des hommes, mais les Dieux des autres hommes, par les connoissances qui les élevoient au dessus du commun : Au lieu qu'aujourd'huy bien loin de leur apprendre les Sciences qu'ils appelloient divines, on ne leur apprend pas mesme les humaines, quoy qu'on ait conservé dans les Ecoles le mot d'*Humanitez*, sans en avoir retenu l'effet. D'où il ne faut pas s'étonner si la pluspart des jeunes gens, apres dix ou douze années d'étude dans les Colleges, en rapportent moins d'esprit qu'ils n'y en ont porté, parcequ'on ne leur fait rien apprendre qui leur ouvre l'esprit, qui leur forme le jugement, & qui soit la matiere d'aucun raisonnement. On charge leur memoire d'une infinité de Regles de Grammaire, qu'ils n'entendent pas quand ils les apprennent, qu'ils oublient quand ils commencent à les entendre, & qui ne leur sont d'aucun usage en toute leur vie. Mesme leur esprit devient tellement borné, que hors de la profession qu'ils auront embrassée, ils ne peuvent parler de rien, ils n'entendent point le langage des autres qui sont de profession contraire. Et quoyque bien souvent on en ait de la confusion, on ne laisse pas de continuer de vivre en cette ignorance de beau-

PREFACE.

coup de chofes, & de s'y confirmer par l'exemple des autres: Chacun s'eftimant affez fçavant s'il peut devenir riche par fon employ, & regardant la Science comme un obftacle à la bonne fortune, par l'occupation qu'elle donne, par le mépris qu'elle infpire de voyes honteufes ou baffes de s'aggrandir, par le fentiment où elle fait entrer ceux qui l'aiment, de fe contenter de leur état quelque mediocre qu'il foit, enfin par le retranchement & l'abandon des plaifirs de la vie, & par l'indifference pour les richeffes que recherchent tant les gens du monde, qui mettent toute leur fcience à les aquerir & à les poffeder, & tout leur foin à bien inftruire leurs enfans dans ces maximes.

Voylà les deux états contraires où fe rencontrent aujourd'huy ceux qui d'un côté preferent les biens de l'efprit à ceux de la fortune, & de l'autre ceux qui preferent les biens de la fortune à ceux de l'efprit. Ces derniers ont cet avantage fur les premiers, que la plufpart du monde entre dans leur fentiment, & juge leur condition meilleure. Ainfi les Sciences qui ne font pas lucratives demeurent méprifées, & ceux qui les negligent fe contentent d'un efprit mediocre & borné à leur employ. L'homme auffi n'eft plus qu'une partie de ce qu'il doit eftre, ou de ce qu'il eftoit, lorfqu'on élevoit fon efprit à des connoiffances plus hautes & plus dignes de luy.

Cette digreffion fur l'oppofition de la maniere ancienne d'inftruire les enfans pour en faire des hommes, avec celle d'aujourd'huy, n'eft pas tout à fait hors de noftre fujet; & peuteftre qu'elle pourra fervir à faire connoiftre la neceffité, ou du moins l'utilité de ces Sciences, qui mettent l'homme en état de faire un bon ufage de fa raifon, & fur toutes l'Arithmetique qui eft comme la Clef de toutes les autres.

Nous ne nous étendrons pas davantage à en faire voir l'Excellence: nous efperons que tout ce Traité en fera une preuve bien puiffante, & que ceux qui s'y appliqueront ferieufement, feront convaincus que tout y contribuë à former le jugement, à donner une grande élevation à l'efprit, à épurer fes idées, & enfin à rendre l'homme tout à fait homme, c'eft à dire capable, quand la paffion ne l'aveugle pas, de raifonner toûjours jufte, de bien concevoir, & d'exprimer nettement fes penfées. C'eft où tendent toutes les Sciences, & c'eft ce qu'opere particulierement celle des Nombres. Car autrefois, raisonner & sçavoir compter, passoit pour une mesme chose, comme aussi ne sçavoir pas conter & estre tout à fait stupide ou beste: ce que les Grecs & les Latins ont conservé dans leurs langues, où, raison & compte ont la mesme signification. Les Anciens mesme croyoient que ce qu'on appelle aujourd'huy les quatre Regles de l'Arithmetique, & dans lesquelles on fait maintenant consister tout cet Art, estoient si naturellement connuës, qu'ils n'en ont jamais parlé dans leurs Livres : & l'on verra dans nostre Analyse, qu'ils possedoient si parfaitement la Science des Nombres, qu'ils pouvoient se passer de l'Algebre, qui n'a esté inventé que quand l'homme, en negligeant cette Science, a commencé à décheoir de sa raison. On verra encore dans la Resolution des Questions qui sont à la fin de ce Traité, qu'on n'a pas assez respecté la raison de l'homme, ou qu'on l'a crû bien affoiblie, lorsqu'on luy en a proposé comme tres-difficiles, qui peuvent neanmoins se resoudre par le seul raisonnement. On verra enfin dans tout cet Ouvrage, qu'encore que nous disions icy beaucoup de choses à l'avantage de la Theorie des Nombres, ce n'est rien en comparaison de ce qu'on en peut dire.

Avant que de finir cette Preface, je dois avertir ceux qui n'entendent pas le Latin, qu'encore qu'il y ait icy des Livres entiers qui ne sont point expliquez en François, comme aussi il y en a qui ne sont point en Latin, il n'y a rien neanmoins de necessaire qui ne soit en l'une & en l'autre Langue ; excepté ce qui regarde l'Arithmetique Harmonique, qui doit estre traitée ailleurs avec plus d'étenduë. Et je vas rendre raison en la Preface Latine qui suit, pourquoy j'ay plûtost mis cette Arithmetique, & mesme l'Algebre, en Vers Latins qu'en Prose ; & prouver que la Poësie est plus propre que la Prose à rendre les Sciences faciles, à les faire entrer en l'esprit avec plaisir, & retenir à la memoire. Pour en imiter les manieres en François, j'ay choisi un style serré, concis, net & clair, autant qu'il a esté en mon pouvoir, & que la matiere l'a pû permettre.

ARS

ARS ET SCIENTIA NUMERANDI

LATINE ET GALLICE:

SIVE

ARITHMETICA

PRACTICA ET SPECULATIVA

LATINIS VERSIBVS AD MEMORIAM,

EXEMPLIS AD PERSPICUITATEM

ET DEMONSTRATIONEM,

GALLICISQUE QUÆSTIONIBUS,

AD REGULARUM USUM EXPLICATA.

IN DVAS PARTES DIVISA.

DECEM LIBRIS, QUORUM SEPTEM PRIORES
Arithmeticam vulgarem. Posteriores ALGEBRAM, seu
occulti Numeri inveniendi Artem exhibent.

PRÆMITTITVR DISSERTATIO,

*De præstantia Poëseos, præ soluta oratione, in insinuandis animo,
tradendisque memoriæ Disciplinis.*

PARISIIS,

Anno D. M. DC. LXXVII.

CVM REGIS PRIVILEGIO.

é

PRÆFATIO.

NTEQUAM *Arithmeticæ hujus Oeconomiam, & Instituti mei rationes explicem, multis ijsque Amicis satisfaciendum est, quærentibus; Cur in re difficillima, ut est Arithmetica cum suis reconditioribus Regulis, ipsaque Algebra, quæ mentis humanæ Crux appellata est, Poësim usurpaverim, quæ pariter difficilis & intricata feré omnibus videtur? Obscuram, inquiunt, & intricatam faciunt Poësim, verborum transpositio; propriorum vocabulorum, quæ metri necessitas ferre recusat, in alia mutatio; nativa brevitas; Sublimis denique & à communi usu remotus ille, quem affectat, loquendi modus. Neque nos inficias imus, hæc omnia esse Poëseos peculiaria; Sublimem scilicet loquendi modum, brevitatem, propriorum vocabulorum sæpé in alia mutationem, verborumque transpositionem: Sed non ideò obscuram concedimus, non ideò minus idoneam tractandis disciplinis etiam difficilioribus; imò hæc ei viam sternere ad penetrandos animi recessus, ad committenda memoriæ scientiarum præcepta, neminem negatum iri confidimus, cui pauca, quæ secuntur, legere libuerit.*

DISSERTATIO

De Præstantia Poëseos, præ soluta Oratione, in insinuandis animo, tradendisque memoriæ Disciplinis.

UT melius Ingeniorum natura, ac Intelligendi & retinendi vis perspecta sit; hinceque facilior fiat comparatio Poësim inter & solutam orationem, animadvertendum duximus, quòd sicut duplex est cognitionis genus, unum quod fit pedetentim & quasi palpando, viâ sensuum; alterum quod in instanti & nullâ successione peragitur, Intellectûs operâ: Ita duplex est loquendi ratio, una quâ sensim & quasi per verborum ambages res exprimimus, altera, quâ nitimur, quantum in nobis est, uno verbo aut certè quàm paucissimis, aperire animi nostri sensa; ita ut quemadmodum Intellectus noster unâ ideâ multa complectitur, sic uno verbo, si posset, suas cogitationes in lucem proferre vellet. Prima loquendi ratio peculiaris est Solutæ Orationi, quæ Sensuum, ut ita dicam, Interpres est; altera Poëseos opem implorat, quæ Intellectûs Oraculum & lingua est. Dedignatur ergo Poësis primi & infimi illius generis tum cogitationes tum locutiones; gaudetque animus non inanibus se pasci sermonibus, non inhiare post longas periodos, post oscitabundos discursus, post importunos digressus, sed brevibus commatis & incisis res sibi quasque repræsentari. Non quòd adimamus Poëtis illam Eloquentiam, quæ magnificis fulget descriptionibus, insurgit locis, figuris floret, translationibus nitet, fulgurat, fulminat, tonat. Imò hæc omnia præstat Poësis, & potentiùs & sublimiori modò quàm soluta oratio. Solum inter eas discrimen est, quod soluta languidè, dum copiosè; stricta verò acriter dum pressè suo instat operi. Ijs ergo Poëseos brevitas displicet, qui pinguem aut crassam amant Eloquentiam, vel quibus mens, sensuum adhuc indigens ministerio, ad altiora non potest assurgere.

Sed, inquiunt, obscurat Poësim verborum transpositio, ad quam dura carminis lex cogit sæpissimè. Vitiosam non defendi-

PRÆFATIO.

mus quæ turbat fenfum, fed eam tuemur & amamus quæ non
Poëtis modò, verum etiam ipfis Oratoribus in deliciis eft.

Trojæ qui primus ab òris, eloquentiùs quàm, qui primus ab o-
ris Trojæ. Sic Cicero pro Archia poëta : *Si quid eft in me ingenij*, meliùs quàm; Si quid ingenij eft in me. Et in 2. de Natura Deorum, hæc tranfpofitio nullo modo obfcurat aut turbat fenfum, quamvis nulla forte major in Poëtis : *Sunt enim Philofo-
phi & fuerunt, qui omninò nullam habere cenferent humanarum
rerum procurationem Deos.* Magnam ifta fimilitudinem habet cum
ea quam in Virgilio reprehendit Quintilianus;

 Saxa vocant Itali, mediis quæ in fluctibus, aras.

Minimé ergo Poëfim obfcurant, fed potiùs floridam reddunt
metathefes illæ verborum permixtim collocatorum, fi cum ju-
dicio & auris delectatione fiant.

Neque verò fi qua deeft alicujus vocis proprietas quam refu-
giat metrum, ideò Poëfi deeft perfpicuitas, cùm abundè eam
fuppleat aut alterius vocis idem fignificantis fubftitutio, aut pe-
riphrafis quæ eam magis explicat quàm ipfa fi adeffet. Adde
quod Poëfim exornant & ditant Synonyma, & Epithetorum ufus,
quorum tanta vis, ut aliquando phrafis integræ locum teneant.
Talia funt quæ congerit Virgilius de Priamo fene fruftrà ruente
in arma.

 *Arma diu fenior defueta, trementibus ævo
 Circumdat nequicquam humeris, & inutile ferrum
 Cingitur, ac denfos fertur moriturus in hoftes.*

Sublimis denique loquendi modus, fpiritus eft quo vegetatur
& animatur ftricta oratio, nervus quo fuftentatur, fplendor quo
clarefcit, fulgor quo rutilat, ardor quo inflammat, acies quà
penetrat. Et cum is loquendi modus maximam habeat affinita-
tem cum intelligendi ratione quà pollet animus, hac via faciliùs
fefe infinuant Difciplinarum præcepta, eaque avidiùs percipit
mens, ob convenientiam cum fuo agendi & intelligendi modo, re-
tinetque firmiùs. Maximé autem juvant Memoriam ipfa Carminis per certos terminos limitatio, per lineas difpofitio, mutua per
quantitatem verborum inter fe colligatio & quafi concatenatio,
qua fefe confecuntur & divelli à fe nequeunt; metrorum initia
propriâ fibi lege præfixa, cæfurarum requies, ac claufularum fi-
nes, ipfe denique verfuum obtutus qui quærentibus fefe ultrò

PRÆFATIO.

offerunt: quibus fit ut promptiùs memoriæ infideat, hæreatque tenacius Ode integra quàm Exordium aut alia pars unica Actionis Oratoriæ. *Facilius enim*, inquit Seneca, *singula infidunt circum-scripta & Carminis modo inclusa*. Ep. 33.

Mitto antiquorum Exempla. Quis enim nescit, priscis temporibus id fuisse solemne, non Græcis modò & Latinis, verùm etiam barbaris nationibus, Ethica sua præcepta, heroum laudes & Deorum hymnos, physicas suas auscultationes versibus concludere, & plerumque ad cantum accommodare, ut ea facilius memoriæ committerent? Hinc Theogonia id est Deorum Genesis ab Hesiodo, Ethnicorumque pené omnis Theologia fabulis involuta ab Homero, eorumque historiæ ab Ovidio versibus celebratæ: Hinc aurea Pythagoræ Carmina; hinc Theocriti & Virgilij Bucolica & Georgica, Lucretij Naturalia, nostrorum Druidarum à Julio Cæsare memorata carmina: hinc Arati phœnomena ab ipso Cicerone Latinis versibus donata, & Manilij Astronomica, cæteraque id genus. Sed, quid longius juvat excurrere, cùm habeamus præ manibus Græcorum Ænigmata de Numeris, metrorum legibus ligata & resoluta? ut taceam Sacras historias à Juvenco, Sedulio, Prudentio & aliis versu conscriptas; quò clarum sit, persuasum fuisse omni hominum nationi Poësim esse aptissimam, præ soluta oratione, ad quævis præcepta animis & memoriæ consignanda, quod nobis propositum erat demonstrare.

Excipimus ab hoc elogio, Satyricorum Poësim, quam aliquando obscuram fieri necesse est, tùm ut eò plures jacula ipsius feriant quò minus prævisa; tùm ut securius intorqueantur, quò magis occulta manus. Hoc etiam honore indigni censendi sunt, famelici illi Odarum, Elegiarum, Epigrammatum, similisque farraginis rapsodiarum sutores, vilia præpotentum & divitum mancipia, aut amore insanientium impuri ministri, quorum tota ars & ingenij ut putant, acumen, in eo laborat, ut mutatis tantùm verbis nihil dicant amplius quàm quod in titulo. At qui prodesse volunt & delectare Poëtæ, ij Poëtarum nobis nomine, loco & honore habendi sunt, non jam sensuum sed ingeniorum interpretes, quod Poëseos scopus unicus dosque peculiaris est.

Quòd verò susceperim explicandam Versu potiùs quàm Prosâ Arithmeticam, ipsamque Algebram, quæ certè inter difficillimas Artes & Scientias primum locum tenent; neminem non approba-

turum confido, qui noverit nullam esse Artem aut Scientiam quæ
pluribus ijsque intricatioribus scateat Regulis, quàm Arithmetica & Algebra; nec meliorem adfuisse viam illas omnes ab ob-
scuritate & tumultu vindicandi quàm Poësim, quæ distinctè,
breviter & jucundè illas secernit, hocque modo, animo & memoriæ faciliores reddit. Ne quis autem putet me, aut hac Dis-
sertatione aut meo qualicumque Carmine, alicujus inter Poëtas
honoris aut nominis desiderio teneri, illud Horatianum mihi as-
sumo :

Primùm ego me illorum, dederim quibus esse Poetas,
Excerpam numero. Neque enim concludere versum
Dixeris esse satis; neque si quis scribat, uti nos,
Sermoni propiora, putes hunc esse Poetam:
Ingenium cui sit, cui mens divinior, atque os
Magna sonaturum, des nominis hujus honorem.

Attamen ne nihil egisse videar hoc in negotio, specimen ali-
quod brevitatis & facilitatis in didactica Poesi majoris quàm in
soluta Oratione, aut certè paris quando nulla utrobique occur-
rit difficultas, lubet hîc attexere per comparationem utriusque.
Exempla desumo ex communibus Sententiis seu Axiomatibus
& Definitionibus in Arithmetica nostra sparsis, ne si quid ex natura sua obscurum afferrem, illud in utraque æquè obscurum
remaneret.

Prosa.

Si ab æqualibus æqualia demas, quæ remanent erunt æqualia.

Poesis.

Ex æquis, æquis sublatis, æqua supersunt.

Prosa.

Si verò æqualibus addas æqualia, tota erunt æqualia.

Poesis.

Sic æqualia erunt, si addas æqualibus æqua:

Prosa.

Quæ uni cuidam sunt æqualia, & inter se sunt æqualia,
aut
Quæ inter se sunt æqualia, si unum sit æquale uni cuidam, &
alterum eidem erit æquale.

PRÆFATIO.

Poesis.

Hæc sunt æqua sibi, quæ sunt æqualia cuidam.
   aut
Quæ cuidam fuerint æqua, hæc sunt æqua sibique.

Definitiones Numerorum.

ex 7°. Euclidis.

1°. *Profa.*

Monas feu unitas eft fecundum quam entium quodque vnum
dicitur.

Poesis.

Per Monadem quodcumque ens eft & dicitur unum.

2°. *Profa.*

Numerus autem, ex unitatibus compofita multitudo.

Poesis.

Eft Numerus, monadum fummam collectio in unam.

3°. *Profa.*

Pars eft, numerus numeri minor majoris, cùm minor metitur
majorem.

4°.

Partes autem, cùm non metitur.

Poesis.

Pars hæc eft numeri, quæ exactè dividit illum.
   Ut 2 Pars eft 6, quia ter præcifè dividit 6.

Partes quæ fuperant repetitæ, deficiuntur.
   Ut 2 ad 7, quem nec ter nec quater æquat.

5°. *Profa.*

Multiplex verò major minoris, cùm majorem metitur minor.

Poesis.

Multiplus eft, qui continet in fe fepè minorem.
   Ut 6 ad 2, quem ter continet.

Ac nifi veritus effem, importunam rem facere, probarem hîc
quod modò dicturus fum ad Quartum Librum, noftram Euclidis
per Carmina verfionem adjunctis exemplis, clariorem effe quá-
vis aliâ per demonftrationes explicatione. Hujus rei experimen-

tum promptum eft, inque Comentariis integræ paginæ habentur opponendæ unico Carmini & dimidiæ lin e ad exemplum. Imò addere mihi liceat, Interpretum Demonftrationes fæpiùs obfcurare quod per fe clarum eft, aut quod folo exemplo abundé explicatur.

Plurima hujufcemodi cernes in Commentariis Interpretum Euclidis, collata cum verfibus Quarti hujus Arithmeticæ Libri, ut inde probatum fit nihil effe in fcientiis tàm difficile quod non poffit Poefis claré & breviter, diftinclé & jucundé eloqui ad ingenij & memoriæ juvamen : Illofque parùm æquos effe rerum æftimatores, qui Poefim inter Artes inutiles ablegant, quafi otioforum hominum oblectamentum..

NUnc de Arithmeticæ hujus œconomia ac de Inftituti noftri racione & ordine pauca dicemus. Movit nos ad hoc opus Majoris alterius Operis fufceptio de Proportionibus Harmonicis, ad quarum intelligentiam pars aliqua Arithmeticæ erat neceffaria. Crevit opus præter defiderium, ac tandem ad talem Arithmeticæ molem pervenit ut fola Corpus integrum efficeret. Hanc in Decem Libros divifimus, Latinifque verfibus reddidimus tùm memoriæ indulgentes, tùm ne actum ab aliis iterùm ageremus, aut tædium & confufionem pareret ingens tot Regularum copia. Gallicis Quæftionibus maximam Regularum partem refoluimus; aut ubi nulla quæftio, verfuum fenfum non verba expreffimus; Librofque tali digeffimus ordine:

Primo Libro, de Prænotionibus ad Arithmeticam agimus, id eft, de natura & divifione partium Arithmeticæ, de varia Numerandi ratione, ac de Menfuris ad Numeros pertinentibus aut reducendis.

Secundo Libro, Arithmeticam Practicam Integrorum cum fuis Regulis, poft Numerationem, explicamus.

Tertio, Practicam Fractorum cum fuis item Regulis, poft Reductiones.

Quarto, Theoriam feu Speculativam Numerorum damus, qualem Libri antiquorum Arithmeticorum, ac præfertim Euclides V. VII. VIII. & IX. Elementorum propofuit de Proportionibus & Numeris; hineque probatum iri credimus, Poefim effe aptiffimam ad explicandas res difficillimas, ita ut non aliâ Demonftratione

tione opus sit quàm Exemplo, ad aperienda & solvenda Eucli-
dea ænigmata: Clarioremque & perspicuam magis esse nostram
per Carmina versionem Librorum hujus celeberrimi Geometræ;
si jungas Exempla, quàm aliam quamvis per demonstrationes ex-
plicationem; præterquam quòd omnia meliori digestimus ordine.

Quinto, Doctrinam Proportionum, & satis fusé, ita ut nihil
hic desiderari possit nisi alienum ab hac Numerandi Arte.

Sexto, Arithmeticam Harmonicam, seu de Numerorum Proportionibus ad Sonos & intervalla Musicæ pertinentibus; ubi
miranda adeò exhibebitur inter Sonos & Numeros Concordia,

Ut dubites, an de Numeris sit Musica nata,

Illarumne Parens.

Septimo, Figuras Numerorum, quantùm sufficiat non modò
ad Extrahendas quascumque Radices, sed ad Algebram quæ
proximé sequitur.

His Appendicis vice addidimus Gallicé quidquid in aliis Arithmeticis, maximé in Boëtio, scitu dignum est.

Tribus Posterioribus Libris, Algebram. Quid sit autem Algebra, qualis & quanta res, ex ipso opere meliùs disces & conve-
nientiùs quàm ex hac Præfatione, cui finem imponimus, ne desiderio legendi tuo longiores faciamus moras.

CARISSIMO FRATRI SVO RENATO OUVRARD,

Veterem Musarum Chorum, Novæ ipsius Musæ
Artem & Scientiam Numerorum Latiné
& Gallicé explicanti, Coronas deferentem
Offert ex animo

F. GUILLELMUS OUVRARD, Ordinis Minimorum.

ODE.

ULTO *tempore nos Helladis inclytæ*
Vatum docta manus finxerat incolas :
　　Sed pòst Fabula compulit,
Et mutare solum, novisque linguis
Concentus veteres docere Alumnos
Et Latias habitare terras.

Tantis jam meritis nos cumulaverat,
Vt solas superûm stemmate, Numine,
　　Dignatas & honoribus.
Sed plures quoque vidimus sorores,
Quæ nobis Genio altiore præstant,
　　Purior & quibus est origo.

At quænam nova lux fulget ab æthere?
Quæ demissa Polo progenies nova?
　　Quam complectitur, & sinu
Tellus Gallica suscipit, fovetque,
Aspectu insolito, modisque miris
　　Allicientem oculos, & aures?

Nos solùm dócuit Numen Apollinis, Veterum Musarum officia & nomina.
Aut Gestis seriem temporis addere; Clio.
  Aut Heroïca carmina; Calliope.
Aut Cælestia, syderumque motus Urania.
Vel describere, vel referre cantu,
  Et superûm celebrare laudes.

Aut versu Tragico tristia fundere; Melpomene.
Aut Mores hominum ludere Comicè; Thalia.
  Aut flatum calamis dare; Euterpe.
Aut pulsare fides; movere plectra; Erato.
Metiri Choreas, quibuslibetve Therpsicore.
  Organicis copulare voces. Polymnia.

Non omnes pariter possumus omnia;
Verùm pro genio nutus Apollinis
  Confert munera singulis.
Ast hæc Musa recens, in orbe quidquid Nova Musa Arithmelica, id est Arithmetica-Harmonica.
Mortalem latet, aut patet videnti,
  Vna docet, Numerisque pandit.

Quidquid nobilis Ars, atque Scientia
Scriptis ediderant, una suis capit:
  Sed felicior extitit;
Quod formare novas magis sit putanda,
Præceptis, Methodo Reique stylo,
  Lege novâ Numeri ligatis.

Tres nobis Charites Fabula præstitit,
Vt gratis homines sponte laboribus
  Mentes, collaque præbeant.
Ast ejus Comites venustiori Novæ Musæ. Charites.
Collustrant specie, quâ alacriori
  Mente petant opus, atque discant.

Luci Prima dedit plura recondita,
Perdoctis Geniis hactenus abdita,
　　Vel fecit methodo Nova.
Quod mirere magis; peritiam Artis
Summé difficilis, Novâ arte claudit
　　Carminibus, facilemque præbet

Caïnophora.
id est
Nova ferens.

Si Rebus variis sit gravis Altera;
Ornant, non onerant, sitque venustior
　　Dum miro gerit ordine;
Dum tantâ explicat arte Quæstiones;
Exemplis probat; Et modum atque lucem
　　Principiis, Thesibusque ponit.

Glaphyrenta-
xia.
id est
Varietas cum
recto ordine.

Præceptis brevibus tollit inutile,
Et claris tenebras Tertia disjicit:
　　Sic utroque parabilis;
Dum quicquid Veterum in Libris latebat,
Et quicquid propriâ dedit Minervâ,
　　Perspicuâ brevitate promit.

Brachysaphia.
id est
Perspicuitas
cum brevitate.

Tandem vincimur ô Musa recens; tuis
Devinctas meritis cedere non piget.
　　Condignas igitur tuis
Nostras accipe Gratiis Coronas;
Dum vitæ Tuus in beatioris
　　Gaudeat Imperiis Apollo.

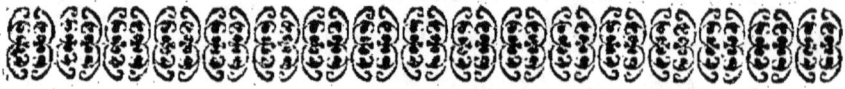

TABLE
DE LA PREMIERE PARTIE

De l'Art & de la Science des Nombres, ou de l'Arithmeti-que ordinaire, Pratique & Speculative, comprise en Sept Livres, en Vers Latins, expliquée par des Questions.

TABLE DE LA PREMIERE PARTIE.

LIBER QUARTUS.

Arithmetica Speculativa.

Continens quidquid scitu dignum tùm sparsim in Libris Arithmeticorum, cùm præsertim in Euclidis 5. 7. 8. & 9. Elementorum, de Proportionibus & Numeris habetur.

LIBER QUINTUS.

Arithmetica Relatorum seu Proportionum.

TABLE DE LA PREMIERE PARTIE.

LIBER SEXTUS.

Arithmetica Harmonica,

Seu de Proportionibus ad Sonos & Intervalla Mufica pertinentibus.

ő

TABLE DE LA PREMIERE PARTIE.

LIBER SEPTIMUS.

Arithmetica Figuratorum Numerorum.

EXPLICATION

Des quatre Livres precedens IV. V. VI. & VII. contenant la THEORIE des Nombres telle qu'elle est dans les 5, 7, 8, & 9 d'Euclide; & dans les deux Livres d'Arithmetique de Boëce & autres Auteurs anciens & nouveaux.

EXTRAIT

Des deux Livres d'Arithmetique de Boëce, contenant la Theorie des Nombres.

TABLE DE LA PREMIERE PARTIE.

La *Table des trois derniers Livres, contenant l'Algebre & l'Analyse
des Nombres, avec les Questions, &c. est à la fin du Traitté.*

ARTIS

ARTIS ET SCIENTIÆ
NUMERANDI
PARS PRIMA,

SEV

ARITHMETICA VULGARIS
LATINE ET GALLICE
SEPTEM LIBRIS COMPREHENSA.

A

ARITHMETICA
PRACTICA ET SPECULATIVA
LATINIS VERSIBUS.

LIBER PRIMUS.

Prænotiones ad Arithmeticam.

CAPUT PRIMUM.

Quid sit Arithmetica & Numerus.

UOD Latijs Numerus, Græcis vocitatur Arithmus,
Ars Numerandi utrisque hac traxit origine nomen.
Utimur hîc Numeris, Numerandarum vice rerum,
Res etenim haud facilè nobis se sistere possent; .
Sic Numeri, rerum sunt, quæ numerantur, Imago,
Res autem sic ad Numerorum fata vocantur.
Omne quod in rerum natura cernitur, unum est,
Indivisum in se, atque alio à quocumque revulsum.
Talia sunt seorsùm si spectes singula quæque,
Quæ nisi per mentem haud possunt coalescere in unum,
Ergo quod unum in se est, nullâ ratione secare
In partes poteris, nec in unam adducere summam
Multa, nisi famulam Numerandi Ars præbeat artem;

ARITHMETIQUE
PRATIQUE ET SPECULATIVE.
EXPLIQUE'E PAR DES QUESTIONS.

LIVRE PREMIER.
Preludes d'Arithmetique.

CHAPITRE PREMIER.
Ce que c'est qu'Arithmetique & Nombre.

'ARITHMETIQUE est la Science des Nombres ou l'Art de Conter. Quoy que ce mot soit Grec d'origine, les autres Nations l'ont adopté pour signifier cet Art.

Les Nombres servent à representer les choses, en sorte que par leur moyen les hommes peuvent conter des armées & des sommes immenses en leur cabinet.

Or toutes les choses du monde sont separées les unes des autres, & ne peuvent estre unies que par l'esprit:

Et comme chaque chose prise separément est une en elle-même, elle ne peut estre partagée en plusieurs parties, ny unie en une ou plusieurs sommes, que par le moyen de l'Arithmetique.

Et foit qu'on fafſe cette union de pluſieurs choſes, ou cette ſeparation d'une en pluſieurs parties, ces choſes doivent eſtre reduites en meſme genre :

Car on ne conte pas des grains de bled avec des meſures de vin, ny des hommes avec des ſommes d'argent.

Ainſi l'Arithmetique ne s'applique qu'à unir ou ſeparer les choſes par le moyen des Nombres ; ou bien elle s'occupe à en conſiderer les proprietez :

C'eſt par cét uſage de l'Arithmetique qu'on arrive à la connoiſſance des proprietez des Nombres, qu'on appelle leur puiſſance.

CHAPITRE II.

Des differentes ſortes de Nombres & d'Arithmetiques.

ON peut conſiderer les Nombres en beaucoup de manieres ; & ces differentes manieres font pluſieurs ſortes d'Arithmetiques.

1. Il y a des Nombres qu'on appelle Entiers, parce qu'ils repreſentent les choſes en leur entier, comme 4 ſignifie quatre choſes entieres & differentes.

Il y en a de Rompus, qu'on appelle autrement Fractions, qui repreſentent les portions d'une choſe diviſée, & ces nombres ſe mettent l'un ſur l'autre, comme $\frac{1}{4}$ & $\frac{2}{3}$ c'eſt à dire un quart & deux tiers de quelque choſe entiere partagée en ces parties.

Cette premiere difference de Nombres a fait deux ſortes d'Arithmetique, l'une d'Entiers, l'autre de Rompus ou Fractions, dont nous parlerons dans les deux Livres ſuivans.

Pour éviter les Fractions, les Anciens employoient de grands Nombres, qui pouvoient recevoir toutes les Diviſions neceſſaires.

2. Les Nombres font ou Abſolus, ou Relatifs, ou Figurez.

Les Nombres Abſolus, font ceux qui ne font conſiderez qu'en eux-meſmes ſans les rapporter à d'autres.

Les Relatifs font ceux que l'on compare à d'autres ſelon l'égalité ou l'excez. Et nous en traiterons dans le V. Livre.

Les Figurez font ceux qui eſtant diſpoſez d'une certaine maniere, repreſentent des Figures de Geometrie, dont nous parlerons dans le VII. Livre.

Enfin l'on conſidere les Nombres en eux-meſmes, c'eſt à dire leur proprieté, & cet égard fait l'Arithmetique Speculative que nous donnerons dans le IV. Livre, où nous expliquerons tout ce qu'Euclide en a dit.

Ou l'on les met en uſage, & c'eſt ce qui fait l'Arithmetique Pratique, qui a ſes Regles que nous donnerons dans le II. Livre.

Ces Regles font la Numeration, l'Addition, la Souſtraction, la Multiplication, & la Diviſion qui comprend preſque toutes les autres.

Quin, ad idem genus, ut numerentur, quæque reduces;
Nec vinum, nec homo, cum auro numerabitur aptè.
Ars Numerandi itaque, aut secat unum, aut plurima adunat;
Colligit aut spargit, Numerorum aut munia spectat.
Illius hoc est officium, Numerique potestas.

CAPUT II.

Quotuplex Arithmetica & Numerus.

A Numero Numerus variâ ratione recedit:
　1. Integer ille, & Fractus hic. Integer annotat unum
Indivisum in se, aut à sese multa revulsa,
Quæ possunt ratione aliquâ coalescere in unum;
Denotat at Fractus rem unam per frusta secatam.
Ex Numero Integro Fractoque Scientia duplex;
Hæc Fractorum, Integrorum illa Scientia dicta;
Fractorum tamen Antiquis incognita praxis,
Horum etenim vice, sunt Numeris majoribus usi.
2. Aut in se specta Numerum, aut hunc conferad illum;
Ista Relatorum, Positivorum illa vocatur;
Estque Figurati Numeri una scientia dicta.
3. Aut in se aut ad rem Numeri, unde scientia duplex;
Hæc Contemplatrix, est altera Practica dicta;
Scinditur hæc quinque in partes; Numeratio prima est,
Additio, Subtractio, Multiplicatio, quinta
Partitio, quæ sola ferè complectitur omnes.

CAPUT III.

De variis Numerandi medis.

Ut numerant Numeros Numeris, ut fæpiùs hîc fit:
Aut numerant Numeris Res, ut fert publicus usus;
Aut Rebus Res, fic inopes commercia jungunt.
Seu Numeri Numeris, feu Res numerentur ijfdem,
Seu Rebus Res, eft Numerandi Ars femper in ufu;
Nam quafvis res fub Numerorum lege reduces.
Calculus & digiti haud digna istius Artis honore,
Ut pote quæ poft fe vestigia nulla relinquant.
Calculus at poffet; calamo Numerata notante:
Sed præstat Numeris Artem concludere totam.

CAPUT IV.

De Materia feu fubjecto Arithmeticæ.

Quod Geometris longum, latumque, profundum eft;
Cofmographis quod fpectandum, Harmonicifque fonorum,
Et quod Mechanicis certo cum pondere vires
Exercet, quodque Aftronomis fub tempore currit;
Aurifaber quod fub lima, vendenfque fub ulna
Distrahit, appendit trutinâ; quod dives in arca,
In doliis caupo, in thecis meflorque recondit;
In caulis grex, in turba gens, miles in armis;
Agmina, menfuræ, Numeri ipfi, pondera, tempus,
Omneque quod partes habet, aut fingetur habere,
Lege fub hac cadit & Numerandi fubjacet Arti:
Sicque quod in Sophia Logica, eft & in omnibus hæc Ars.

CHAPITRE III.

Des differentes manieres de Conter.

L'On Conte quelquefois des Nombres par des Nombres, comme souvent on fait dans l'Arithmetique :

Ou des choses par les Nombres comme en l'usage commun ;

Ou des choses par des choses, comme on fait dans les trocs ou échanges, dans les lieux où l'on n'a pas d'argent.

Mais de quelque maniere que cela se fasse, c'est toûjours par le moyen de l'Arithmetique, puisque toutes choses se peuvent reduire en Nombres.

La maniere de conter avec des jettons ou par les doigts, n'est pas proprement un Art ; parce qu'elle ne laisse rien aprés soy. Les jettons pourroient faire un Art, puisque la plume peut marquer leurs Contes : Mais il vaut mieux renfermer toute l'Arithmetique dans les seuls Nombres.

CHAPITRE IV.

De tout ce qui peut entrer en Conte.

Toutes les Dimensions que la Geometrie a reduit en long, en large, & en profondeur ou hauteur :

Tout ce qui se void dans le monde & ce qui s'entend en la Musique :

Les poids ou pesanteurs qui sont l'objet de la Mechanique :

Les mouvemens des Astres qui sont mesurez par le Temps.

Tout ce qui entre en commerce, soit en valeur d'or ou d'argent, soit en aulnage ou en balance ; soit en monnoye ou thresors, soit en muids de vin ou de grains :

Les troupeaux d'animaux, les assemblées d'hommes, les armées ;

Les Nombres même, enfin, tout ce qui a des parties, ou qu'on peut supposer en avoir, peut entrer en matiere de Conte & estre l'objet de l'Arithmetique.

Elle est ainsi, à l'égard de toutes choses, ce que la Logique est à toutes les parties de la Philosophie.

CHAPITRE V.

Des differentes mesures pour toutes sortes d'Arts
& de Sciences.

DU TEMPS.

LE Temps, qui mesure le cours du Soleil & de la Lune, se divise en années, en mois, en jours, en heures : & ces années composent des Olympiades, des Lustres, & des Siecles.

L'année du Soleil est de douze mois, qui font 365 jours, & presque six heures : ou 52 semaines & un jour.

De quatre en quatre ans on ajoûte un jour, composé de ces 6 heures, que chaque année a outre les 365 jours, & ce jour se place au mois de Fevrier, qui alors a 29 jours.

Et parce que ces 6 heures ne font pas entieres, tous les cent ans on retranche ce jour en ne l'ajoûtant pas ; & de quatre en quatre cens ans on l'ajoûte.

L'année de la Lune a 11 jours moins que celle du Soleil, & n'a ainsi que 354 jours.

Chaque jour a 24 heures.

Chaque heure 60. minutes, qu'on marque ainsi 66.

Chaque minute soixante secondes, qu'on marque avec deux traits.

Et ainsi à l'infiny chaque moment est composé de 60. autres.

Les Olympiades renferment quatres années.

Les Lustres, cinq ; les siecles, cent.

Dans la Bible le mot de siecle est employé pour la durée du monde : jusqu'à la consommation du siecle, c'est à dire, jusqu'à la fin du monde.

Et quand il est repeté, le siecle du siecle, il se prend pour l'Eternité, & quelquefois mesme sans estre repeté.

Si l'on conte des mois sans les nommer, on leur donne chacun 30. jours.

Ainsi les Medecins content pour les neuf mois de l'enfantement deux cens soixante & dix jours, c'est à dire, neuf fois trente ; & pour les sept mois, deux cens dix jours, c'est à dire, sept fois trente.

Quand on les nomme, on leur donne à chacun le nombre de leurs jours ; sçavoir à Avril, Juin, Septembre, & Novembre 30. aux autres 31 & à Fevrier 28 ou 29.

CAPUT

CAPUT V.

De Variis mensuris.

UT quam quisque elegit, in hac se exerceat arte,
Omnibus hîc varias Numerandi tradimus artes.

TEMPORIS.

ESt Tempus Lunæ ac Solis duratio motûs:
Horas ergo, Dies, Menses numerabis & Annos,
Lustra & Olympiadas, Æras & Sæcula quævis.
Annus habet menses duodenos; sive trecentos
Sexaginta & quinque dies, sex circiter horas.
Hebdomadasve duas & quinquaginta, diem unum,
Quarto quôque dies anno ob sex advenit horas:
Abjicit huncque diem quivis centesimus annus;
Hunc iterum recipitque quater centesimus annus.
Lunæ annus minor est unoque decemque diebus.
Unusquisque dies, viginti quatuor horis,
Et sexaginta componitur hora minutis,
Ac totidem constant hæc prima minuta secundis;
Per sexaginta sic divide quodque minutum.
Lustrum quinque annis; quatuor, sed Olympica; centum,
Constat sæclum: hoc pro mundi ævo Biblia ponunt;
Et repetitum, in perpetuum protenditur ævum.
Quando unum aut plures numeras sine nomine menses,
Huic illisque dato numerum triginta dierum;
Sic Medici, ad partum, menses implere novenos
Ducentas dixêre dies & septuaginta;
Mensibus & septem ducentas, esse decemque,
Dum per triginta ducunt septemque novemque:
At certum aut plures numerans cum nomine menses,
Cuique suos concede dies: triginta dabuntur
Aprili & Junio, Septembrique atque Novembri;
Sed reliquis triginta unus: Februarius, octo
Supra viginti, quandoque novem, unus habebit.

B

Spatij.

SEx in Lineolâ funt Puncta; in pollice, bis fex
Lineolæ; conftat duodenis pollicibus pes.
Quatuor ex granis digitus componitur unus:
Eft quater in palmo digitus, quater in pede palmus;
Sex palmis Cubitus, pedibus fex Thofia conftat.
Furca pedes decem habet, centum fed Jugera Furcas.
Quinque pedes paffium faciunt; paffus quoque centum
Et viginti quinque faciunt ftadium; Stadia octo
Component paffus mille: at Germanica Leuca
Millibus ex quatuor ftabit; Leucas Gradus unus
Quindecim habet, quatuor fi conftet millibus una.
Sunt Gallis Leucæ majores, funtque minores:
Millia Leuca minor duo habet, tria millia major.
Circulus eft Gradibus fexaginta atque trecentis.

Libræ in genere.

LIbra modis tribus accipitur: Valor una Monetæ,
Quæ viginti affes folidos valet; Altera pondo
Et quinquaginta librarum eft fexque monetæ;
Uncia, fedecima illius pars: Tertia Libra
Quæ Medicorum eft; & bis fex funt unciæ in illa.

Valor Monetæ.

PRima valet viginti affes; ter libraque, fcutum;
As denariolos bis fex; hoc pendet ab ufu.

Pondo feu Libræ Argenteæ.

AUrifabris Pondo valet hoc argentea libra:
Sedecima eft libræ pars uncia; & uncia drachmas
Octo valet; drachmamque æquant denarioli tres:
Granis viginti quatuor denariolus par.

Reductio Libræ Pondo ad valorem Monetæ.

POndo libra eft, quinquaginta fexque monetæ,
Sic libris pendet nunc viginti octo Selibra;
Uncia feptuaginta affes; & drachma valebit

De l'Estenduë.

LA ligne a 6 Points : le Pouce a 12 lignes : & le Pied a 12 pouces. Le doigt est composé de 4 grains : la paume, de quatre doigts ; le pied, de quatre paumes ; la coudée, de six paumes ; la thoise, de 6 pieds ; la perche, de dix pieds, & l'arpent, de cent perches.

Le Pas a cinq pieds : la Stade a 125 pas.

Huit Stades font mille pas. Ainsi le Bourg d'Emmaüs qui estoit éloigné de Jerusalem de soixante Stades, en estoit distant de sept mille cinq cens pas.

La lieuë d'Allemagne a 4000. pas.

La grande lieuë de France en a 3000. & la petite 2000.

Un Degré a quinze lieuës d'Allemagne.

Le Cercle a 360. degrez.

De la Livre en general.

IL y a trois sortes de Livres, l'une de Monnoye qui vaut vingt sols. L'autre de Poids ou de Marc, dont la valeur est variable, qui a valu 56 livres de monnoye, & qui a 16 onces.

La troisiéme est la Livre des Medecins, qui pese 12 onces.

De la Livre de Monnoye.

LA Livre de Monnoye vaut 20. sols ; Un écu vaut trois livres ; & le sol vaut 12. deniers. Ce qui dépend de l'usage ou de la volonté du Prince.

De la Livre de Poids, & du Marc.

LA Livre de Poids, ou de Marc d'argent pese 16. onces, ou deux Marcs.
Le Marc ou demie livre 8 onces.
L'once 8 gros : le gros 3 deniers ou 72 grains.
Le denier 24. grains.

Reduction de la livre d'argent à la livre de Monnoye.

LA Livre de 16. onces a valu 56 livres d'argent.
Le Marc ou demie livre de 8 onces, 28 livres.
L'once de 8 gros, 3. l. 10. s. ou 70. s.

B ij

Le gros de trois deniers 8. f. 9. d. ou 105. d.
Le denier de poids de 24. grains, 2. f. 11. d. ou 35. d.
Le grain 1. d. & pite.
Ce prix n'eſt pas fixe, il dépend de la volonté du Prince, & il faut
ſuivre l'uſage.

Du partage du Douzain, ou de quelque ſomme que ce ſoit, qu'on ſuppoſe avoir douze parties égales.

LE mot Latin A S ſignifie une maſſe ou ſomme qui peut eſtre diviſée en douze parties égales ou onces.

12. eſt commode pour les diviſions, il a ſa moitié qui eſt 6, ſon tiers qui eſt 4, ſon quart qui eſt 3, ſon ſixiéme qui eſt 2, & ſon douziéme qui eſt 1.

Les deux tiers ſont 8 ; les trois quarts 9.

On met ainſi en fractions toutes ſes parties.

$$\frac{1}{12} \mid \frac{2}{12} \text{ ou } \frac{1}{6} \mid \frac{3}{12} \text{ ou } \frac{1}{4} \mid \frac{4}{12} \text{ ou } \frac{1}{3} \mid \frac{5}{12} \mid \frac{6}{12} \text{ ou } \frac{1}{2} \mid$$

$$\frac{7}{12} \mid \frac{8}{12} \text{ ou } \frac{2}{3} \mid \frac{9}{12} \text{ ou } \frac{3}{4} \mid \frac{10}{12} \text{ ou } \frac{5}{6} \mid \frac{11}{12} \mid \frac{12}{12} \text{ ou l'entier.}$$

CHAPITRE VI.

Ordre des Livres de ce Traité.

LEs deux Livres ſuivans, ſecond & troiſiéme donnent la Pratique des Nombres Entiers & Rompus.

Le quatriéme en contient la Theorie, telle qu'elle eſt dans les 5, 7, 8 & 9. d'Euclide, ou autres celebres Arithmeticiens.

Le cinquiéme traitte des Proportions.

Le ſixiéme des Nombres Harmoniques.

Le ſeptiéme des Figures des Nombres, ou de l'Extraction de toutes ſortes de Racines.

Et dans les derniers l'Algebre y eſt expliquée ; c'eſt à dire l'Art de reſoudre toutes les queſtions des Nombres que l'Arithmetique ordinaire ne peut reſoudre.

A V I S.

NE liſez rien ſans l'appliquer aux Exemples ; & aprés avoir examiné les Regles par les Exemples, reliſez les Regles.

Quinque supra centum partes duodenas,
Ac denariolus triginta quinque; valetque
Granum, unam & mediam; valor arbitrarius iste,
Regis ab Edicto pendens; ususque sequendus.

Partes Assis.

CUm pro re tota seu Massâ sumimus Assem,
Assem dividimus tunc in partes duodenas,
Uncia pars duodena est, bis sex unciæ in asse;
In Sextante, duæ; tres in Quadrante; Triensque
Quatuor, & Quincunx quinque, & sex, Semis habebit,
Et Septunx septem, Bisque octo; novemque Dodranti,
Dextantique decem dabis; unam plusque, Deunci.

CAPUT VI.

Ordo Librorum hujus Tractatus.

TAlis de Numeris nostrorum erit Ordo Librorum:
Praxim Integrorum & Fractorum utrique sequentes,
Horum Contemplatricem Quartusque ministrat,
Euclides qualem quatuor Geometra Libris:
Quanta sit in Numeris, Quintus, Proportio, monstrat;
Miranda Harmonicæ Sextus mysteria pandit;
Septimus in Numeris varias docet esse Figuras.
Tandem aperit se posterioribus Algebra libris;
Occulti numeri quæ dicta est Algebra Clavis.

CONSILIVM.

SEmper ad Exemplum cures adducere Normam:
Collato cum Norma Exemplo, perlege Normam.

LIBER SECUNDUS.

Arithmetica Practica Integrorum.

CAPUT PRIMUM.

De Numerorum signis seu Characteribus tàm antiquis quàm recentioribus.

QUO meliore luto gens & melioribus astris
Est orta, ad Numerum signis melioribus usa est.
Simplicior quondam digitis, brevibusque lapillis,
Lineolisve in charta aut ligno, aliove notatis;
Utitur & nunc, cui calami est incognitus usus.
Proximior Numerandi Arti modus, exiit inde
Calculus, & multis nunc promptior esse putatur,
Suppeditante illi calamo, quod defore credunt.
Romani, Græci, & quævis gens dedita Musis,
Pro Numero, signis sunt Grammaticalibus usi,
Et fas est illis etiam nunc cuilibet uti:
Nobis exhibuisse sat est ad marginis oram;
Commodiora etenim jam pridem inventa fuêre,
Queis nobis placet ut pote commodioribus uti:
Hæcque decem, numeri digitorum imitatio fecit.
Ex his innumeranda tibi Numeratio surget,
Sola etenim mutat pretium mutatio sedis;
Quæque, loco primo, fuerant contenta valore,
Perque decem hunc, & centum, & mille, & millia dena,
Sedibus ad lævam retrocedentibus, augent.
Prima figura nihil de se valet: at reliquarum
Æmula, & illarum sedem occupat, & pretium auget,
Illas dum cogit sibi retrocedere sedem.

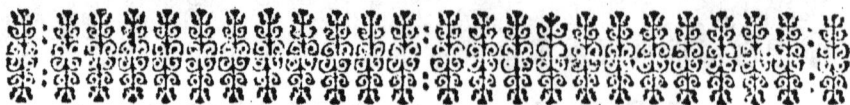

LIVRE SECOND.

Arithmetique Pratique des Nombres Entiers.

CHAPITRE PREMIER.

De la maniere de chifrer ou de representer les Nombres, tant ancienne que moderne.

OMME par toute la terre on ne se pouvoit passer de conter, chaque Nation suivant la portée de son genie inventoit les moyens d'exprimer les Nombres.

Anciennement, comme sont encore aujourd'huy ceux qui ne sçavent pas écrire, on contoit par ses doigts, ou avec de petites pierres, ou avec de lignes tracées sur du bois, du papier ou autre matiere, ce qu'on appelle conter à la taille, & en quelques lieux à la coche.

Le moyen le plus approchant de l'Arithmetique a esté le jetton, & quelques-uns même le preferent maintenant comme plus prompt, en marquant avec la plume les sommes jettées ou calculées.

Les Romains, les Grecs, & autres peuples qui cultivoient les Sciences, employoient pour chifres les lettres de leur Alphabet, & maintenant encore s'en sert qui veut. Nous nous contenterons de les representer icy.

Et nous nous servirons des Caracteres communs, dont on attribuë l'Invention aux Chaldéens ou aux Arabes, comme estant moins embaras-sans, & pouvant en peu d'espace representer toutes sortes de Nombres.

A l'imitation des dix doigts de la main, il n'y a que dix figures; dont les neuf premieres sont simples, & la dixiéme est composée de la premiere, & d'un petit cercle appellé zero ou o en chifre.

Avec ces dix figures on peut aller à l'infiny, en les plaçant diversement.

Chaque caractere seul ou dans le premier rang ne vaut que sa simple valeur. Dans la seconde place, en commençant à droite & tirant vers la gauche, il vaut des dixaines : dans la troisiéme, des centaines : dans la quatriéme, il vaut mille; dans la cinquiéme, dix mille; dans la sixiéme, cent mille; dans la septiéme, des millions; dans la huitiéme, des dixaines de millions; dans la neuviéme, des centaines de millions; dans la dixiéme, des bimillions, & ainsi en augmentant toûjours à mesure qu'ils s'éloignent de la premiere place.

Le zero, ou o en chifre ne vaut rien de foy, mais il prend la place comme les autres, des dixaines, centaines, mille, &c.

Chifres ou Nombres communs.

Simples nombres qui n'ont qu'une Figure.

rien,	un,	deux,	trois,	quatre,	cinq,	fix,	fept,	huit,	neuf,
0,	1,	2,	3,	4,	5,	6,	7,	8,	9

Compofez qui en ont deux, ou trois, &c.

dix, unze, douze, treize, &c:
10, 11, 12, 13,

Dixaines.

dix,	vingt,	trente,	quarante,	cinquante,	foixante,	feptante,	quatre-vingt,	nonante.
10,	20,	30,	40,	50,	60,	70,	80,	90

cent, mille, dix mille, cent mille. million.
100, 1000, 10000, 100000, 1000000. &c.

CHAPITRE II.

De la Numeration Arithmetique.

LA Numeration est tout à fait differente de l'Addition, quoy qu'en veüille dire Ramus; parce que dans l'Addition on adjoûte enfemble deux ou plufieurs nombres, & la Numeration donne la valeur & la place à chaque nombre, fans rien operer; c'est pourquoy elle n'est pas proprement une regle de pratique, mais feulement une adrefle pour connoistre ce que les nombres valent en tel ou tel lieu.

On commence à chercher leur valeur par la droite, mais on l'exprime en commençant par la gauche.

Pour la bien trouver on partage les nombres de trois en trois, en commençant à droite.

Le premier des trois du premier point, s'appelle nombre; le fecond, dixaine; le troifiéme, centaine.

Le premier des trois du fecond point ou de la feconde divifion s'appelle, mille; le fecond, dixaine de mille; le troifiéme, centaine de mille.

Le premier des trois du troifiéme point s'appelle, million; le fecond, dixaine de million; le troifiéme, centaine de million.

Le premier des trois du quatriéme point s'appelle, bimillion; le fecond, dixaine de bimillion; le troifiéme, centaine de bimillion. Et ainfi tant qu'il y en aura.

Antiqua

Antiqua signa Numerorum.

Decem manuum digiti : Lapilli : Lineolæ ; Calculi.

	mille	quingenti	centum	quinquaginta	decem	quinque	unum.
Romanorum.	M	D	C	L	X	V	I.

Græcorum.	unum.	duo.	tria.	quatuor.	quinque.	sex.	septem.	octo.	novem:
Valor digitorum.	α.	β.	γ.	δ.	ε.	ϛ.	ζ.	η.	θ.
Valor denariorum.	viginti.	triginta.	quadrag.	quinquag.	sexag.	septuag.	octog.	nonaginta.	
ι.	κ.	λ.	μ.	ν.	ξ.	ο.	π.	ϟ.	
Valor centenariorum.	ducenti.	trecenti.	quadring.	quingent.	sexcent.	septing.	octing.	nongenti.	
ρ.	σ.	τ.	υ.	φ.	χ.	ψ.	ω.	ϡ.	

Valor millenariorum. duo millia, &c.
vel ͵α vel α̦ | vel β′ vel β̦.

	decem millia.	mille.	centum.	decem.	quinque.	unitas.
Græcorum majusculæ Litteræ.	Μ.	Χ.	Η.	Δ.	Π.	Ι.

Valor	zero seu cifra, sola nihil	unum,	duo,	tria,	quatuor,	quinque,	sex,	septem,	octo,	novem,
Recentiorum.	0.	1,	2,	3,	4,	5,	6,	7,	8,	9.

decem,	undecim,	duodecim,	tredecim, &c.
10,	11,	12,	13.

decem,	viginti,	triginta,	quadrag,	quinq,	sexag,	septuag,	octog,	nonaginta.
10,	20,	30,	40,	50,	60,	70,	80,	90.

centum,	mille,	decem millia,	centum millia,	millia millium,	&c.
100,	1000,	10000,	100000,	1000000,	&c.

CAPUT II.

De Numeratione Arithmetica.

QUamvis reclamet Ramus, Numeratio differt
A numeri Additione, quòd hæc plures simul unit.
At Numeris sedem & pretium Numeratio donans,
Quot valeant, docet, hac aut illâ sede locati.
Cùm plures numeri summam junguntur in unam,
Sumitur à dextrâ lex principiumque valoris,
Et tamen à læva summæ prolatio prodit.
Sic ergo junctis dandus valor iste figuris:
A dextris quæ primâ in sede, suum illa valorem
Simplicem habet; totiesque decem quæ in sede secunda,

Et toties centum in ternâ, toties quoque mille
In quarta, quoties præ se fert ipsa figura :
Quóque magis lævam petit unusquisque character,
Multiplicat proprium tantò plus quisque valorem;
Perque decem & centum & per mille & millia dena
Accrescit, dum quisque à primâ sede recedit.
Unicus ergo est usque decem, omni in sede, character,
Ad centum usque duo, tres usque ad mille; quaterni
Millia; quinque, decem, sex, centum millia signant.
Ad quæcumque decem, vel centum, aut mille, figura
Additur una, & sic semper Numeratio crescit.
Zero locum tenet, & nihil addit nomine dignum.

De Numeratione Harmonica.

PErtinet usque decem numeri progressio dicta:
Harmonici ast Numerandi aliam servant rationem:
Ad septem tantùm, ob septem discrimina vocum,
Progrediuntur, & iis est octavus sonus, idem
Ac primus, nonus repetitio & ipse secundi,
Tertij & est decimus, quarti sic undecimusque,
Ac usque ad quartumdecimum repetitio prima est,
Alteraque à quintodecimo repetitio prodit,
Et sic perpetuus per septem circulus exit,
Hebdomades ut sunt rota septem alterna dierum.
Harmonicorum alias praxes tradet tibi Sextus,
Musica namque Relatorum reputanda facultas.

Harmonica Progressio.

1, 2, 3, 4, 5, 6, 7
8, 9, 10, 11, 12, 13, 14
15, 16, 17, 18, 19, 20, 21
22, 23, 24, 25, 26, 27, 28
29, 30, 31 &c.

Puis pour les énoncer on commence à gauche, comme en cét Exemple ; 272, 349, 528, 461, deux cens soixante douze bimillions, trois cens quarante-neuf millions, cinq cens vingt-huit mille, quatre cens soixante-un.

Dans la Numeration le zero n'a point de nom, c'est à dire, qu'on passe son rang sans le nommer.

De la Numeration Harmonique.

LEs Muficiens ont une autre maniere de conter. Au lieu que dans l'Arithmetique les Nombres vont jusqu'à dix, & qu'après dix, & de dix en dix, ce n'est que la repetition des premiers, comme 11, 12, 13, &c. c'est à dire, dix & un, dix & deux, dix & trois, &c. & de mesme 21, 22, 23, &c. 31, 32, 33, &c. les premiers se repetent toûjours ;

Dans la Mufique les Nombres ou Sons ne vont que jusqu'à fept, & puis le huitiéme, qui s'appelle en Mufique l'Octave ou Diapafon, est la repetition du premier ; le neuviéme est la repetition du fecond, le dixiéme du troifiéme, & ainfi jusqu'à quatorze ;

Puis la feconde repetition commence à 15 qui s'appelle la double Octave ou Difdiapafon ; & puis à 22 commence la troifiéme repetition ; puis à 29 la quatriéme, & ainfi toûjours de fept en fept, comme les jours de la femaine, qui font un cercle perpetuel.

Voyez la petite Table vis à vis, qui peut auffi vous fervir de Calendrier pour tous les mois de l'année.

Car quand vous fçaurez quel jour de la femaine aura commencé chaque mois, vous fçaurez auffi que les mesmes jours des autres femaines feront le 8, le 15, le 22 & le 29. Et tel qu'aura auffi esté le 2, le 3e ou 4e, &c. tels auffi feront ceux qui font au deffous dans la mesme file.

Nous donnerons dans le fixiéme Livre les autres Operations de la Mufique, en parlant des Proportions qui regardent principalement cette Science.

CHAPITRE III.

Regle d'Addition.

1. PLacez chaque fomme particuliere l'une fur l'autre, en forte que les premiers nombres à droite repondent aux premiers, les feconds aux feconds, &c. & tirez une ligne au deffous.

2. Adjoûtez enfemble les nombres de chaque file ou rang de bas en haut.

3. Si chaque produit ne paffe pas neuf, marquez-le au deffous de la file adjoûtée.

4. S'il paffe neuf marquez la premiere figure des deux, & refervez l'autre pour le rang prochain.

Questions d'Addition.

1. En quelle année de la Creation du monde est né Jesus - Christ?

Depuis la Creation du monde jusqu'au deluge	1655 ans	Depuis le deluge jusqu'à la Creation du monde	1656
Depuis le deluge jusqu'à la vocation d'Abraham	426	Depuis la vocation d'Abraham jusqu'à la Creation du monde	2082
Et de là, à la sortie d'Egypte	430	Depuis la sortie d'Egypte jusqu'à la Creat.	2512
Et de là, à la dedicace du Temple de Salomon	480	Depuis le Temple jusqu'à la Creation du monde	2992
Et de là, à la fin de la Captivité de Babylone	476	Depuis la Captivité jusqu'à la Creation du monde	3468
Et de là, à la Naissance de Jesus Christ	512	Depuis la Naissance de Jesus - Christ jusqu'à la Creation du monde 4000	
Réponse. Somme des années	4000		

2. Combien y a-t-il d'Etoilles fixes, qui paroissent?		3 Quelle est l'Elevation du Firmament & des Planetes au dessus de la Terre?		Ainsi le Firmament est élevé au dessus de la Terre.	
De la premiere grandeur	15	Le Firmament est élevé au dessus de Saturne de	6000000 lieuës		20005000
De la seconde	45	Saturne au dessus de Jupiter	6005000	Saturne	14000000
De la troisiéme	208	Jupiter au dessus de Mars	800000	Jupiter	8000000
De la quatriéme	474	Mars au dessus du Soleil	100000	Mars	1100000
De la cinquiéme	115	Le Soleil au dessus de Mercure	933000	Le Soleil	1200000
De la sixiéme	41	Mercure au dessus de Venus	103000	Mercure	167000
Plus 5 nebuleuses, 9 obscures	14	Venus au dessus de la Lune	24000	Venus	64000
Réponse	1022	La Lune au dessus de la Terre	40000	La Lune de en son apogée	40000
				& de en son perigée	22000

Réponse, La Terre est au dessous du Firmament

vingt millions de lieuës ——————— 20000000

Addition de differentes especes.

Quand on adjoute differentes especes comme des deniers, des sols, des livres & des escus, on commence par les moindres, & on les prend de suite en allant vers la gauche; & l'on reserve pour le rang suivant d'une autre espece, autant d'unitez qu'il y a de sommes d'une espece pour composer l'espece suivante. Par exemple la somme des deniers est douze pour faire des sols, la somme des sols pour faire des livres est 20; la somme des livres pour faire des escus est trois. Ce qui se rencontre en chaque espece de plus ou de moins que la somme, se marque en la mesme espece.

Questions de differentes especes.

Combien pese une Croix d'argent qui contient
En sa hauteur 4 marcs, 3 onces, 4 gros, 1 d. 13 grains.
En son travers 3 marcs, 5 onces, 6 gros, 2 d. 7 grains.
En son pied 8 marcs, 6 onces, 3 gros, 1 d. 9 grains.

Réponse (16 marcs) 7 onces, 6 gros, 2 d. 5 grains.
(ou 8 livres.)
La Croix vaut en argent monnoyé sans la façon
à 18 liv. le marc 475 liv. 8 s. 11 d.

Si je suis né le 15 de Juin 1624, à 10 heures du matin, quand auray je 76 ans, 3 mois 6 jours, & deux heures.
Operation.
1624, mois de Juin, 16 jours, 10 heures
76, 3 mois, 6 jours, 2 heures.
Rép. 1700, le 22 Septembre à 12 heures, ou midy.

CAPUT III.

De Additione.

ADDITIO plures Numeros Summam unit in unam.
A dextra incipiens, primos dein quofque locato:
Primos cum primis, dein ordine jungito quofque,
Productum fubponatur poft lincolam infrà,
Productoque fuo refpondeat additus ordo.
Summa novem non excedens fcribatur; at illa
Quæ fuperat, primum fcribit, fervatque fecundum,
Quem recipit propriifque adjungit proximus ordo:
Qui fupereft poft omnia, cum poft omnia fcribe.

Vide Exemplum I.

Diverfos fpecie numeros fic addito in unum;
Incipe per minimos, versùs tendendo finiftram,
Collige quofque fuam in fummam, & pro quaque referva
Tantùm unum, quod ponito in ordine pone fequenti.
Bis fex, fumma affis; viginti, fummaque libræ;
Tres libræ, fcuti fumma: horum eft arbiter ufus;
Ufum in ponderibus, menfurâ, aliifque fequare.

Vide Exemplum II.

Exemplum I.		Exemplum II.
Addendi.	7580942	Addendi. 16 fcu. 1 l. 13 f. 9 d.
	3590633	13 fcu. 1 l. 6 f. 3 d.
	170921	
	90413	Summa. 30 fcu. 0 l. 0 f. 0 d.
Summa. 11432909		

CAPUT IV.

De Subtractione.

HÆc unam aut plures summas disjungit ab una;
Vel multos numeros de multis subtrahit unà:
Sic tres admittit præsens hæc Regula Casus.

1. Casus.

UNam si tantùm summam disjungis ab una;
Major summa suprà ponenda, minorque deorsùm;
Illa Dati nomen, nomenque habet ista Recepti.
Dispositis summis, ut in Additione, duabus,
A prima primam, dein ordine quamque figuram
Subtrahe, subscribens Reliquum post lineolam infrà.
Quamvis summa Dati major; quandoque Recepti
Est aliquis numerus majorve, æquusve, minorve:
Cum minor, à majore trahe; æquus, cifra notetur;
Major, junge Dato decem ut hinc subtractio fiat,
Proque decem capit unum proximus ordo Recepti,
Quod sibi jungit ut inde sequens subtractio fiat.

Vide Exemplum I.

2. Casus.

CUm plures numeros summâ disjungis ab una,
Lineola ijs interposita hos secernat ab illo.
A dextra incipiens, primos dein quosque locato:
In summam numeros cujuscumque ordinis addens,
Primos à primo, dein ordine subtrahe quosque;
Et Reliquum subscribatur post lineolam infrà.
Quando æqui hinc illinc numeri, tunc cifra notetur:
Si Subducendorum aliquis superaverit ordo,
In minimo tunc esse duas suppone figuras,
Quarum prima intacta manebit, & altera crescet,
Per toties decem, ut hinc fieri subtractio possit.
Ex sic majore effecto, subtractio fiat;

CHAPITRE IV.

Regle de Soutraction.

1. PLacez comme à l'Addition , la dette au dessus & la paye au dessous.

2. S'il y a plusieurs sommes à soutraire , assemblez chaque file de la paye, & retirez de la dette le produit.

3 Quand un nombre de la paye est plus grand que celuy de la dette , feignez qu'il y a une autre figure à la dette qui contienne autant de fois dix , qu'il sera necessaire pour faire la Soutraction.

4. Puis donnez à la file suivante de la paye autant d'unitez que vous aurez emprunté de dixaines.

Questions de Soutraction.

D'Une Armée composée de 570 Compagnies de 100 hommes chacune, qui font 57000 , on fait un détachement de 25 hommes par Compagnie , qui font 14250 , combien en reste-t-il dans le corps-d'armée?

$$
\begin{array}{r}
\text{Réponse de } \quad 57000 \\
\text{ôtez} \quad 14250 \\
\hline
\text{il reste } 42750.
\end{array}
$$

Supposant que le Clergé de France ait ordinairement de revenu annuel , decimes ordinaires payées trente-trois millions , sçavoir huit millions en dixmes , quinze millions en heritages ou fonds de terre , & dix millions en argent ; En l'année 1675, les dixmes ont diminué de la moitié ; les heritages, du tiers ; & sur l'argent on a donné au Roy quatre millions cinq cens mille livres , combien reste-il?

$$
\begin{array}{l}
\text{Du Revenu total } \quad 33000000 \text{ liv.} \\
\hline
\text{ôtez} \quad 4000000 \text{ l. sur les dixmes.} \\
\quad\quad\quad 5000000 \text{ sur les heritages.} \\
\quad\quad\quad 4500000 \text{ sur l'argent.} \\
\hline
\text{Reste } 19500000 \text{ liv.}
\end{array}
$$

L'an 1675. les Turcs sont entrez dans la Pologne avec une Armée de 200000 combatans : Le Roy de Pologne en divers rencontres en a défait 45000 , ils en ont perdus en differentes attaques de Places , dont ils ont esté repoussez ou qu'ils ont prises avec perte, 24900 ; on en a pris de prisonniers 19867 , il en est mort de maladie 27532 : il en a deserté 22000 ;

il y en a de blessez & hors de combat ou invalides 32701, combien en reste-t-il ? qui de 200000

ôte

ôte	45000
	24900
	19867
	27532
	32701

Reste 50000

Dans le premier dénombrement des Enfans d'Israël à la sortie d'Egypte, il se trouva 603550 combatans : Et dans le second, lors qu'ils furent prests d'entrer dans la Terre de promission, il s'en trouva 601730. combien y en avoit-il moins qu'au premier

de 603550
ôtez 601730

Reste 1820

CHAPITRE V.

Regle de Multiplication.

1. **P**Lacez comme aux Regles precedentes le Multiplicateur sous le nombre à multiplier.

2. Commençant à droite multipliez par tous les nombres du Multiplicateur, & mettez la premiere figure du produit sous la figure du Multiplicateur.

3. Si le produit a deux figures mettez la premiere & gardez l'autre pour le rang suivant, en me l'adjoûtant qu'après la Multiplication faite de ce rang.

4. Comme il viendra autant de sommes particulieres qu'il y aura de nombres au Multiplicateur, adjoûtez-les toutes ensemble pour n'en faire qu'une.

Questions de Multiplication.

LE Soleil faisant dans une heure deux cens soixante quinze mille lieuës, & la Lune dix mille; combien l'un & l'autre en font-ils en un jour naturel de 24 heures, & dans un an de 365 jours & 6 heures ? Multipliez 275000, & 10000 par 24, vous aurez pour le Soleil 6300000 &

par 24   par 24

pour la Lune 240000 lieuës qu'ils font en un jour ; & pour l'année du Soleil, après avoir multiplié 275000 par 6 pour les six heures, il viendra 1630000, on multipliera 6300000 par 365, & il viendra 2583000000, ausquels adjoûtant les 1630000, ce seront 2583630000, c'est à dire 25 bilions, 831 millions, & six cens trente mille lieuës que fait le Soleil en un an. Et la Lune 87660000, en multipliant 10000 par 6 pour les six heures & 240000 par 365.

Accipia.

Accipiat Subducendorum proximus ordo
Adjungatque ſuis numeris quot ſuppoſuiſti,
Unum ſi ſemel, aut duo ſi bis ſumpta decem ſunt;
Sic toties unum, eſſe decem quot ſuppoſuiſti:
Et ſi quid Reliqui ſcribatur lineolam infra.

VIDE EXEMPLUM II.

3. Caſus.

CUm multos numeros de multis ſubtrahis unâ,
Lineola his interpoſita hos ſecernat ab illis:
A dextra incipiens primos dein quoſque locato;
In ſummas numeros cujuſcumque ordinis addens,
Primos à primis dein ordine ſubtrahe quoſque,
Et reliquum ſubſcribatur poſt lineolam infrà:
Vicinus tibi dat præcedens cætera Caſus.

VIDE EXEMPLUM III.

DIverſos ſpecie Numeros ſic ſubtrahe ut addis.

VIDE EXEMPLUM IV.

Ex. I.	Ex. II.	Ex. III.	Ex. IV.
Datum. 97438	Dat. 11432909	Dat. 90692	Dat. 30 ſcu. 21. 18 ſ. 9 d.
Receptum. 884537	Rec. 7580942	30492	Rec. 16 ſcu. 21. 18 ſ. 8 d.
Reliquum. 90901	3490633	30792	12 ſcu. 1 l. 9 ſ. 3 d.
	170921	Rec. 29410	Rel. 1 ſcu. 1 l. 10. ſ. 10. d.
	490413	6721	
	Rel. 0000000	19532	
		Rel. 106312	

CAPUT V.

De Multiplicatione.

MUltiplicans, pone hunc toties, quot in illo erit unum,
A dextra incipiens, primos dein quoſque locato:
Quoſque per unumquemque ex ordine multiplicato;

D

Factum sub primo, dein ordine scribito quæque,
Tot summæ, quot erunt in multiplicante figuræ,
Summæque incipiant proprio sub multiplicante.
Quod Facti supra novem erit, pro sede sequenti
Servetur, quod Producto tantum addito, postquam
Factum erit; ac deinceps ex ordine ducito quosque.
Si plures fuerint summæ, illas addito in unum.
Quod si zero in principio sint alterutrius,
Illis omissis age, posteàque illa notabis:
At si in principio fuerint infràque supràque,
Omissis age; pòst, quotquot sint, illa notato.
Si quis per decem erit numerus tibi multiplicandus,
Huic unum zero adjice; per centum, duo; perque
Mille, tria; hocque modo tibi res erit abbreviata.

Ex. I.		Ex. II.
4		5467
2		238
8		

	Summa 1 fig.	43737
	Summa 2 fig.	16401
	Summa 3 fig.	10934

Summa totalis. 1301146

Ex. III.	Ex. IV.	Ex. V.
12000	452	400
12	300	200
144000	135600	80000

Ex. VI.	Ex. VII.	Ex. VIII.
42	427	75496
10	100	1000
420	42700	75496000

Le Nombre d'or composé de 19 ans est le temps que le Soleil & la Lune employent pour se rencontrer en mesme point. Or pour le trouver on multiplie par 19 les années du Soleil comme si elles estoient chacune de 365 jours & 6 heures, quoy qu'elles ne soient que de 365 jours, 5 heures, & 49 m. c'est à dire 11 m. moins d'une heure. Et l'on multiplie aussi les années de la Lune par 19, en les contant comme si elles estoient chacune de 354 jours, 8 heures, 48 m. environ 38 sec. Les années du Soleil par 19 font 6939 jours, 18 heures, 365, 6 heures

$$19 \quad 19$$
$$\overline{6939 \quad 15}$$

Les années de la Lune par 19 font 6732 jours 23 heures, 24 m. & presque 5 sec. qui font 228 mois, ausquels ajoûtant les sept mois intercalaires, qui font 206 jours, 17 heures, 8 m. 22 sec. la somme est 6939, 16 heures, 32 m. 27 sec. qui font en tout 235 conjonctions lunaires. Ainsi les 19 ans de la Lune sont moindres que ceux du Soleil d'1 heure, d'environ 25′, & 32 sec. ce qui avoit fait environ 4 jours en l'espace de 1257 ans, depuis l'an du Concile de Nicée 325 jusqu'à l'an de la Correction 1582. Années de la Lune par 19.

$$354 \text{ jours}, 8 \text{ h. } 48 \text{ m. } 38 \text{ sec. environ}$$
$$19 \qquad 19 \quad 19 \quad 19$$
$$\overline{6732 \text{ jours}, 23 \text{ h. } 24 \text{ m. } 2 \text{ sec.}}$$
$$206 \qquad 17 \quad 8 \text{ m. } 22 \text{ sec.}$$
$$\text{Somme } 6939 \qquad 16 \text{ h. } 32 \text{ m. } 24 \text{ sec.}$$

Il faut commencer la multiplication par les secondes, puis par les minutes, puis par les heures, & rejetter sur les premieres, 1 pour 60 sec. 1 pour 60 m. 1 pour 24 heures, à quoy adjoûtant 206 jours 17, heures 8 m. & 22 sec. on aura pour la somme 6939, 16 m. 32 m. 24 sec.

Pour avoir la Periode Julienne, qui est composée des trois Cicles ou revolutions des 28 Lettres Dominicales, de 19 du Nombre d'or & de 15 d'Indiction, il faut multiplier ces trois nombres l'un par l'autre de suite, en sorte que la somme du premier & du second soit multipliée par le nombre du troisiéme; & il n'importe pas, par lequel on commence. Ainsi 28 par 19 on aura 532, qui estant multipliez par 15 donneront 7980 pour la somme.

$$28$$
$$\text{par } 19$$
$$\overline{532}$$
$$532$$
$$\text{par } 15$$
$$\overline{7980}$$

CHAPITRE VI.

Regle de Division.

1. **P**Lacez les Nombres en commençant à gauche, mettant la premiere figure du Diviseur sous la premiere du nombre à diviser, pourvû qu'elle soit moindre, sinon avancez le Diviseur d'un rang.

2. Cherchez combien le Diviseur est dans le nombre à diviser, ou du moins, la premiere figure dans celle ou celles qui sont au dessus, & marquez le quotient ou exposant à part.

3. Puis multipliez par le quotient chaque figure du Diviseur, en commençant à droite, & retirez chaque produit de cette Multiplication de chaque figure qui luy répond, en reservant les emprunts de chaque Soutraction pour les ajoûter au rang suivant du Diviseur, après la Multiplication.

4. Quand le Diviseur est plus grand que le nombre à diviser, on l'avance d'un rang vers la droite, & l'on marque un zero au quotient. Et s'il reste quelque chose après la derniere operation, on le met auprés du quotient au dessus du Diviseur, une petite ligne entre deux, & ce reste s'appelle Fraction.

Questions de Division.

POur trouver le Nombre d'or, & par son moyen l'Epacte, & par l'Epacte le jour de la Lune, & la Feste de Pasques;

Après avoir adjoûté 1 aux ans de Jesus-Christ, on divisera le tout par 19, le Quotient ou Exposant, marquera les revolutions des Cicles du Nombre d'or, qui se sont écoulées depuis la Naissance de Jesus-Christ, & ce qui restera sera le Nombre d'or cherché; s'il ne reste rien, le Nombre d'or sera 19.

1 Ex. en 1671, 1672 (88. puisqu'il ne reste rien, 19 est le Nombre d'or.

2. Ex. en 1675, 1676 (88 $\frac{4}{19}$

4 est le Nombre d'or.

L'Epacte & le Nombre d'or commencent ensemble par 1, puis à chaque démarche que fait l'Epacte elle en passe 11 qui est le nombre dont l'année du Soleil de 365 jours passe celuy de la Lune, qui n'est que de 354; ainsi quand le Nombre d'or est à 2, l'Epacte est à 12, & quand le Nombre d'or est à 3, l'Epacte est à 23, & quand le Nombre d'or est à 4, l'Epacte est aussi à 4, parce qu'ayant adjoûté 11 à 23, elle est venuë à 34, or on

CAPUT VI.

De Divisione seu Partitione.

PArtitio dirimit quos Multiplicatio junxit.
Incipiendo finistrorsùm, quofcumque locato.
Ultima, quæ prima eft in Divifore figura,
Si major, vel fub primis quæcumque locantur
Si fint majores, fede unâ promoveantur,
Nilque vice hac primâ, pro motâ fede notetur.
Quæratur quoties Divifor in ordine fuprà;
Et quia difficile eft de totis fcire figuris,
De prima tantùm quæratur, dummodo poffit
Divifor retrahi in quotientem multiplicatus;
Et feorsùm Quotiens duplicem fervetur in ufum:
Primò ut nota tibi fit quæque operatio facta;
Nam tot erunt praxes quot & in quotiente figuræ:

Tum poftquàm hunc in Diviforem duxeris, inde
Factum à fupremo retrahas, fic femper agatur
Donec Partitio integri fit tota peracta;
Quot praxes, venient tot & in quotiente figuræ.
Quando Divifor fuperat, tunc promoveatur
Unâ fede, ac ad Quotientem cifra notetur:
Quod minus Integro fupereft, juxta Quotientem
Scribe fupra Diviforem, ac ad Fracta remitte.

Ex. I.	Ex. II.	Ex. III.	Ex. IV.
8 $(4$ $2 (4$	$4^d 95$ $($ 105 39 prima operatio 39 fecunda op. 39 tertia op.	57 $56 16$ $($ 78 72 72	$17 (4\frac{1}{4}$ 4

D iij

EXEMPLUM V.

Si sit dividendus 19999100007 *per* 99999
sic operatio fiet.

$$\begin{array}{l}
29999 \qquad \text{Quotiens}\\
199991000007 \quad (\ 199993\\
999999999\\
99999999\\
999999\\
9999\\
99
\end{array}$$

EXEMPLUM VI.

Si dividendus sit 90000009 *per* 7777
sic operatio fiet

$$\begin{array}{l}
2\\
567\\
445418\\
12233518\\
900000009 \quad (\ 11573\frac{788}{7777}\\
77777777\\
7777777\\
7777\\
77
\end{array}$$

Compendium divisionis quando Divisor
est 10, vel 100, vel 1000.

CUm Divisor erit decem, ut abbreviatio fiat,
A dextra primam é supremo tolle figuram;
Cùm centum, binas; tres, quando mille: figuræ
Si primæ hæ fuerint zero, Divisio facta est;
Est quotiens reliquum; sin, ex his Fractio fiet.

Ut si 240 per 10, fit Quotiens 24, sublatâ primâ.
At si 243 per 10, fit Quotiens 24. $\frac{3}{10}$
Si 9600 per 100, fit Quotiens 96, sublatis primis duabus.
At si 7515 per 100, fit Quotiens 75 $\frac{15}{100}$
Si 477000 per 1000, fit Quotiens 477 sublatis tribus primis.
At si 556124 per 1000, fit Quotiens 556 $\frac{124}{1000}$

retranche toûjours 30 pour prendre ce qui est par dessus. Tellement que
l'un & l'autre avançant par les mesmes démarches, ces deux Cicles se
rencontreront toûjours à 1, 4, 7, 10, 13, 16, 19. Ayant donc trouvé le
Nombre d'or d'une année, il sera aisé d'en trouver l'Epacte. Car si ce
n'est pas un des nombres de rencontres, il ne faudra qu'adjoûter autant
de fois 11 au Nombre d'or, qu'il est éloigné du plus prochain Nombre de
rencontre, par Exemple, si l'on veut sçavoir quel sera l'Epacte de 1677,
aprés avoir adjoûté 1, & divisé 1678 par 19 il vient 6 au quotient ; & comme 6 est éloigné de 4 de deux, il faut adjoûter deux fois 11 à 4, & l'on
aura 26 d'Epacte pour l'année 1677.

Or pour trouver le jour de la Lune par l'Epacte, il faut adjoûter à l'E-
pacte le Nombre des mois qui se sont écoulez depuis le mois de Mars, luy
compris, puis le quantiéme du mois, & retrancher 30 si tous ces Nombres
le passent, sinon on prendra ce qui sera trouvé au dessous de 30, ou par
dessus.

Exemple.

Le 18 d'Avril 1677, qui est dans le Calendrier, vis à vis de la lettre C,
qui est celle du Dimanche de l'année 1677, quel jour sera-ce de la Lune ?
Ayant trouvé par le Nombre d'or, que l'Epacte de cette année est 26 ;
j'adjoûte 2 de mois à 26 & 13 de mois, & cela fait 46 : d'où retranchant
50 il restera 16, qui sera le quantiéme de la Lune du 18 d'Avril 1677. Or
comme par le Decret du Concile de Nicée, la Feste de Pasques doit estre
celebrée le Dimanche qui suit immediatement le 14e jour de la Lune de
Mars ; & qu'on appelle la Lune de Mars, celle dont le 14e jour tombe,
ou le jour de l'Equinoxe du Printemps, qui arrive le 21 de Mars ou aprés
ce 21 de Mars, je voy que le Dimanche 18 d'Avril 1677, qui est le 16e de
la Lune doit estre le jour de Pasques ; puisque le 14e de la Lune, qui estoit
le Vendredy precedent, est la premiere pleine Lune qui soit arrivée depuis le 21 de Mars.

LIVRE TROISIE'ME.

Arithmetique Pratique des Fractions ou Nombres Rompus.

CHAPITRE PREMIER.

Ce que c'est que Fraction & du nom des Nombres Rompus.

QUAND aprés la Division il reste quelque chose qui n'a pû estre partagé, on appelle ce reste Fraction ; ou bien quand on se propose des Nombres ou des choses dont l'une est une partie de l'autre, comme la moitié, le tiers ou le quart, & alors cette partie & sa domination font deux nombres qu'on appelle Rompus, & qui se mettent l'un sur l'autre, avec une petite ligne entre deux. Celuy qui est au dessus s'appelle Numerateur, & celuy de dessous s'appelle Denominateur ; comme si l'on veut exprimer en Nombres, deux tiers, on met 2 dessus & 3 dessous, ainsi $\frac{2}{3}$; où l'on voit que 2 doit estre nommé Numerateur, parce qu'il nombre ou designe la quantité du Nombre inferieur, au lieu que 3 qui est dessous ne sert qu'à dénommer la chose, & ainsi il doit estre appellé Denominateur.

Souvent il y a beaucoup de Fractions de suite qui ne dépendent point les unes des autres, comme, quand on dit $\frac{2}{3}$ $\frac{3}{4}$ $\frac{5}{7}$, c'est à dire deux tiers, trois quarts, cinq septiémes. Et quelquefois elles dépendent les unes des autres, comme quand on dit, la moitié du tiers de douze, qui s'exprimeroit ainsi en Nombres $\frac{1}{2}$ de $\frac{1}{3}$ de $\frac{1}{12}$; alors pour les distinguer des autres, on met entre chaque Fraction la Particule *de* pour faire voir qu'elles dépendent les unes des autres, & pour cela on les nomme Fractions de Fractions.

CHAPITRE II.

Reduire les grandes Fractions à de moindres.

POur faciliter l'operation des Fractions, il les faut reduire à leurs moindres termes, c'est à dire les approcher l'un & l'autre de l'unité le plus qu'on peut. Ce qui se fait en les retirant l'un de l'autre alternati-

LIBER

LIBER TERTIUS.

Arithmetica Practica Fractorum.

CAPUT PRIMUM.

Quid sit Fractio, & qui vocentur Numeri Fracti.

QUOD de Diviso superest, huic Fractio nomen.
Fractorum duplex ordo; hic suprà, ille deorsùm:
Lineola iis interposita hunc secernet ab illo:
Supremus Numerat, Denominat infimus ordo;
Hic Nomenclator, Numerator dicitur alter.
Dicuntur Socij, quos unus junxerit ordo
Inferior vel supremus, queis nomen & unum est.

1	15	Numerator seu Numerans.
4	20	Denominator seu Nomenclator.

2	3	5	socij.
3	4	7	socij.

CAPUT II.

Reductio maximorum terminorum ad minimos seu primos terminos.

PArtitio ad minimos numeros alterna reducet,
Mensurâ hac quæ nil tibi post divisa relinquit:
Hæcque tibi illorum major mensura vocetur.

E

Hi minimi, aut primi, quos tantùm dividit unum.

ut 117	reduces alternâ divisione quousque invenias communem mensuram	sic	117 91 26	117 13 (9 minimi. ──── termini.
──── 91			13 mensura	91 (7 13

Compendiosa Methodus reducendi maximos terminos ad suos minimos, seu inveniendi Communem mensuram quorumcumque numerorum.

HAc methodo, si Partitio tibi longa videtur,
Mensuras poteris numerorum agnoscere quasvis.
1. Unum, omnem numerum numerat, nihil immutando.
2. Si primum, totum numerat binarius ipse.

    Id est, omnem parem numerat 2.

3. Si tria, sive novem, de collectis alicujus
& Cum potes, abijcias numeris, nilque inde supersit,
9. Ipsum per tria, perque novem poteris numerare.

    Ut 5439 numerabit 3 | & 4869, metietur 9 & 3.

4. Si primos geminos, omnes quatuor numerabit

    Ut 69816, quia 4 metitur 16, totum metietur.

5. Quinque etiam, si quinque aut zero prima figura.

    Ut 4525 & 4920, metietur 5.

6. Sexque Pares numerat, quos & ternarius ipse.

    Ut 4362 metitur 6 & 3.

7. Partitione opus est, septem ut dignoscere possis;
Vel; septem numerat, quem alij nequeunt numerare.
8. Tres primos numerans, totum numerabit & octo.

    Ut 594368, quia 8 numerat 368, totum numerabit.

8. Vel; Summæ oblatæ tres primos dimidiato,
Si factum quatuor, totum numerabit & octo.

    Ut 4368, quia dimidium 368, sc. 184. numerat 4, ergo & 8 totum.

10. Perque decem numera, cui zero prima figura.

vement, ou par la Soutraction si ce sont deux Nombres qui soient restez d'une Division, ou par la Division, jusqu'à ce qu'on ait trouvé un Nombre qui les divise tous deux sans reste ; & ce Nombre s'appellera leur commune mesure ; & servira en les divisant separément l'un l'autre à les reduire à leurs moindres termes : que si l'on descendoit jusqu'à l'unité sans trouver d'autre commune mesure, alors il les faudroit laisser tous deux tels qu'ils estoient, parce qu'ils estoient en leurs moindres termes ; ce qu'on appelle estre premiers entre eux.

Ainsi si l'on propose 30 & 45, ou $\frac{30}{45}$, on ôtera 30 de 45, il restera 15 ; qui divisant 30 sans reste sera la commune mesure de 30 & de 45, & donnera 2 & 3 ou $\frac{2}{3}$ pour leurs moindres termes : mais si l'on proposoit 30 & 47, on viendroit jusqu'à l'unité, ainsi ils ne peuvent estre reduits à de moindres termes.

Pour éviter les reductions à de moindres termes.

CEtte reduction de Fractions à de moindres termes, n'est necessaire qu'entre les Nombres qu'ils appellent abstraits, c'est à dire qui ne sont appliquez à aucune matiere. Car quand il s'agit de matiere comme de monnoye ou autre chose, dont les parties ou Fractions ont des valeurs subordonnées, alors ny ces reductions ne sont pas necessaires, ny les Fractions ne doivent donner aucune peine ; puis qu'alors au lieu de les reduire, il en faut augmenter ou multiplier le Numerateur selon son estimation ou valeur, en laissant en son premier estat le Dominateur qui tient icy le lieu de Diviseur.

Par exemple, après avoir divisé 64 liv. à 12 personnes, & trouvé qu'ils auront chacun 5 liv. & qu'il en restera encore 4 à partager à 12, au lieu de reduire 4 & 12 à de moindres termes, qui sont 1 & 3, qui voudroient dire qu'il leur faudroit encore chacun un tiers de livre, qui sont 6 s. 8 d. je reduiray d'abord ces 4 liv. en sols, & j'en auray 80, qui estant divisez par 12 donneront 6 s. chacun, & reste 8 s. que je reduis en deniers, & il vient 96, que je divise par 12, & il vient chacun 8 d. par dessus les 6 sols, tellement que divisant 64 liv. à 12 personnes, je trouve par ce moyen qu'ils ont chacun 5 liv. 6 s. 8 d.

Ainsi il sera aisé d'éviter ces reductions, en mettant les livres en sols & les sols en deniers. Et de mesme, en mettant les toises en pieds, les pieds en pouces & les pouces en lignes, & de mesme de toutes les autres mesures.

CHAPITRE III.

De la Reduction de deux ou plusieurs Fractions en une mesme Denomination.

CEtte Reduction est absolument necessaire pour les Regles des Fractions, & pour toutes les operations où il se rencontre des Nombres Rompus, qu'il faut avant toutes choses reduire sous un mesme Denominateur.

Quand il n'y a que deux Fractions comme $\frac{3}{4}$ & $\frac{5}{6}$, on les reduit en multipliant en croix ou de travers le Denominateur de l'un par le Numerateur de l'autre, par exemple, 3 Numerateur de la premiere Fraction multipliera 6 Denominateur de la seconde; & fera 18 qu'on écrira au dessous du 3 :

Puis 5 Numerateur de la seconde Fraction multipliera 4 Denominateur de la premiere, & il viendra 20 qu'on écrira sous 5; & ainsi au lieu des deux premiers Numerateurs 3 & 5, on en a deux nouveaux plus grands qui sont 18 & 20 : Et pour avoir le seul Denominateur, il faudra multiplier les deux Denominateurs des Fractions proposées l'un par l'autre, c'est à sçavoir 4 & 6 & il viendra 24 qui sera le commun Denominateur.

Ainsi au lieu de $\frac{3}{4}$ $\frac{5}{6}$ on aura $\frac{18}{24}\frac{20}{24}$ par la multiplication en croix, qui est la même chose en plus grands nombres. Car 18 à l'égard de 24 est comme 3 à 4, puisque 6 qui est leur commune mesure est trois fois en 18 & quatre fois en 24 : & 20 à l'égard de 24 c'est comme 5 à 6 ; puisque 4 qui est leur commune mesure est cinq fois en 20, & six fois en 24.

La même chose arriveroit si des deux Numerateurs de la premiere Reduction on n'en faisoit qu'un en les multipliant l'un par l'autre, & prenant pour Denominateurs les deux Numerateurs qui ont esté multipliez en croix. Ainsi l'on auroit $\frac{15}{18}\frac{15}{20}$. Car 15 à l'égard de 18 seroit comme 5 à 6 ; puisque 3 est cinq fois en 15 & six fois en 18 : & 15 à l'égard de 20 seroit comme 3 à 4 ; puisque 5 est trois fois en 15 & quatre fois en 20. Nous verrons l'usage de ces deux sortes de Reduction, en même Denomination & en même Numeration, qui sont souvent necessaires l'une & l'autre.

Par exemple, si l'on dit que deux hommes ont differentes parties d'une même somme, il faut reduire les Fractions en même Denomination, c'est à dire, qu'après avoir multiplié en croix le Numerateur de l'une par le Denominateur de l'autre pour en faire deux Numerateurs differens, on multipliera les deux Denominateurs l'un par l'autre pour n'avoir qu'un seul Denominateur.

Mais si l'on disoit que deux hommes eussent une même somme qui seroit differentes parties de deux autres sommes ; alors il faudroit reduire les

CAPUT III.

Reductio duorum vel plurium Fractorum ad eandem denominationem.

Binos sic Fractos rediges sub Nomine eodem,
Hinc Numerans crescat per eum qui Nominat illinc;
Transverso crucis in formam ordine crescat uterque.
Inde novi fient Numerantes; exque duobus
Unus Nomenclator erit, si multiplicent se.
Et sit idem, ex binis dum sit Numerantibus unus
Si sint Nomenclatores facti Numerantes.

Exemplum I.

Ut si reducendi sint $\frac{3}{4}$ & $\frac{5}{6}$ ad eandem denominationem.

Sic transversim
multiplicabuntur. $\frac{3}{4} \times \frac{5}{6}$

Duo Numerantes.

Ex mult. 3 in 6, 18   20 ex mult. 4 in 5.

Unus Nomenclator seu den. 24 *ex multipl.* 4 in 6.

Exemplum II.

$\frac{3}{4} \times \frac{5}{6}$

Unus Numerator ex multipl. 3 in 5

15

Duo den. 18, 20. extransversa multipl. 3 in 6. & 4 in 5.

Cum plures fuerint, omnis dabit infimus ordo
Nomenclatorem, si ducas quosque vicissim:
Augeat hunc quivis Numerans; ac dividat alter,
Scilicet ex primis Nomenclatoribus unus
Sic auctum Nomenclatorem per Numerantes:
Hinc quivis Quotiens, Numerans: nova fractio prodit

E iij

Æquivalens primæ, Nomenclatore sub uno
Qui fuit ex primis Nomenclatoribus auctus.

Ut si sint reducendi hi tres.

$$\frac{2}{3} \quad \frac{4}{5} \quad \frac{6}{7}$$

Multiplicentur in se 3, 5, & 7: ex 3 in 5, fit 15; ex 15 in 7 fit 105.
Tum multiplicetur 105 per 2, 4, 6 | ex 2 in 105 fit 210; ex 4 in 105 fit 420; ex 6 in 105 fit 630.
Tandem dividatur 210 per 3; 420 per 5; & 630 per 7; & venient Numerantes in quotientibus, scilicet 70, 84, 90, quibus supponetur 105; & erit nova fractio æquivalens primæ.

$$\frac{70, \ 84, \ 90}{105}$$

CAPUT IV.

Reductio Integri & Fracti ad unum & idem Fractum.

Sic ad idem Fractum, Integrum Fractumque reduces:
Ducito in Integrum, fractum quod Nominat; illi
Addatur Numerans; Nomenclatore retento,
Mutatus solus Numerans inde auctior exit.

Ut si detur Integrum 4. & fractum $\frac{3}{4}$ sic reduces ad idem fractum, multiplicando integrum 4, per 4 Nom. fracti, & fiet 16, dein addendo 3 Numer. fracti fit 19, & sic retento 4 Num. fracti, sit unica fractio.

$$\frac{19}{4}$$

ii

Fractions en même Numeration, c'est à dire, qu'après avoir multiplié en croix le Denominateur de l'une par le Numerateur de l'autre pour en faire deux Denominateurs differens, on multipliera les deux Numerateurs l'un par l'autre pour n'avoir qu'un seul Numerateur.

Exemple de Reduction en même Denomination.

Pierre & André ont partagé une somme de 18000 liv. ou telle autre qu'on voudra. Pierre en a eu la moitié, & André le tiers, & ils ont donné le reste aux pauvres. Combien ont-ils eu chacun & qu'ont-t-ils donné. Il faut reduire en même Denomination la moitié & le tiers $\frac{1}{2} \frac{1}{3}$

$$\frac{3 \, 2}{6}$$

& Pierre aura pour sa part, 3 qui est la moitié de 6; & André aura pour la sienne 2, qui est le tiers de 6; & si l'on adjoûte 3 & 2 qui sont les deux parts de Pierre & d'André on aura 5, & il restera un sixiéme pour la part des Pauvres.

Or on peut supposer telle somme ou Denominateur qu'on voudra en la place de 6; par exemple 18000 liv. & l'on en donnera à Pierre la moitié qui sera 9000. & à André le tiers qui sera 6000; & aux Pauvres le sixié-me, qui sera 3000.

Exemple de Reduction en même Numeration.

Deux hommes ont partagé deux Successions differentes, & ont eu cha-cun une même somme, c'est à dire, autant l'un que l'autre. Le premier a eu les $\frac{4}{7}$ de sa Succession, & l'autre les $\frac{4}{11}$ de la sienne. En reduisant en mê-me Numeration les $\frac{4}{7}$ & $\frac{4}{11}$ on aura $\frac{20}{44} \frac{20}{35}$, on voit que 20 est les $\frac{4}{11}$ de 44, puisque 4 qui est leur commune mesure est cinq fois en 20, & unze fois en 44, & qu'aussi 20 est les $\frac{4}{7}$ de 35; puisque 5 qui est leur commune me-sure est quatre fois en 20, & sept fois en 35. On peut supposer telle autre Somme ou Numerateur qu'on voudra, par exemple 40000 au lieu de 20; & les deux Denominateurs seront 88000. & 70000. dont 40000. sera aussi les $\frac{4}{11}$ & les $\frac{4}{7}$ comme 20 l'estoit des premiers.

Quand il y a plus de deux Fractions à reduire sous une même Denomi-nation comme $\frac{2}{3} \frac{4}{5} \frac{6}{7}$, il faut prendre d'abord tous les Denominateurs, c'est à dire, le rang de dessous qui sont icy 3, 5 & 7, & les multiplier l'un par l'autre, & leur produit; 3 fois 5 font 15, 15 fois 7 font 105, qui sera le Denominateur commun de la nouvelle Fraction.

Puis tous les Numerateurs separément multiplieront le nouveau Deno-minateur; ainsi 2 multipliant 105, donnera 210, & 4 le multipliant don-nera 420, & enfin 6 le multipliant donnera 630.

Aprés on prendra chacun de ces Numerateurs, & l'on les divisera sepa-rément & par ordre par chacun des premiers Denominateurs.

Ainsi 3 divisant 210, donnera pour le premier Numerateur 70; & 5 di-visant 420, donnera pour le second Numerateur 84; & enfin 7 divisant

630, donnera pour troisiéme Numerateur 90 ; & l'on aura pour nou-velle Fraction sous le seul Denominateur 105, celle-cy qui équivale à la precedente $\frac{70.84.90}{105}$

Car 70 à l'égard de 105, est de même que $\frac{2}{3}$, & $\frac{84}{105}$ est de même que $\frac{4}{5}$ & enfin $\frac{90}{105}$ est comme $\frac{6}{7}$; ainsi qu'on le peut prouver en les reduisant cha-cun à leurs moindres termes.

CHAPITRE IV.

Reduire un Nombre entier & une Fraction, en une seule Fraction.

IL faut multiplier l'entier par le Denominateur de la Fraction, & adjoû-ter au produit de cette Multiplication le Numerateur de la Fraction, & mettre ce produit & ce Numerateur, adjoûtez ensemble, sur le Denomi-nateur tel qu'il estoit, & la chose est faite. Ainsi si l'on propose $5\frac{2}{3}$ à reduire en une seule Fraction, après avoir multiplié 5 par 3, qui fait 15, on adjoûtera 2 à 15, & l'on aura 17 qu'on mettra sur le Denominateur 3, & l'on aura le tout reduit en une Fraction $\frac{17}{3}$

CHAPITRE V.

Reduire en Fraction & entier s'il y échet le Numerateur plus grand que n'est le Denominateur de la Fraction.

IL faut diviser le Numerateur par le Denominateur.
Si le Denominateur est precisément contenu plusieurs fois dans le Numerateur, alors il ne viendra qu'un entier comme si on divisoit $\frac{16}{4}$ il viendroit 4 : mais s'il n'y est pas contenu precisément il viendra un en-tier & Fraction : comme $\frac{17}{3}$, il viendra $5\frac{2}{3}$.

CHAPITRE VI.

Trouver la valeur des Fractions.

PAr exemple, quand il s'agit de monnoye, & qu'il reste des livres d'une division faite, parce que le Denominateur est plus grand que le Numerateur de la Fraction qui denote les livres, il faudra reduire les li-vres en sols, & les sols en deniers. Pour reduire les livres en sols il faut multiplier le Numerateur par 20, qui est la valeur de chaque livre, & les

CAP. V.

CAPUT V.

Reductio Numeratoris majoris quàm sit denominator,
ad Integrum & Fractum, si opus est.

Dividito Numerantem; Integrum & Fractio prodit;
Fractio; ni major præcisé multiplus extet.

$$\text{sic } \frac{19}{4} \text{ reducentur ad } \overset{\text{integr. \& fract.}}{(4 \ \& \ \tfrac{3}{4}}$$
per 4

At si $\frac{16}{4}$ sint reducenda, fiet (4. nulla fractio quia 16 est multiplus 4.

CAPUT VI.

Fractionum æstimatio seu valor.

Integri Summa aut libræ, vel pondera certa:
Duc Summam Integri in Numerantem; divide factum
Per Nomenclatorem, erit in quotiente petitum.

Exemplum.

Quot faciant solidos, libræ, tres (quæro) quadrantes?
Duco tria in summam, quæ viginti solidorum est,
Divido, per quatuor, sexaginta; inde petitum.

quot faciant $\frac{3}{4}$ libræ ?	duco 3 Num. in 20 s. summam l.bræ, & sit 60. deinde divido 60 per 4 Nom. & venit 15 s. ergo $\frac{3}{4}$ libræ valent 15 solidos.	20 $(15$ sit 4

Sic aliter: Nomenclatoris quære valorem;
Et ducatur in hunc Numerans, potieris adepto.

Ut valor 4 seu quadrantis libræ est, 5 s. ex 5 in 3 fit 15 s. & sic $\frac{3}{4}$ libræ valent. 15 s.

⁂

CAPUT VII.

Additio Fractionum.

FRactis adductis Nomenclatore sub uno;
Omnes junge simul Numerantes: Resque peracta est.

Ut si addendi sint
$\frac{2}{3}$ & $\frac{4}{5}$ sic adductis $\frac{2}{3} \times \frac{4}{5}$ sub una den, junge
per Cap. 3. $\frac{10 \quad 12}{15}$ Numerantes
10 & 12
& habebis,

$$\frac{22}{15}$$ id est, $1\frac{7}{15}$ per Cap. 5

CAPUT VIII.

Subtractio Fractionum.

UT prius adductis Nomenclatore sub uno;
Si bini fuerint, Numerantem hunc subtrahe ab illo.

Ut $\frac{2}{3} \times \frac{4}{5}$ | $\frac{10 \quad 11}{15}$ subtr. $\frac{2}{15}$

Si plures cupias Fractos minimos minimorum
Pluribus ex minimis minimorum subtrahere, omnes
Susdeque in socios duc, ut sit Fractio bina:
Utraque adductâ Nomenclatore sub uno;
Tunc, ut præceptum, Numerantem hunc subtrahe ab illo.
Partitio ad minimos, si opus est, alterna reducet.

Ut si sint   6 4 1   4 3 1
subducendi — — —   ex — — —
              7 4 4   5 4 3

ex sociis | fit $\frac{71}{140} \times \frac{14}{60}$ | $\frac{4310 \quad 1360}{8400}$ | Subtr. $\frac{960}{8400}$ | Red. 4
in se   —
ductis   35
| per 140

Fractum ex Integro si mens est subtrahere, unum
Commodet Integrum, quod susdeque æquiparabis
Nomenclatori, alteraque hinc nova fractio fiet

fols par 12 qui eſt la valeur en deniers de chaque fol. Comme ſi on vouloit ſçavoir la valeur de cette Fraction $\frac{4}{16}$, c'eſt à dire, en ſuppoſant que
4 ſont des livres, combien ſeize auroient chacun de ſols, apres avoir reduit 4 liv. en 80 f. par 20, on diviſera 80 par 16, & il viendra 5, qui fera
voir que $\frac{4}{16}$ valoient 5 f.

CHAPITRE VII.

Addition de Fractions.

IL faut mettre en même Denomination les Fractions qu'on veut adjoûter : & puis adjoûter les deux Numerateurs enſemble, & les mettre
ſur le Denominateur.

Ex. I.	Ex. II.	Ex. III.

$$\frac{2}{3} \times \frac{1}{4} \qquad \frac{2}{3} \times \frac{1}{3} \qquad \frac{2}{3} \times \frac{5}{6}$$

$$\frac{8 \quad 3 \quad 11}{12 \quad 12} \qquad \frac{6 \quad 3 \quad 9}{9 \quad 9} \qquad \frac{12 \quad 15 \quad 27}{18 \quad 18}$$

Aprés que les deux Numerateurs ont eſté adjoûtez, & leur ſomme miſe
ſur le commun Denominateur, ou cette ſomme eſt moindre que le Denominateur, comme dans le I. Ex. ou elle luy eſt égale, comme dans le II.
Ex. ou elle eſt plus grande, comme dans le III. Ex.

Et c'eſt par l'Addition qu'on connoiſt ſi les parties ou Fractions qu'on
avoit priſes ſont moindres, égales ou plus grandes que l'entier.

Or il faut remarquer qu'encore qu'on ne puiſſe pas prendre dans un
entier plus de parties qu'il y en a, neanmoins il arrive ſouvent que les
parties ou Fractions ſont plus grandes que l'entier, ce qu'on connoiſt lorſque les deux Numerateurs eſtant aſſemblez font une plus grande ſomme
que le Denominateur. Et afin qu'on ne s'y trompe pas & qu'on n'accuſe
pas les Auteurs de s'eſtre trompez, lors qu'ils ont ſuppoſé qu'on par-
tageoit une ſomme en des parties qui ſe trouvoient faire une ſomme plus
grande, il faut ſçavoir que l'on agit en deux manieres à l'égard de l'entier,
l'une par voye de deſtruction, l'autre de comparaiſon. La premiere eſt
lorſqu'on retire les parties de l'entier pour les diſtribuer, & lors vous le
détruiſez en luy ôtant ſes parties : La ſeconde en le laiſſant en ſon entier,
& regardant ſes parties comme ſi on les tiroit d'un autre entier qui luy fuſt
égal, puis comparant ces parties à cet entier pour voir quelle proportion
ou rapport elles ont à ſon égard.

Ex. du premier Cas. Un homme donne les deux tiers & un quart de son argent, que luy reste-t-il ? Reduisez en même Denomination $\frac{2}{3} \times \frac{1}{4}$ & adjoûtez les deux Numerateurs 8 & 3, vous aurez $\frac{11}{12}$ & ainsi il luy reste $\frac{1}{12}$ c'est à dire une douzième partie de son argent.

Ex. du second Cas. Un homme a une somme d'argent, un autre en a les deux tiers, & les trois quarts de pareille somme, combien en ont-ils plus ou moins l'un que l'autre ? Mettez en même Denomination les deux tiers & les trois quarts $\frac{2}{3} \times \frac{3}{4}$ adjoûtez les deux Numerateurs, 8 & 9, & les mettez sur le Denominateur $\frac{17}{12}$, & le second en aura $\frac{1}{12}$ plus que le premier.

CHAPITRE VIII.

Soutraction des Fractions.

Quand il n'y a que deux Fractions, après les avoir reduites en même Denomination, ôtez le moindre Numerateur du plus grand.

Ex. Si l'on veut ôter $\frac{3}{4}$ de $\frac{5}{6}$, on les reduira $\frac{18}{24} \frac{20}{24}$ & l'on ôtera 18 de 20, il restera $\frac{2}{24}$ ou $\frac{1}{12}$.

S'il y a plusieurs Fractions de Fractions à retirer de plusieurs autres Fractions de Fractions; on multipliera tous les Numerateurs les uns par les autres, & tous les Denominateurs aussi les uns par les autres, afin de ne faire que deux Fractions; qu'il faudra ensuite reduire en même Denomination; puis on ôtera le moindre Numerateur du plus grand; & parce que les Fractions ont esté portées à de plus grands termes, on reduira s'il se peut le Numerateur restant, & le Denominateur commun à leurs moindres termes.

Ex. Si l'on veut ôter $\frac{6}{7} \frac{4}{5} \frac{3}{4}$ de $\frac{4}{5} \frac{3}{4} \frac{2}{3}$; on multipliera 6, 4, 3 qui feront 72, puis 4, 3, 2, qui font 24, pour les deux Numerateurs; puis on multipliera 7, 5, 4, qui font 140, puis 5, 4, 3 qui font 60 pour les deux Denominateurs qu'on reduira à un seul $\frac{72}{140} \times \frac{24}{60}$ & l'on aura $\frac{4320}{8400} \frac{3360}{8400}$ & la Soutraction estant faite il restera $\frac{960}{8400}$ c'est à dire, en moindres $\frac{4}{35}$.

Si l'on veut soustraire une Fraction d'un entier comme $\frac{1}{6}$ de 4, il faut mettre l'unité sous l'entier pour en faire une Fraction, & l'on aura ainsi pour les deux Fractions $\frac{4}{1} \frac{1}{6}$ qu'on reduira en même Denomination, & il viendra $\frac{24}{6} \frac{1}{6}$ puis retirant 1 de 24, il restera $\frac{23}{6}$ c'est à dire en moindres termes 3 $\frac{5}{6}$.

Excedens primam; ductam in se subtrahe ab ista:
Mutuum ab Integro tollens quod præstitit unum.

Ut sivis subtrahere $\frac{1}{3}$ ex 4 | sume 1 ex 4, & fac novam fractionem susdeque æquip. Nom. | sic $\frac{1}{3}$ X $\frac{1}{3}$ | si tollas 6 ex 9, restant $\frac{3}{9}$ id est $\frac{1}{3}$.

$$\frac{9 \quad 6}{9}$$

ergo $\frac{1}{3}$ ex 4 | fit 3 $\frac{2}{3}$;

Vel

Unum pone sub Integro, ac sub nomine eodem
Utrisque adductis, Numerantem hunc subtrahe ab illo.

Ut $\frac{1}{3}$ ex 4 $\frac{12}{3}$ X $\frac{1}{3}$ $\frac{11}{3}$ Reliq. $\frac{11}{3}$ seu 3 $\frac{2}{3}$

At si ex Integro Fractoque, Integrum, aliudve
Fractum quod majus sit, tollas; quod minus, unum
Quærat ab Integro proprio, quod & æquiparatum
Nomenclatori proprio, jungat Numeranti:
Fractis adductis Nomenclatore sub uno,
Perfice; ab Integro retrahens quod præstitit unum.

Ut si subtrahenda 3 $\frac{1}{3}$ ex 7 $\frac{2}{5}$ | $\frac{1}{5}$ $\frac{7}{5}$ sume 1, ex quo fiet $\frac{5}{5}$ remanente 6. | junge 5 & 2 fiunt $\frac{7}{5}$

tum adduc ad eandem den. $\frac{1}{3}$ X $\frac{7}{5}$ | subtrahe 10 á 11 | fit $\frac{11}{15}$ | subtrahe integra 3 á 6 & fit. 3 $\frac{11}{15}$

$$\frac{10 \quad 11}{15}$$

CAPUT IX.

Multiplicatio Fractionum.

DUc in se socios; hinc unica fractio restat,
Quam, si opus est, ad primos partitione reduces.

Ut si sint multiplicandi $\frac{2}{3}$ per $\frac{3}{4}$ | ex in 3, fiant 1 6 | reducti $\frac{1}{2}$ | ex 3 in 4, 12

Si vis Integrum Fractumque, Integro aliove
Fracto multiplicare, ad idem illa reducito fractum;
Duc socios in sese, hinc unica fractio restat;

F iij

Quam, si opus est, ad primos partitione reduces.

Ut si sint multiplicandi $2\frac{1}{3}$ per $4\frac{2}{3}$ | sic reduces ad $\frac{7}{3}$ $\frac{14}{3}$ | $\frac{98}{9}$ | seu $\frac{35}{3}$.

CAPUT X.

Divisio Fractionum.

UT priùs adductis Nomenclatore sub uno;
Solos dividito Numerantes; Resque peracta est:
Nomenclatorem nihil hæc operatio curat.

Ut si sint dividendi $\frac{5}{7}$ per $\frac{3}{7}$ | adductis ad eandem den. $\frac{5}{7} \times \frac{3}{7}$ | divisio 15 per 14 ($1\frac{1}{14}$
$$\frac{14 \quad 15}{11}$$

Si vis Integrum & Fractum, per Fractum, aliudve
Integrum partiri; ad idem illa reducito Fractum:
Ac deinde adductis Nomenclatore sub uno;
Solos dividito Numerantes: Resque peracta est.

Ut si sint dividendi $3\frac{1}{3}$ per $2\frac{1}{3}$ | Reductis ad idem fractum $\frac{7}{3}$ | $\frac{7}{3}$ | ac redactis ad eand. den. $\frac{2}{3} \times \frac{8}{3}$ | divisio 11 per 16 ($1\frac{5}{16}$ &.
$$\frac{21 \quad 16}{6}$$

Si l'on veut ôter un entier & Fraction d'un autre entier & Fraction, & que la Fraction d'où l'on veut ôter soit moindre que l'autre, alors celle qui est moindre empruntera une unité de son entier, qui sera ainsi diminué d'une unité ; & de cette unité empruntée on formera un nombre égal au Denominateur de la même Fraction, puis on le joindra à son Numerateur, comme si de $7\frac{2}{5}$ on vouloit ôter $3\frac{3}{5}$; parce que $\frac{3}{5}$ sont plus grands ou valent plus que $\frac{2}{5}$; cette moindre Fraction empruntera de son entier 7 une unité, & cét entier ne vaudra plus que 6, & de cette unité on en fera un nombre égal au Denominateur de la Fraction $\frac{3}{5}$, c'est à dire 5, qu'on joindra à 2, & l'on aura $\frac{7}{5}$ après avoir reduit les deux Fractions en même Denomination $\frac{7}{5} \times \frac{3}{5}$ qui seront $\frac{10}{15}\,\frac{11}{15}$ on ôtera les entiers des entiers, 3 de 6, & les Fractions, des Fractions 10 de 21, & il restera $3\frac{11}{15}$.

CHAPITRE IX.

Multiplication des Fractions.

IL faut multiplier les Numerateurs l'un par l'autre, & les Denominateurs aussi l'un par l'autre ; & il ne viendra qu'une seule Fraction, dont on reduira les termes à de moindres s'il se peut ou s'il est necessaire.

Ex $\frac{2}{3}$ par $\frac{3}{4}$ | deux fois 3 font 6 ; 3 fois 4 font 12 ; $\frac{6}{12}$ ou $\frac{1}{2}$.

Si de chaque costé il y a entier & Fraction, on reduira le tout en Fractions ; puis on fera la Regle, comme il vient d'estre dit.

Ex. $2\frac{1}{4}$ par $4\frac{1}{3}$; reduits en Fractions, donnent $\frac{9}{4}\,\frac{13}{3}$ qui multipliez l'un par l'autre, font $\frac{70}{6}$ ou $\frac{11}{3}$.

CHAPITRE X.

Division des Fractions.

IL faut reduire les Fractions en même Denomination, & diviser les Numerateurs l'un par l'autre, sans se mettre en peine du Denominateur. Ainsi si l'on veut diviser $\frac{2}{3}$ par $\frac{1}{2}$; après les avoir reduits en même Denomination, on aura $\frac{4}{6}\,\frac{3}{6}$, & divisant 4 par 3, on aura $1\frac{1}{3}$.

Il est plus commode de faire la Division par la Multiplication sans reduire en même Denomination. Pour cela il ne faut que renverser sans dessus dessous les deux nombres du Diviseur, & puis faire la multiplication. Par exemple si on veut diviser $\frac{1}{3}$ par $\frac{2}{3}$ en renversant le Diviseur ainsi $\frac{3}{2}$ & faisant la multiplication $\frac{1}{3}$ & $\frac{3}{2}$ l'on aura $\frac{3}{6}$. Et si on divise $\frac{2}{3}$ par $\frac{1}{3}$, en renversant le Diviseur $\frac{3}{1}$ & faisant la multiplication $\frac{2}{3}$ $\frac{3}{1}$ on aura $\frac{6}{3}$ ou $1\frac{1}{3}$. De mesme $\frac{5}{7}$ par $\frac{1}{7}$ en renversant & faisant la multiplication $\frac{5}{7}$ $\frac{7}{1}$ on aura $\frac{35}{14}$ ou $1\frac{11}{14}$.

S'il y a entier & Fraction à diviser par entier & Fraction, on mettra tout en Fractions ; & puis on divisera par la multiplication, comme nous venons de dire. Ex. $3\frac{1}{2}$ par $2\frac{1}{3}$; en Fraction $\frac{7}{2}$ $\frac{7}{3}$, en renversant le Diviseur on aura par la multiplication $\frac{7}{2}$ $\frac{3}{7}$, $\frac{21}{14}$ ou $1\frac{5}{14}$.

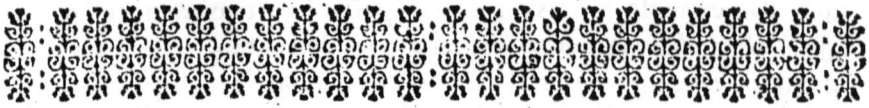

LIBER QUARTUS
ARITHMETICA SPECULATIVA,

Continens quidquid scitu dignum tùm sparsim in Libris Arithmeticorum, cùm præsertim in Euclidis 5. 7. 8. & 9. Elementorum, de Proportionibus & Numeris habetur.

CAPUT PRIMUM.
Definitiones & Divisiones Numerorum.

PER Monadem, quodcumque existens dicitur unum.
Est mensura monas, numerum quæ dividit omnem;
Nam repetita monas numero reperitur in omni:
Hic etenim Monadum est summam collectio in unam.
    Ut 4, est 1, 1, 1, 1, quater.
Par numerus, binas quem in partes dividis æquas.
    Ut 4 in 2 & 2 | 6 in 3 & 3.
Impar, in quo pars binarum una est minor uno.
    Ut 7 in 4 & 3 | 9 in 5 & 4.
Par pariter, quem par numero pare dividit æquè,
Perque pares hinc atque illinc descendit ad unum.
    Ut 8 quem 2 in 4 & 4, 2 & 2, 1 & 1.
Ast par impariter, quem par numero impar efindit.
    Ut 42, quem 6 per 7.
Impar impariter, quem impar numero impare scindit.
    Ut 15, quem 3 per 5.
Is Primus numerus, quem tantùm dividit unum.
    Ut 2, 3, 5, 7, 11, 13, &c.
Hi Primi interse, quos tantùm dividit unum.
    Ut 3 & 4. 5 & 7. 8 & 11.
In Numeris, metiri & dividere, unum & idem sunt.
Cùm nil dividat ipsa monas, remanent numeri ut sunt.
Hinc primos reputato, monas quos dividit una.
    Ut 3 & 4 | 4 & 7 | 7 & 13. &c.

G

Pars hæc est numeri, quæ exactè dividit illum.

　　Ut 2, qui, 6, ter.

Partes, quæ superant repetitæ, deficiuntve.

　　Ut 3 ad 7, quem nec bis nec ter æquat | 6 ad 16.

Multiplus est, qui continet in se sæpé minorem.

　　Ut 6 ad 2, quem ter præcisé.

Ergo multipli propriè submultiplus est pars.

　　Ut 4 ad 12, quem ter præcisé metitur.

Ni sint Multiplices, Communem quærito primam

Mensuram, quam alterna tibi Divisio tradet:

　　Ut 12 & 8, quos 4 reducit ad 3 & 2.

Si nulla hinc veniat, sed tantùm hos dividit unum,

Hos Primos reputato, monas quos dividit una.

　　Ut 7 & 11, quos sola unitas metitur.

Compositus, præter monadem quem dividit alter.

　　Ut 4 quem 2 | 6 quem 2 & 3 | 9 quem 3 | 12 quem 2, 3, 4, 6. &c.

Compositi interse, metrum commune quibus fit.

　　Ut 4 & 6 per 2 | 8 & 12 per 4 | 9 & 12 per 3. &c.

Ex quibus alter erit, Radixve, latusve vocantur.

Ex binis factus, Planus; latera istius, illi.

　　Ut ex 2 in 3 fit 6 | ex 3 in 4 fit 12 | 2 & 3 sunt latera Plani 6. |
　　3 & 4 lat. 12.

Exque tribus factus, Solidus; latera istius, illi.

　　Ut ex 4, 5, 6, intese sit 120, Solidus, cujus latera 4, 5, 6.

Ex se, Quadratus; vel, qui ex æqualibus æquus.

　　Ut ex 4 infe fit 16. qui ex 4 in 4. | sic ex 3 in 3 fit 9. quadrat.

Dicitur ille Cubus, tribus ex æqualibus æquus.

　　Ut ex 3, 3, 3 intese ductis fit 27 Cubus.

Est Diametralis numerus, cujus Diametri

Quadratum, binis laterum est æquale quadratis.

　　Ut 12 est numerus diametralis: nam diametri ejus 5 quadratum 25 est
　　æquale quadratis duobus laterum ejus 3 & 4, nempe 9 & 16,
　　quæ 25.

Ducta in se Diametralem latera; atque quadrata

Ipsorum laterum duo juncta, dabunt Diametri

Quadratum; radixque quadrati ipsam Diametrum.

　　Ut ex 3 in 4 fit diametralis 12: ex quadratis laterum junctis 9 & 16 fit
　　25 quadratum diametri 5.

Ex tribus hisce Triangulus est Rectangulus, in quo

Majoris lateris quadratum æquale duobus

Quadratis simul assumptis laterum est minimorum.

Ut 3 , 4 , 5 faciunt in Numeris Triangulum Rectangulum ; nam 25 quadratum 5 est aequale 9 & 16 quadratis 3 & 4.

Dimidium Diametralis numeri Area dicta est ,

Areaque in Numeris poterit numquam esse quadratum.

Ut diametralis 12 dimidium 6, area trianguli 3, 4, 5. 6 autem non est quadratum , & sic de aliis.

Nec Diametrali numero datur esse quadratum;

Radices Diametrales plures nec habere

Quam binas , quamvis fiat productum aliarum.

Sic 12 tantummodo 3 & 4 habet pro radicibus diametralibus, licet alias habeat partes eum producentes ut 2 & 6. | 3 autem & 4 sunt diametrales partes , quia eorum quadrata aequalia sunt quadrato diametralis 5.

Si Plani, aut Solidi , similes; ratio his laterum aequa.

Ut 6 & 24 sunt Plani similes , quia latera 6 sunt 2 & 3 , & latera 24 sunt 4 & 6 , in ea ratione quam habent 2 & 3.

Sic 24 & 192 sunt Solidi similes, quia latera 24 sunt 2 , 3 , 4 ; & latera 192 , sunt 4 , 6 , 8 , in eadem ratione quam 2 , 3 , 4.

Perfectus Numerus, proprijs qui Partibus aequus :

Partes hîc vel pars nullo discrimine habentur.

Ut 6 quem faciunt 1 , 2 , 3. | sic 28 , cujus partes 1 , 2 , 4 , 7 , 14.

Partibus at proprijs Numerus minor, ille Minutus.

Ut 8 , cujus partes 1 , 2 , 4 , quae tantùm 7 | sic 14 , cujus partes 1 , 2 , 7.

Estque Superfluus, is qui partibus est superatus

Ut 12 , cujus partes 1 , 2 , 3 , 4 , 6 , faciunt 16. | sic 24 , cujus partes 1 , 2 , 3 , 4 , 6 , 8 , 12 , faciunt 36.

CAPUT II.

Definitiones ac Divisiones Rationum & Proportionum.

EST Ratio simplex, Numerorum habitudo duorum.

Ut 2 ad 3.

At Proportio erit, Rationum habitudo duarum.

Sicut 2 ad 3 , sic 4 ad 6.

Saepius hîc pro uno Ratio & Proportio sumpta.

Sic indifferenter dicitur Ratio aut Proportio , 2 ad 3.

Res illae Rationem ad se dicuntur habere

Quando auctæ quocumque modo, se excedere possunt:
Ergo omnis Numerus Rationem cum altero habebit,
Cùm quemcumque alium quivis excedere possit.

Ut 4 ad 6, multiplicatis utrisque per 2, fit 8 & 12 | &c.
Tunc ij dicuntur numeri Ratione in eadem
Primus ad alterum, & ad quartum sic Tertius esse,
Cum quocumque modo primus vel Tertius aucti,
Aucti etiam quocumque modo, Quartusque, Secundus,
Talis multiplex primi ad ternum, atque secundi
Multiplex erit ad quartum, seu deficiant, seu
Excedant, sive æquales utrique ad utrosque.

Ut 4 ad 2, & 6 ad 3, sunt in Ratione eadem;

quia dum assumitur
duplum primi & triplum secundi.
ita etiam duplum tertij.
& triplum quarti.

Ut 8 ad 6, ita 12 ad 9

triplum primi & tertij.
& sextuplum secundi & quarti.

Ut 12 ad 12, ita 18 ad 18

Duplum primi & tertij.
& octuplum secundi & quarti.

Ut 8 ad 16 ita 12 ad 24.
semper est eadem ratio primi ad secundum.
& tertij ad quartum.

Duplex esse potest Numerorum habitudo sequentum,
Continua & Discreta; sub istâ sufficit, ut sit
Tertius ad quartum, quales sunt Primus & alter;
Cumque secundo ullam haud rationem Tertius ambit.
Continuâ verò tunc sunt Ratione in eadem,
Cum qualis Numerus sit Primus ad alterum, & alter
Sic erit ad ternum, ad quartum & sic tertius iste.

Discreta, Ut 2 ad 3, sic 4 ad 6.
[2, 4, 8, 16
Continua [Ut 2 ad 4 | sic 4 ad 8, & 8 ad 16.
In tribus ad minimum numeris Proportio stabit,
Continua in tribus, in quatuor Discreta manebit:
Et cùm tres in Continuâ, bis sume secundum.

Continua Ut 4, 6, 9 | id est ut 4 ad 6, sic 6 ad 9.
Discreta Ut 4 ad 6, sic 8 ad 12.
Hos Rationales esse, aut Ratione in eadem

Dicemus, queis continget Proportio quædam.
Quintuplex ad majorem est habitudo minoris :
Aut ille hunc semel & partem insuper illius unam
Continet; aut semel & partes; aut multiplus illi est;
Aut multiplus, adhuc partem insuper illius unam;
Aut multiplus, adhuc & partes continet in se.
Est & adhuc Ratio Æqualis, quam habet æquus ad æquum.

   Ut 2 ad 2, Ratio æqualitatis
    Quinque Rationes Inæqualitatis

 1.ᵃ {Ut 3 ad 2, & dicitur Superparticularis.
 2.ᵃ Ut 5 ad 3, Superpartiens.
 3.ᵃ Ut 4 ad 2, Multiplex.
 4.ᵃ Ut 5 ad 2, Multiplex superparticularis.
 5.ᵃ Ut 11 ad 3, Multiplex superpartiens.

Cùm bini & bini sumuntur; primus erit Dux,
Alter erit Comes; & quarto sic tertius est Dux,
Estque Comes quartus; sic sextus sub duce quinto:
Semper eruntque Duces primi, Comites que secundi.
  Dux, Comes; Dux, Comes ; Dux ; Comes ; &c
  Ut 2 ad 3, sic 4 ad 6, & 8 ad 12 &c.
Si Dux æqualis Comiti, Ratio æqua vocatur;
Si major, ratio Excessûs; sisit minor illo,
Dicetur ratio Defectûs; unica primæ
Est species; sub quintuplici genere ista vel illa
Defectûs sive Excessûs species habet infinitas.
  1 ad 1 ratio æqua. 2 ad 1 ratio Excessûs : 1 ad 2, defectus.
Si tres sint Rationales, primus rationem
Dicetur circa ternum duplicare secundi;
Si quatuor, circa quartum triplicare secundi,
Sicque uno plus, cùm proportio tenderit ultrà.
Hæc de continua ratione intellige tantùm.
Hic Ratio duplicata, est illam bis positam esse,
Et Ratio triplicata hic est, positam esse ter illam
  Ut 8, 4, 2. | 8 ad 2 ratio duplicata.
  16, 8, 4, 2. | 16 ad 2 ratio triplicata.
Cùm verò primi multiplex, alterius plus
Multiplicem superat, quàm terni non superabit
Multiplicem quarti; tunc primus ad alterum habebit

            G iij

Majorem, quàm tertius ad quartum rationem;
Diceturque illinc majorem, hinc effe minorem.

  Ut 6, 2; 7, 4. Si fumatur duplum antecedentium & quadruplum
  confequentium, erit major ratio 12 ad 8 quàm 14 ad 16
            12, 8, 14, 16.

Alterna eft ratio, cum permutando, Duci Dux
Et Comiti Comes, in quatuor numeris referuntur.

  Ut quia 9 ad 3, ut 6 ad 2;
 erit alternando 9 ad 6, & 3 ad 2

Inverfa eft, dum Dux Comiti fedem, ille duci dat.

  Ut quia 9 ad 3, ita 6 ad 2 :
 erit Invertendo ut 3 ad 9, ita 2 ad 6.

Compofita eft Ratio, cum juncti Duxque Comefque
Affumuntur, & ad folum Comitem referuntur.

  Ut quia 9 ad 3, ita 6 ad 2:
 erit Componendo ut 12 ad 3, ita 8 ad 2.

At Ducis ad Comitem diftantia pro Duce fumpta
Et collata ipfi Comiti, Divifio dicta eft.

  Ut quia 9 ad 3, ita 6 ad 2.
 erit Dividendo ut 6 ad 3, ita 4 ad 2

Et Ducis ad Comitem diftantia, pro Comite ipfo
Affumpta, & collata Duci, Converfio dicta eft

  Ut quia 9 ad 3, ita 6 ad 2
 erit Convertendo ut 9 ad 6, ita 6 ad 4

Dicitur Ex æquo Proportio, cùm pofitis tot
Hinc illinc numeris qui fint ratione in eadem;
Binique & bini deinde hinc fumantur & illinc
Obmiffis mediis, ut primus & ultimus illi,
Sic quoque erunt exæquo primus & ultimus ifti.

  Ex. 12, 6, 3 & 8, 4, 2.
  Ut 12 ad 6, fic 8 ad 4 : & ut 6 ad 3, fic 4 ad 2.
 erit exæquo ut 12 ad 3, fic 8 ad 2.

Hæc fic difpofita, Ordinis eft Proportio dicta.
Perturbata autem eft Proportio, cum tribus illinc,
Hinceque tribus pofitis numeris ratione in eadem,
Perturbatur ita Ordinis hic Proportio eorum;
Primus cum medio hinc, mediufque ac ultimus illinc;
Hinc mediufque ac ultimus, illinc primus eamdem
Cum medio fervant inter fefe rationem

  Ut, hinc 18, 12, 4; illinc 27, 9, 6

Ex æquo perturbata ut 18 ad 12, sic 9 ad 6
Et sicut 12 ad 4, sic 27 ad 9.

Schema Proportionum.

Quia ut est	9 ad 3, ita 6 ad 2	
erit		
Permutando	9 ad 6, ita 3 ad 2	
Invertendo	3 ad 9, ita 2 ad 6	
Componendo	12 ad 3, ita 8 ad 2	
Dividendo	6 ad 3, ita 4 ad 2	
Convertendo	9 ad 6, ita 6 ad 4	

Ex æquo ordinata 12, 6, 3 & 8, 4, 2
Ut 12 ad 3 sic 8 ad 2

Ex æquo Perturbata 18, 12, 4, & 27, 9, 6
Ordinata   Ut 18 ad 4 sic 27 ad 6
Perturbata   Ut 18 ad 12 sic 9 ad 6
       & sicut 12 ad 4, sic 27 ad 9.

CAPUT III.

De habitudine & potentia unius Numeri ad alios.

EST quivis Numerus positorum utrinque duorum
Dimidium, si summam utrique addantur in unam

Ut 5 est dimidium 10, quem faciunt juncti 6 & 4; 7 & 3, 8 & 2;
9 & 1, à quibus 5 æquidistat

Sphæricus est Numerus qui semper desinit in se
Dum se multiplicat; quales quinarius & sex.

Sic 5, 25, 125, 625, 3125, 15625 &c. | sic 6, 36, 216, 1296, 7776 &c.

Impare quin quovis ductus quinarius, in se
Desinit; at pare si ducas, est ultima cifra.

Ut ter 5, 15, quinquies 5, 25; septies 5, 35 &c. | bis 5, 10; quater,
20; sexies, 30, &c.

Si per quinque velis numerum quem multiplicare,
Accipe dimidium paris, illique addito cifram;

At minus accipe dimidium imparis, addito quinque. .

 Ut 5 per 2, 10 : per 4, 20 ; per 6, 30 ; per 1000, 5000, &c.
 Ut 5 per 3, 15 ; per 5, 25 ; per 7, 35 ; per 11, 55 ; per 2005, 10025, &c.

Aliter.

Primo scribe loco numerum quem denotat ordo
Quem tenet in paribus vel in imparibus numerus qui
Multiplicat, post hunc vel cifram aut quinque notato.
Primus par, duo ; primusque est ternarius impar

 Ut quia 2 est 1° par : 4, 2° : 6, 3°. &c. ideo si 5 per 2 multiplices, scribe
  1 , & deinde cifram : per 4 , scribe 2 & deinde cifram, &c. Et
  quia 3 est primus impar : 5, 2° : 7, 3° &c. ideo si multiplices 5 per 3,
  scribe 1 & deinde 5 ; per 5, scribe 2 & deinde 5, per 7, scribe 3
  & deinde 5.

Utque scias quonam Numerus sit in ordine quovis
Imparium aut parium ; minus imparis accipias hinc,
Illinc dimidium paris : addas quinque ciframve,.

 Sic 17 est 8° impar , & 28, 14° par. .
 Ergo 17 per 5 dat 85 & 28 per 5 dat 140.

Est alia ratione Novem spectabilis , ut quo ·
Sit ductus numero, in sese additione revertat.

 ex bis 9, 18, id est addendo , 9 | ter 9, 27, id est addendo , 9 | quater ,
 36 , 9 | quinquies, 45 , 9 | sexies, 54, 9 | septies, 63, 9 | octies, 72 ,
 9 | novies, 81 , 9 | decies, 90 | undecies, 99 | duodecies, 108 , id est
 9 | 13, 117, 9 | 14. 126 | 15. 135 | 16. 144 | 17. 153 | 162 | 171 | 180 |
 189 | 198 | 207 | 216 | 225 | 234 | 243 | &c.

Quantoscumque pares addas, Collectio fit par.

 Ut ex 2, 4, 6, 10, 16, additis fit 38.

Imparium si par series, collectio fit par. .

 Ut ex 1, 3, 5, 7, 11, 13 fit 38

Imparium si impar, impar collectio fiet.

 Ut ex 1, 3, 5, 7, 9 fit 25

Si par de pare tollatur, quod sit reliquum, est par.

 Si 4 ex 10, manet 6.

Si par sublatus sit de impare, sit reliquum impar,

 Si 4 ex 11, manet 7

Impar de pare si tollatur, fit reliquum impar.

 Si 5 ex 12, manet 7

Ex pare multiplicante parem, productus erit par,

 ex 4 in 6 fit 24.

Ex pare

Ex pare multiplicante seipso, factus erit par.

  ex 4 in 4 fit 16

Impare multiplicante parem, productus erit par.

  ex 3 in 6 fit 18

Impare si impar multiplicetur, & hinc venit impar.

  ex 3 in 5 fit 15

Impare multiplicante seipso, educitur impar.

  ex 5 in 5 fit 25

Impare si par, mensurabitur & medium ejus.

  Ut si 3 mensurat 12, & 6 metietur

Impar si ad quemdam primus, duplo est quoque primus.

  Si 7 ad 8, & ad 16 primus erit

Quos duplat binarius, est quivis pariter par.

  2, 4, 8, 16, 32 &c.

Est Impar pariter tantùm, cui dimidium impar.

  Ut 30 cujus dimidium 15.

Par, quem nec duplat binarius, & medium cui

Non impar, pariter par & pariter simul impar.

  Ut 20 qui non à binario & cujus dimidium 10.

Si se multiplicet Cubus, hinc veniet Cubus alter.

  Ut, ex 8 in 8, fit 64

Si Cubus in Cubum, erit Cubus & productus ab illis.

  Ex 8 in 27, fit 216

Sit Cubus in quemvis ductus, veniat Cubus inde,

Ille erat antè Cubus fuerat qui multiplicatus.

  Ex 27 in 8, fit 216; ergo 8 erat Cubus

Si se multiplicans faciat Cubum, erat Cubus ille.

  Ex 8 in 8, fit Cubus 64, ergo 8 erat Cubus

In quemdam si Compositus, Solidus venit inde.

  Ex 6 in 5, fit 30.

Alterius Numeri, Numerus partes erit aut pars.

  Sic 3 ad 6, est pars; 3 ad 7, partes.

Primi inter se sunt minimi ejusdem rationis.

  Ut 3 & 4

Qui primorum uni metrum est, haud fiet alius.

  Ut 6 & 7, si 3 metiatur 6, erit primus ad 7.

Quos numeros non mensurat, sit primus ad illos.

  Ut 5 ad 8, ad 9, ad 11 &c.

H

CAPUT IV.

De habitudine & potentia duorum Numerorum ad alios.

EX binorum hoc aut alio ductu, venit idem.
    Ut ex 3 in 4, vel ex 4 in 3, venit idem 12.
Si bini ad quendam primi, est & factus ab illis.
    Ut 2 & 3, ad 5, erit etiam 6, qui sit ex 2 in 3.
Ex binis primis, unus si multiplicetur
In se, primus ad alterum erit non multiplicatum.
    Ut 3 & 4, ex 3 in se sit 9 qui primus ad 4.
Si bini ad binos primi; & productus ab illis
Primus erit numero, fuerit qui factus ab istis.
    Ut 2 & 4 primi ad 3 & 5, erit & 8 ad 15.
Si bini se multiplicent, & factus ab illis
Primo alio mensuretur, mensura erit iste
Unius ex binis qui sese multiplicarunt.
Is primus poterit fieri mensura duorum.
    Ut ex 4 in 6 sit 24 qui mensuratur à 3 qui non est primus ad 6.
    ex 6 in 9 sit 54 quem mensurat 3, ac etiam 6 & 9.
Si bini fuerint metrum majoris alius,
Et minimus, quem mensurant, mensura erit hujus.
    Ut quia 2 & 3 metiuntur 12; 6 quem 2 & 3 mensurant etiam metietur 12.
Si unus multiplicet binos, hinc facti & eamdem
Servabunt rationem, ac ipsi multiplicati.
    Ut ex 2 in 3 & in 4 sit 6 & 8, qui ut 3 & 4
Si unum multiplicent bini, hinc producti & eamdem
Servabunt rationem, ac ipsi multiplicantes.
    Ut ex 4 & 6, in 5, sit 20 & 30, qui ut 4 & 6.
Si bini Plani similes se multiplicarint,
Tunc quadratus erit numerus productus ab illis,
    Ut ex 6 in 24 sit 144 quadratus.

CAPUT V.

De habitudine & potentia trium, quatuor & quotvis numerorum,
ad alios & inter se.

SI Tres Continui & minimi ratione in eadem;
Ex binis horum Compostus, primus ad istum.

A B C	AB C	BC A	AC B
Ut 9, 12, 16	21 ad 16 primus est	28 ad 9	& 25 ad 12.

Qui minimi sunt in ratione, alios in eadem
Sic æqué numerant; minor in ratione, minorem
Continet in se, quot majorem major habebit.

Ut 3 & 4, sic æqué mensurant 6 & 8; ut 3 in 6, bis; & 4 in 8, bis.

Continuis quotvis Numeris ratione in eadem;
Quando Extremi ad se primi, hi minimi in ratione.

Ut 4, 6, 9 | quia 4 & 9 ad se primi, ideo 4, 6, 9, minimi in ratione.
sic 8, 12, 18, 27 | quia 8 & 27 primi, ideo quatuor hi minimi.

Continuis quotvis numeris ratione in eadem;
Extremi si primus, erit mensura secundi:
Nullius at primus, nisi sit mensura secundi.

Ut 3, 6, 12, 24 | quia 3 est mensura 24, est & mensura, 6.
At 16, 24, 36, 54, 81 | quia 16 non est mensura 24, ideo nullorum.

Si quotvis sint Continui à monade incipientes;
Qui minor est, majorem alium per eum numerabit
Qui distans ab eo est, quantùm minor ipse is ab u.

Ut 1, 3, 9, 27, 81, 243, 729 | ex 9 in 27, fit 243 qui tantùm
distat à 27, quantum 9 ab 1.

Si quotvis sint Continui ratione in eadem,
Primoque æqualis retrahatur deque secundo
Et de postremo; reliquum tunc quale secundi
Ad primum, reliquum & postremi erit omnibus ante
Se simul unitis ac sumptis unius instar

Ut 8, 12, 18, 27 | si 8 retrahatur ex 12 fit reliquum 4; & si 8
de 27, fit reliquum 19 | Erit autem 4 ad 8, ut 19 ad 38 qui ex 8, 12, & 18.

Ex quatuor numeris, si eadem pars primus & alter,
Tertius & quartus; junctique Duces, Comitesque,
Invicem erunt eadem pars, quàm priùs unus ad unum.

A B C D AC BD
Ut 6 ad 12, ita 4 ad 8: Erit 10 ad 20

H ij

Ex quatuor numeris si partes primus & alter,
Tertius & quartus; junctique Duces, Comitesque
Invicem erunt partes eædem ac priùs unus ad unum.

    A   B   C   D   AC BD
    Ut 4 ad 6, ita 2 ad 3 : Sic erit 6 ad 9

Si quotvis numeri æqualem servent rationem;
Quales sunt Ducibus Comites, sic omnibus omnes.

    A   B   C   D   E   F   ACE BDF
    Ut 6 ad 9, & 4 ad 6 & 2 ad 3 : Sic 12 ad 18.

Ut quatuor fuerint ad se invicem, eruntque vicissim.

    A   B   C   D   A   C   B   D
    Ut 6 ad 9 ita 8 ad 12 : vicissim ut 6 ad 8, ita 9 ad 12.

Si quot sunt numeri hinc, totidem sumantur & illinc
Quibini & bini fuerint ratione in eadem,
Qui fuerint iis æqui, & erunt ratione in eadem.

    A B C   D E F
    Ut 9, 6, 3; & 6, 4, 2
    A   B   D   E   B   C   E
    Sicut 9 ad 6; sic 6 ad 4 : Et sicut 6 ad 3, sic 4 ad 2.
    A   C   D   F
    Et ut 9 ad 3; sic 6 ad 2

Tunc quatuor numeri, ad se sunt ratione in eadem,
Cùm idem sit primo in quartum, in ternumque secundo:
Vel, cùm dant Extremi in se, quantum Medij in se.

    A   B   C   D   A   D   E   B   C   E
    Ut 6 ad 4, ita 3 ad 2; quia ex 6 in 2 sit 12; & ex 4 in 3 sit 12.

Tres etiam numeri si sint ratione in eadem,
Tot faciunt in se Extremi, Medius quot & in se.

    A   B   C   A   C   D   B   D
    Ut 9, 6, 4 : Ex 9 in 4 sit 36; & ex 6 in se sit 36.

CAPUT VI.

De Mediis Proportionalibus & habitudine Numerorum Figuratorum.

Quot Medij hos inter fuerint ratione in eadem,
Tot Medij intra alios venient ratione in eadem.

Hoc de Continua ratione intellige tantùm.

Ut 3, 9, 27, 81 | quia inter 3 & 81 funt duo medij, 9 & 27,
totidem venient intra 2 & 54 qui funt in eadem ratione quam 3 & 81.
fcilicet 2, 6, 18, 54 |

Si bini numeri inter fe primi, medijque
Inter eos deinceps veniant ratione in eadem,
Quot Medij inter eos, tot & inter utrumque
Ac Monadem venient fe in ea ratione fequentes

Continuâ, quam { dat Radix rationis utrius.
dant minimi utrius rationis.
maximi habent rationis utrius.

Ut 8, 12, 18, 27 | quia inter 8 & 27 primos inter fe veniunt duo Medij 12 & 18, ita ab unitate ad 8 venient duo medij continué proportionales in dupla ratione nempé 1, 2, 4, 8. & totidem ab unitate ad 27 in tripla ratione, nempé 1, 3, 9, 27. quia radix utrius rationis fcilicet duplæ & triplæ, funt 2 & 3 : vel quia minimi primæ rationis 8 ad 12 funt 2 & 3.

Vel quia 2 & 3 funt maximi in dupla & tripla ratione.
Inter Quadratos binos medius cadit unus :
Quadratique ad quadratum Ratio duplicata
Quæ lateris circa latus. At triplicata Cuborum;
Atque duo inter eos Rationales Medij funt.

1º quad. méd. 2º quad	latº 1. q. lat 2. q.	1 ratio	2. ratio	
Ut, 4, 6, 9	2, 3,	4 ad 6; 6 ad 9.	ut 2 ad 3.	

	latº 1. Cub.	latº 2. Cub.	1. ratio	2. ratio	3. 11
8, 12, 18, 27	2,	3,	8 ad 12; 12 ad 18; 18 ad 27. ut 2 ad 3.		

Ad binos fimiles Planos Medius venit unus;
Et duplicat Ratio ad laterum fimilem rationem.

1. Planº Medius 2º Planº	Platera 1. plen.	latere 2 plan.	
Ut 12, 18, 27	6, 2;	9, 3	ut 6 ad 9, vel 2 ad 3.

1. ratio	2. ratio
Sic 12 ad 18.	18 ad 27.

Ad binos fimiles Solidos bini medij adfunt;
Et triplicat ratio ad laterum fimilem rationem.

1º Solidus,	medij, 2º Solidus	latera 1. fol. latera 2. Solidi	ut 2 ad 4; 3 ad 6, 5, ad 10.
30,	60, 120, 240	2, 3, 5. 4, 6, 10	

1. ratio	2. ratio	3. ratio
Sic 30 ad 60,	60 ad 120,	120 ad 240

Quadratus numerus cùm quadratum numerabit;
Tunc latus unius, latus alterius numerabit.
Cùm latus unius, latus alterius numerabit
Quadrati, quadratum & quadratus numerabit.

1º quad. 2º quad.	latº 1. q. latº 2. q.	
4 36	2 6	4 metitur 36; & 2, 6.

Sicque Cubos latera ipsa, ac illa Cubi numerabunt.

1° Cubus,	1° Cub.	lat° 1. Cubi.	lat° 2. Cub.	
8	216	2,	6;	8 metietur 216; & 2, 6.

Cùm Numeri tres continui ratione in eadem;
Si primus Quadratus, erit ternusque quadratus.

　　　Ut 4, 6, 9 | quia 4 quadratus & 9 quad.

Cùm quatuor sunt continui ratione in eadem;
Si primus Cubus est, erit & quartus Cubus ipse.

　　　Ut 8, 12, 18, 27 | quia 8 Cubus est, erit Cubus 27.

Si bini numeri sint in ratione Quadrati
Ad Quadratum, & sit quadratus primus; & alter
Haud aliter Quadratus erit. Cubus hæc sibi sumit.

　　Quia 16 ad 36, ut 4 ad 9 qui sunt quadrati; ergo 16 & 36 erunt quadrati.
　　Et quia 64 ad 216, ut 8 ad 27 qui sunt Cubi | ergo 64 & 216 erunt Cubi.

Si quotvis sint continui à monade incipientes;
Tertius est quadratus, & uno obmisso erit omnis:
Quartus erit Cubus, obmissis omnesque duobus:
Septimus est Quadratocubus, post quinque, sequentes.

　　　　q　　　q　　　　q　　　　　　q
　Ut 1, 3, 9, 27, 81, 243, 729, 2187, 6561, 196 83 &c.
　　　　C　　　　　　C　　　　　　　　C

　　　　　qc

Si quotvis sint continui à monade incipientes;
Post monadem si quadratus, sunt quique sequentes:
Si Cubus est, Cubi erunt etiam quicumque sequentur.

　　　　Quad.
　　Ut 1, 4, 16, 64, 256, 1024 &c. quia 4 quadratus, sunt & reliqui.
　　　　Cub.
　　Ut 1, 8, 64, 512, 4096, 32768 &c. quia 8 Cubus, erunt & reliqui.

CAPUT VII.

De Continuatione Proportionum & de Numeri Perfecti inventione.

Quantoscumque dabis Primos, potero addere semper,
　Inter se sed nullam servantes rationem.
　　Ut, 2, 3, 5, 7, 11, 13, 17 &c.
Ad binos Primos non quibit Tertius addi
Qui præcedentum rationem servet eamdem;

Integer ifque fit; Antiquis nam Fractio nulla.

    Ad 3 & 4 non datur tertius in eadem ratione ; quia primi funt.

Si quotvis fint continui ratione in eadem,

Et fint primi Extremi, alius non additur ultrà.

    Ut 4, 6, 9 | quia 4 & 9 primi, ideo nullus addi poteft.

    Sic 8, 12, 18, 27 | quia 8 & 27 primi, ideo nullus addi poteft.

Ad binos pofitos an poffit Tertius addi,

Qui binis fit continuus ratione in eadem ?

(Integer ifque fit; Antiquis nam Fractio nulla.)

Majorem quadra; productum divide primo;

Si veniat quotiens, poterit fic tertius addi :

At fi non veniat, non quibit Tertius addi.

    Ut 4, 6. | ex 6 infe fit 36 qui divifus per 4, dat in quotiente (9 pro tertio.

    At fi ad 6 & 9 vis addere tertium; ex 9 in fe fit 81 qui non poteft dividi in-
      tegré per 6.

Ad Tres jam pofitos an poffis addere quartum,

Qui rationem habeat cum Terno, ut primus & alter ?

Duc medium in ternum; productum divide primo;

Si quotiens veniat, poteris fic addere quartum.

At fi non veniat, non poffibile addere quartum.

    Ut 3, 6, 5 | ex 6 in 5 fit 30, qui divifus per 3 dat 10 | ut 3 ad 6, fic 5 ad 10.

    At ad 7, 8, 9, non poteris addere quartum: quia ex 8 in 9 fit 72, qui non
      poteft dividi integré per 7.

Continuos quotvis numeros ratione in eadem,

Si ducas in fe; Factos iterumque per illos;

Continui femper venient ratione in eadem.

Aut fi per quofcumque alios hi multiplicentur,

Productique iterum per eofdem multiplicentur;

Semper Continui venient ratione in eadem.

Hinc orta eft praxis Libro tradenda fequenti.

A B C	D E F	G H I	K L M
Ut fi 2, 4, 8	4, 16, 64	8, 64, 512	16, 256, 409
per 2, 4, 8	per 2, 4, 8	per 2, 4, 8,	venient femper in ea-

dem ratione in quacumque claffe.

A B C	D E F	G H I	K L M
Aut fi 2, 4, 8	6, 12, 24,	18, 36, 72	54, 108, 216,
per 3. & iterum per 3 & per 3.			

PERFECTUM Numerum hac methodo fecurus habebis,

Si quos dupla facit deinceps Progreffio, ab uno

Incipiens, fumas; donec juncti fimul omnes

Componant numerum Primum; ille ex omnibus unus,
Per præcedentem auctus, Perfectum inde creabit,
Tàm rarum, ut dena, & centena, & millia, dena
Millia, quæque intra se, unum producere possint.

Ex. dupla A B C D E F G H I K
progressio 1, 2, 4, 8, 16, 32, 64, 128, 256, 512
   A B

Ex 1 & 2 fit 3, primus numerus, qui per præcedentem 2 multiplicatus,
   producit 6 Num. intra decem Perfectum.
Ex 1, 2, 4 fit 7, qui per 4. facit 28 Num. Perf. intra 100. Ex 1, 2, 4, 8 fit.
   15 qui est compositus, ideò nihil.
  ABCDE   ABCDEFG
Ex 31 per 16, fit 496. Ex 127 per 64 fit 8128. &c.

Aliter.

Dupli progressûs Numeros disponito binos
Et binos; de majori monadem aufer; in illum
Duc minimum, veniet Perfectus in ordine quovis.

   4, 8 | 16 32 | 64 128 | &c.
   4 in 7, 28 | 16 in 31, 496 | &c.

CAPUT VIII.

*De Inventione Dividuorum minimorum seu partium Incomposita-
rum cujusvis Numeri, ac Dividuorum Compositorum; sive omnium Divisorum tàm Compositorum quàm incompositorum.*

HOc nomen; Partes, non sume, ut fecimus ante;
Innuit hîc, partem, aut partes, discrimine nullo:
Quin, non partium erit sed significatio partis,
Ut pote quæ repetita suum exacté numerum æquat.
Cujusvis Numeri partes sic invenientur
Dividuæ minimæ, quas tantùm dividit unum:
Propositi numeri summa, aut par, aut erit impar;
Si par est, tunc divisor binarius esto;
Si quotiens est par, iterum binarius esto
Divisor minimus: si summa impar, quotiensve,
Divide per tria, vel per quinque, aliudve per impar,
Dum veniat quotiens sine fractis; divide semper,
Dum quotiens veniat qui partiri haud queat ultrà.

Ac cunctos Divisores vice quaque reserva,

Ettandem cum illis indivisum quotientem.

Hos omnes Divisores ex ordine pone;

Multiplica interse cum indiviso quotiente:

Propositus primò numerus sic restituetur,

Oblatique incompositæ partes numeri hæ sunt.

> Ut si sit datus Numerus 462. quia par
> Divide per 2 & venit 231. reserva 2,
> Deinde divide 231 per 3 venit 77, reserva 3,
> Et 77 per 7 quia non potes per 3 neque per 5 venit 11; reserva 7;
> Et quia 11 est numerus primus, ideò Individuus quotiens 11:
> Sicque pro divisoribus numeri 462, habebis 2, 3, 7, 11, quos
> si vicissim in se multiplicaveris, restituetur numerus 462.

Ex primis his, Compositæ sic invenientur.

Hos primos divisores ex ordine pone,

Ac ipsum quotientem indivisum: Incipe ab isto;

Ducatur quotiens in eum qui proximus illi est:

In quotientem indivisum penultimus actus

Compositum numerum facit; hunc ex ordine pone

Post factorem utrumque suum; dein tertius istos

Omnes multiplicet quotiens; ac deinde sequentes,

Quotquot erunt, jam factos ordine multiplicabunt;

Et sic Compositas partes, Incompositásque,

Illis adjectâ monade ac numero dato, habebis.

> Erant divisores dati numeri 462; 2, 3, 7, 11,
> Incipe ab 11, & multiplica per proximum 7; & fit, 7, 11, 77. 1° ordo
> Dein tertius quotiens nempe 3, hos tres multiplica; & fit, 3, 21, 33, 231.
>   2° ordo
> Tertio, multiplica primum & secundum ordinem per sequentem 2,
> & ex primo ordine per 2 multiplicato fit 2, 14, 22, 154. 3° ordo
> ex secundo ordine per 2 multiplicato fit, 6, 42, 66, 462, 4° ordo

> Sicque omnes divisores tàm Compositi quàm Incompositi, dati numeri
> 462, sunt, addita unitate, numero sedecim, quos ordine disposito hîc
> habes.

> 1, 2, 3, 6, 7, 11, 14, 21, 22, 33, 42, 66, 77, 154, 231, 462.

Sic Divisores numeri Platonici habebis;

I

Cujus ad Exemplum similes in quirere disces.

Numerus Platonis, in lib. 5° legum circa medium

$$5040$$

			Partes sibi res-pondentes.
Divisores minimi seu Incompositi	A 2,	(2520	
	B 2,	(1260	1 5040
	C 2,	(630	2 2520
	D 2,	(315	3 1680
	E 3,	(105	4 1260
	F 3,	(35	5 1008
	G 5,	(7 H	6 840

H 7 ultimus quotiens indivisus.

Divisores Compositi per divisores minimos inventi.

G in H
  5 , 7, 35 1° ordo

F
3, 15, 21 105, in 1. ordinem, 2° ordo

E
3, 9, 45, 63 315, in 2 ordinem, 3° ordo

D
2 10, 14, 70, in 1. ordinem 4° ordo
6 30, 42 , 210 in 2. ordinem, 5° ordo
18 , 90, 126, 630 in 3. ordine 6° ordo

C
2, 4, 20, 28, 140, in 4 ordinem 7° ordo
12, 60, 84, 420 in 5. ordi. 8° ordo
36, 180, 252, 1260 in 6. ord. 9° ordo

B
2, 8, 40, 56, 280, in 7. ordinem, 10° ordo
24, 120, 168, 840, in 8. ord. 11° ordo
72, 360, 504, 2520 in 9. ord. 12° ordo

A
2, 16, 80, 112, 560 in 10. ordinem, 13° ordo
48, 240, 336, 1680 in 11. ordinem, 14° ordo
144, 720, 1008, 5040, in 12. ordi. ultimus ordo

7	720
8	630
9	560
10	540
12	420
14	360
15	336
16	315
18	280
20	252
21	240
24	210
28	180
30	168
35	144
36	140
40	126
42	120
45	112
48	105
56	90
60	84
63	80
70	72
72	70
80	63
84 &c.	60 &c.

X

Sicque fiunt divisores sexaginta.

Sic omnes divisores ab unitate ad ipsum numerum 5040,
sunt sexaginta, hoc ordine.

1, 2, 3, 4, 5, 6, 7, 8, 9, 10, 11, 14, 15, 16, 18, 20, 21, 24, 28, 30,
35, 36, 40, 42, 45, 48, 56, 60, 63, 70, 72, 80, 84, 90, 105, 112,
120, 126, 140, 144, 168, 180, 210, 240, 252, 280, 305, 336, 360, 420,
540, 560, 630, 720, 840, 1008, 1260, 1680, 2520, 5040.

CAPUT XI.

De Cribro Eratosthenis; seu de procreatione numerorum Imparium
tàm Compositorum quàm primorum in se, aut ad alios.

UT tibi sit notum, quos & per quos numerabit
Unusquisque Impar numeros, hæc norma tenenda;
Quæ tibi Cribrum Eratosthenis haud ingrata ministrat.
Est tantùm hîc de quovis Impare quæstio nobis:
Omnis enim par (si binarius excipiatur)
Compositus. Tres in species distinguitur Impar:
In se Primus, & erga alios, est Compositusque.
Est in se Primus, quem tantùm dividit unum.
 Ut 3, 5, 7, 11, 13, 17, 19, 23, &c.
Compositus, qui per præcedentem numeratur
 Ut 9 qui per 3; 15 qui per 3 & 5; 21 qui per 3 & 7, &c.
Et sunt in se Compositi, ast respectu aliorum
Primi, qui quamvis alio quodam numerentur,
Erga alios tamen his metrum commune negatur.
 Ut 9 ad 25, qui in se compositi, ad invicem sunt primi.
Tres ergo has species in Cribro hæc Regula monstrat.
Incipientibus à ternario in infinitum
Imparibus; sic unusquisque suum numerabit.
Quisque locum sedis bis transiliet vice quaque,
Ac occurrentes, per primum, perque secundum,
Perque alios deinceps, numeros quo suis numerabit.

Exemplum.

Sic 3, qui est in loco primo, seu primus impar, transgressobis suo
sedis loco, scilicet transmissis 5 & 7, numerabis 9, per primum, nempe

I ij

per seipsum, deinde praetermissis aliis duobus scilicet 11 & 13, numerabit 15 per secundum nempè 5 : ac aliis duobus transmissis scilicet 17 & 19 numerabit 21 per 7, & ita in infinitum.

Sic etiam 5 qui est in secundo loco imparium, transmisso bis suæ sedis loco, id est quater, nempe 7, 9, 11, 13, numerabit 15 per primum 3 ; ac deinde 25 per secundum, nempè seipsum 5 ; ac 35 per tertium 7; 45 per quartum 9 &c.

Sic 7 cum sit in tertio loco, transmissis sex numeris, numerabit 21 per 5 ; 35 per 5 ; 49 per 7.

Sic quartus impar 9, praetermittet octo sedes & numerabit 27 per 3 : & quintus 11 transiliet decem sedes & numerabit 33 per 3. &c.

Sic numeri, quos transiliunt, Incompositi sunt :
Qui verò occurrunt, bis transmisso ordine sedis,
Compositi : erga alios primi dicentur, & in se
Compositi, queis communis mensura negatur.
Ex sic disposito hæc poteris cognoscere Cribro.

Cribrum Eratosthenis.

1. Impar. 3	9	15	21	27	33	39	45	51	57	63	69	&c.
2	5	15	25	35		45	55		65			&c.
3	7	21		35	49		63			&c.
4	9	27	45		63		&c.
5	11	33	55		&c.
6	13	39	65		&c.
7	15	45		&c.
8	17	51		&c.
9	19	57		&c.
10	21	63	&c.
11	23	69	&c.
&c.												

CAPUT X.

Vniversæ Propositiones 5. Elem. Euclidis in compendium & in meliorem ordinem redactæ, ac Numeris, loco magnitudinum, applicatæ.

5¹ EUCLIDIS.

EX binis numeris qui sint aliqua in ratione
Si tollas binos qui sint ratione in eadem ;

Qui bini remanent, & erunt ratione in eadem.

Ut ex 12 & 6, fublatis 8 & 4, remanent 4 & 2, in eadem ratione
ac 12 & 6, & 8 & 4.

$$6^a. \& 19^a.$$

Si bini fint multiplices binorum aliorum;

Ex majoribus, horum æqué quoque multiplices fi

Suftuleris; reliquum, his fimile, aut multiplum erit æqué.

Ut fi ex 12 & 18, æqué multiplicibus 2 & 3, fuftuleris 4 & 6 remanent 8 & 12, æqué multiplices ad 2 & 3.

Vel fi fuftuleris ex iifdem 12 & 18, 10 & 15, remanent 2 & 3, fimiles
2 & 3.

$$7^a. \& 9^a.$$

A binis æquis fi tantùm differat unus,

Hujus ad alterutrum femper ratio una eademque eft.

A B C   C A   B

Ut 4, 4 & 2, eadem ratio eft 2 ad 4 quam ad 4.

$$8^a. \& 10^a.$$

Si tres decrefcant numeri in quavis ratione,

Majorem ad minimum rationem major habebit

Quàm ad medium, & quàm fit medij ad minimum; Ipfaque major

Eft medij ad minimum, ad medium quam major habebat.

Ut 6, 4, 2. major eft ratio 6 ad 2 quam 6 ad 4 & 4 ad 2:

Ac 4 ad 2 quam 6 ad 4.

$$21^a. \& 23^a.$$

Ad tres fi confers totidem ratione in eadem

Binos & binos, fed turbato ordine; qualis

Primus erit terno, talis quartus quoque fexto:

Et talis quintus fexto primufque fecundo:

Qualis & alter erit terno, quartus quoque fexto.

18 12 4 | ficut 18 ad 4 fic 27 ad 6.

Ut 27, 9, 6 | ut 18 ad 12 fic 9 ad 6.

          | ut 12 ad 4 fic 27 ad 9.

$$1^a. \ 12^a. \ 17^a. \ 18^a.$$

In quavis ratione, Duces juncti, Comitefque

Juncti, funt ratione in eadem, quam antea quivis

Dux proprium ad Comitem, adque ducem Comes ipfe tenebat.

Dux Comiti at junctus rationem fervat eamdem

Quam priùs ad Comitem fervat Comes, adque Ducem dux.

A B C D | AC BD   A   B   C   D

Ut 12, 8; 9, 6. | 21 ad 14, ut 12 ad 8, & 9 ad 6.

AB   CD   A   C   B   D
At 20 ad 15 ut 12 ad 9 & 8 ad 6.

25^a.

Si quatuor bini & bini ratione in eadem;
Major conjunctus minimo summam aut numerum dat
Majorem quàm sit mediorum summa duorum.

A B C D   AD   BC
Ut 12, 6; 8, 4. | summa 16 est major summâ 14.

11^a.

In sex, si bini & bini æqui, erit & ratio æqua.
Ut 4, 2; 4, 2; 4, 2.

2^a. & 24^a.

In sex, si quatuor primi ratione in eadem
Et sextus sit quarto ut erit quintusque secundo;
Conjuctis primo quintoque secundus eamdem,
Quam terno & sexto conjunctis quartus habebit.

A B C D E F   E B F D   AE B
Ut 6, 3; 4, 2: 9, 6 | si 9 ad 3 ut 6 ad 2, erit 15 ad 3.
CF   D
sicut 10 ad 2.

3^a. & 13^a.

In sex, si primi quatuor ratione in eadem,
Et quintus cum aliquo primæ rationis eamdem
Quam sextus cum aliquo alterius rationis habebit;
Et quintus, sextus quoque eamdem cum altero, habebunt
Primaque si major ternâ aut minor, altera talis.

A B C D E F   E A F C   E B F D
Ut 4, 2; 6, 3, 8; 12 | ut 8 ad 4 & 12 ad 6, sic 8 ad 2 & 12 ad 3.
A B   E F
Et sicut prima ratio 4 ad 2 est major tertiâ 8 ad 12, sic major erit
C D   E F
secunda 6 ad 3 quàm 8 ad 12.

4^a.

Ad quatuor ratione in eadem, si totidemque
Sumantur qui, quamquam sint alia in ratione,
Ad primos tamen æqualem servent rationem;
Ut sibi respondent si confers, semper ubique
Æqua manet ratio, stet dummodo debitus ordo.

A B C D| E   A F   B

Ut 4, 2; 6, 3 | ficut 8 eſt duplus ad 4, & 6 triplus ad 2:

E F G H| G   C

8, 6; 12,9 | fic 12 ad 6 duplus, & 9 ad 3 triplus. Ergo quamvis ſint
         | in alia ratione ad primos tamen æqué ſervant rationem.

Jam ſi conferas ut ſibi reſpondent, æqua ſemper erit ratio, dummodo
recté conferas:

A   E   C   G   B   F   D H

Ut 4 ad 8, ſic 6 ad 12 | ut 2 ad 6, ſic 3 ad 9

A   C   B   D   E   G   F H

Ut 4 ad 6, & 2 ad 3, ſic 8 ad 12, & 6 ad 9.

20ª. & 22ª.

Hinc illinc ſi ſint quotvis ratione in eadem,
Qualis erit Primus terno, quartus quoque ſexto

A B C   A   C   D F

Ut 12, 9, 6 | &c. | ſicut 12 ad 6, ita 8 ad 4.

D E F |

8, 6, 4 | &c. |

14ª.

Si quotvis ſint continui ratione in eadem,
Æquales tunc ſunt omnes ad ſe rationes

Vel

Æquali ſe ſe cuncti in ratione ſecuntur.

Ut 1, 4, 8, 16, 32, 64, &c.

15ª.

At ſi ſint quotvis in diſcreta ratione
Tunc bini tantùm ſeſe in ratione ſecuntur:
Eſt terno quartus, qualis primoque ſecundus,
Seu ratio æqualis fuerit, majorve minorve.

Ut 6, 3; 4, 2. ſicut 6 ad 3 ſic 4 ad 2. major.

Ut 6, 3; 6, 3. æqualis.

Ut 3, 6, 2, 4, minor.

16ª.

Ac in multiplis, Ducis ad proprium Comitem æqua
Eſt ratio; Ducis adque Ducem; ad Comitem Comitiſque.

Ut 12, 4; 6, 2. | ſicut 12 ad 4; ſic 6 ad 2. tripla ratio.

Et ſicut 12 ad 6, ſic 4 ad 2. dupla.

CAPUT XI.

Principia Analyseos Numerorum.

I. ESt quivis Numerus positorum utrinque duorum,
Æquali spatio hinc illinc distantium ab illo,
Dimidium, si summam utrique addantur in unam.

Ut 6, dimidium est 12 quem faciunt 5 & 7, 4 & 8, 3 & 9 &c.

II. Binorum numerorum à se distantia, summæ
Addita, duplum est majoris; subtracta, minoris.

Ut 2 distantia 5 & 7, addita summæ 12, dat 14, duplum 7;
subtracta dat 10, duplum 5.

In binis ergo si excessus summaque dentur,
Ignoti quamvis tibi proponantur utrique,
Addendo aut retrahendo excessum, utrique dabuntur.

Sic datâ summâ 100 & excessus 40, additus 40 ad 100
dat 140 duplum majoris 70; subtractus dat 60 duplum minoris 30;
ergo 30 & 70 quorum distantia 40, componunt summam 100.

III. In binas partes æquas distantia secta
Binorum, ac una ablata ex majore, minorive
Addita, dimidium summæ utrorumque minilivat.

Ut 4 distantia 6 & 10, in 2 & 2, secta, ac 2 subtractus
ex 10 relinquit 8, aut additus ad 6, dat item 8, dimidium summæ 16.

IV. In duo frusta æqua, excessu summaque refectis
Binorum, majorem illinc, duo dimidia addens;
Ast unum ex alio retrahens, hinc alterum habebis.

Ut si summa 100, dimidietur in 50 & 50, & excessus 40 dimidietur
in 20 & 20; ac 20 ad 50 addatur, habebitur major 70,
si detrahatur, habebitur minor 30.

In binis ergo si excessus summaque dentur
Ignoti quamvis tibi proponantur utrique,
Dimidia addendo aut retrahendo, utrique dabuntur.

Ut in exemplo suprapofito.

V. Binorum si multiplicet distantia summam,
Illorum hinc quadratorum distantia prodit.

Vel

Binorum in summam si sit distantia ducta;

Æquabit

Æquabit quadratorum diftantiam eorum.

> Ut 2, diftantia 5 & 7, ducta in fummam 12, dat 24,
> diftantiam quadratorum 5 & 7, nempe 25 & 49.

VI. Si bini fe multiplicent, productus eorum,

Cum minimi quadrato in ea ratione manebit,

Ipfi quam bini priùs ad fefe invicem habebant,

Seu bini ad libitum fumpti, five ex alio orti.

> Ut fi 100 in 20 & 80 dividas, qui in quadrupla proportione & di-
> cas 20 in 80 veniet 1600 qui cum quadrato 20, fcilicet 400, eft in
> quadrupla proportione.

VII. Si numerus quicumque in quotvis frufta fecetur;

Quadratum illius, quadratis partium & harum

Duplo planorum, qui ex quavis parte viciffim

Ductâ provenient, fimul affumptis, erit æquum.

> Ut fi 9 fecetur in 2, 3 & 4; vel tantùm in 4 & 5; aut in 3 & 6; ejus
> quadratum 81 æquabitur tum quadratis 2, 3 & 4, fcilicet 4, 9 & 16,
> id eft 29, tum duplo planorum 2 in 3, 3 in 4 & 2 in 4, fcilicet 12,
> 24 & 16, id eft 52, qui cum 29 dant 81:
> Vel quadratis 4 & 5 fcilicet 16 & 25 id eft 41, & duplo plani 4 in 5,
> id eft 40, qui cum 41 dat 81: vel quadratis 3 & 6, fcilicet 9 & 36,
> id eft 45, ac duplo plani 3 in 6, fcilicet 36 qui cum 45 dat 81.

VIII. Si duo inæquales numeri; diftantia ab illis

Ortorum quadratorum, diftantiæ eorum

Quadrato, duploque minoris multiplicati

Ipfam per diftantiam eorum, planè erit æqua.

> Ut fi dentur 3 & 5, diftantia quadratorum 9 & 25, nempé 16, æqua-
> bitur tum quadrato diftantiæ eorum 2, nempé 4, tum duplo mul-
> tiplicationis ipfius diftantiæ 2 in minorem numerum, 3, nempé 12,
> qui cum 4 dat 16.

IX. Si quotvis numerorum exceffus, fummaque dentur,

Quamvis non dentur numeri: Exceffus retrahantur

A fumma; reliquo dein per numerum numerorum

Divifo, quotiens dabit ipforum minimum; ad quem

Exceffu proprio facile eft adducere quemvis:

Ad primum, exceffus debent quicumque referri.

> Ut fi quis fupponatur divififfe quatuor hominibus fummam 100 aureorum,
> dediffe primo incertum numerum, 2°. tres plufquam primo; 3°. qua-
> tuor plufquam fecundo; & 4°. tres plufquam tertio, quæraturque
> quantum fingulis dederit. Adde fimul exceffus 3, 4 id eft 7 fupra
> primum, 3, id eft 10 fupra primum, exceffus ergo 20 à 100 fubtracti
> relinquunt 80, qui divifi per 4 numerum numerorum quatuor ho-

K

minum, dant pro primo 20, pro secundo, 23, pro tertio 27, pro quarto 30, id est 100.

X. Si inter eos numerus quis habet duplumve triplumve
Alterius, totidem augebit numerum numerorum.

> Ut si in summa annorum 96 Alexander habeat duos super Ephestionem;
> Clytus vero duplum amborum & quatuor insuper, tunc additis excef-
> sibus 2 & 4 seu 6 super primum, id est 8, reliquum 88 dividendum erit
> per quatuor, quia Clytus duorum tenet locum, habens duplum aliorum,
> venietque pro primo 22, pro secundo 24, pro tertio 50, scilicet an-
> nos duorum & insuper 4, qui omnes 96.

XI. Multorum excessus cum sejunguntur ab uno,
Et nulli dantur numeri, summæque tacentur;
Ignoti numeri summæque hac arte patebunt.
Omnibus in summam adductis excessibus unam,
Sic ignotorum numerorum collige summam.
In tribus, est summa ignotorum, excessibus æqua;
In reliquis excessuum erit superantia major:
In quatuor, dupla; tripla, in quinque; in sexque, quadrupla;
Quintupla, in septem; & sic deinceps; summaque semper,
Multiplicis gradibus binis, hæc distat ab illa.
Ergo ut summæ æquentur utræque, reductio fiet
Quando opus est, dicta ut superantia monstrat;
Dein quemque excessum à summa retrahendo reducta,
Dimidium reliqui summæ est incognitus unus;
Excessusque dabit major, vice quaque, minorem,

> Ut si in quatuor, ubi summa excessuum est dupla incognitorum,
> primus, secundus, & tertius, excedunt quartum,   40
> primus, secundus, & quartus, excedunt tertium,   80
> primus, tertius, & quartus, excedunt secundum,   120
> secundus, tertius, & quartus, excedunt primum,   160
> quantum quisque habet? summa excessuum, est dupla incognitorum.
>   400
> Ergo Numerorum incognitorum summa 200. à qua si primus retrahatur
>   excessus 40, supererit 160 cujus dimidium 80 pro majori numero.
>   si 2ᵃ. 80, supererit 120 cujus dimidium 60 pro sequente.
>   si 3ᵃ. 120, supererit 80 cujus dimidium 40 pro sequente.
>   si 4ᵃ. 160, supererit 40 cujus dimidium 20 pro minori numero.
> Ergo primus habebit 20, secundus 40, tertius 60, quartus 80, unde
>   patent excessus.

XII. At quando à reliquis numerus sejungitur unus
Cum sibi parte data; & reliqui referuntur ad illum

Ac inter se cum sibi parte data; aufer ab istis
Partem unam; dein quære, quis ablatis numerus sit
Partibus, ex quo pars primi memorata supersit.
Quæsitum dabit hunc numerum tibi Regula Falsi;
Ablatas ab eo partes retrahe; inde petitum.

Ut, quidam testamento instituit tres hæredes, dedit Petro 10000. I.
vult Jacobum habere dimidium Petri & Joannis; & Joannem tertiam partem Petri & Jacobi; quænam est summa & quæ pars Jacobi
& Joannis?

10. A Jacobi & Joannis auferenda est cuique una pars, & sic Jacobus à
dimidio ad tertiam partem, Joannes à tertia parte ad quartam venit;
deinde quærendus est numerus per Regulam Falsi libro sequente explicandam ex quo ablatis tertia & quarta partibus superest 10000.

Quæsitus numerus erit 24000, cujus tertia pars pro Jacobo erit 8000,
quarta vero pro Joanne 6000. & sic soluta est quæstio, nam Jacobus
habet dimidium Petri & Joannis qui 16000; Joannes tertiam partem
Petri & Jacobi qui 18000, &c.

Talia multa Libro Decimo evoluenda relinquo,
Plura tibi Clavius, majoraque Billius offert;
Billius Algebricos inter celeberrimus unus.

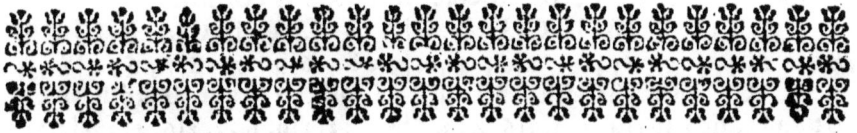

LIBER QUINTUS.
ARITHMETICA RELATORUM
SEU PROPORTIONUM.

CAPUT PRIMUM.

Quid sit Relatio seu Ratio, aut simplex Proportio: quid Proportio proprié dicta & quotuplex.

HIC Ratio aut simplex Proportio dicitur esse,
Res ubi confertur cum alia majore, minore,
Aut æquali; & sic, Rerum est habitudo duarum.
Ejusdem generis rerum collatio fiat.

Ut 1 ad 2 | 4 ad 3 | 2 ad 2.

At binas res cum binis qui conferet, inde
Nascetur duplex Ratio, Proportio dicta;

Ut 1 ad 2; sic 2 ad 4, &c. vel, ut 2 ad 4, sic 4 ad 8.

Quæ triplex est: Prima est in distantibus à se
Æquali spatio numeris; & Arithmica dicta:

Ut 1, 2, 3, 4, &c. vel 2, 4, 6, 8, &c. vel 3, 6, 9, 12, &c.

Altera at in quatuor, rationem servat eamdem
Binorum ad binos, & Geometrica dicta:

Ut, sicut 2 ad 4, sic 8 ad 16 | vel, ut 3 ad 4; sic 6 ad 8 | &c.

Tertia, tres inter, talem admittit rationem
Extremorum ad se, qualem distantia eorum
Ad medium; Harmonicorumque est Proportio dicta.

Ut, 3, 4, 6: nam ut 3 ad 6 quæ ratio dupla est: ita 1 ad 2, distantia 3 ad 4, & distantia 4 ad 6.

Sunt aliæ septem, sibi quos hæc ultima sumit,

Quòd, præter numeros, spectet distantiam eorum.

A B C	A B C	A B C	A B C	A B C	A B C	A B C
Ex. 6, 5, 3	5, 4, 2	6, 4, 1	9, 8, 6	9, 7, 6	7, 6, 4	8, 5, 3
A C dist.	BC dist.	A B dist.	A C dist.	A C dist	B C dist.	B C dist.
Ut 6 ad 3, sic 2 ad 1	4, 2 : 2, 1	6, 4 : 3, 2	9, 6 : 3, 2	9, 6 : 3, 2	6, 4 : 3, 2	5, 3 : 5, 3.

CAPUT II.

De Quinque Generibus Proportionum Geometricarum & earum speciebus.

Quinque Relatorum Genera, Æquali haud memoratâ:
Alterum enim superat quidquam, aut superatur ab illo
Quinque modis : vel parte unâ, vel pluribus; aut hoc
Multoties illud præcisè continet; aut hoc
Multoties & partem habet illius insuper unam,
Aut plures habet insuper : hæc sunt quinque Relata.
Unumquodque Genus species habet infinitas,
Tantò majores, quò simplicitate minores,
In primo genere & quarto; varia est aliis lex.
Hæc in ponderibus, mensuris, exprimimusque
In Numeris; tamen incommensurabile quoddam
Euclidis Decimus multo sermone recenset:
Barbara sunt harum Rationum nomina; & aures,
Carminaque horrendas trepidant admittere voces.
Illarum ergo vices supplebimus, ordinis harum
Nominibus, breviter quæ marginis exhibet ora.

1. Genus, superparticulare vel subsuperparticulare	ut 3 ad 2 ut 2 ad 3	1. Species, sesquialtera ut 3 ad 2 1. Sesquitertia ut 4 ad 5 3. Sesquiquarta ut 4 ad 5 4. Sesquiquinta ut 6 ad 5, &c. in infinitum.
2. Superpartiens vel subsuperpartiens	ut 5 ad 3 ut 3 ad 5	1. Species superbipartiens tertias ut 5 ad 3. 2. Supertripartiens quart. ut 7 ad 4. 3. Super quadrup. quintas, ut 9 ad 5, &c.
3. Multiplex vel submultiplex	ut 4 ad 2 ut 2 ad 4	1. Species, dupla ad 1 1. tripli 3 ad 1. 3. quadr. 4 ad 1. 4 quincupla ut 5 ad 1, &c.
4. Multiplex superparticulare vel submultiplex subsuperpart.	ut 5 ad 2 ut 2 ad 5	1. Species, dupla sesquialtera ut 5 ad 2. 1 vel tripla sesqu. ut 7 ad 2, &c. 2. Species, dupla, vel tripl. vel &c. sesquitertia, ut 7 ad 3 &c.
5. Multiplex superpartiens vel submultiplex subsuperpart.	ut 11 ad 3 ut 3 ad 11	1. Species, dupla superbipartiens tertias ut 8 ad 3, &c. tripla super quadrup. quintas ut 19 ad 5, &c.

Nota quod omnium multiplicium, seu tertij generis, minima est dupla : & omnium superparticularium id est primi generis maxima est sesquialtera seu superdimidia. In isto genere & quarto, quò simpliciores rationes eò majores; in aliis non item. Nam quò magis recedunt à simplicitate eò majores fiunt, ut 5 ad 3 minor est ratio quam 7 ad 4. quod patet reducendo eas instar fractorum ad eandem denominationem, illaque erit major quæ plures habebit partes denominatoris, ut, $X\frac{7}{4} \frac{10\,21}{12}$ ergo $\frac{7}{4}$ major, quia 21 plures partes duodecimas habet quam $\frac{7}{4}$ quæ tantum 20.

Prima potest fieri majorve minorve secunda;
Major semper erit multiplex hisce duabus;
Majores quoque semper erunt tribus hisce sequentes;
Quarta potest quintâ fieri majorve minorve.
Est inter primas major, quæ dimidium in se
Continet, est inter multiplas dupla minorque.

CAPUT III.

De Progressione Arithmetica ac de Collectione quotvis numerorum hujus progressionis in unam summam.

ÆQualis cùm sit semper distantia, in isto
Processu, numeros numeris est addere promptum:
Nil moror hîc igitur. Sed qui Collectio fiat
Hujus summarum processûs, accipe paucis.
  I. Cùm Numeri incipiunt & distant invicem ab uno,
Si par ultimus est, mediam ipsius accipe partem;
Hanc duc in Numerum qui huic ultrà proximus esset.
    Ut 1, 2, 3, 4, 5, 6 | ex 3 in 7 fit 21 pro summa.
    Sic, 1, 2, 3, 4, 5, 6, 7, 8, 9, 10, 11, 12, 13, 14, 15, 16 | ex 8 in 17 fit 136.
  II. Si ultimus est Impar, medium ipsius accipe majus;
Multipliceturque hac mediâ parte ultimus ipse:
    Ut 1, 2, 3, 4, 5 | ex 3 in 5 fit 15 pro summa.
    Sic, 1, 3, 4, 5, 6, 7, 8, 9, 10, 11, 12, 13, 14, 15, 16, 17 | ex 9 in 17 fit summa 153.
  III. Ipsam si seriem numeri incipientis ab uno
Solùm interrumpat binarius, ultimus impar
Semper erit, majus medium accipe; quadra.
    Ut 1, 3, 5, 7 | ex 4 in se fit 16 pro summa.
    Sic 1, 3, 5, 7, 9, 11 | ex 6 in se fit 36.
  IV. Si seriem ducens, illam binarius ipse
Continuet, semper par ultimus; accipe partem

Ipsius mediam; In majorem proximiorem
Parti illi mediæ, illam duc; summamque creabit.
    Ut 2, 4, 6, 8 | ex 4 in 5 fit 20 pro summa.
    Sic, 2, 4, 6, 8, 10, 12, 14 | ex 7 in 8 fit 56.
 V. Per tria si series sit cœpta & continuata:
 V I. Immò quot quot principium à numero impare sument;
Aut impar erit is numerus qui est ultimus; aut par.
Si Impar, ille suo Imparis ordine multiplicetur.
    Exemp. | Ut 3, 6 9 | ex 2 in 9 (quia 9 secundus Impar) fit 18 pro summa.
        Sic 3, 6, 9, 12, 15 | ex 3 in 15 fit 45 pro summa.
    Exemp. | Ut 5, 10, 15, 20, 25 | ex 3 in 25 fit 75 pro summa.
Si Par, ille suo Paris ordine multiplicetur,
Productoque illi mediam partem ipsius adde.
    Ut 3, 6, 9, 12 | ex 2 in 12 fit 24, cui addens 6, fit 30 pro summa.
    Sic 3, 6, 9, 12, 15, 18, 21, 24, 27, 30, 33, 36 | ex 6 in 36, fit 216, cum
        18 fit 234.
    Sic 5, 10, 15, 20, 25, 30 | ex 3 in 30 fit 90, cum 15 fit 105 pro summa.
Vel mediam partem numeri sume ultimi; & ipsa
Per numerum majorem uno quàm erit ipsemet ordo
Imparium simul & parium, tunc multiplicetur.
    Ut 3, 6, 9, 12 | ex 6 in 5 fit 30 pro summa.
    Sic 5, 10, 15, 20, 25, 30 | ex 15 in 7 fit 105 pro summa.
 V I I. Per quatuor, series si cœpta & continuata;
 V I I I. Immò quot quot erunt parium sic collige summas:
Accipe dimidiam partem numeri ultimi; & ipsum,
Per numerum majorem uno quam erit ipsius ordo,
Multiplica; sic cunctorum Collectio fiet.
    Exemp. | Ut 4, 8, 12 | ex 4 in 6 fit 24 pro summa | sic 4, 8, 12, 16, 20,
        24 | ex 7 in 12 fit 84.
    Exemp. | Ut 6, 12, 18, 24, 30, 36 | ex 7 in 18 fit 126 pro summa.

Generalissima & brevior Regula, pro quacumque progressio e
Arithmetica colligenda.

H Ic brevior modus. Extremos summam addito in unam;
    Dimidium, numero numerorum multiplicato;
Et sic Imparium aut parium Collectio fiet.
    Ut 1, 2, 3, 4, 5, 6, 7, 8, 9, 10, 11, 12, 13, 14, 15, 16, 17 | 1 & 17, 18
        | ex 9 in 17 fit 153.
    Sic, 3, 6, 9, 12, 15, 18, 21, 24 | 27; ex 13 ½ in 8, fit 108 pro summa.
    Sic 4, 8, 12, 16 | 20 | 10 per 4, facit 40 pro summa.
    Sic 6, 12, 18, 24, 30 | 36 | 18 per 5 facit 90 pro summa.

CAPUT IV.

De Collectione summarum in progressione Geometrica multiplici.

IN Duplâ, duplica ultimum, & unum retrahe ab illo.
   Ut 1, 2, 4, 8, 16, 32, 64, 128, 256, 512 | 1024 | 1023 summa.
per 2 tolle 1   restat
In reliquis: Primum trahe ab Extremo, reliquumque
Divide per numerum qui sit solùm minor uno,
Quàm numerus de quo sumit Progressio nomen;
Extremo integro quotientem hunc addito tandem.

  Ut 3, 9, 27, 81, 243 | 240 (120 ⎰ 243
           tolle 3 | per 2 divide ⎱ 120
363 summa.

                 1024
Sic 4, 16, 64, 256, 1024 | 1020 (340 |
               4 | 3   1364 summa.

CAPUT V.

De Continuatione Proportionum Geometricarum seu progressione ejusdem Rationis.

MUltiplex Geometricus progressus habetur,
  Si Factum, per eum cui dat Progressio nomen
Multiplices: Factus generat sic quisque sequentem.
  Ut in progressione dupla, 1, 2, 4, 8, 16, 32, 64 &c. ductus 2 in quemvis producit sequentem.
  Sic in tripla 1, 3, 9, 27, 81 &c. ductus 3 in quemvis producit sequentem.
In non multiplici, poterit sic tertius addi
Continua in Ratione, ad primum quam alter habebat.
Alter multiplicet se; Factum divide primo;
Tertius in quotiente erit hac ratione petitus.
Sæpiùs at fractus, rarò venit integer inde.
  Ex. 1. Si vis tertium addere ad 4 & 6. | ex 6 in se fit 36; qui divisus per 4
    (9 | & sic 4, 6, 9.
  Ex. 2. ad 6 & 9 | ex 9 in se 81, qui divisus per 6 ($13\frac{1}{2}$ | sic 6, 9, $13\frac{1}{2}$
Continuos poteris numeros sic addere quotvis,

Qui

Qui fervent ad fe Rationem femper eamdem;
Integrique omnes producantur fine fractis.
Propofitæ numeros Rationis fumito primos;
In fe ducatur primus, tum multiplicetur
Ipfe per alterum, & alter is in fe multiplicetur:
Sicque duo, tres in quavis Ratione creabunt.

> Ut fi tres in proportione fefquialtera velis, fumito 2 & 3, duc 2 in
> fe & fit 4; duc 2 in 3 & fit 6; & duc 3 in fe & fit 9; ficque hos tres
> habes, 4, 6, 9.

Ex tribus his quatuor fient, & quinque creantur
Ex quatuor; fic perpetuò nafcentur ab illis
Innumeri, fi ordo quivis fic multiplicetur:
Cùm tres, vel quatuor, vel quotquot in ordine dantur,
Omnes per primum tibi propofitæ Rationis
Seorfùm multiplicentur in ordine; perque fecundum
Ultimus ipfe, fuo jam antè ordine multiplicatus:
Sic à præterito nafcetur proximus ordo.

Exemp. In proportione fefquialtera fic ex 2 & 3 creantur.

tres	quatuor	quinque

4, 6, 9 | 8, 12, 18, 27 | 16, 24, 36, 54, 81 | &c.

Sic in proportione fefquitertia, ex 3 & 4, fiunt.

tres	quatuor	quinque

9, 12, 16 | 27, 36, 48, 64 | 81, 108, 144, 192, 256 | &c.

CAPUT VI.

*Alia Methodus, quam divinam vocant inveniendi tot quot volueris
numeros continuè proportionales in ratione fuperparticulari; feu
dignofcendi quot & quo loco fibi fuccedere pofsint numeri continuè proportionales.*

CUM fcitu fit difficile, in quavis ratione
Ex illis numeris quibus eft pars infuper una,
Continui fibi quot numeri fuccedere pofsint,
Sæpéque in harmonicis plures fit habere neceffum:
Quærere per præcedentem labor improbus effet;
Hâc methodo tantùm poteris breviare laborem;
Scire quot in ratione fibi fuccedere pofsint
Integri numeri: in fractis nam Operatio caffa.

Affines fibi, multiplex quicumque creabit
Tot fub fe, quot multiplex is diftat ab uno.
Tunc numerus, fuperans alium parte infuper unâ,
Multiplici affinis dicendus, nomine quando
Pars fuperans, fubmultiplex ad multiplicem exftat;
Qualis dimidia ad duplicem; ad triplicemque triens eft:
Affinem ergo fuum cognomine, quifque creabit
Multiplex numerum qui partem habet infuper unam:
Sic, qui dimidiam, duplex; triplexque creabit,
Qui ternam; quadruplex, qui quartam habet infuper in fe;
Totque fibi affines multiplex quifque creabit
Quot numeris diftat multiplex quifquis ab uno.
Sic quatuor, quartus multiplex; quinque creabit
Quintus multiplex; reliqui fic quofque creabunt
Affines, quot & à monade unufquifque recedit.
Partitione autem venient quicumque petiti,
Per fuperexceffum, unde capit proportio nomen,
Si quotiens ipfi divifo addatur; ab illo
Multiplici incipiens, quem debitus ordo miniftrat.
Ut fi fex fuperoctava intervalla petantur,
Accipienda tibi primùm eft ratio octupla, fubque
Ordine multiplici fexto; intervalla petita,
Sex numero, fuperoctavâ cum parte dabuntur.
Partitione autem fuperoctava ifta creantur,
Si numerus fit divifus quicumque per octo,
Incipiendo per octuplum qui eft ordine fextus,
Addaturque ipfi quotiens; fic quique fub ipfo,
Aucti præcedentum octavâ parte, creantur.

Sex Octupli

Sextus octuplus generans fex fuperoctavos.

1º octuplus. 2º 3º 4º 5º

1, 8, 64, 512, 4096, 32768 | 262144   (*Partes octava feu quo-*
            | Sex fuperoctavi (*tientes per 8.*
            | 294912   (32768
            | 331776   (36864
            | 373248   (41472
            | 419904   (46656
            | 472392   (52488
            | 531441   (59049

Nafcitur hinc via quâ numerus numero additur uni,

Aut ex uno subtrahitur, ratione in eadem.

CAPUT VII.

Methodus generalissima addendi uni numero, vel subtrahendi ex
unico, alium numerum in ratione petita, in quovis
genere & specie rationum.

SIc addes uni numerum in ratione petita.
Divide, per radicalem minimum rationis,
Oblatum numerum; & toties illi quotientem
Adde, quota est distantia primorum minimorum.

Ut si vis addere ad 30 numerum in ratione 2 ad 3 divisus 30 per 2, dat 15,
qui additus semel ad 30 (nam unitate solùm distant 2 & 3) facit
45 qui ad 30, ut 3 ad 2.

Si ad 45 addendus sit in ratione 3 ad 5, divisus 45 per 3 dat 15 qui bis additus ad 45 (nam binario distant 3 & 5.) dat 75 qui ad 45 ut 5 ad 3.

Sic ad 24 in ratione 1 ad 3, bis 24 dat 48 qui additus ad 24 facit 72 &c.

At per majorem radicalem rationis,
Ut retrahas, numerum oblatum partire & ab illo
Subtrahito toties quotientem, quanta duorum
Primorum rationis erit distantia, ut antè.

Ut ex 45 ratio 2 ad 3 subtracta dat pro quotiente 15 & relinquit 30.

Sic ex 45 ratio 3 ad 5, subtracta per 5 dat pro quotiente 9, qui bis subtractus relinquit 27.

Sic ex 72 ratio tripla 3 ad 1. per 3 dat pro quotiente 24 qui bis subtractus
relinquit 24.

CAPUT VIII.

Ad duos numeros quorum ratio ignoratur, addere tertium
in eadem ratione, vel subtrahere.

AD binos autem, quorum ignoras rationem,
Tertius hocce modo addetur ratione in eadem:
Majorem binorum in se duc; perque minorem
Divide multiplicatum, erit in quotiente petitus.

Ut si ad 36 & 60 vis addere tertium, multiplica in se 60, & fit 3600, quem
divide per 36, venit in quotiente 100. qui est ad 60 ut 60 ad 36.

Invertens retrahes sic : multiplicato minorem
In sese, dein per majorem, divide factum;
In quotiente aderit minor in ratione, ut uterque.

Ut si ad 100 & 60,tertium velis minorem in eadem ratione,multiplica,60,
    per se , fit , 3600 , qui divisus per 100 dat 36 , qui ad 60 , ut, 60 ad 100.

Partitio rationem ignoratam tibi tradet,
Per commune metrum quod mensurabit utrumque.

Ut 36 & 60 per 12 ; ac 60 & 100 per 20 , veniet ratio 3 ad 5.

CAPUT IX.

Quid agendum cum numerus quis caret parte petita in
integris numeris.

SÆpè fit ut careat numerus quis parte petità
Integrâ : tunc is per partem hanc multiplicandus;
Ipsique addenda est dein multiplicatio facta;
Multiplicato erit additus in ratione petita.

Ut quia 64 caret tertia parte, seu ratione 3 ad 4 ; per 3 multiplicatus
64 , dat 192 , cui addens 64 , fit 256 qui ad 192 est in ratione super-
tertia 4 ad 3.

CAPUT X.

Quomodo probatur, numeros esse in tali aut tali ratione.

SIc numeros quosque in ratione datâ esse probabis,
Majorem numerum per majorem rationis,
Per minimum rationis item partire minorem;
Idem proveniet quotiens numeris ab utrisque.
Multiplicatus item quotiens minimis ab utrisque,
Restituet pariter numeros utrosque priores.

Ut probes 192 & 256 esse in ratione 3 ad 4. divide 256 per 4 , & 192 per
    3 , proveniet utrobique 64.

Item si multiplicaveris 64 per 4 & per 3 venient priores 256 & 192.

CAPUT XI.

*Invenire primos feu minimos numeros rationis præfertim fuper-
particularis, five illa fit cognita feu non.*

IN numeris qui fe excedunt parte infuper unâ
Eſt facilé ad numeros rationem adducere primos,
Sive fit illorum fpecies bené cognita, feu non:
Cognita fi fit, tunc primos divifio tradet,
Majoris Numeri per majorem rationis,
Perque minorem ac fi minimi divifio fiat,
Idem proveniet quotiens numeris ab utrifque.
Hæc eadem eſt ac præcedens tibi tradita norma.

> Ut fi cognita fit ratio 72 ad 64 nempe 9 ad 8 dividendo 72 per 9, veniet
> quotiens 8, & dividendo 64 per 8 minimum rationis idem veniet quo-
> tiens 8.

Cognita fi non fit, tunc per diſtantiam utrorum,
Amborum minimos fubtractio tradet utrofque.

> Ut fi incognita fit ratio 72 ad 64, tunc per diſtantiam feu differentiam,
> nempé 8, fubtractio ex 72 dabit 9, ex 64, dabit 8, pro minimis utrif-
> que.

'At fi Partitio, aut Subtractio longa videtur,
Præcipué in Numeris quorum exuperantia multis
Partibus exſtiterit; communem quærito primam
Menfuram, per eam quam Tertius edocet artem.

> Ut fi dati fint numeri 96 & 60, vel in minoribus 24 & 15, reducentur ad
> minimos 8 & 5 per eorum communem menfuram 3, quæ alia eſſe nequit
> inter 24 & 15. 96 autem & 60 poſſunt reduci per 12 ad 8 & 5.
>
> Per tertiam autem Regulam fecundi cap. Libri tertij, 24 & 15 per tria
> numerantur ficut & 96 & 60. Sed in his 96 & 60 veniunt in primis
> quotientibus 32 & 20. qui rurfus divifi per 4 communem menfuram ve-
> niunt in fecundis ultimis quotientibus 8 & 5. vel 32 & 20 remiſſi ad 16
> & 10, per 2 dant. 8 & 5: ad quos devenient dimidiando 16 & 10, 8 & 5.

CAPUT XII.

De Continuatione Progreßionis Harmonicæ, feu de Additione tertij termini majoris & minoris ad duos datos in proportione Harmonica, quando id fieri poteſt.

Harmonica in Ratione, ad binos Tertius addi
Terminus haud poterit, duplâ in ratione, vel ultrâ.
Cum fuerint igitur duplâ ratione minores,
Tertius Harmonicus poterit fic terminus addi;
Multiplica binos in fe; diftantiam eorum
De minimo retrahe; ac reliquo ifto divide Factum
Ex binis in fe ductis, hinc Tertium habebis.

Ut fi addendus
    fit tertius. ad 4 & 6. | ex 4 in 6, fit 24
per diftantiam 4 à 6 detractam | 24 | (12 | 4, 6, 12.
ex 4 nempe 2. divide 24. | 2 |

Sic ad 3 & 4 addes. | ex 3 in 4 fit 12 | diftantia 1 à minimo 3, 2 relinquit;
    divide 12
       per 2 (6 | 3, 4, 6.

At Impoſſib. ad 3 & 6 | nam ex 3 in 6 fit 18, qui divifus per diftantiam 3 ;
  tertium addere. | dat in quotiente 6.

De Additione tertij minoris ad duos datos in eadem proportione harmonica.

Multiplica binos in fe; diftantiam eorum
Addito majori; producto divide Factum
Ex binis in fe ductis, hinc Tertium habebis.

Ut ad 12 & 6, | ductis 12 | diftantia eorum nempe 6 addita
fi addendus fit minor | in 6 | majori facit 18.
               72

hac divide $\frac{72}{18}$ (4 | 12, 6, 4.

Sic ad 6 & 4 | 6 | diftantia 2 ad 6 | divide | | 6, 4, 3.
tertius minor. | 4 | facit 8. | 24 per 8 (3 |

CAPUT XIII.

De Comparatione feriei Naturalis feu Arithmeticæ cum Geometrica Multipla, continua vel difcreta.

SI feriem Naturalem Geometricamque
Ad fefe referas, fiet collatio talis.
Additio in prima eft, quod multiplicatio in ifta:
Quod Subtractio in illa eft, eft Divifio in ifta.
Hoc pofito, Medij cum Extremis fic in utraque:
Tot Mediorum, Extremorum quot junctio in illa;
Quot Mediorum, Extremorum tot ductio in ifta:
Tot Subducti à fe primi, quot & ultimi in illa:
Tot quoque Divifi primi, quot & ultimi in ifta.

Ut ficut in Arith. progr. 3, 7, 11, 15, duo extremi additi tantum faciunt quàm duo medij additi, utrobique enim fit 18. fcilicet 3 & 15 | & 7 & 11.

Ita in Geometrica, 3, 6, 12, 24. duo extremi multiplicati inter fe, tantum faciunt quantum duo medij inter fe multipl. utrobique enim fit 72.

Et ficut in Arith. prog. 8, 13, 18, 23. Subducti à fe primi, tantum relinquit quantum fubducti ultimi, nempé 5 utrobique.

Ita in Geometrica, 2, 6, 18, 54, idem provenit ex primorum divifione quod ex ultimorum irem divifione, fcilicet 6 divifus per 2 dat 3, & 54 per 18, item 3. Sic 2, 6, 3, 9, reftat item 3.

CAPUT XIV.

De potentia Mediorum & Extremorum in tribus proportionibus, Geometricis, Arithmeticis & Harmonicis.

INter tres Geometricos, medius dabit in fe
Ductus, quantum Extremi in fefe multiplicati.
Ut, 4, 6, 9 | ex 6 in fe fit 36; & ex 4 in 9, item 36.
At tres inter Arithmetos, medius dabit in fe
Ductus, quantum extremi in fefe multiplicati,
His fi addas ductam in fefe diftantiam utramque.
Ut 2, 4, 6 | ex 4 in fe fit 16; & ex 2 in 6 fit 12, cui addità utraque diftantia 2 & 2, fit 16.
Harmonicæ medius, fic in fe ductus adæquat

Extremos in fe ductos, fi junxeris illi:
In fefe ductam pariter diftantiam utramque.

Ut 3, 4, 6 | ex 4 in fe fit 16, cui addendo ductam in fe utrorum diftantiam
ad extremos utrofque fcilicet 2 fit 18, & totidem ex 3 in 6, 18.

Aft inter quatuor Geometricos ita res eft.
Tot faciunt Extremi inter fe multiplicati;
Quot Medij faciunt etiam in fe multiplicati.

Ut 2, 4, 8, 16 | ex 2 in 16 fit 36; & ex 4 in 8, fit item 32.
Sic 8, 12, 18, 27 | ex 8 in 27 fit 216;& ex 12 in 18, fit item 216.

Sic quartus veniet, fic primus fe offeret ultrò:
Si tres fint, medium in ternum duc; divide factum
Per primum; in quotiente aderit qui eft ordine quartus:

Ut 2, 4, 8 —? | ex 4 in 8 fit 32 qui divifus per 2, dat 16 | 2, 4; 8, 16.
Multiplica medios inter fe; divide factum
Per quartum, in quotiente aderit qui eft ordine primus
Hinc Recta, hinc Inverfa quoque Aurea Regula nata.

—? 4, 8, 16 | ex 4 in 8 fit 32 qui divifus per 16 dat 2; primum.
Quadratum faciunt quatuor fe multiplicantes.

Ut 2, 4, 8, 16 | ex mutua horum quatuor in fe multiplicatione fit 1024;
quadratus.

CAPUT XV.

De mutua tranfmutatione Proportionis Arithmeticæ in Harmonicam & Harmonicæ in Arithmeticam.
feu:
De Inventione medij Harmonici & Arithmetici.

SUme duos Numeros, inter quos ponere mens eft
Harmonicum medium; illos addito, dimidiumque
Junctorum, medium inter eos procreabit Arithmum.
At fi ex additione impar; primos duplicato;
Dimidium ut rite fumi queat inter utrumque.

Ut 4 & 6, junctis fit 10, cujus dimidium 5; qui medius inter 4 & 6 | 4;
5, 6.
At fi 4 & 5 junxeris, fit 9 qui non habet medium; ideo duplica 4 & 5,
& fit 8 & 10. | 18 | 9 | 8, 9, 10.

Harmonica hinc veniet Proportio dicta, Secundum
Et Ternum fi multiplices Primo; inde Secundo

Multiplices

Multiplices Ternum. Et, sic fiet Arithmica ab ista.

Ut ex hac Arith. 4, 5, 6, fiet harmonica, multiplicando 4 in 5 & fit 20, deinde, 4 in 6 & fit 24; ac tandem 5 in 6 & fit 30. | 20, 24, 30. Harm.

Et ex harm. 20, 24, 30, fiet Arithmetica, multiplicando 20 in 24 & fit 480; deinde 20 in 30, & fit 600; ac tandem 24 in 30 & fit 720 | 480, 600, 720. Arith.

Ergo cum fuerint hac in Ratione vel illa
Tres numeri, sic hæc Ratio transibit in illam:
Per primum medius, dein ultimus ordine crescant;
(Ecce duos jamjam Primos Rationis alius:)
Perque ipsum medium crescat tandem ultimus ipse,
Quem primis jamjam factis appone duobus:
Altera sic Ratio ex factâ Ratione creatur.

   Harmonica 3, 4, 6 | Arithmetica 2, 4, 6 |
  in Arithmeticam. 12, 18, 24 | in Harmonicam. 8, 12, 24 |

At numeri, cùm sit talis Conversio, crescunt:
Si vis decrescant, mensuram sumito. Primam
Primi cum binis aliis, numerosque reducat
Partitio; sic decrescens Conversio fiet.

  Sic Arithmetica 12, 18, 24 | Et sic Harmonica 8, 12, 24
    per 6 | per 4
  decrescet in, 2, 3, 4 |. decrescet in, 2, 3, 6.

  Sic Harmonica 20, 24, 30 | Et sic Arithmetica 480, 600, 720
    per 2 | per 10.
  decrescet in, 10, 12, 15 | decrescet 1°. in, 48, 60, 72,
        | 2°. per 6, in. 8, 10, 12
        | 3°. per 2. in 4, 5, 6.

CAPUT XVI.

Praxis quatuor Regularum circa duas aut plures Rationes separatim sumptas, seu simplices Proportiones Geometricas.

HAs Praxes Rationum admittit Musica tantùm;
Quinetiam primis tantùm utitur illa duabus:
Scilicet aut ad se Rationes addere curat,
Aut Retrahit; nec Multiplicat nec Dividit usquam.
Has quatuor tamen hic mens est apponere Praxes,
Ne qua huic nostro Operi fortasse Operatio desit.

M

Additio Proportionum.

Hic est Additio, multorum Adductio in unum.
Cum tibi sunt plures simul addendæ Rationes,
Illas ad minimos numeros adducito primùm.
  Ut si proponantur addendæ 6, 9; & 12, 16
    sic reducendæ erunt. 2, 3, & 3, 4.
Multiplicato Duces Ducibus, Comitesque seorsum:
Et sic ex multis Proportio habebitur una;
Quam ad numeros poteris, si magna, reducere primos.
    A B C D A C   B D
Ut si addendæ 2, 3, & 3, 4 | ex 2 in 3 fit 6; & ex 3 in 4, fit 12
   sicque addita fiunt 6, 12, seu 1, 2.
   A B C D E F   A C E B D F
Sic addendæ 1, 2: 2, 3: 3, 4 | additæ faciunt 6, 24, seu 1, 4.

Subtractio Proportionum.

Istius Comitem, alterius Duce multiplicato;
Huncque Ducem, Comite alterius; Subtractio facta est.
    A B C D A D   C B
Ut si subtrahenda sit 2, 3, ex 3, 4 | duc 2 in 4, fit 8; & 3 in 3, fit 9.
Sicque retrahendo sesquitertiam ex sesquialtera, superest sesquioctava;
 quod in Musica est, retrahere quartam ex quinta, superest tonus; cum
 ratio quartæ sit in ratione 3 ad 4, & ratio quintæ 2 ad 3; & ratio
 toni, 8 ad 9.

Multiplicatio Proportionum.

Multiplicans pone hunc toties, quot in illo erit unum:
Pone Duces Comitesque, in Multiplicante quot unum est,
Inde Duces duc in sese, Comitesque seorsum;
Et sic ex multis Proportio habebitur una.
  Ut si multiplicanda sit Proportio 2 ad 3, per 3. ter pone duces sic 2, 2, 2;
 & ter pone Comites sic, 3, 3, 3. deinde ex ducibus in sese fit 8; & ex Co-
 mitibus in sese, 27. | 8, 27.

Divisio Proportionum.

PArtitio fiet retrahendo ex multiplicato;
Et toties, quoties retrahi Divisio poscit.

Ut si ex 27 & 8, bis retrahi proponatur proportio 2 ad 3. bis pone ducem 2, 2, hoc est 4; & bis Comitem 3, 3, hoc est 9 multip. divide 8
per 4 & veniet 2; & 27 per 9 & veniet 3.

Sicque ex 27, & 8, superest Proportio 2 ad 3.

CAPUT XVII.

*Regula Proportionum Aurea sive Trium Terminorum, quibus
addendus est quartus Proportionalis in ratione discreta,
non continua.*

AD Tres jam positos, sic Aurea Regula monstrat,
Quartum apponere, qui Rationem servet eamdem
Cum Terno, quam ad sese primus & alter habebant.
Ternum multiplicet qui primo proximus adstat,
Dividat hunc primus, quotiens dabit hinc tibi quartum.
Vel; Quartus fingatur adesse ut fecimus ante,
Multiplica medios inter se; divide Factum
Per primum, veniet qui fingebatur adesse.

Ut 2, 3, 4, —? | ex 3 in 4 fit 12 | qui divisus per 2 dat 6 | 2, 3, 4, 6.
Sic 12, 15, 20 | ex 15 in 20 fit 300, qui divisus per 12 dat 25. | 12, 15, 20, 25.

Vel: cùm majores numeri; primo atque secundo
Ad minimos numeros adductis, divide ternum
Per primi minimum, & toties terno quotientem
Adde quota est distantia primorum minimorum.

Ut si quæratur quartus ad 8, 12, 18 ; adductis 8 & 12 ad minimos 2 & 3;
divide 18 per 2, & quotientem 9 adde ad 18, semel; quia 2 & 3, tan-
tùm unitate distant, & fiet pro quarto 27. Sic 8, 12, 18, 27 |
Ita 32, 56, 96 ? 168 | quia minimi primorum, 4 & 7, tribus à se distant;
divisusque 96 per 4, dat 24, qui ter, facit 72, qui additus ad 96 dat
168 pro quarto.

Addito si Comes est major Duce: Subtrahe, quando
Dux major Comite, ex terno inventum quotientem.

Ut 12, 8, 27? 18 | 56, 32, 168? 96.
3 · 2 · 3 (9 | 7 · 4 · 7 (24 · · · $\frac{2}{7\frac{1}{2}}$

Si Tres propofiti fint Fracti: quærere Quartum
Hac methodo poteris: Qui est infimo in ordine primus,
Per Nuueratores ducatur pofteriores
Continué hunc & factum illius multiplicantes;
Quique locum tenet in fupremis ordine primum,
Crefcat per Nomenclatores pofteriores
Continué hunc & factum illius multiplicantes;
Pro Quarto, Factum ad primos redigatur utrumque.

$$
\text{Ut} \quad \frac{A\,2\; B\,5\; C\,3}{D\,3\; E\,6\; F\,4} \quad
$$

D B G   C G H   A E
ex 3 in 5 fit 15, ex 3 in 15 fit 45 | & ex 2 in 6
I   F I K   H K
fit 12, ex 4 in 12 fit 48 | tandem 45 & 48, reducti
ad minimos per 3 faciunt 15 | 2 5 3 15

$$\frac{15}{16} \mid \frac{2}{3}, \frac{5}{6}, \frac{3}{4}, \frac{15}{16}.$$

Si partim Integri aut Fracti fint propofiti Tres;
Integrum & Fractum, fractum redigantur ad unum;
Sub folo Integro fcribe unum: ficque redactis
Omnibus ad fractos Integris; perfice ut antè.

$$
\text{Ut fi proponantur } 3 \quad 3\tfrac{1}{7} \quad 2\tfrac{2}{3}? \mid \text{ fic reduces } \frac{A3\; B7\; C8}{D1\; E2\; F3},
$$

age ut fupra, ex 1 in 7 & 8 in 7 fit 56 | & ex 3 in 2 ac deinde ex 6 in 3 fit 18.
tandem reductis 56 & 18 ad minimos fit $3\tfrac{1}{7}$ pro quarto |

Ergo quatuor fic erunt 3 $3\tfrac{1}{7}$ $2\tfrac{2}{3}$ $3\tfrac{1}{7}$ |

CAPUT XVIII.

Probatio Regulæ Aureæ, feu Inverfa Trium Regula.

Regula, fi bené vel malé, fic Inverfa probabit.
Sit primus fuerat qui tertius; efto fecundus
Qui quartus fuerat; qui primus, tertius efto.
Res bené fi occurrat quartus, qui erat antè fecundus;

Aurea si veniat praecedens praxis in usum,

Invertens, 4, 6; 2 — ? ex 6 in 2, fit 12, qui divisus per 4 dat 3. per
praxim praecedentem. Sic loco, 2, 3, 4, 6 : fit 4, 6, 2, 3.

CAPUT XIX.

Datum numerum in tres dividere partes proportionales
aliis tribus datis numeris.

OBlatum si vis numerum in tria frusta secare,
Quorum tres ad propositos ratio aequa probetur:
Junge simul tres propositos; hac utere summa
Pro primo semper; sit juxta hunc quisque Datorum
Ordine quique suo : sic semper Tertius esto
Oblatus numerus qui est in tria frusta secandus;
Quartum quemque dabit vice quâque operatio trina,
Dummodò te regat in praxi Aurea Regula Recta :
Hinc mercatorum aut Sociorum Regula venit.
Hoc breviùs. Quam propositi juncti rationem
Servant ad numerum oblatum in tria frusta secandum,
Hanc tres quaesiti servent ad quemque datorum.
Par ratio in fractis ; modò ad Integra, Fracta reducas,
Juxta propositi secti in tria frusta valorem.

A   B C D
Sit 18 dividendus in tres partes proportionales his 4, 2, 3. | junctis

B C D   E | 1ᵃ *Operatio* | 2ᵃ *Operatio* | 3ᵃ *Operatio*
4, 2, 3, fit 9 | E B A   F | E C A   G | E D A   H
     9, 4, 18 — ? (8 | 9, 2, 18 — ? (4 | 9, 3, 18 — ? (6

F G H   A   B C D.
Erunt ergo, 8, 4, 6 (qui faciunt 18) proportionales tribus datis 4, 2, 3.
      E.   B, C, D   A
Aliter, ut 9 (scilicet juncti 4, 2, 3) ad 18 numerum oblatum in tres partes
     dividendum.

B   F   A   C G   D H
Ita 4 1° datorum ad 8 1ᵃ partem numeri 18 | Ita 2 ad 4 ; & 3 ad 6.

A   B C D
In Fractis. Sit 36 dividendus in tres partes proport. his tribus $\frac{1}{3}$ $\frac{1}{4}$ $\frac{1}{6}$

                  B   C   D
Valor Fractorum in integris $\frac{1}{3}$ de 36 est 12 | $\frac{1}{4}$ est 9 | & $\frac{1}{6}$ est 6.

B C D   E   E A
Juncti 12, 9, 6 faciunt 27. | ut autem 27 ad 36
  F G   G H   B C D   F G H
Ita 16 ad 12 & 12 ad 8 | ergo ut 12, 9, 6; sive $\frac{1}{3}$ $\frac{1}{4}$ $\frac{1}{7}$ | Ita 16, 12, 8; qui
         A
      faciunt 36.
Vide Cap. ultimum hujus libri.

CAPUT XX.

Regula Falsi, id est, per suppositum Falso numerum invenire verum,
qui petitam rationem aut partes habeat ad alium
certum Numerum.

VErum per Falsum, sic quærere Regula monstrat.
    Cum quæris numerum, qui aliquâ cum parte suimet
Efficiat certum numerum ; ad libitum accipe quemvis,
Cui nomen Falsi datur ; Is cum parte petita
Non illum generet numerum qui quæritur ; inde
Certum multiplicet Falsus ; dein dividat alter,
Scilicet is qui de Falso & de parte petita :
Quartus erit verus qui quæritur. Algebra lex est:

Exemplum Regulæ Falsi.

Quis, mediâ cum parte sui, facit octodecemque?
Accipias sex ; cum medio, inde novena creantur.
At mihi non novem erant quærenda, sed octo decemque ;
Falsus in octodecim ducatur ; dividat alter,
Scilicet is qui de sex est, medioque, creatus ;
In quotiente aderit verus, Falsi arte petitus.
    Quis cum medio facit 18 ?
    Suppone esse 6 : at cum medio 3, facit tantùm 9.
    Ducatur ille 6 in 18 & fit 108 qui divisus per 9 dat 12.
    Et ipse 12 est verus, nam cum medio 6, facit 18.

CAPUT XXI.

Regula duplicis positionis Falsi.

SIc Duplici Falsi positu perquirito verum.
Fortuitum accipias, qui aliquâ cum parte sui, non
Propositum efficiat numerum; distantia ab ipso
Major vel minor ad latus adscribatur; & alter
Quaeratur, qui, aliquâ pariter cum parte sui, non
Efficiat numerum datum; item distantia ab ipso
Major vel minor ad latus adscribatur; & omnes,
Scilicet assumpti Falsi, & distantiae eorum,
Transverso crucis in formam ordine multiplicentur.
Si similis fuerit distantia, ita ut, vel utrique
Majores fuerint numeri, vel utrique minores;
Tollatur factum minus à majore, minorque
Tollatur de majori distantia; & istâ
Divide producti reliquum; potieris adepto,
In quotiente aderit verus tantâ arte petitus.
Sin verò absimilis distantia, ita ut minor una,
Altera sit major; productum utrumque, simulque
Utraque conjungenda sibi distantia; & istam
Dividito summam hâc aliâ; potieris adepto,
In quotiente aderit verus tantâ arte petitus.

Axioma in Regula Falsi duplicis.
Subtrahito similes, addito dissimiles.

Exempl. 1. in quo similis distantia | Exempl. 2 in quo dissimilis distantia
quis cum medio facit 9 ? | quis cum medio facit 9 ?

1ª Operatio. | 1ª Operatio.

3° Suppone 2, cum medio 1, facit 3. | 1° Suppone 2, cum medio 1 facit 3;
distantia 3 ad 9 est 6 minor | 2, 6 | distantia 3 ad 9 est 6 minor | 2, 6

2ª Operatio. | 2ª Operatio.

2° Suppone 4, cum medio facit 6. | 1° Suppone 10, cum medio 5 facit 15
distantia 6 ad 9 est 3 minor | 4, 3. | distantia 15 ad 9 est 6 major | 10, 6.

2	X	6	24	6	18 (6 verus.	2	X	6	12	6	72 (6 verus.
4		3	6	3		10		6	60	6	12 (
6	24	18	3			12	60	72	12	

Nam 6 cum medio 3 facit 9.

CAPUT XXII.

*De inventione duorum occultorum numerorum per datam proportio-
nem & investigatam ratiocinatione aut datam eorum distantiam,
viâ Arithmetice æqué ac Algebra.*

IGnoti bini numeri, (proportio si sit
Oblata, ac si sit quâvis ratione reperta
Inter eos distantia,) mox tibi sese ita prodent.

Exemplum in proposito per Euclidem Ægnimate Muli
& Asinæ.

*Mulus portabat vinum comitatus asella
Hæc oneris queritur pondera vasta sui :
Ille graves matris gemitus miratur, & inquit,
Cur adeò lacrymis lumina mesta fluunt ?
Vnam mensuram si nostros fundis in uires,
Ipse tui vini pondera dupla feram :
Sin unam contrà nostro de fasce levabis
Partem, tunc æquum pondus uterque feret.*

Dic mihi mensuras sapiens Geometer istas,
Non aliter Phæbi nomine dignus eris.

*Solutio per investigationem distantiæ seu excessûs ponderum
utriusque.*

UNam Asina accipiens, amittens Mulus & unam,
Si fiant æqui, certé utrique antè duobus.
Distabant à se. Accipiat si mulus at unam,
Amittatque asina unam, tunc distantia fiet
Inter eos quatuor. Muli at cum pondera dupla
Sint asinæ. Huic simplex, mulo est distantia dupla :
Ergo habet hæc quatuor tantùm, mulusque habet octo.
Unam asinæ si addas, si reddat mulus & unam,
Tunc ignota priùs tibi pondera clara patebunt ;
Mensuras quinque hæc, & septem mulus habebat.

Probatio.

Probatio.

Si asina habens 5, accipiat unam à mulo habenti 7, tunc asina &
mulus habebunt 6, & æqui erunt:
At si asina dederit unam mulo, illa tantum 4 & mulus 8 habebit,
duplum scilicet asinæ, quod erat petitum.

Hinc Canon seu Praxis.

Inveniendi in quavis proportione data, binos numeros per distan-
tiam seu excessum.
Sic in multiplis, numeros distantia tradet
Ignotos, data si tibi sit proportio nota.
In duplâ; numerus minor, est distantia; & ipsa
Si dupletur, erit numerus, distantia, major.
     Ut si in proportione dupla fuerit inventa distantia 6, certè hi duo
     numeri erunt 6 & 12.
In triplâ; binas numeri distantia partes
Continet in se majoris, duplumque minoris:
Adde ergo medium vel retrahe, habebis utrumque.
     Ut si sit inventa distantia 6, in proportione tripla, si illi addas
     dimidium 3 habebis 9 majorem numerum, si retrahas dimidium 3,
     habebis minorem 3, sic 3 ad 9, quorum distantia 6.
In quadruplâ sic: Tres numeri distantia partes
Continet in se majoris, triplumque minoris:
Ergo trientem si ipsa suum distantia sumat
Majorem efficiet numerum; binósque trientes
Seu bessem amittens, numerum dabit ipsa minorem.
     Ut si sit inventa distantia 12, in proportione quadrupla, si illi addas
     suum trientem 4, habebis majorem numerum 16: si retrahas duos
     trientes 8, habebis minorem numerum 4. ergo 4 & 16 in qua-
     drupla, habent 12 pro distantia.
Sic in quintuplâ: distantia adaucta quadrante
Majorem efficiet; sublato terque quadrante
Ipse minor veniet numerus: sic cætera fient:
Addendo aut retrahendo prout proportio crescit:
Pro majore addens numero partem minùs unam;
Bis minùs at retrahens, quàm sit proportio, eamdem
Quam major partem, efficies hac arte minorem.
     In quintupla si distantia sit 20, adaucta quadrante, 5, dabit 25 pro
     majore: ter sublato quadrante nempe 5, dabit 5 pro minore; 5, (20) 25.

N

Sic in fextupla, diftantia 30, aucta quinta parte dabit 36, diminu-
ta quater quinta parte dabit 6. 6 (30) 36.

In feptupla, differentia 42, aucta fexta parte dabit 49. minuta quinquies fexta parte dabit 7. 7 (42) 49.

In octupla, differentia 56, aucta feptima parte dabit 64, minuta
fexies feptima parte dabit 8. | 8 (56) 64. | &c.

In non multiplis, diftantia multiplicetur
Per binos minimos numeros pofitæ rationis;
Cum ratio non multiplex, eft particularis.

Ut in fefquialtera proportione, fi diftantia fit 4, multiplicetur per 2
& 3, & veniet 8 pro minore numero, 12 pro majore; 8 (4) 12.

In fefquiquarta, differentia 3, multiplicata per 3 & 4, dabit 9 & 12.
9 (3) 12.

In fefquioctava, differentia 1, multiplicata per 8 & 9, eofdem procreabit. 8 (1) 9. Si differentia eft 2, venient 16 (2) 18.

In dupla fefquialtera, diftantia dividatur per diftantiam minimorum
terminorum proportionis duplæ fefquialteræ nempé per 3 diftantiam
5 & 2 minimorum feu primorum terminorum, & quotiens multiplicetur
per minorem numerum proportionis nempé per 2. Ut fi fit data diftantia 100, divifa per 3 dabit pro quotiente 33 $\frac{1}{3}$ qui multiplicatus per 2,
dabit minorem numerum quæfitum 66 $\frac{1}{3}$ & major erit 166 $\frac{1}{3}$.

In ratione autem in qua plures infuper exftant
Partes, tunc per primorum diftantiam utrorum
Partire hanc; quotientem & primos duc in utrofque.

In fuperpartiente : Dividatur exceffus feu diftantia data per diftantiam
duorum minimorum terminorum proportionis datæ, & quotiens multiplicetur per utrumque terminum minimum proportionis, minor dabit
minorem, major majorem.

Ut fi in fuperbipartiente tertias, cujus minimi termini 3 & 5, fi detur
diftantia 6. dividatur illa per 2 diftantiam terminorum 3 & 5, & quotiens 3 multiplicatus per 3 & 5 dabit 9 & 15 quorum diftantia eft 6.

Sic fi in proportione 9 & 14 detur diftantia feu exceffus 90, dividatur
illa per 5, diftantiam 9 & 14, veniet in quotiente 18, qui multiplicatus per 9 & 14 dabit 162 & 252, quorum diftantia eft 90.

Sic etiam in multiplici fuperparticulari. Ut in dupla fefquialtera,
cujus minimi termini funt 2 & 5, fi detur diftantia 75, illa divifa per
diftantiam 3 terminorum 2 & 5 dabit in quotiente 25 qui multiplicatus
per 2 & per 5, dabit 50 & 125 quorum diftantia 75.

Sic etiam in multiplici fuperpartiente. Ut in tripla fupertripartiente
quartas, cujus minimi termini 19 & 4, fi detur diftantia 45, illa divifa
per 15 diftantiam 19 & 4 dabit 3 in quotiente qui multiplicatus per 19 &
4, dabit 57 & 12, quorum diftantia 45.

Generalissima methodus in quavis proportione.

Si sit tum proportio, tum distantia nota;
Partire hanc per primorum distantiam utrorum
Illius numerorum, ipsum dein per quotientem
Multiplica primos numeros rationis utrosque;
Majoris Factus, major; Factusque minoris,
Quæsitus minor est numerus; te Exempla docebunt.

Scilicet distantia data aut inventa dividatur per distantiam minimorum seu primorum terminorum datæ proportionis; tùm quotiens multiplicetur per utrumque minimum terminum datæ proportionis. Minor dabit minorem numerum quæsitum, major majorem.

Exempla in unoquoque genere Proportionum.

Si quærantur duo numeri.

In superparticulari, v. g. in sesquialtera, quorum distantia sit 4, dividatur 4 per distantiam quæ est inter 2 & 3, scilicet per 1; venit in quotiente, ipse 4, qui multiplicatus per 2 & 3 dat 8 & 12, quorum distantia est 4.

In superpartiente, v. g. in superbipartiente tertias, distantia 6, dividatur per distantiam 3 & 5, nempe per 2, venit 3 in quotiente, qui multiplicatus per 3 & 5 dat 9 & 15, quorum distantia 6.

In multiplici, v. g. in quadrupla, distantia 12 dividatur per 3 distantiam inter minimos terminos proportionis quadruplæ 1 & 4, veniet 4 pro quotiente, qui multiplicatus per 1 & 4, dabit 4 & 16 quorum distantia 12.

In multiplici superparticulari, v. g. in dupla sesquialtera, distantia 100 divisa per 3 distantiam 2 & 5, dabit 33 $\frac{1}{3}$ qui multiplicatus per 2 & 5, dabit 66 $\frac{2}{3}$ & 166 $\frac{2}{3}$.

In multiplici superpartiente, v. g. in dupla superbipartiente quartas, distantia 33 divisa per 11 distantiam 4 & 15, dat 3, qui multiplicatus per 4 & 15 dabit 12 & 45 quorum distantia 33.

CAPUT XXII. Appendix ad Cap. xix.

Datum quemvis numerum dividere in quotlibet partes quæ petitas proportiones constituant.

IUnge simul minimos harum numeros rationum;
Propositum primò numerum istâ divide summâ:

Per minimos quotientem hunc multiplicato seorsum,
In facto veniet ratio quæcumque petita.
Utile si quid in Harmonicis est, Regula certé hæc.

Ut si sit 369 dividendus in partes duplam rationem servantes, junctis 2 & 1, minimis hujus rationis terminis, divide 369 per 3 veniet in quotiente 123 pro minore, qui duplatus dabit 246 qui ad 123 ut 2 ad 1. ac 123 & 246 restituunt numerum 369.

Sic 360 dividendus in sesquialtera proportione, per 3 & 2 junctos nempe 5 divisus, venit 72, qui multiplicatus seorsum per 2 & per 3 dat 144 & 216, in ratione 2 ad 3.

Ita si numerum 600 velis dividere in rationem duplam, sesquialteram & sesquitertiam junge simul minimos harum proportionum terminos 1, 2, 3, 4, qui faciunt 10. per 10 divide 600 veniet 60, qui multiplicatus seorsim per 1, 2, 3, 4, dabit pro dupla 60 & 120. pro sesquialtera 120 & 180 scilicet 60 per 2 & 3. pro sesquitertia 180 & 240, scilicet 60 per 3 & 4.

Sic si numerus 59562, in partes has rationes servantes 5, 4, 6, 12, scilicet sesquiquartam 5 ad 4, sesquialteram 4 ad 6, duplam 6 ad 12; ex collectis in unam summam 5, 4, 6, 12 fit 27 per quem divisus 59562, venit in quotiente 2206, qui multiplicatus seorsim per 5 dat 11030; per 4, 8824; per 6, 13236; per 12, 26472, qui inter se servant rationes petitas & restituunt numerum 59562.

LIBER SEXTUS.
ARITHMETICA HARMONICA.

Seu de Proportionibus ad Sonos & Intervalla Musicæ pertinentibus.

CAPUT PRIMUM.

De Convenientia Sonorum & Numerorum ; & quâ viâ, Rationes utrorumque investigandæ sint.

SINTNE Soni, Numeri, non est hîc quæstio nobis:
Multa Sonos certè & Numeros communia habere,
Harmonicamque subalternatam Arti Numerandi,
Is credet qui Antiquorum monimenta revolvit;
Jurené an immeritò per nos sub judice lis sit.
Nil etiam hîc curæ nobis vibratio chordæ;
Ad grave cùm nihil aut ad acutum hæc motio præstet;
Fortior hinc tantùm sonus aut productior exstat,
Debilior, breviorve; licèt contraria dicant,
Quos, Praxi abjectâ, docuit meditatio sola.
Incudem cum malleolis, aut pondera chordis
Appensa, ut falsa utraque primi explosimus ipsi.
Est Samij solùm Monochordi inventio certa.
Hujus ope Proportio & Intervalla Sonorum,

Per chordam rectà extensam & varié interceptam
Ac certis numeris divisam, quæque dabuntur.
Machinula instar equi, chordæ subposta, pererrans,
(Ponticulum, Graij Magadem, dixêre) secabit
Hinc illinc Chordam; secta illa sonabit utrinque:
Ex chorda majore sonus gravis, exque minore
Altior, in vacuaque gravissimus, æquus ab æqua.
Quin sibimet poterit vacuæ chorda illa referri,
Et numeris poterit quævis proportio reddi:
Sicque, Sonos inter Numerosque, videbitur aptè
Discrimen quodnam sit, Convenientia quanta.

CAPUT II.

Quid & quotuplex Musica, quidve & quot sint Systemata,
Intervalla & Soni.

MUSICA Cantandi Ars, Componendique Magistra,
Harmonice Græcis, modulata scientia nobis,
Singula pro Cantu pendit momenta sonorum,
Edere quos vox humana Instrumentaque possunt.
Clauduntur quicumque soni spatio octo sonorum;
Ultra hos quotquot sint, horum repetitio tantùm:
Dicitur hoc spatium Octava, aut Græcé Diapason.
Cumque sit ipse soni Octàvus repetitio primi,
Omnibus his septem tantummodò nomina dantur,
Queis affiguntur Claves, seu Grammata septem,
(Est alibi penitùs diversa acceptio Clavis)
Ex quibus Harmonicæ Scalæ dedit ultima nomen,
Nomen famosum, Græcorum Gamma vocatum.
En Claves & respondentia nomina Vocum,
Versibus imparibus, Capitalibus utraque sculpta,
Zacharias mutus quos pectore fudit ab imo,
Præscius hæc sumenda olim ex Nati ipsius Hymno:
    Corde Deum Et Fidibus Gemituque Alto Benedicam,
      UT RE MI FAciat SOLvere LAbra SIbj.
Sufficiuntque quibusve sonis hæc nomina septem.

Hosque sonos dixere Tonos modò, Semitonosque;
Quin etiam Antiqui ex illis fecêre quadrantes.
Cantandi triplex Genus hinc, & Musica triplex:
Prima Tonis & Semitonis procedit; in illa
Quinque Toni & duo Semitoni, sed utrique seorsìm,
Octavam faciunt; Naturalis facilisque
Cantandi via, & incultæ cuique insita genti.
Altera semitonis facit Octavam duodenis,
Chromatica appellata. Quadrantibus ultima complet
Octavam quatuor supra viginti, at ab usu
Seposita; hanc & Enarmonicam, Harmoniamve vocarunt.
Ex tribus his mixtum componere possumus unum:
Nam nec Chromaticum purum, nec Enarmonicum unquam
Constitit; at purum poterit consistere primum.
Hæc aptata tenent proprio in Systemate sedem.
Systema est duplicis generis, majusve, minusve.
Est Magnum, Complexio quorumcumque sonorum;
Antiqui Systema hoc ad Quintamdecimam usque;
Ad Triginta unumque sonos protendere, vel vox
Humana in puerisque virisque, aut Organa possunt.
In triginta unoque sonis his, Semitoni octo,
Vigintique duo Toni; & hos Octava quadruplex
Cum Terna majore, suo Systemate claudit.
Parvum est, quod quædam complectitur Intervalla.
Intervallum est, binorum rata meta sonorum.
Est Sonus, unius finitæ Tensio vocis;
Tensio, quæ tasis est Græcis, statioque Latinis.
Hic Vox est, sonitus quicumque fit aëre moto,
Seu flatu, plectro, digitis, pulmone, vel ictu;
In folle aut calamis, in chordis, gutture & ære,
Quà data porta ruente aut clauso carcere Vento;
Nil sed in Harmonicis inclusus carcere Ventus.
Intervallum aliud Symphonum, aliud Diaphonum,
Mixtum aliud, cui dant etiam inter Consona sedem.
Consona in harmonicis hæc Intervalla vocantur;
Unisonus, seu vocibus in variis sonus idem;
Tertia vel minor aut major; Diapente, Latiné
Quinta; duæ mixtæ sunt, Quartaque, Sextaque major

Vel minor; Octava aut Diapason omnia complet.
Omnem namque sonum hoc complectitur Intervallum.
Ex primis his sunt composta sequentia quævis:
Sic Decima, Undecima, ac Duodena, & Disdiapason,
Primorum Intervallorum repetitio tantùm.
Dissona sunt quæcumque istis non annumerantur.

CAPUT III.

De Comparatione & varia dispositione Numerorum & Sonorum; ac de differentia inter Proportiones & Fractiones.

MUlta Sonos certé & Numeros communia habere
Non Veteres modò, sed te nostra loquela docebit:
Nam numeris semper damus Intervalla sonorum,
Exprimimusque etiam numeris; dicenda docebunt
Quanta soni & numeri inter se commercia jungant.
In numeris quando inque sonis Proportio stabit,
Tunc postponuntur vel supponuntur utrique,
Sive minor supponatur, seu major, idem fit;
Hoc quod in harmonicis vox in grave, vox in acutum;
Semper idem manet Intervallum, est & sonus idem;
Est tantùm varia ad majorem habitudo minoris;
Sed nihil in re mutatur, res semper eædem:
Acclivis via, declivisque, eadem via semper.
Haud ita res est in Fractis; nam Fractio multùm
Et Ratio distant, ut posthàc multa probabunt.
In Rationibus, haud unquam numerus numeri est pars;
In Fractis, numerus, numeri partes erit, aut pars;
Integer hîc numquam; Integri illic semper utrique:
Ut secernantur, nulla illos lineola inter.
Ergo dupla est eadem Ratio, quæ subdupla nobis:
Vox in acutum ac in grave idem facit Intervallum.
     Sic 1 ad 2, vel 2 ad 1 | 2 ad 3; vel 3 ad 2 |
     vel   aut $\frac{1}{2}$ | $\frac{2}{1}$ aut $\frac{3}{2}$ | idem est in
     Harmonicis & in Proportionibus. Non autem in Fractionibus.

CAPUT

CAPUT IV.

In qua sint ratione Soni & Intervalla Consona ac Mixta.

UNisonus Rationem habet æquam, unius ad unum.
    1. ad 1 |
In dupla ratione est Octava; ut duo ad unum.
    2 ad 1. |
Vicinos ambit numeros, triaque & duo, Quinta.
    3 ad 2 |
Quarta, tria & quatuor: quatuor cum quinque prehendit
Tertia quæ major: quinque & sex, Tertia sumit
Quæ minor est; numeris sejungitur utraque Sexta;
Major habet tria cum quinque; at quinque altera, & octo.
In tripla ratione est Quinta superdiapason
Seu Duodena; est in quadrupla Disdiapason:
Et duplant numeros, Octavæ quæque sequentes.
Dissona non gaudent certis Rationibus ullis.
Semitonusque, Tonusque modo majore, minore
Donantur ratione, & cætera Dissona, ut hic est.
Si unicus est Tonus, in super-octava ratione est.
Quando duo; in super-octava hic, ille in supra-nona.
Semitoni sic; in supra-quinta-decima unus;
Quando duo; supra-quartus-vigesimus alter:
Hic sequimur communem usumque modumque loquendi;
Namque vias nos ipsi alias tentabimus infrà.
Cætera Dissona sic variis Rationibus instant.

    Numeri Rationum Intervallorum.

Unisonus, 1 ad 1 | Octava 1 ad 2 | Quinta 2 ad 3 |
Quarta 3 ad 4 | Tertia major 4 ad 5 | Tertia minor 5 ad 6 |
Sexta maj. 3 ad 5 | Sexta min. 5 ad 8 | Duodecima 3 ad 1 |
Disdiapason 4 ad 1 | Vigesima secunda 8 ad 1. |
Vigesima nona 16 ad 1. &c.
Tonus vel 9 ad 8 ; vel 10 ad 9 | Semitonus vel 16 ad 15 | vel 25 ad 24,
    ut Theoricis visum est, de quibus infrà.

CAPUT V.

Divisio chordæ in quasuis partes ope numerorum.

UT possis chordam omnem in partes quasque secare:
Oblatam, semel in triginta minuta secabis:
Hujus ope numeri partem assignabis in illa
Qualemcumque voles: vis majorem? duplicato,
Aut quovis ductu numerum illum multiplicato:
Est facilé in chorda partes dare quasque petitas,
In partes quando has numerum diviseris illum.
Sic divisimus chordam in Monochordo per 30 per 360 & per 1440.

UTILISSIMA METHODUS

Dividendi datum quemlibet numerum aut chordam quamcumque
in petitas proportiones.

HAnc Algebra docet methodum: Nos te tamen istam
Absque illa, facilique novaque docebimus arte.
Junge simul numeros Rationum; hac divide summâ
Oblatum numerum: Quotiens dabiturque petitis
Partibus, in sese quot quævis continet unum:
Hoc est, per numeros Rationum is multiplicetur.
Hæc aliis verbis tibi tradita Regula suprà est.

Ex. I.

Sidetur numerus 369 dividendus in partes quæ faciant Diapason
cujus ratio 2 ad 1. Per summam 3 divide 369 veniet in quotiente 123,
qui semel pro 1. & bis ponetur pro 2 scilicet 246, qui ad 123 est in
ratione dupla 2 ad 1. hique duo numeri 123 & 246 restituunt 369.

Ex. II.

Sic 360 dividendus in partes quæ faciant diapente 3 ad 2: per summam 5 divisus dabit in quotiente 72; qui bis dat pro 2, 144.
terque pro 3 dat 216, qui ad 144 in ratione 3 ad 2.

Ex. III.

Idem 360 dividendus in rationem sextæ majoris 5 ad 3 per summam
8 dat 45; qui ter facit pro 3, 135 & quinquies pro 5 dat 225.

Ex. IV.

Idem 360 pro ratione Toni primi 9 ad 8 cujus summa 17, venit in quo-
tiente 21 $\frac{3}{17}$ qui multiplicatus per 9 & 8, dat 190 $\frac{10}{17}$ pro 9 & 169 $\frac{7}{17}$ pro
8, qui restituunt numerum 360.

Si vis ut capiant melos aures; divide chordam
In partes, velut ipsa foret numerus datus; & tot,
In numero partes quot cuivis contigit, huic da.
Harmonias quamvis multas chorda accipit una,
In chorda tantùm binas audire facultas:
Tres simul audiri non possunt chorda in eadem;
Per magadem at successivo ordine quæque dabuntur.

CAPUT VI.

Methodus inveniendi in Monochordo, sonos per rationes & rationes per Intervalla.

HAc facili methodo, cuncta Intervalla dabuntur,
Instrumenti ope, quod Monochordi nomine notum est;
Junge simul numeros rationum, chorda secetur
In partes tot, quot summa in se continet unum:
Majorem numerum pone hinc, illinéque minorem,
Atque operâ Magadis sonus eliciatur utrinque;
Major chorda gravem, minor inde sonabit acutum.

    Unisonus cujus ratio 1. ad 1.

Unisonus dabitur, medio si chorda secetur;
Hinc illine sonat unisonum; ad vacuam diapason.

    Octava seu diapason cujus ratio 1 ad 2.

Octavæ summa est tria; per tria divide chordam:
Pone duo hinc, pone unum illinc, Octava sonabit.

    Diapente seu quinta cujus ratio 2 ad 3.

In Quintæ summâ, quinque; in tot divide Chordam;
Pone duo hinc, illinc tria; Quinta sonabit utrinque.

    Diatessaron seu quarta cujus ratio 3 ad 4.

In Quartæ summâ, septem; in tot divide Chordam;
Pone tria hinc, illinc quatuor; tibi Quarta sonabit.

    Ditonus seu tertia major cujus ratio 4 ad 5.

Tertia major, habet novem; & has chorda accipe partes;
Da quatuor da quinque; sonabit Tertia major.

    Semiditonus seu Tertia minor cujus ratio 5 ad 6.

Tertia sed minor, undecim habet; tot chorda prehendat:
Det Magas hinc sex, quinque illinc; minor illa sonabit.

Hexachordum majus seu sexta major, 3 ad 5.
In Sexta majore, octo, in tot divide Chordam;
Pone illinc tria, quinque hinc; major Sexta sonabit.
    Hexachordum minus seu Sexta minor 5 ad 8.
Sexta minor tredecim tenet, has chorda accipe partes;
Det Magas hinc quinque, octo illinc, minor illa sonabit.
    Quinta superdiapason seu Duodecima 1 ad 3.
Quattuor est summa in Duodena; has accipe partes
Chorda; tria hinc, illinc da unum, Duodena sonabit.
    Disdiapason seu Quindecima aut duplex octava 1 ad 4.
Sunt in Quindecima, quinque; in tot divide Chordam;
Quattuor hinc pone, unum illinc; en Disdiapason.
    Trisdiapason seu Vigesima secunda, aut triplex octava 1 ad 8.
In triplici Octavâ, novem; & in tot divide chordam;
Hinc unum pone, octo illinc; en Trisdiapason.
    Tetradiapason seu vigesima nona, aut quadruplex octava 1 ad 16.
Sunt septemdecim in Octava quadruplice; chorda
Tot partes habeat; pone unam hinc, sexdecim & illinc;
Quadruplicem Octavam, ad partem hanc, pars illa sonabit.
Cætera sic venient, Rationes dummodó noscas;
Nescius harmoniæ, harmonica Intervalla creabis,
Numquid & is qui Musicus, haud Geometra fiet?

CAPUT VII.

Musicus absque ope circini aut amussis, per Sonos, quascumque
assignabit chordæ partes & divisiones.

HAc methodo, si Musicus es, Geometra fies.
  Musicæ ope, chordam in partes quascumque secabis;
Quin dabis in chorda Rationem quamque petitam,
Circini ope absque ulla, nec te ulla juvabit amussis,
In chorda dederis quando Intervalla petita.
Sic tales chordæ partes jurabis adesse,
Hinc illinc varié aut æqué Magade interceptas.
Unisonum sonat hinc illinc; chordæ medium ergo,
Octavam sonat hinc illinc; chordæ ergo triens hoc;
Seu binas illinc partes chorda, hinc habet unam,

Cætera Muſicæ ope, chordæ ſegmenta petita,
Nota tibi ſi ſit Ratio, jurabis adeſſe.
Ergo Per Harmoniam facilé Geometra fies :
Chordometra hîc nobis Geometra dicitur eſſe.

CAPUT VIII.

Alius modus inveniendi Sonos illorumque Geneſim & rationes, per trinam comparationem, tùm utrorumque ſonorum ejuſdem chordæ ad invicem; tum utriuſque ad chordam liberam ſeu vacuam, id eſt, in uniſono poſitam ad primum liberum ſonum chordæ.

Sic áliter poteris quæque Intervalla tenere,
Complexu Octavæ unius contenta ſub uno.
        Uniſonus. 1 ad 1.
Chordæ ſi tenſæ fuerint æqualiter ambæ,
Ad vacuam vacua, uniſonum utraque chorda ſonabit :
Ex indiviſa ſonus unicus elicietur.
        Octava ad vacuam 1. ad 2, dat utrinque uniſonum 1. ad 1.
Ad vacuam ſonat Octavam, ſi chorda ſecetur

Per medium; Uniſonus ſimul hinc auditur & illinc.
        Quinta ad vacuam 2 ad 3, dat utriuque Octavam 2 ad 1, & Duo-
            denam ad vacuam ex parte minori, 1 ad 3.
In tres æquales partes ſi chorda ſecetur;
Hineque duæ partes, illinc ponatur & una :
Utrinque Octavam; ad vacuam Diapente ſonabit
Major, & ad vacuam dat chorda minor Duodenam.
        Quarta ad vacuam 3 ad 4, dat utrinque Duodecimam 3 ad 1, &
            Diſdiapaſon minor ad vacuam 1 ad 4.
In quatuor partes ſi chorda ſecetur; & hinc tres
Cum vacua Quartam; hinc illinc reſonant Duodenam;
Illinc ad vacuam una ſonabit Diſdiapaſon.
        Tertia major ad vacuam 4 ad 5, dat utrinque Diſdiapaſon 4 ad 1,
            & minor Decimam ſeptimam ad vacuam 1 ad 5.
Partes in quinas diviſa : hinc Tertia major,
Ad vacuam, in quatuor; ſed utrinque eſt Diſdiapaſon;
Ergo illinc Septemdecimam; ad vacuam, una ſonabit.
        Tertia minor ad vacuam, 5 ad 6, dat utrinque Septemdecimam
            majorem, 5 ad 1, parſque minor ad vacuam dat Decimam nonam
        1 ad 6.   O iij

In sex; hinc dant quinque minorem Tertiam; utrinque
Majorem Septemdecimam, & Nonamdecimam illinc.

     Sexta major ad vacuam, 3 ad 5; dat utrinque Quintam 3 ad 2; illinc
     ad vacuam, majorem Decimam, 2 ad 5.

Si ex quinque hinc tres, atque duæ illinc; Sexta sonabit.
In tribus ad vacuam major: Diapente at utrinque:
Majorem Decimam, ad vacuam, binæque sonabunt.

     Sexta minor ad vacuam 5 ad 8: utrinque majorem Sextam 5 ad 3;
     illinc ad vacuam dat Undecimam 3 ad 8.

Ac tandem partes si chorda secetur in octo;
Et quinque hinc ponas, tres illinc, quinque sonabunt
Hinc minus Hexachordum, & majus utrinque sonabit;
Undecimam tres ad vacuam, quæ continet octo.

CAPUT IX.

De Inventione Dissonorum Intervallorum.

IN Monochordo Intervalla invenienda supersunt,
   Omnibus ex iis quæ Diapason continet in se,
Semitonus, Tonus, & Tritonus; tum Septima major
Aut minor; Octavæ falsæ, Quintæque, minutæ,
Aut excedentes; postremùm Quarta minuta;
Namque Superflua erit Tritonus, vel Quinta minuta:
Omnia Dissona, nec certis rationibus ullis
Donantur, vel mensuris; sic Musica monstrat,
Mensurâ semper vitium & Ratione carere.
Cuncta tamen propriis aptabimus Intervallis,
Ne, quod constituat Diapason, quid tibi desit.

Semitonus.

Semitonus dabitur primus, si in parte minore
Contra majorem, resonet Vigesima nona.

Tonus.

Fitque Tonus cùm Octava triplex auditur utrinque,

Quarta minuta.

Quarta minuta locum in systemate non habet ullum;
Uni cuidam Intervallo estque relatio tantùm.

Tritonus.

Et Dabitur Tritonus, cùm Nonâ fonabit utrinque;
Ad vacuam, hæc dat majorem Sextam duplicatam.

Quinta minuta & fuperflua.

Quinta minuta loco, ac Tritonus, confedet eodem;
Quinta fuperflua, cum Sexta fedetque minore,
Aut fi quod difcrimen erit, diftantia parva eft.

Septima major & minor.

Septima vel minor aut major, cum parte minore
Vix ullum fervant Intervallum: Illa minuta,
Dat Quartam, ifta Tonum tantillo excedit utrinque.
Ergo coaptandæ, Quartis Quintifque aliorum
Intervallorum, fi vis proprio utràque conftet.

De duobus aut tribus Tonis & Semitonis fefe proximé confequen-tibus; & quæ ratio, quibufve locis, iis conveniat.

QUando Toni duo vel tres haud rupto ordine deinceps
Succedunt fibi, tunc fefe alternâ ratione
Vel fuperoctavâ, aut fupranonâ, aliáve fecuntur.
Ex vario hoc pofitu numerorum ac ordine pendet;
Ut fuperoctavâ hîc, quæ alibi fupranona veniret.
Forfitan hinc bene, eamdem utramque probabitur effe.
Semitoni fic fe alterna ratione fecuntur
Abfimili, ex pofitu modò majore atque minore.
Attamen in rationibus is fervabitur ordo.
Per fuperoctavam, à fe Quarta & Quinta recedunt:
Tertia, fed minor à Quarta exit per fupranonam:
Per fupraquindecimamque à Quarta, Tertia major:
Sexta minor per idem fpatium Quintamque relinquit.
Ternam & Sextam utramque fupra-vigefima-quarta
Separat; atque Tonos fupra octuagefima utrofque.

Semitonum & Tonum chorda dabit utrinque uno tantùm in loco.

SEmitonum atque Tonum chorda una fonabit utrinque,
Sede unâ, verfus medium fi chorda fecetur.
Semitonus dabitur, fi chordæ dentur utrinque, hinc
Octoginta novem, illinc nonagintaque & unum:

Si modò chorda habeat centum octogintaque partes:
Fiet idem, chordâ ac numeris utrifque duplatis.
Hinc feptemque decemque, illineque novemque decemque
Si partes dentur, Tonus hinc utrinque fonabit.

CAPUT X.

De Compofitione five Additione aut Conjunctione Proportionum &
Intervallorum Harmonicorum, in Arithmetica & Mufica.

Ddere, vel Componere, feu Conjungere, idem hîc funt.
Eft duplex Componendi via: Comparat una
Extremos conjunctarum numeros Rationum;
Altera multiplicat, multafque reducit ad unam;
Eft etenim Additio hîc, multorum adductio in unum:
Multiplica ergo Duces Ducibus, Comitefque feorfùm.
Alterutrâ methodo hîc Rationes addere mens eft:
Perque fonos & per numeros faciemus utrumque.

Octava.

Octavam facit in Numeris Quarta addita Quintæ.

1º. modo 2, 3, 4 | 2 ad 3 quinta | 3 ad 4 quarta | 2 ad 4 Octava;
   per comparationem extremorum.

2ⁿ. modo   3 2 ratio quintæ
per multiplicationem 4 3 ratio quartæ

        12 6 ratio octavæ
        feu 2 1 in minimis terminis

Inque fonis facit Octavam, Quintæ addita Quarta,
    ut, fol, ut'' | ut fol, quinta | fol, ut'', quarta | ut ut'' octava.

Octavam major dat Tertia, Sexta minorque.

1º. modo 4, 5, 8, | 4 ad 5 tertia maj. | 5 ad 8 fexta min. | 4 ad 8 octava.

2º. modo   4 5 ratio 3 maj.
        5 8 ratio fextæ minoris

    20 40, ratio Octavæ
    1 2 in minimis
In fonis ut, mi', ut''.

Tertia.

Tertia dat minor Octavam, dat Sextaque major.

1°. modo 3 , 5 , 6 | 3 ad 5 sexta major | 5 ad 6 tertia min. | 3 ad 6. octa.

2°. modo   3   5 sexta maj.

         5   6 tertia min.

      15   30 Octava.

       1   2 in minimis

In sonis ut, la, ut".

Octavam faciunt Tonus, atque bis addita Quarta.

1°. modo 8 , 9 , 12 , 16 , | 8 ad 9 tonus | 9 ad 12 quarta | 12 ad 16 quart.

           8 ad 16 Octava

2°. modo   8   9 tonus

         9   12 quarta

       12   16 quarta

      864 , 1728 octava

       1   2 in minimis.

In sonis fa, sol, ut" fa".

Quinta.

In numeris faciunt Quintam, utraque Tertia junctæ.

1°. modo 4 , 5 , 6 , | 4 ad 5 tertia maj. | 5 ad 6 tertia min. | 4 ad 6 quinta.

2°. modo   4   5 tertia major

         5   6 tertia minor

      20   30 quinta

       2   3 in minimis

Inque sonis faciunt Quintam utraque Tertia junctæ.

ut mi' sol.

Procreat in numeris sic Quarta Tono addita Quintam.

1°. modo , 6 , 8 , 9 | 6 ad 8 quarta | 8 ad 9 Tonus | 6 ad 9 quinta

2°. modo   6   8 quarta

         8   9 tonus

      48   72 quinta

       2   3 in minimis

Inque sonis Quintam generabunt Quarta Tonusque.

ut fa sol.

Sexta minor.

Sexta minor fit & ex Quarta Ternaque minore.

1°. modo , 5 , 6 , 8 , | 5 ad 6. tertia minor | 6 ad 8 quarta | 5 ad 8 sexta minor.

2°. modo   5   6, tertia minor

         6   8 quarta

      30   48 sexta minor

       5   8 in minimis,

In sonis mi', sol , ut", | mi' sol tertia min. | sol ut" quarta | mi' ut" sexta min.

P

Sexta major.

Sextam majorem dat Quarta & Tertia major,
1°. modo 3, 4, 5 | 3 ad 4 quarta | 4 ad 5 tertia major | 3 ad 5 sexta major.
2°. modo   3 4 quarta
       4 5 tertia major
       ―――――――――――
      12 20 sexta major
       3 5 in minimis.
   In sonis út, fá li

Undecima.

Undecimam faciunt Diapason Quartaque junctæ.
1°. modo 3, 6, 8, | 2°. modo 3 6 octava
       6 8 quarta
       ――――――――――
      18, 48 undecima
       3 8 in minimis
   In sonis út, ut'', fa''.

Duodecima

Sic faciunt Duodenam Octavaque Quintaque junctæ
1°. modo 1, 2, 3, | 2°. modo 1 2 octava
       2 3 quinta
       ―――――――――
       2 6 duodecima
       1 3 in minimis
   In sonis út, ut'', sol''.

Disdiapason.

Ex Quintâ, Quartâ, Octavâ fit Disdiapason.
1°. modo 2, 3, 4, 8. | 2°. modo 2 3 quinta
       3 4 quarta
       4 8 octava
       ――――――――――
      24 96 disdiapason
       1   4 in minimis
   In sonis út sól ut'' ut'''.

Inter se sic conveniunt, Numerique Sonique,
Chordæ non ita; quamquam hic sæpé Theoricus erret;
Nam licét in chorda quæque Intervalla petita
Successivé habeas, ut demonstravimus anté;
Illa tamen nequeunt componi chordâ in eadem:
Namque soni esse simul nequeunt tres, chordâ in eadem;
Ponticulis ni pluribus hæc intercipiatur.

CAPUT XI.

Per Compositionem Rationum Intervalla Cantui inepta redduntur apta.

EX illa methodo componendi Rationes,
Cantibus exoritur noſtris mirabile quiddam;
Ut, qui ſunt numeri in Rationibus interrupti,
Quique ob id haud facilé Cantus admittere poſſunt,
Per medios numeros reddantur Cantibus apti.

Hinc clarum eſt; Intervallum harmonicum omne, niſi ſint
Contigui numeri Rationum, haud Cantibus aptum.
Contigui hi ſunt, queis monas eſt diſtantia ſola,
Aut quibus ad tales conceſſum eſt poſſe reduci.
Hi non contigui, quibus interruptio quædam eſt;
Hiſque opus eſt mediis, ut fiant Cantibus apti.
Conjungunt mediæ ſic Quarta & Tertia major,
Sextam majorem, numeris priùs interruptam,
Cantibus Harmoniciſque idcircò prorſùs ineptam.
Sic etiam Duodenam Octavaque Quintaque jungunt.
Sic reliquas intermediæ dant Cantibus aptas.

Hinc etiam clarum eſt; multis non eſſe neceſſum
Conjungi, in numeris quibus interruptio nulla;
Tertia ſic minor aut major, Quarta & Diapente,
Ac Octava, quibus monas eſt diſtantia ſola
In numeris Rationum, aliis haud jungier optant.

| Sexta major 3 ad 5 : ſic componitur, 3, 4, 5 id eſt ut ſá lá |
| Sexta minor 5 ad 8 : ſic conjungitur 5, 6, 8 id eſt mi′ ſól ut″ |
| Duodecima 1 ad 3 : ſic conjungitur 1, 2, 3 id eſt ut ut″ ſol″ |
| Diſdiapaſon 1 ad 4 : ſic componitur 1, 2, 3, 4 ut ut″ ſol″ ut‴ |

Intervalla in con-	Octava	4ᵃ.	3ᵃ. major	3ᵃ. minor	Tonus	
tiguis numeris	1, 2	2, 3	3, 4	4, 5	5, 6	8, 9 &c.

CAPUT XII.

De duplici genere Intervallorum haud Cantui aptorum.

SUnt duplici in genere Intervalla haud Cantibus apta:
Prima locum fuum habent Magno in Syftemate; & illa
Simplicia aut Compofta; aut Confona, Diffona, Mixta.
Illis contigui numeri in Rationibus haud funt;
Hæcque intermediis redduntur Cantibus apta.

Mixta.				Confona.			
6ª. major	6ª. minor	undecima		duodecima		quindecima	

	3	5	5	8	3	8	1	3	1		4
Intermediat 4			6		6			2		2,3	
ùt	là	mi'	ut''	ùt	fa''	ùt	fol''	ùt		ut'''
fà		fòl		ut''		ut''		ut'' fol''		

Diffona.						
Tritonus	falfa 5ª		falfa 5ª			
	dimin.		fuperflua			
7	10	12	17	16	25	
8		16		24		
ùt	fi	mi'	b fi'	ùt,	fòl	
fà		là		fòl		

Altera at Intervalla, à Græcis ecmela dicta,
Nobis abfona, habent nullam in Syftemate fedem.
Hæc falfæ voces faciunt, cum jufta fonorum
Intervalla haud attingunt: Rationibus illa,
Sedibus ut nullis gaudent, haud cantibus apta;
Peffima in harmonicis, fugienda, aptandaque numquam.
Non his annumeramus Enarmonica illa minora
Intervalla, quibus Magno in Syftemate fedes
Et Ratio effe poteft; quæ quamquàm tempore longo
Antiquata, queunt revocari priftinum ad ufum.

CAPUT XIII.

De Subtractione Proportionum, seu de modo cognoscendi quanto excessu unum Intervallum aliud superet, tàm in Arithmetica quàm in Musica.

EXcessum si scire velis quo Quinta recedit
A Quarta; vel ab alterutra quantùm Diapason;
Immò aliud quodvis quantùm à quocumque recedit:
Primos pone horum numeros, ut in Additione;
Transverso at crucis in formam ordine, multiplicato,
Scilicet, hunc Comitem alterius Duce; dein vice versâ,
Alterius Comite hunc Ducem; & hæc Subtractio dicta est:
Nam fiat licét hæc operatio multiplicando,
Ac quamvis numeri tibi majores uideantur,
Revera, tamen hi sunt in ratione minores,
Sed contrà venit in præcedenti Additione,
In qua etiam numeri, at verso ordine multiplicantur;
Major ibi, semper minor est productus in ista:
Majores ibi per majores multiplicantur,
Per minimos minimi, hinc major Ratio venit inde:
Ast hic per minimos, majores multiplicantur,
Et minimi per majores: Ratio hinceque minor sit:
Namque ibi vera est Additio, hîc Subtractio vera:
Additio hîc, Fractorum est multiplicatio vera.

Exemplum.

3 X 2 si à quinta tollas quartam.	1 X 2 si ab octava tollas quintam.	1 X 2 si ab octava tollas quartam.	Tonus, vel
4 3	2 3	3 4	9 8
restat 9 8 tonus	2 4 quarta	4 :6 quinta in	vel
		2 3 minimis	10 9

si hunc 9 X 8	Semitonus. vel	16 X 15
ab alio 10 9	16 15	25 24
restat 81 80	vel 25 24	384, 375.

Multiplicationis & Divisionis nullus usus in Musica.

MUltiplicatio in Harmonica, & Divisio nullum
Usum, ad eam qui pertineat; censentur habere.
Poni etenim toties; in multiplicante quot unum est,
Aut excedit in harmonia, vel inutile prorsùs.
Si ergo Multiplicatio, & est Divisio nulla.

   Sic multiplicare duas aut tres quintas est ponere bis vel ter illas, &
   dividere est retrahere bis vel ter illas, quod nulli usui est in Musica.

CAPUT XIV.

De Præstantia Senarij in harmonia & de Circulo aut Systemate
generali Harmonico.

O! Quantis, inter numeros præstantior omnes,
Dotibus harmonicis fulget Senarius unus!
Nil nisi perfectè harmonicum complectitur in se;
Harmoniasque omnes propriis amplectitur ulnis,
Octo si addideris: quinque, & sex, octo, decemque
Si duplices; totum Harmonicum Systema replebis,
Quod numero quinquaginta quinque harmoniarum est.
Contiguis igitur numeris Senarius unus,
Octavam, Quintam, Quartam, dein Tertiam utramque;
Includitque interruptis, binas Duodenas,
Octavasque duas, Quintam, tum Disdiapason,
Sextam majorem, Ditonum supra Diapason,
Cum Ditono duplicem Octavam, Diapenteque supra
Octavam duplicem; harmonias complectitur unus,
Quindecim ad usque, soni quamvis tantùm numero Sex.

   Ex his Sex numeris aut sonis 1, 2, 3, 4, 5, 6.

In contiguis,

octava,	quinta	quarta	3ª. major	3ª. minor
1, 2,	2 3	3 4	4 5	5 6

In interruptis,

duodecima	duodecima	octava	octava	quinta	difdiapafon
1, 3,	2, 6,	2, 4,	3, 6,	4, 6,	1, 4,

6². major	ditonus fupra diapafon	ditonus fupra difdiapafon	quinta fuper difdiapafon
3, 5,	2, 5,	1, 5,	1, 6,

Sextam conftituunt octo cum quinque minorem.
Confona tum reliqui nova, tum repetita reponunt,
Scilicet ex quinque, & fex, octo, decemque duplatis.
Et quamvis feries fit tantùm undena fonorum,
Eft numerus quinquaginta quinque harmoniarum,
Si ergo fimul chordæ aut voces decem & una fonarent,
Difpofitæ numeris quos circulus exhibet ifte;
Quantà hic impleret dulcedine Circulus aures!

VERTE

Ex undecim his numeris aut sonis, simul resonantibus.

1, 2, 3, 4, 5, 6, 8, 10, 12, 16, 20, fiunt 55 harmoniæ.

octava	5^a.	4^a.	3^a. maj.	3^a. min.
1, 2,	2, 3,	3, 4,	4, 5,	5, 6,

12^a.	15^a.	17^a. maj.	19^a.	22^a.	24^a. maj.	26^a.	29^a.	31^a maj.
1, 3,	1, 4,	1, 5,	1, 6,	1, 8,	1, 10,	1, 12,	1, 16,	1, 20,

octava	10^a. maj.	12^a.	15^a.	17^a. maj.	19^a.	22^a.	24^a. maj.
2, 4,	2, 5,	2, 6,	2, 8,	2, 10,	2, 12,	2, 16,	2, 20.

6^a. maj.	8^a.	11^a.	13^a. maj.	15^a.	18^a.	20^a. maj.
3, 5,	4, 8,	3, 8,	3, 10,	3, 12,	3, 16,	3, 20,

quinta	8^a.	10^a. maj.	12^a.	15^a.	17^a. maj.
4, 6,	4, 8,	4, 10,	4, 12,	4, 16,	4, 20,

6^a. minor.	8^a.	10^a. min.	13^a. min.	15^a.
5, 8,	5, 10,	5, 12,	5, 16,	5, 20,

quarta	6^a. maj.	8^a.	11^a.	13^a. maj.
6, 8,	6, 10,	6, 12,	6, 16,	6, 20,

3^a. maj.	5^a.	8^a.	10^a. maj.
8, 10,	8, 12,	8, 16,	8, 20,

3^a. minor	6^a. minor	8^a.
10, 12,	10, 16,	10, 20,

quarta	6^a. maj.
12, 16,	12, 20,

3^a. major
16, 20,

CAPUT XV.

Mirabile Commercium & Concordia Numerorum & Sonorum.

TAnta Soni & Numeri inter se Commercia jungunt,
   Ut dubites, an de Numeris sit Musica nata,
Illorumne parens; adeò est Concordia mira.
Exemplis magis hæc quàm verbis clara patescent.
Naturam certé, (si Natura in Numeris est,

Ih.

In nostris qualem esse Sonis monstravimus antè,)
Quasque per Octavas sic disposuisse videtur
In ratione dupla Numeros, ut constet eamdem
Esse viam in Numeris Intervallisque Sonorum:
Hæc magis Exemplis quàm sunt sermone probanda.
Et placet hic Numeros notulis signare sonorum,
Obmissis Numeris, Ratio quos nulla recepit,
Aut queis metrum ad sex primos commune negatur,
Si monadem excipias numerum quæ dividit omnem:
Iis, inquam, obmissis, horum multiplicibusque:
De Octavis generis primi hoc intellige tantùm.

Sic si assumantur 1, 2, 3, 4, 5, 6, & multipli 2, 3, 4, 5, 6, scilicet 8,
9, 10, 12, 15, 16, 18, &c. obmittanturque 7, 11, 13, &c. eorumque multipli 14, 22, &c. habebis omnes Octavas in sonis Diatonici generis,
& duplas rationes in sex numeris primis eorumque multiplicibus.

In ratione dupla Octavas tantùm esse memento,
Esseque simplicia & dupla idem, in Numerisque Sonisque.
Octavæ sunt in bina specie; Incompletæ,
Quas intermedia Intervalla haud omnia complent.
Suntque decem quatuorque hujus primæ speciei:
A monade ad duo, prima; à viginti, ultima sumit
Principium, atque ad quadraginta extenditur usque.
Completæ sunt Octavæ, in quibus omnia plena
Sunt spatia, atque sonis mediis vacuum haud datur ullum.
Prima à viginti quatuor se extendit ad usque
Quadraginta octo, plenè spatia omnia replens:
Et benè prima hæc dicetur Græcis Diapason.
Sic reliquæ, quæcumque ex ordine ponè secuntur,
A quacumque nota incipiant, spatia omnia replent,
Ac tandem post septem expletas prima redibit,
Ipsius si conduplices Numerosque Sonosque;
Et reliquæ quæcumque ex ordine ponè redibunt,
Si præcedentum duplices Numerosque Sonosque.

VIDE TYPUM CONCORDIÆ.
NUMERORUM ET SONORUM.

SIC Naturales Octavæ quæque sequentur,
Quas primò proprias Generi assignavimus antè;

Q

Ut quæ quinque tonis seorsim, seorsimque duobus
Semitonis positis naturali ordine constent.
Sitque soni quamvis electio libera primi,
Mirandum tamen est numeros cæpisse sonosque
In chorda graviore; Tonos quoque Semitonosque,
In numerisque sonisque, pari ratione secutos,
Ac si suppetias hic mensque manusque tulissent;
Ut non artis opus, sed naturæ, inde probetur.
Est quoque mirandum, Octavis quòd in omnibus, ante
Completas, nullus medius sonus inveniatur,
Qui possit Tritonum aut falsum Diapente creare.
Nec moveat te quod fuerit mutatio facta,
In numeris quando ad Completas transitio acta est
Ex Incompletis; nam sicut diximus antè
Res erit una, eadem quando Proportio stabit,
Seu fuerint numeri majores, sive minores.
At, quæ prima fuit Completa Octava, suâ nos
Naturâ, ad tales numeros, non sponte, coegit,
Ob variam sedem binorum semitonorum:
Ut, non artis opus, sed naturæ, inde probetur.
Nec te turbet item, quòd quæ fuit Incompleta
Septima, fecerimus graviorem in Disdiapason:
Nam qui sive per Octavam, Quintam-decimamque,
Aut aliam quamvis Diapason, dispositi sunt
In ratione dupla, idem sunt numerique sonique;
In ratione dupla numeri, idem in cantibus isti;
Inter res ut non sit convenientia major:
Idque nec ex hominum arbitrio, nec pendet ab arte.
Ut non artis opus, sed naturæ, esse probetur.

TYPUS CONCORDIÆ NUMERORUM ET SONORUM.

Rapports merveilleux des Proportions doubles des Nombres, avec les Intervalles des Sons de la Musique disposez d'Octave en Octave.

Proport. doubles.

1, 2.   2, 3, 4.   3, 4, 5, 6.   4, 5, 6, 8.   5, 6, 8, 9, 10.

Octaves vuides.

6, 8, 9, 10, 12.   8, 9, 10, 12, 15, 16.   9, 10, 12, 15, 16, 18.   10, 12, 15, 16, 18, 20.

12, 15, 16, 18, 20, 24.   15, 16, 18, 20, 24, 27, 30.   16, 18, 20, 24, 27, 30, 32.

18, 20, 24, 27, 30, 32, 36.   20, 24, 27, 30, 32, 36, 40.

24, 27, 30, 32, 36, 40, 45, 48.   27, 30, 32, 36, 40, 45, 48, 54.

Octaves pleines.

30, 32, 36, 40, 45, 48, 54, 60.   32, 36, 40, 45, 48, 54, 60, 64.

36, 40, 45, 48, 54, 60, 64, 72.   40, 45, 48, 54, 60, 64, 72, 80.

45, 48, 54, 60, 64, 72, 80, 90.   48, 96.

Octave Diatonique-Chromatique marquée par les Notes de la Musique.

Intervalles ou distances des Sons de la Musique, trouvez par le moyen du MONOCHORDE,

Sur une chorde de deux pieds & demy.

Le premier Son est sur la Chorde à vuide, & l'Octave de ce premier Son est sur le milieu de la Chorde qui fait l'Unisson de part & d'autre.

Les Sections ou partages de la Chorde sont marquées par des nombres qui vont en montant ou en descendant, & qui marquent toujours les mesmes proportions.

VT	X		RE'	♮MI
48	51		54	57
1440.	1360.		1280.	1200.

♭MI	MI	FA	X	SOL
57	60	64	68	72
1200.	1152.	1080.	1008.	960

SOL	X	LA	♭SI	♮SI	VT
72	76	80	85	90	96
960	912	864	816	768	720

La seconde Octave est depuis la moitié de la Chorde jusqu'au quart, avec les mesmes proportions dans les nombres.

vt	X	ré	♭mi	mi	fa	X	sol	X	la	♭si	♮si	vt
96,	102,	108,	114,	120,	128,	136,	144,	152,	160,	170,	180,	192.
720,	680,	640,	600,	576,	540,	504,	480,	456,	432,	408,	384,	360.

La troisième Octave est depuis le quart jusqu'au demy quart de la Chorde.

vt	X	ré	♭mi	mi	fa	X	sol	X	la	♭si	♮si	vt
192,	204,	216,	228,	240,	256,	272,	288,	304,	320,	340,	360,	384.
360,	340,	320,	300,	288,	270,	252,	240,	228,	216,	204,	192,	180.

La quatrième Octave est depuis le demy quart jusqu'au seizième de la Chorde.

vt	X	ré	♭mi	mi	fa	X	sol	X	la	♭si	♮si	vt
384,	408,	432,	456,	480,	512,	544,	576,	608,	640,	680,	720,	768.
180,	170,	160,	150,	144,	135,	126,	120,	114,	108,	102,	96,	90.

CAPUT XVI.

EXAMEN MVSICVM,

An revera tales sint in sonis Proportiones, quales in numeris;
Et quantum sit in Harmonicis Aurium judicium; ac de
ARISTOXENI Practicorum Musicorum Principis
restituenda Gloria.

Talibus interse jungi numerosque sonosque
   Connubiis, docuit nos, non vibratio Chordæ,
Quam fortis tantùm mentis meditatio finxit:
Non Incus cum malleolis, aut pondera chordis
Appensa, utraque falsa esse experientia monstrat:
Nos docuit solùm in Monochordo sectio chordæ.
Pythagoras prior invenit, Ptolomæus adauxit
Correxitve; alij scriptis retulêre fideles,
Doctorum in libris quidquid legêre priorum.
Nos, quasi nulla foret prolata scientia, nulla
De Harmonicis Rationibus experientia facta,
Auris ad Examen numerosque sonosque venire,
Judiciumque subire iterumque iterumque jubemus,
De Numeris nil solliciti nisi ab aure probatis.
Harmonicæ Praxi nostræ hæc sunt debita Jura,
Jura diu violata & spretæ injuria Praxis;
Spretæ nom tàm injuria, quàm ignoratio Praxis:
Quam si Doctores illi Harmonici benè nossent,
Nobile queis dedit ipse Canon vel Regula nomen,
Numquam in Aristoxenum dicteria tanta tulissent,
Judicium quòd in Harmonica auribus omne dedisset,
De numeris nil sollicitus nisi ab aure probatis;
Nec rationis inops impunè dictus ab illis
Princeps hic & Cantorum Coryphæus abisset.
Tanto Doctori ergo feramus opemque manumque;
Restituatur Aristoxeno omnis honosque decusque,
Et meritos ferat alternâ nunc sorte triumphos.

De Rationibus Sonorum inventis in Monochordo Cantûs operâ.

PEr magadem, duplici methodo, Numerofque Sonofque,
   Illorumque fimul genefim aflignavimus anté.
In chorda rectâ extensâ variéque recifa;
Aut fibimet vacuæ collata, aut parte ab utraque.
Nunc ad fe numerofque fonofque referre voluntas,
Quales harmonici Cantûs invenimus arte;
Non quales Rationales reperêre fine aure.
Nec tantùm fpatio hos Octavæ unius, ut anté,
Nec Naturalis tantùm; Syftemate Magno
Sed quot habere eft Chromatica Intervalla fonorum,
Semitonis quafque octavas complentia bis fex;
Auribus aut faltem poterunt quot fiftere fefe.
Talia funt ergo exhibita Intervalla fonorum
Auris ope, in noftro Monochordo; funt quoque tales
His refpondentes numeri; tales Rationes,
Quas aptata fonis invenit fectio chordæ.
Hîc per majores numeros gradus ad minimos eft:
Ex chordâ majore fonus gravis, exque minore
Altior; in vacua ergo gravifsimus: & quia plures
Major habet partes chorda, hinc majoribus illa
Danda fuit numeris, qui per duplas rationes
Decrefcent ufque ad medium, medij ad mediumque,
Et femper medium Dupla ratione fecabunt.
Ergo fit Octava ad vacuam in medio; inque quadrante
Octava ad medium; ad quadrantem, in femiquadrante;
Et femper medij ad medium, Octava altera furget,
Dum fient numeri in dupla ratione minores:
Ac quò chorda minor, fonus altior; atque minores
Semper erunt numeri, quoadufque fonum hauriat auris.
Hîc metas Natura dedit, neque enim auris, in immenfum
Extenfos audire fonos, nec reddere chordæ,
Aut voces poterunt: Certè eft mirabile dictu
Quod nequeat quadruplam Octavam excedere chorda,
Hoc eft, Sedecimæ parti medium haud datur ullum:
Vocibus & forfan meta eft Vigefima nona.

Semitonufque prior noftris qui fe auribus offert,
Ultra quem haud alius datur, eft Vigefima nona,
Majorem ad partem quam pars minor altera profert;
Ut non Artis opus, fed Naturæ, effe putetur.
Hocque notandum eft hic, quòd Sectio, Tenfio chordæ eft:
Nam pofito leviter magade, hæc ita tenditur, ac fi
Claviculis multùm revoluta, aut pondere grandi
Tracta fit; & quò chorda minor, mage Tenfio crefcat,
Crefcat ita, ut, fi claviculis aut pondere ad illum
Tracta ftatum fuerit, fiat difruptio chordæ.
In variis chordis MONOCHORDI hæc omnia cerne;
Hafque in eo varias chordas cerne unius inftar:
Fecimus hanc variam, ut meliùs Numerique Sonique
Auribus atque oculis, manibus, mentique darentur.
Perque Afcendentes Numeros potes in Monochordo
Cernere, quâ ratione in chorda Tenfio crefcat.
Quænam autem interfe Numeros Proportio jungat,
Quæve Sonos Ratio, facilè eft promptumque videre,
Communi metro ad minimos fi quofque reducas,
Multùm his conveniunt quos invenêre Priores
Harmonici; nec cura eft fi quis diftet ab illis,
De numeris haud folliciti nifi ab aure probatis.

VIDE MONOCHORDVM.

EX fic difpofitis Numeris, quanta Organopæis,
Mechanicis, Fuforibus ac Numerantibus ipfis
Utilia adveniant, Te MUSICA noftra docebit,
Quam feror impatiens communem emittere in ufum,

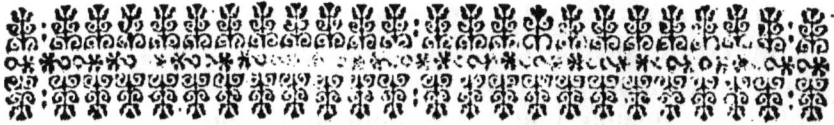

LIBER SEPTIMUS.
ARITHMETICÆ FIGURATORUM.
NUMERORUM.

CAPUT PRIMUM.

Quid & quot sint Figuræ Numerorum.

Geometris Numerorum sumpta Figura:
Hosque Figuratos dicêre; quòd omnia possint
Mensuranda suis repræsentare figuris
Dispositi Numeri in Longum, Latumque, Profundum;.
Quod fluit, & nihil est, tamen à quo cætera, Punctum est:
Quod longum tantùm & non latum, Linea dicta est;
Quod latum, ista Superficies est; quodque profundum,
Hoc Solidum dictum est: tribus istis Corpora constant,
Nec plures Numerorum Antiqui habuêre figuras.
In Geometria quod Punctum; unum in Numeris est:
Lineæ Radicique, Superficiesque Quadrato,
Respondet Solidumque Cubo; pluresque Vetusti
Corporis & Numerorum haud agnovêre figuras.
Unum haud est Numerus; tamen omnia dicitur esse;
Est unum Radix, Quadratusque, Cubusque;
Et quodcumque aliud quantæcujusque figuræ.
Linea respondet Radici, est Linea Radix.
Dicitur in Numeris Radix, quod multiplicans se
Vel semel, aut bis, terque; quater, creat inde Quadratum,
Atque Cubum, Quadratoquadratum, Sursolidumque;
Producti verò à duplâ Radice, Quadrati,
Atque Cubi, Quadratoquadrati Sursolidique.
Ergo semel Radix in sese ducta, Quadratum;
Bisque, Cubum; Quadratoquadratum, ducta ter in se;

Surfolidumque creat quater in fe multiplicata;
Sicque creare poteft alias, aliafque Figuras.
Per monades numeri has repræfentare Figuras
Difpofiti in longum poffunt, latumque, profundum.

Figuræ Geometricæ.	*Figuræ Numerorum.*
Punctum	Unitas 1
Linea	Radix vel latus, ut 2,
Superficies	Quadratum, ut 4,
Solidum feu Corpus,	Cubus ut 8
&c.	&c.

CAPUT II.

Difpofitio Arithmeticæ progreffionis & Geometricæ ac mutua illarum
Collatio, modufque inveniendi Figuras Numerorum
per Radices.

A zero incipiens, numeros ex ordine fcribe;
Hæc numeri Naturalis Progreffio dicta eft:
Tum Geometricos cujufuis fint rationis
Multiplicis, duplæ aut triplæ, incipientis ab uno
Difpones, æquâ fefe ratione fequentes.

Arith. progreff.   0, 1, 2, 3, 4, 5, 6, 7, 8, 9, &c.
  Geometrica dupla 1, 2, 4, 8, 16, 32, 64, 128, 256, 512, &c.
     tripla 1, 3, 9, 27, 81, 243, 729, 2187, 6561, 19683, &c.
        N. R. Q. C. qq. S. &c.

Accipit inferior de fupremo ordine nomen:
Hinc primus Geometricæ fine nomine; & alter
Dicetur Radix; Quadratum Tertius; inde
Quartus erit Cubus, & quintus Quadratoquadratus;
Sextus erit Surdefolidus, reliquique Priorum
Nomina fubfumunt, horum duplicantque valorem,
Aut triplicant, fimilique aliâ ratione reponunt.

Vide in Exemplo fuprà.

Supremi exponunt numeri, quot in inferiori
Ordine Radices fint in fe multiplicatæ.

Exemplum proponatur duplæ Rationis,
Ut duo, cui quatuor fupponitur, indicat effe
In quatuor pofitam bis Radicem : & tria, in octo
Ter pofitam, pofitam ter & in fe ex ordine ductam:

Arith.	1. indicat femel pofitam	2. indicat bis pofitã fic 2, 2,	3. indicat ter pofitam 2, 2, 2, &	4. indicat. quater pofitã 2, 2, 2, 2	&c.
Geom.	2. Radicem	4. id eft 4	8. mutuó multipl. unde fit 8	16. unde fit 16.	

Prima autem Radix eft, quæ denominat illam
Quam tibi proponis Rationem multiplicandam;
Ut duo, quæ duplam; tria, quæ triplam rationem:

Sic Arith.	0.	1. oftendit quadruplam	1. quintuplam	1. fextuplam	
Geom.	1	4. effe rationem	5. effe	6.	&c.

Quinetiam, binos fi fupremi ordinis addas ,
Compones numerum , fubtus quem fubjacet ille,.
Quem illis fuppofiti fe multiplicando creabunt.

> Ut fi addas 2 ad 3 progreffionis Arith. fiet 5; & multiplices 4 per 8 progr. Geom. qui jis fubjacent fiet 32, qui fub 5 eft.

At fi unus de alio retrahatur in ordine fuprà,
Qui fuberit Reliquo, veniet per Partitionem.
Iis fubjectorum per quos Subtractio facta eft.

> Ut fi 4 de 6 fubtrahas in progreff. Arith. remanebit 2. & fi per 16 dividas 64 progreff. Geo. qui fubjacent 4 & 6. veniet 4 qui fub 2. eft.

Vide cap. 13. lib. 5.

CAPUT III.

De Radice Quadrata modufque cognofcendi Quadrator ex fola numeri infpectione.

Multiplicans fefe Radix Quadrata vocatur;
Productus verò Quadratus dicitur effe.
Radix effe poteft, numerus quicumque, Quadrata;
Sed non idcircò numerus quicumque Quadratus.

I. Quadratus non eft, cujus duo, vel tria, feptem,
Aut octo; vel cifra fed impar, prima figura.

> Quia in quadratis ultima debet effe una ex his , 1, 4, 5, 6. 9. 0,
> At qui cifram innumero impare habent ut 460 | 768000 | 91010;
> quadrati non funt.

II.

II. Rejectoque novem quoties datur, inde nisi unum,
Aut quatuor, vel septem, aut tantùm cifra supersit.
III. In primâ si quinque , sequens binarius esto,
Et ponè hunc, vel par numerus, vel cifra sequatur.

    Sic , 125 | 67525 | 89725 | 100925 , quadrati non sunt.

IV. Si quis habet numerus pro prima, unumque, novemque,
Quadratus non est, nisi par , aut cifra sequatur,

    Ut 4371 | 4379 | 67899 | 7135. , quadrati non sunt.

V. Si in primâ quatuor; nisi par aut cifra sequatur :
Qui sequitur par, saltem æquus sit quattuor ipsi.

    Sic 6934 | 70014 , quadrati non sunt ; nec 124.

VI. In primâ, sex; nî mox impar ponè sequatur.

    Ut 5746 | 7086 | 34526 , non sunt quadrati.

Fiunt quicumque Imparium additione Quadrati,.
Præcedenti addendo impar quodcumque Quadrato :
Impariumque locus, Radix Quadrata tibi sit.

    Ut 1. est primus quadratus. | ex 1 & 3 fit 4 , secundus quadrat° | tum
    addendo ad 4 , 5, fit 9 q. tum ad 9 addendo 7 fit 16, q. | tum ad 16
    addendo 9 fit 25, q. | & ad 25 add. 11 , fit 36. q. &c. .

    Locus autem Imparium est Radix quadrata, Ut 3 , qui est in secundo
    loco Imparium, (nam ibi 1 est primus impar) additus ad 1 facit 4 ; ergo
    Radix quadrata 4 est 2, | Sic 5 tertius impar additus ad 4 facit 9 ; ergo
    3 est radix quadrata 9. | Sic 7, quartus impar , cum 9 faciens 16 , osten-
    dit 4 esse radicem 16. &c.

Quadrati unius distantia proximioris
Dupla est Radicis minimi, ac habet insuper unum.

    Ut distantia 9 & 4 est 5 , quod duplum est radicis 4 nempe 2 ac habet
    unum insuper.

    Sic distantia 16 à 9 est 7 , quod duplum radicis 9 nempé 3 & unum
    habet insuper.

Hinc minimi duplans Radicem ac insuper unum
Addens, compones quadratum proximiorem ;
Productum adijcias si Quadrato inferiori.

    Ut si duples radicem quadrati 16 nempé 4 , ac insuper unum addas
    efficies 9 qui additus ad 16 componet 25 quadratum proximiorem.

In Radice Quadrati, unum est toties, quot & ipse
Imparibus constat Quadratus, perficiturque.

    Ut radix 16 est 4 , quia 16 quatuor imparibus constat, nempé, 1 ; 3 ;
    5 , 7. qui componunt 16.

Cùm fiant quique Imparium Additione Quadrati;
Imparium ut binarius est distantia semper,

Semper erit Quadratorum discrimen & impar.

Exemplum.

Radices.	Quadrati.	differentiæ.
1	1	.
2	4	3
3	9	5
4	16	7
5	25	9
6	36	11
7	49	13
8	64	15
9	81	17
10	100	19
&c.	&c.	&c.

CAPUT IV.

De Radice Cubica & generatione Cubi.

FIT Cubus ex positâ ter & in se multiplicatâ
Radice; ut fit de binâ Radice Quadratus.

Ut sicut ex 2, 2 fit quadratus 4 in dupla progressione, ita in eadem
ex 2, 2, 2, fit Cubus 8. In tripla ex 3, 3, 3 fit Cubus 27. In quadrupla ex 4, 4, 4, fit Cubus 64. &c.

Quamquàm omnis numerus possit Radix Cubica esse,
Non ideo numerus quivis poterit Cubus esse.

I. Haud Cubus est, cùm octo, quatuor, duo, prima figura;
Ni ponè hanc, vel par numerus, vel cifra sequatur.

Ut 34532 | 456174 | 1100038, non sunt Cubi.

II. Rejectoque novem quoties datur, inde nisi unum,
Aut octo maneant, vel cifra, nequit Cubus esse.

Sic 12000 non est Cubus quia 3 remanent.

III. Si quis habet numerus zero unum, vel duo zero,
Non poterit Cubus esse; potest si plura reponat.

Ut hi, 1230 | 100 | 34600 Cubi non sunt: at 27000 Cubus est, &c.

IV. In prima si quinque, sequens binarius esto,
Aut septem; haud aliter poterit numerus Cubus esse.

Ut 361035.|67895.|1120015., Cubi non sunt; at 125 & 3375, Cubi sunt;

In Cubicâ Radice, unum est toties, quot & ipse

Imparibus conſtat Cubus : Aut, Cubus Imparibus tot
Perficitur generaturque, in Radice quot unum eſt ;
Radicis nomenque tibi Imparium numerus dat.

    Ut radix Cubi 27 eſt 3 ; quia 27 conſtat tribus imparib° 7 , 9 , 11.
    Talis autem ordo eſt Cuborum & generatio ab Imparibus.

  1° Cubus eſt 1. ex ſe genitus. 2° eſt 8 ex 3 & 5 , & ipſius radix Cubica 2.
  3° eſt 27, ex tribus ſequentibus Imparibus , 7 , 9 , 11, genit° & compoſi-
    tus ; & radix Cubica 3.
  4° eſt 64 ex quatuor ſeq. Imparibus 13 , 15 , 17 , 19 , & radix ejus Cubica
    4. &c.

Ducta in quadratum Radiceſemel ; Cubus hinc fit,

    Ut ex 2 in 4 fit Cubus, 8. | ex 3 in 9, fit Cubus 27.

Nec pugnant interſe, quæ ſtabilivimus anté :

Ergo ſemel Radix in ſeſe ducta, Quadratum ;
Biſque, Cubum ; Quadratoquadratum, ducta ter in ſe ;
Surſolidumque creat quater in ſe multiplicata.

Non pugnant, inquam, & quæ paulò diximus anté :

Fit Cubus ex poſita ter, & in ſe multiplicata.
Radice, ut fit de bina Radice Quadratus :

Radicem nam bis poſitam, aut ductam ſemel, unum eſt,
Et poſitam ter, & illam in ſeſe multiplicatam ;
Aut ductam ſemel in Quadratum ; unum quoque, idemque.

    Ergo idem ſunt ex radice ſemel ductâ in ſe ficti quadratum, ut ex 2
      in ſe fit 4 , & bis poſitâ & ductâ in ſe, ut 2 , 2 , nempé ex 2 in 2
      fit 4.

                           A B C   ABC A B

   Et idem , bis 2 in ſe , facit 8. & ter 2 ; ut 2 , 2 , 2 , facit 8. nam 2 in 2 ,
        A B C A B   A B C
    facit 4 , & 2 in 4 facit 8 Cubum.

Ergo Cubi, per Quadratos Radicibus auctos ;
Sive Cubi veniunt per Radicem poſitam ter ;
Seu per Radicem bis per ſe multiplicatam.

    Ut ex 2 radice in 4 quadratum, fit 8 Cubus :
      Ex 2 , 2 , 2, fit 8 , Cubus
      Et ex 2 bis in ſe , fit Cubus ſcilicet ex 2 in ſe fit 4 , & iterum ex 2
      in ſe fit 4. id eſt 8.

CAPUT V.

De aliis Radicibus, Quadratoquadratis, Surdesolidis primis, Quadratocubis, Sursolidis secundis, Quadrato-quadrato-quadratis, Cubccubis, &c. eorumque procreatione.

EX Radice quater posîtâ; ductove Quadrato Bisper eam; aut Cubo in hanc semel, est Quadratoquadratus.
>Ut ex 2, 2, 2, 2, in se mutuô fit 16, Quadratoquadratus : aut ex 2 in 4, & bis 2 in 4, fit etiam 16 : aut ex 2 in 8, fit 16.

Ex quinâ Radice in se, fit Sursolidusque.
>Ut ex 2, 2, 2, 2, 2, fit 32. Sursolidus.

Ex senâ Radice in se, Quadratocubusque.
>Ut ex 2, 2, 2, 2, 2, 2, fit 64, Quadratocubus.

Ex septenâ in se fit, Sursolidusque secundus.
>Ut ex 2, 2, 2, 2, 2, 2, 2, fit 128 Sursolid⁹ secundus.

Ex octonâ inse, Quadrato-quadrato-quadratus.
>Ut ex 2, 2, 2, 2, 2, 2, 2, 2, fit 256. Quadrato-quad. quadratus.

Exque novena inse Radice Cubocubus exit.
>Ut ex 2, 2, 2, 2, 2, 2, 2, 2, 2, fit Cubocubus 512.

Et sic crescendo à prima Radice creantur :

Aut per Radicem à vicino multiplicato.
>Sic ex 32 per 2, fit 64 | ex 64 per 2 fit 128 | ex 128 per 2 fit 256, &c.

Nobis hæc Exempla dedit progressio dupla :

Tripla, Quadruplaque idem facit, ac progressio quævis.

Progress.										
Arith.	0,	2,	2,	3,	4,	5,	6,	7,	8,	9, &c.
	N. Rad.	Qu.	Cub.	qq.	1° Surs.	qc.	2° Surs.	qqq.		cc. &c.
Dupla	1,	2,	4,	8,	16,	32,	64,	128,	256,	512, &c.
Tripla	1,	3,	19,	27,	81,	243,	729,	2187,	6561,	19683, &c.
Quadrupl.	1,	4,	6,	64,	256,	1024,	4096,	16384,	65544,	262176, &c.
Quintup.	1,	5,	25,	125,	&c.					

Primi, quos Naturalis Progressio format,
Exponunt numeri, quoties in quâque figura
Sit Radix; Exponentes ideòque vocantur.
>Ut 4, indicat in qq. 16 vel 81, vel 243 posîtam esse quater radicem; & sic in reliquis.

CAPUT VI.

De Radicum Extractione in genere.

SI qua ex præmissis tibi multiplicatio reddat
Popositum quemvis numerum; is sic multiplicatus
Dicetur Radix ejus qui restituetur.

    Ut si proponatur 16, productus per 4 in se; 4 erit Radix quadrata 16:
si productus per 2, 2, 2, 2; 2 erit Radix quadratoquadrata 16: quia 16
quadratoquadratus restituetur per radicem quadratoquadratam 2 quater positam quæ est multiplicatio quadratoquadrata.

Extrahere est ergo Radicem, quærere quænam
Propositum numerum tibi multiplicatio fecit.
Extrahere ergo potes quas enumeravimus ante,
Atque infinitas alias; si hæc prævia serves.
Proposito quovis numero, à quo Extractio certa
Sit facienda; hunc pro varia Radice secabis,
A dextrâ incipiens, punctis segmenta notando.
A dextrâ puncto primam signato figuram
In quavis Radice: alias ac deinde figuras
Obmittens, sic pro varia Radice notabis.
Versùs lævam in Quadratis obmittitur una;
In Cubicis binæ; Tres in Quadratoquadratis;
Sic ascendendo plus prætermittitur una:
Ut tot in Extractâ veniant, quot puncta, figuræ;
Ac tot sub punctis numeri, quot & ipse trahendus
Pro radice suâ fuerit Radicibus auctus:
Ut quia Quadratus binâ Radice, Cubusque
Trinâ, sint aucti; binis ille, & tribus iste
Sic numeris intra quævis sua puncta notentur.

Exemplum I.

    Si proponatur Radix quadrata extrahenda ex hoc numero, 6765201 sic
punctis signabis omittens unam figuram, incipiens à dextra.
    Ut sub quoque puncto possint esse duæ sicut ipse Radice bis posita
factus est.

$$6765201$$

Exemplum II.

Extrahendæ Radicis Cubicæ, omittuntur 2. fig.
238328

Exemplum III.

Radicis Quadratoquadratæ, omittuntur 3. fig.
9476736

Exemplum IV.

Radicis Surdefolidæ, omittuntur 4. fig.
916132832

Et fic de reliquis femper omittens unam plus afcendendo.

CAPUT VII.

Extractio Radicis Quadratæ.

QUadratam Numeri Radicem educere fi vis,
Propofitum numerum in binos per puncta fecato;
Ut tot Radices veniant quot puncta notata:
Hæcque nota à dextra; dein incipiendo finiftrâ
Quænam fit primi aut primorum quærito Radix:
Integra fi non fit fume infrà proximiorem,
Hanc in fimplicium Numerorum hoc fchemate nofces.

Shema fimplicium Numerorum.

Radices 1, 2, 3, 4, 5, 6, 7, 8, 9, 10.
Quadrati 1, 4, 9, 16, 25, 36, 49, 64, 81, 100.

Inventam primam Radicem, aut proximiorem,
In quotiente nota, ac numero fubfcribito: deinde
Multiplicatam in fe retrahas: Ipfum quotientem
Tum duplica, ac numero fubfcribito, ut inde paretur
Partitione novus quotiens, quem poft duplicatum
Adfcribes; talifque fit ille, ut cum duplicato
Ipfum per quotientem in fefe multiplicatus
A fuprapofito numero retrahatur: & ultrà
Si nondum acta eft res; Totus quotiens duplicetur;

Ac numero subscribatur, novus unde paretur
Partitionis ope quotiens, quem post duplicatum
Adscribes; talisque sit ille, ut cum duplicato
Ipsum per quotientem in sese multiplicatus
A suprapofito numero retrahatur; idemque
Perpetuò fiat, videat dum operatio finem.

Exemplum.

1°. Proponatur Numerus 6765201 in quo sunt quatuor puncta & ideo venient in radice quatuor figuræ.

2°. Incipiendo finiftrà, est unica figura 6, cujus radix est 2, ut poté infrà proximior radix 4, numero 6. In quotiente nota, ac Numero 6 subscribe.

$$2$$
$$6765201 \quad (2601, \text{ Radix quadrata numeri } 6765201: \text{ nam}$$
$$2465201 \qquad \text{ipsa per se multiplicata eum restituet.}$$

3°. Multiplicatum 2 in se scilicet 4 retrahe ex 6, remanent 2, & perfectum est primum punctum seu prima operatio.

4°. Duplica quotientem & sit 4 quem subscribe numero 27. sub. 7. & quære quotientem novum, habebis 6, quem pones in quotiente & post 4 sub 6 secundi puncti.

5°. Fiat divisio scilicet per quotientem novum 6 multiplicetur divisor 46 & subtrahatur à suprapofito 276 & nihil remanet, finitaque est secunda operatio.

6°. Quia nihil remanet in suprapofito numero, ponetur zero in quotiente.

7°. Duplicetur totus quotiens 260, & fiet 520, qui semel continetur in suprapofito ideoque ad quotientem & ad divisorem adscribitur 1 & facta multiplicatione & subtractione nihil remanet finitaque est tota operatio, & habetur 2601, pro Radice quadrata numeri 6765201.

Primâ Radice extractâ, cum zero superfunt,
Punctorum ad numerum, zero in quotiente notentur.

Exemplum.

Ut extractâ primâ radice hujus numeri 4000000 quæ est 2, tria zero notabis in quotiente pro numero punctorum quæ superfunt. (2000.

Cum superest aliquid, scito haud numerum esse quadratum:
Quisnam sit, vel non, Quadratus; diximus ante.

Exemplum.

Ut, extractâ radice ex hoc numero 6085 fupereft unitas, (78, $\frac{1}{2}$
quæ denotat illum non eſſe quadratum.

Operatio.

$$11 \quad 1$$
$$6\not{0}8\not{9} \qquad (78 \quad 1:$$
$$\cdot \quad \cdot$$
$$7$$
$$148$$

Modus accedendi ad veram radicem in numeris non quadratis.

CUm fupereft aliquid, Radix numquam tibi vera,
Quidquid agas, dabitur: Tamen eft modus hic propé ad illam
Accedendi. Ipfam primò inventam duplicato;
Et, fi quod Reliquum, inventâ Radice minus fit,
Radicem tantùm duplica, nil adjiciendo:
At, fi fit majus, tunc Radici duplicatæ
Unum addens, Reliquo fubfcribe; potire petito.

Exemplum I.

Ut fi Radicem numeri 6085 priùs inventam 78 $\frac{1}{2}$ velis approximare
veræ Radici; duplica ipfam Radicem 78 & fiet 156. & quia Reliquum $\frac{1}{2}$
eft minus ipfa radice 78, nihil addes duplicatæ radici 156; fed tantùm
poft radicem inventam, fubfcribes Reliquo $\frac{1}{2}$ in modum fractionis,
fic 78 $\frac{1}{156}$; & erit hæc priore proximior veræ Radici.

Exemplum II.

At fi Extractam Radicem de numero 34, nempé 5, (quæ eft tantùm
radix numeri 25,) approximare velis veræ radici: quia reliquum 9, eft
majus ipfa radice 5, ideò duplicatæ radici 5 nempe 10 addes 1 & fiet 11,
quod fubfcribes reliquo poft inventam radicem fic 5 $\frac{9}{11}$.

Ecce aliam methodum, efficiendi proximiorem.
Propofito numero bina & bina addito zero;
Et quò plura addes, veniet mage proxima Radix
Radici veræ, quadrata exinde trahenda.
Ex tot zero aucto Radix quadrata trahatur;
Et fi quid Reliqui fupereft, ut inutile linque:

Radicem deinde inventam, duo si addita zero,
Divide per decem; at, addita si sint zero quaterna,
Per Centum; ac per mille, huic si sex addita zero:
In quotiente dabit Divisor proximiorem
Radici veræ Radicem exinde retractam;
Quò plura addideris, veniet mage proxima Radix.

Exemplum.

Ut si ad 34 addideris quatuor zero, sic 340000. veniet pro radice quadrata 583. & super est 111 quod ut inutile relinquendum. divide 583 per 100 quia quatuor addita sunt zero ad 34. quotiens erit $5\frac{83}{100}$; proximior quàm erat $5\frac{9}{17}$

Paradoxum.

Si quadraginta addideris, tàm proxima veræ
Exiet hinc Radix; ut vix tenuiore capillo
Distet ab hac, licèt hæc Cœli impleret diametrum.

CAPUT VIII.

Extractio Radicis quadratæ in Numeris Fractis; & partim Integris, partim Fractis.

Quadratam si vis Radicem educere Fractam:
Ad minimos, Numeris, si Fractio magna, redactis;
Nomenclatoris, Numeratorisque seorsùm
Quærito Radicem, aut sume infrà proximiorem.

Ut si Radix extrahenda de $\frac{32}{64}$ prius reduces ad $\frac{8}{16}$ quorum Radix quad.
Sic Radix $\frac{4}{9}$ est $\frac{2}{3}$

Vel, Nomenclatorem ipsum duc in Numerantem;
Deinde ex producto Radix quadrata trahatur:
Dividat hanc Numerans, Radix hinc Fracta redibit.

Ut $\frac{4}{9}$ ex 4 in 9 fit 36, cujus radix 6 ad 4 ut $\frac{6}{4}$, vel ad 9 etiam $\frac{6}{9}$

Si partim Integri, partim Fracti numeri sint,
Tunc ad idem Fractum, Integro, Fractoque redactis

S

Extrahe Radicem de fracto utroque; peractum est.

Ut 12 ¼ ad idem fractum; fit 49⁄4 quorum radix 7⁄2 five 3 ½

At Fracti fi vis ut Quadratum tibi detur;
Hujus & alterius Quadratum quærito utrumque.

Ut fi vis Quadratum harum Radicum 7⁄2 multiplica utrumque in fe &
veniet 49⁄4.

Examen.

EXtractum in fe duc Numerum, primufque redibit;
Si addas quod fuperest; fic certa Probatio fiet.

Ut fi Radix prius extracta 2601 in fe ducatur redibit numerus quadratus 6765201.

Et fi 78 in fe ducatur addaturque reliquum 1, redibit numerus quadratus 6085.

CAPUT IX.

Modus Generalis Extrahendæ cujufvis Radicis.

UT ratione aliâ Radicem educere poſſis
Non modò Quadratam, fed quantamcumque placebit,
Propoſitum numerum varié per puncta fecato;
Pro varia quavis Radice, ut fecimus anté.
Diſpoſitis numeris, ac fic per puncta notatis;
Ut primam Radicem habeas cujufque figuræ;
Vel fumas, fi non eſt integra, proximiorem;
Hanc te primarum hic deſcriptio facta docebit.

Radices	Quadrati	Cubi	Quadrato quadrati.	Surſolidi.	Quadrato Cubi.	Secundi Sur ſolidi.	Quadrato-quadrato-quadrati.	Cubocubi.
1	1	1	1	1	1	1	1	1
2	4	8	16	32	64	128	256	512
3	9	27	81	243	729	2187	6561	19683
4	16	64	256	1024	4096	16384	65536	262144
5	25	125	625	3125	15625	78125	390625	1953125
6	36	216	1296	7776	46656	279936	1679616	10077696
7	49	343	2401	16807	117649	823543	5764801	40353607
8	64	512	4096	32768	262144	2097152	16777216	134217728
9	81	729	6561	59049	531441	4782969	43046721	387420489
10	100	1000	10000	100000	1000000	10000000	100000000	1000000000

Difpofitis ergo numeris, punctifque notatis;
Ac primâ oblatæ inventâ Radice figuræ:
Scito, quòd eſt proprius Radici cuique Character,
Aut multis ſummis, aut unâ ſimplice conſtans;
Unicus, & viginti eſt, pro Radice Quadrata;
Pro Cubicâ, bini ſunt; triginta atque trecenta!
Tum Quadratoquadrata tribus, parilique ſequentes
Ordine creſcentes gaudent, ut pagina monſtrat.
Dicuntur Medij, quòd ſic operando locentur.
Majori minimos ſuppone, ut ſic Mediorum
Sit totuplex ordo proprius, quot ſubjiciuntur.

Characteres Medij, cuique figuræ extrahendæ proprij.

Quadrata.

Locus primi quotientis——— 20 ———— Locus ſecundi quotientis.

Cubicæ.	Quadratocubicæ.
—300—	—600000—
—30—	—150000—
	—20000—
	—1500—
	—60—

Quadrato quadratæ.	Secundæ Surdeſolidæ.
—4000—	—7000000—
—600—	—2100000—
—40—	—350000—
Primæ Surdeſolidæ.	—35000—
—50000—	—2100—
—10000—	—70—
—1000—	
—50—	&c.

In tribus exemplum proponimus ecce figuris,
Nempé in Quadrata, Cubica, atque Quadratoquadrata;
Ad quarum ſpecimen quaſvis tractato Figuras.

Operatio prima.

Radicis primi puncti inventum quotientem,
(Sepoſitumque, oculis ſervetur ut integra Radix)
Ad lævam pones Medij; In Radice Quadrata,

Cùm unus fit Medius tantùm, una locatio fiet:
In Cubicâ cùm fint bini, pofitum quotientem
Ad lævam minimi Medij, triginta, quadrabis;
Quadratumque ipfum quotientem, in parte finiftrâ
Oppones medio majori, nempé trecentis.
Cùm tres aut quatuor Medij, plurefve dabuntur,
Ad lævam minimi pofito quotiente reperto;
Pro numero Mediorum, hunc quadrabis, Cubicabis,
Aut aliâ Radice augebis, & ad Mediorum
Oppofitum, fic auctum in lævâ parte locabis.

Exemplum Radicis Quadratæ extrahendæ ex hoc numero 676520r

Extractam Radicem primi puncti nempé 2, multiplicatam in fe, id
eft 4 ex 6, & (ftante numero 276520r) fepofitam, ad lævam pones
Medij, fic,

Prima Operatio. (2

2 —— 10

Exemplum Radicis Cubicæ extrahendæ ex hoc numero 238328

Extractam Radicem primi puncti, nempé 6, ex 238, multiplicatam
Cubicé, id eft 216, remanent 22, & (ftante numero 22328) fepofitam,
ad lævam pones minimi medij, nempé 30, & quadratam fcilicet 36,
ad lævam majoris Medij nempé 300 appones, fic,

Prima Operatio. (6

36 —— 300
6 —— 30

Exemplum Radicis Quadratoquadratæ

Numeri 14776336 nempé 6, fepofitam, quadratam, Cubicatam, appones
fic,

Prima Operatio.

216 —— 4000	(6	fublata radice quadratoquadratâ
36 —— 600		1296 de primo puncto.
6 —— 40		1477, fuper eft 18.6336

Operatio secunda.

HÆc, aut hæ, oppofitum Mediorum quodque fuorum
Multiplicent; tum producta ad fefe addita puncto
Subfcribe, ut quotientem habeas per Partitionem,
(Sat fi Facta duo majora addantur, ut ipfis
Partitione novus quotiens hinc poffit haberi,
Talis quem retrahas Mediis auctum fociifque.)
Ille novus quotiens in dextra parte locetur,
Majori oppofitus Medio; ipfiufque Quadratus,
Tum Cubus, inde Quadratoquadratus ; totque fequantur
Radices, dum una excedat numerum Mediorum :
Sic in Quadratis binæ tantùm; In Cubicis tres,
Et quatuor fuccedent in Quadratoquadratis;
Scilicet unâ plus quàm fint numeri Mediorum.

Exemplum in Quadrato numero

6765201, qui poft primam operationem eft 2765201.

2ᵃ Operatio.	20	276 (6	fervata
2———20———6	2	40	radix
36	40		16

Exemplum in Cubico numero

238328, qui poft primam operationem eft 22328.

2ᵃ Operatio.	300	22328 (2	fervata radix
36———300—2	36	10800	62
6——30—4	10800		
8			

Exemplum in Quadratoquadrato numero

14776336, qui poft primam operationem eft 1816336.

2ᵃ Operatio.	4000	1816336 (2
216———4000———2	216	874800
36———300———4	864000	fervata radix
6———40———8		62
16	300	
	36	
	10800	
	874800	

3ᵃ Operatio.

Ultiplica tres supremos primi ordinis in se:
Ac deinde in Cubicis, tres multiplicato secundos;
Sic semper, quando fuerint tres, multiplicato:
Adde simul producta illa; ac tandem superadde
Productis illum qui à dextrâ parte stat unus:
A supraposito numero totum retrahatur.

Exemplum in Quadrato numero.

```
2—10—6 | hi tres in se multiplicati faciunt
    36 | 240 quibus addito 36, sit 276
       | quibus detractis ex supraposito numero 276
       | nihil superest de hoc puncto,
       | Et est quotiens 26.
```

Exemplum in Cubico numero.

```
36·——300—2 | hic 1° ordo in se multiplicatus facit 21600;
 6·——30—4  | hic 2° ordo multiplicatus in se facit   720
         8 | cui superaddens 8, cum collectis summis
           | fit 22328, qui detractus de supraposito,
           | nihil relinquit, & est quotiens
           |           62 sive radix Cubica dati
           | numeri 238328 ( 62.
```

Exemplum in Quadratoquadrato numero.

```
216—4000—2 | hic 1° ordo in se multiplicatus facit 1728000
 36—300—4  | hic 2° ordo facit                        10800
  6—·40—8  | hic 3° ordo cum 16, facit                 1936
        16 |                                          ————————
           |                          Summa 1740736
           | 1816336
           | 1740736   servata radix qq.
           |  ————————
           |  75600 ( 62.
```

Continuatio præcedentium operationum.

I nondum perfecta est res, totum quotientem
Appone ad lævam Medij minimi; inde quadratum,
Atque Cubum, ut factum est; quotientem quære; locato

Ad dextram Medij majoris; subde quadratum,
Atque Cubum; Medios tres in se multiplicato,
Producta adde, & cum qui à dextra parte stat unus;
A suprapofito totum retrahatur; idemque
Perpetuò fiat, videat dum operatio finem.
Et zero quamvis, à dextra parte locatum,
Nil faciat, tamen in quotiente à parte sinistra
Augebit Medios, quotientem cùm auxerit ipsum.

Exemplum in numero Quadrato.

67652o1, cujus expedita sunt jam duo puncta.

26—20———0 | 20 | 26 | atqui 52o ne semel in suprapofito
0 | 520 | puncto 52. ergo apponendum est zero
tam in quotiente quàm ad dextram Medij
& sic fit quotiens 26o.

26o—20——1 | 20 | 52o1 (1
1 | 26o | 52oo
| 52oo | addito 1 fit 52o1, quo detracto
ex 5o1 nil superest; & fit
radix 26o1 dati numeri
67652o1.

CAPUT X.

De Inventione Numerorum qui peculiariter pertinent ad quamlibet speciem Extractionum, in præcedenti Capite explicatarum. Confectio Tabulæ ad Extractionem quarumlibet specierum.

PErpetuæ Tabulæ hac methodo Confectio fiet.
1° ordo.
Dispositis Numeris Naturalis seriei
Rectà descendentis & incipientis ab uno,
Incipiet transversalis sic quilibet ordo:
2° ordo.
Ad ternum primi numerum incipit ordo secundus,
Huic terno similem primâ sibi sede locando;

3° ordo.

Ad ternumque fecundi iftius tertius ordo,
Huic terno fimilem primâ fibi fede locando;

4° ordo, &c.

Quartufque ad terni ternum numerum incipit ordö,
Huic terno fimilem primâ fibi fede locando;
Sicque fequens terni ad præcedentem incipit ordo,
Et fimilem huic terno primâ fibi fede locabit.
Sic autem totus quivis complebitur ordo:
Inventum primum cujufuis ordinis, adde
Ad fimilem fibi in ordine proximiore finiftro;
Ex binis bini ordinis exit terminus alter
Defcendens in quovis ordine: quilibet ordo
Sic jungendo duos refpondentes fibi femper,
Subjectum numerum defcendendo indè creabit.

TABULA ad inveniendos numeros cuique Radici
extrahendæ peculiares.

MODVS perficiendi quemlibet ordinem.

Nventum primum numerum cujuslibet ordinis addes ad numerum proximioris finiftræ ferici fibi refpondentem; & fiet fecundus numerus
hujus ordinis: qui fecundus, additus ad fibi refpondentem proximioris
finiftræ creat tertium; & fic perpetuò ut in Tabula facilé eft videre.

1° ordo feriei naturalis	2° ordo	3° ordo	4° ordo	5° ordo	6° ordo	7° ordo	8° ordo
1							
2							
3	3						
4	6						
5	10	10					
6	15	20					
7	21	35	35				
8	28	56	70				
9	36	84	126	126			
10	45	120	210	252			
11	55	165	330	462	462		
12	66	220	495	792	924		
13	78	286	715	1287	1716	1716	
14	91	364	1001	2001	3003	3432	&c.
15	105	455	1365	3003	5005	6435	6435
16	120	560	1820	4368	8008	11440	12870
17	136	680	2380	6188	12376	19448	24310
&c.							Vfus

Vsus Tabulæ præcedentis.

PER primam feriem Radices fume trahendas:
  Radicis tibi quadratæ binarius index;
Radicis Cubicæ ternarius; inde fequentes
Demonftrant numeri Radices quafque trahendas.
Sic autem ad quafvis Radices utere menfâ:
Quales in Tabulâ, numeros fic ponito quofuis;
Ac tum retrogradé quofuis ex ordine pone:
Ultimus in paribus, tantùm femel; at reliqui, bis
Tum rectà tum retrogradé: fed in imparibus, bis
Omnes ponuntur; femper namque ultimus eft jam
Bis pofitus: fic in paribus, numerus numerorum
Semper fit impar; femper fed in Imparibus par.
Omnibus aut rectà vel retrogradé numeris fic
Difpofitis, pro fede fua cuique addito cifras
A dextrâ numerans: fic unam primus habebit
Et binas alter; tres tertius; & reliqui pro
Sede fua accipient, addent numeroque priori;
Qui quamvis habeat cifram, haud numerabitur illa.

1.
2. Numerus indicans Rad. quad.
3. Numerus Cubicam indicans.
4. Numerus Quadratoquad.
  &c.

Ergo Radicum numeros fic omnium habebis,
Tum rectà tùm retrogradé, cifrifque notatos,
Per præcedentem Tabulam dictâ arte creatos
  Radicibus quadratis fervit numerus ille unus
                  20 | In Tabulâ eft 2.
  Duo fequentes ferviunt radici Cubicæ
                  300. | 3 | 3.
                  30
  Tres fequentes Quadratoquadratæ
                  4000 | 4 | 6. additur retrogradé 4.
                  600
                  40
  Quattuor fequentes 1ª. Surdefolidæ.
                  50000 | 5 | 10 | 10. Retr. 5.
                  10000
                  1000
                  50   T

Quinque sequentes quadratocubicæ.

600000	6 | 15 | 20. R. 15. 6.
150000	
20000	
1500	
60	

Sex sequentes 2ª. Surdesolidæ

7000000	7 | 21 | 35 | 35 R. 21. 7.
2100000	
350000	
35000	
2100	
70	

Septem sequentes Quadrato-quadrato-quadratæ

80000000	8 | 28 | 56 | 70 | R. 56. 28. 8.
28000000	
5600000	
700000	
56000	
2800	
80	

Et sic in infinitum si præcedens Tabula protendatur in infinitum.

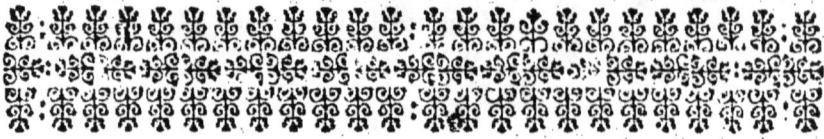

EXPLICATION

Des quatre Livres precedens IV. V. VI. & VII. contenant la THEORIE des Nombres telle qu'elle est dans les 5, 7, 8 & 9 d'Euclide, & dans les deux Livres d'Arithmetique de Boëce & autres Auteurs anciens & nouveaux.

OMME dans la Theorie des Nombres, les Proportions y tiennent le principal rang, quoyque nous en ayons fait ailleurs un Traité particulier & que Boëce en parle considerablement, neanmoins nous avons jugé à propos d'en donner icy un abregé & de faire preceder le cinquiéme Livre des Proportions d'Euclide mis dans un autre ordre.

Des Proportions simples ou Raisons, & des Proportions proprement dites ou doubles Comparaisons.

LA simple Proportion ou Raison est le rapport de deux grandeurs de mesme genre selon la quantité; comme 1 à 2, 3 à 4, 6 à 8 &c. Le premier terme s'appelle Antecedent, & le second s'appelle Consequent.

Les grandeurs qu'on compare & que nous exprimons par des nombres, ou sont égales, comme 1 à 1, 4 à 4, &c. ou inégales, comme 2 à 4, 5 à 6, &c.

Les inégales sont de cinq sortes. L'une contient l'autre;

Ou une fois & une de ses parties : comme 3 à 2 ; 3 contient 2 une fois & sa moitié :

Ou une fois & plusieurs de ses parties : comme 5 à 3 ; 5 contient 3 une fois & deux de ses parties :

Ou plusieurs fois precisément : comme 4 à 2 ; 4 contient 2, deux fois :

Ou plusieurs fois & une de ses parties comme 7 à 3 ; 7 contient 3 deux fois & une de ses parties :

Ou plusieurs fois & plusieurs de ses parties : comme 11 à 3 ; 11 contient 3, trois fois & deux de ses parties.

La double comparaison ou la Proportion proprement dite est la comparaison de deux raisons ou même de plusieurs, comme quand on dit, que
2 est à 3, comme 4 est à 6, ou 6 à 9.

Souvent on prend le mot de Proportion pour celuy de Raison.

La Proportion a d'ordinaire quatre termes, comme 6 à 3, 4 à 2, &
n'en peut avoir moins de trois differens & qui en valent quatre en em-
ployant le second terme deux fois, comme 2 à 4, 4 est à 8. à moins que ce
ne fut dans les proportions d'égalité, comme 2 à 2, ainsi 4 à 4; dans lesquelles il n'y a que deux termes, mais employez comme s'il y en avoit
quatre differens.

Les deux termes de la premiere Raison s'appellent le premier Antecedent & le premier Consequent; les deux de la seconde s'appellent le second Antecedent & le second Consequent. Euclide ne leur donne ordinairement que le nom de leur rang, premier, second, troisiéme, quatriéme, &c.

Il y a trois sortes de Proportions, Arithmetique, dont les differences
sont égales comme 2, 4, 6, &c. Harmonique dans laquelle trois nombres sont disposez en sorte que la raison des extrémes est égale à la difference du milieu avec les deux extrémes, comme 3, 4, 6. La Geometrique dont les raisons sont toûjours les mémes, comme 1 à 2, 4 à 8. Il n'est
parlé dans le 5 d'Euclide que de la Geometrique, dont il y en a de deux
sortes, les unes sont continuës, dans lesquelles tous les termes de suite,
le premier avec le second, le second avec le troisiéme, le troisiéme avec le
quatriéme sont en méme raison, comme 2, 4, 8, 16, qui sont de suite
doubles l'un de l'autre, 4 de 2, 8 de 4, & 16 de 8.

Les autres sont interrompuës, qui bien qu'elles soient dans la méme
Proportion, toutesfois la raison n'est pareille que du premier au second,
& du troisiéme au quatriéme, mais non pas du second au troisiéme, comme 2 à 3, 4 à 6.

On appelle les premieres continuellement Proportionelles; & les autres,
mémes ou pareilles Proportions.

Proprietez des Proportions Geometriques.

ENtre quatre termes Proportionnaux en quelque genre de Proportion
que ce soit, les deux extrémes se multiplians font la méme somme ou
grandeur, que les deux du milieu se multiplians.

2, 4, 8, 16;	2 fois 16 font 32, comme 4 fois 8.
6, 3, 4, 2	6 fois 2 font 12, comme 3 fois 4.
9, 3, 6, 2	9 fois 2 font 18, comme 3 fois 6.
2, 3, 4, 6	2 fois 6 font 12, comme 3 fois 4.
4, 5, 8, 10	4 fois 10 font 40, comme 5 fois 8.
5, 7, 10, 14	5 fois 14 font 70, comme 7 fois 10.
8, 5, 16, 10	8 fois 10 font 80, comme 5 fois 16.

Entre tant de termes proportionnaux qu'on voudra, tous les Antecedens assemblez sont en mesme raison avec tous les Consequens assemblez, qu'estoit chaque Antecedent avec son Consequent,

> A B C D   A B C D   AC   1D
> comme 6, 3, 4, 2; comme 6 à 3 & 4 à 2; ainsi 10 à 5.
> A B C D E F   ACE BDF
> comme 3, 4, 6, 8, 9, 12. ainsi 18 à 24.

Entre tant de termes proportionnaux qu'on voudra, les antecedens assemblez avec les consequens, sont en mesme raison de deux en deux, que les antecedens l'un à l'autre & les consequens l'un à l'autre,

> A B C D AB CD   A C B D
> Comme 6, 3, 4, 2, 9 & 6, sont comme 6 à 4 & 3 à 2.

Toutes les Propositions du V. des Elemens d'Euclide, reduites en un autre ordre suivant le nombre des grandeurs qui y sont comparées ou de deux en deux, ou au nombre de trois, ou de quatre, ou de six, ou de huit separées de quatre en quatre, ou de deux en deux; ou enfin en nombre indeterminé.

SI de deux grandeurs en mesme raison on en soustrait deux moindres qui soient en mesme raison ou proportion, ce qui reste sera encore dans la mesme proportion. Comme si de 12 & 6, on ôte 8 & 4, il restera 4 & 2, qui sont tous en la mesme proportion double. Et c'est la 5e. proposition.

Si de deux grandeurs egalement multiples de deux autres, on ôte deux egalement multiples des deux plus petites, ce qui restera sera ou egalement multiple des deux plus petites, ou leur sera egal. Comme si de 12 & 18 qui sont egalement multiples de 2 & de 3, on ôte 4 & 6 qui sont egalement multiples de 2 & de 3, il restera 8 & 12, qui seront encore egalement multiples de 2 & de 3. Ou si l'on avoit ôté 10 & 15 de 12 & 18, il ne seroit resté que 2 & 3 qui seroient egaux aux deux plus petites 2 & 3; comme 10 & 15 en estoient egalement multiples. Et c'est la 6 & 19e. propositions.

S'il y a trois grandeurs dont les deux premieres soient egales, & la troisiéme differente, cette troisiéme aura mesme raison avec l'une & l'autre des deux premieres, comme 4 & 4 à 2. C'est la 7 & 9e. prop.

Entre trois grandeurs dont la premiere est plus grande que la seconde, & la seconde que la troisiéme; la raison de la plus grande à la plus petite sera plus grande que de la moyenne à la plus petite, & que de la plus grande à la moyenne. Et celle de la moyenne à la plus petite sera plus grande que celle de la plus grande à la moyenne. Comme 6, 4, 2, la raison de 6 à 2 est plus grande que celle de 4 à 2, & que celle de 6 à 4: & celle de 4 à 2 plus grande que celle de 6 à 4. C'est la 8. & 10e. prop.

Si l'on compare trois grandeurs à trois autres en mesme raison de deux

en deux, mais dans un ordre renversé ; telle que sera la premiere à l'égard
de la troisiéme , telle sera la quatriéme à l'égard de la sixiéme , & telle que
sera la premiere à la seconde, telle sera la cinquiéme à la sixiéme. Et telle
que sera la seconde à la troisiéme, telle sera la quatriéme à la cinquiéme.

Exemple.   18, 12, 4

Comme 18 à 4, ainsi 27 à 6 : | 27, 9, 6.
& comme 18 à 12, ainsi 9 à 6 : & comme 12 à 4 , ainsi 27 à 9. C'est la 21.
& 23ᵉ. propos.

De quatre grandeurs (ou tant que l'on voudra en nombre pair,) en
mesme proportion, les Antecedens assemblez ont mesme raison avec les
Consequens assemblez, que chaque Antecedent avoit avec son Consequent,

A B C D AC BD   A B C D
comme 12, 8 ; 9 , 6 : 21 à 14, comme 12 à 8 & 9 à 6.

Et les antecedens assemblez avec les consequens, ont la mesme raison
qu'avoient auparavant les antecedens avec les antecedens , ou les conse-

A B C D AB CD   A C
quens avec les consequens. Comme 12 , 8 , 9 , 6 : 20 à 15 comme 12 à 9
B D
& 8 à 6. C'est la premiere , 12. 17. & 18ᵉ. prop.

De quatre grandeurs en mesme proportion , la plus grande jointe à la
plus petite , sera plus grande que les deux autres jointes ensemble. Com-

A B C D AD   BC
me 12 , 6 , 8 , 4. 16 est plus grand que 14. C'est la 25ᵉ. prop.

Six grandeurs de deux en deux egales, ont toutes les raisons egales ,
comme 4 , 2 ; 4 , 2 ; 4 , 2. C'est l'11ᵉ. prop.

De six grandeurs, dont les quatre premieres sont proportionnelles, si
la cinquiéme est en mesme raison avec la seconde , que la sixiéme avec la
quatriéme, la premiere & la cinquiéme assemblées seront en mesme raison avec la seconde, que la troisiéme & la sixiéme assemblées seront à la

A B C D E F E   B   F D AE
quatriéme. Comme 6 , 3 ; 4 , 2 ; 9 , 6. | 9 est à 3, comme 6 à 2 ; & 15.
CF D
à 3 comme 10 à 2. C'est la 2. proposition , & la 24ᵉ.

De six grandeurs dont les quatre premieres sont proportionelles, si la
cinquiéme a mesme proportion avec un des termes de la premiere raison (c'est à dire avec le premier ou le second des quatre premiers) que la
sixiéme aura avec un des termes de la seconde raison , (c'est à dire avec le
troisiéme ou quatriéme des quatre premiers,) le cinquiéme & sixiéme auront encore la mesme raison avec l'autre terme de la premiere ou seconde

A B C D E F E   A   F   C
raison, comme 4 , 2 ; 6 , 3 ; 8 , 12. Puisque 8 est tel à 4 , que 12 est à 6 ;
E   B   F D
8 encore sera tel à 2, que 12 à 3.

Et telle que sera la premiere raison à l'égard de la troisiéme , ou plus

grande ou moindre, telle sera la seconde raison à l'égard de cette troisié-
$$\text{A B} \qquad\qquad \text{E F} \qquad \text{C D}$$
me. Comme puisque 4, 2, est plus grande que 8, 12; aussi 6, 3, sera
$$\text{E F}$$
plus grande que 8, 11. C'est la 3e. & 13e. propos.

S'il y a quatre grandeurs proportionnelles, & qu'on en prenne quatre
autres dont les antecedens & les consequens soient egalement propor-
$$\text{A B C D}$$
tionels aux quatre premieres, comme 4, 2, 6, 3
$$\text{E F G H}$$
$$8 \;\; 6 \;\; 12 \;\; 9$$

$$\text{E} \qquad\text{G} \qquad\qquad \text{A} \qquad \text{C} \quad \text{F} \quad \text{H} \qquad\qquad \text{B} \quad \text{D}$$
8 & 12 font doubles à 4 & à 6, & 6 & 9 sont triples à 2 & à 3, de quelle
maniere qu'on les compare comme ils se répondent, on trouvera la pro-
$$\text{A} \quad\text{E} \qquad \text{C} \qquad \text{G} \qquad\qquad \text{B} \quad\text{F}$$
portion egale par tout : Comme 4 est à 8, 6 est à 12; comme 2 est à 6,
$$\text{D} \qquad \text{H} \qquad\qquad \text{A} \qquad \text{C} \qquad \text{B} \;\; \text{D} \qquad \text{E} \qquad \text{G} \quad \text{E} \;\; \text{H}$$
3 est à 9; comme 4 est à 6, & 2 à 3; ainsi 8 est à 12, & 6 à 9. C'est
la 4e. prop.

S'il y a tant de grandeurs qu'on voudra, & qu'on en prenne tant d'autres en mesme raison de deux en deux, telle que sera la premiere à la troi-
$$\text{A B C D E F}$$
siéme, telle sera la quatriéme à la sixiéme; comme 12, 9, 6; 8, 6, 4 &c.
$$\text{A} \qquad \text{B} \qquad \text{D E} \qquad \text{B} \qquad \text{C} \qquad \text{E F A} \qquad \text{C}$$
12 estant à 9, comme 8 à 6; & 9 estant à 6, comme 6 à 4; 12 est à 6, com-
$$\text{D F} \qquad\qquad \text{A} \qquad\qquad \text{C D} \qquad\qquad \text{F}$$
me 8 à 4 : Et puisque 12 est plus grand que 6, 8 sera plus grand que 4:
S'il estoit moindre ou egal, l'autre le seroit de mesme. C'est la proposition 20. & 22e.

Enfin si l'on met tant de grandeurs qu'on voudra continuellement proportionnelles, telle que sera la premiere raison à la seconde, telle sera la
seconde à la troisiéme, & la troisiéme à la quatriéme, &c. & tel que sera
le premier antecedent au second, ou le premier consequent au second, tels
seront les seconds antecedens & les seconds consequens aux troisiémes antecedens & consequens, & ainsi tant qu'il y en aura, comme 32 à 16, ainsi
16 à 8; 8 à 4; 4 à 2, &c.

Mais si les grandeurs ne sont que proportionnelles, en sorte que la premiere grandeur soit à la seconde, comme la troisiéme à la quatriéme; si la
premiere est plus grande, egale, ou moindre que la troisiéme, telle sera la
seconde à l'egard de la quatriéme. Comme 6, 3, 4, 2: 6, 3, 6, 3; 2, 4, 3, 6.

Et chaque antecedent a mesme raison avec son consequent dans les raisons egalement multiples; comme 12, 4; 6, 2: 12 est à 4, comme 6 à 2.

Et les antecedens avec chaque antecedent, comme aussi les consequens
avec les consequens : comme 12, 4, 6, 2: 12 est à 6; comme 4 est à 2; 12 est

à 4, comme 6 à 2. Ce font les 14, 15, & 16e. propofitions du V. des Elemens d'Euclide.

De quelques Nombres des Pythagoriciens & Platoniciens.

LEs Pythagoriciens vouloient trouver par tout des Nombres & de l'Harmonie. Ils mettoient des Proportions & de l'Harmonie dans la diftance des Planetes & dans les mouvemens des Cieux. Ils en trouvoient dans
la formation de l'homme, & pretendoient par les Nombres & les proportions de la Mufique, rendre raifon pourquoy les enfans qui venoient au
feptiéme ou neuviéme mois, pouvoient plutoft vivre que ceux qui venoient
au huitiéme. Ils pretendoient mefme que toutes les démarches de la nature
pour la formation du lait, du fang, & de la chair, eftoient fondées fur les
principes des nombres harmoniques, qu'ils expliquoient & appliquoient
ainfi à cette matiere. Les accords de la Mufique confiftent en ces quatre
Nombres, 6, 8, 9, 12. de 6 à 12 c'eft l'octave en proportion double : de 6
à 9 & de 8 à 12, c'eft la quinte en proportion d'un & demy : de 6 à 8, & de
9 à 12, c'eft la quarte en proportion d'un & tiers ou furtierce. Or dans ces
mefmes nombres, 6, 8, 9 & 12, ils trouvoient & les fept mois, & le temps
que la nature employoit à la formation de l'homme ; les fix premiers jours
la femence fe changeoit en lait ; les huit fuivans, le lait fe changeoit en
fang ; les neuf fuivans, le fang fe changeoit en chair, & les douze fuivans
l'homme eftoit formé. Que fi vous ajoûtez de fuite ces quatre nombres, 6,
8, 9, 12, cela fait 35 qui compofent les 35 jours de la formation de l'homme ;
& ces 35 eftant multipliez par le nombre de perfection & harmonique qui
eft 6, cela fait le nombre de 210 jours qui compofent juftement fept mois
de chacun 30 jours.

Pour les neuf mois ils prenoient un autre tour, pour prouver qu'ils
eftoient plus pleins de vie pour l'enfant, parce qu'ils contenoient plus
d'harmonies ; fans neanmoins fe départir du fondement déja pofé des 35
jours. Ils avoient recours au nombre dix qui comprend tous les nombres fimples, & qui eft compofé de l'addition des quatre premiers, 1, 2, 3, 4, qui font
10. Et dans ces quatre premiers nombres les Pythagoriciens vouloient tellement que toutes les Confonances de la Mufique fe trouvaffent, qu'ils en
excluoient toutes celles qui ne s'y rencontroient pas. L'octave y eftoit d'1
à 2 & de 2 à 4. La quinte y eftoit de 2 à 3. La quarte de 3 à 4. La douziéme d'1 à 3. Et la quinziéme d'1 à 4. Ils difoient donc que toutes ces
harmonies, qui compofoient le nombre 10 qui eftant adjoûté au premier
nombre 35 faifoit 45, lequel eftant multiplié auffi par le nombre 6 faifoit 270
jours, c'eft à dire neuf mois de chacun trente jours, tout cela difoient ils
eftoit capable d'affurer la vie de l'enfant qui naiffoit à neuf mois bien accomplis. Que le huitiéme mois n'ayant point ces nombres & ces harmonies, ne pouvoit donner à l'enfant une vie folide.

Platon qui fuivoit toutes les imaginations des Pythagoriciens, pour la
formation

formation du corps de l'homme, & pour la composition de l'ame par des nombres harmoniques, a voulu aussi employer les nombres non seulement pour le partage des Offices & Charges de sa Republique, mais encore pour en déterminer la durée. Nous avons rapporté à la fin du IV. Livre Chapitre VIII. toutes les divisions du nombre de Platon 5040, qui vont jusqu'à 60, & pour cela il estimoit que ce nombre de 5040 estoit fort propre pour regler celuy des habitans de sa Republique.

Mais voicy l'explication d'un autre nombre de Platon, si obscur qu'il a donné lieu à Ciceron d'en faire un proverbe, & dire quand quelque chose estoit obscure, qu'elle l'estoit autant que le nombre de Platon. Ce Philosophe faisant dire à Socrate que quelque parfaite que fût sa Republique elle finiroit neanmoins quelque jour: Et pour déterminer ce jour qui arriveroit apres une certaine revolution d'années, il l'envelopa sous le mystere des nombres; en supposant que le nombre 12 estoit un nombre d'excellence, parce qu'il contenoit en luy les deux plus parfaites harmonies, sçavoir la quarte & la quinte qui composoient l'octave ou diapason: supposant encore que dans les figures Geometriques qu'ils appliquoient aux nombres, le Solide ou Cube estoit la plus parfaite, & que quand on estoit arrivé à cette perfection qui estoit extrême, on ne pouvoit plus avancer ny aussi demeurer en mesme état, & qu'ainsi il falloit perir. Voicy comme il fait parler Socrate au VIII. Livre de sa Republique, suivant l'abregé qu'en a fait Aristote au V. Livre de ses Politiques. Le changement de Republique arrivera lors qu'aux termes radicaux de la surtierce ou quarte, on joindra 5; & qu'il en viendra un nombre qui contiendra deux harmonies ou consonances, & que ce nombre deviendra un Solide. Les deux termes radicaux de la quarte sont 3 & 4 qui font 7, ceux de la quinte sont 2 & 3 qui font 5, & 7 & 5 font 12, qui contient ces deux consonances; & 12 estant fait solide, c'est à dire 12 fois 12 fois 12; il viendra le nombre de 1728, où arrivera le changement.

Je ne dois pas oublier que Platon dit que la premiere marque de cette décadence ou ruine de Republique, sera le mépris & l'ignorance de la Musique.

EXTRAIT
DES DEUX
LIVRES D'ARITHMETIQUE
DE BOËCE,
CONTENANT
LA THEORIE DES NOMBRES.

CHAPITRE PREMIER.

Divisions Definitions & Proprietez des Nombres en general.

I. TOUT Nombre est pair ou impair.

II. Le Nombre pair est celuy qui peut estre divisé en deux parties ou moitiez egales, comme 8 en 4 & en 4.

III. Le Nombre impair ne peut estre divisé en deux parties qu'il n'y en ait une plus grande ou moindre que l'autre d'une unité, comme 9 en 5 & en 4.

IV. Tout Nombre est justement la moitié des deux nombres joints ensemble qui sont autour de luy, ou plus haut ou plus bas, soit au premier ou second degré, &c. comme 5 ayant autour de luy 4 & 6 qui font 10, & 3 & 7 qui font 10; & 2 & 8, & enfin 1 & 9 qui font 10, en est la moitié. De mesme 6, est la moitié de 12, que font aussi ceux qui sont autour de 6, dans le premier degré, 5 & 7; dans le second 4 & 8, dans le troisiéme 3 & 9, &c. Et de mesme en toute autre progression Arithmetique, 5, 10, 15 | 4, 8, 12 | 6, 8, 10 | 3, 6, 9 | &c. | 10 est la moitié de 20 que font 5 & 15, 8 est la moitié de 16 que font 4 & 12 | &c.

CHAPITRE II.

Du Nombre Pair.

IL y a trois fortes de Nombres Pairs.

I. L'un eft pairement pair, dont toutes les divifions ou partages en deux parties egales & paires defcendent jufqu'à l'unité, comme 32 en 16, en 8, en 4, en 2, en 1, & 1.

II. L'autre eft pairement impair qui n'a qu'une divifion en parties egales en nombres impairs, comme 18 en 9 & 9.

III. Le troifiéme eft impairement pair qui a plus d'une divifion en deux parties egales, mais qui avant que de defcendre jufqu'à l'unité à deux parties en nombres impairs, comme 12, qui fe divife en deux fois 6, & 6 en deux fois 3.

CHAPITRE III.

Des proprietez du Nombre pairement pair, c'eft à dire de celuy qui eft produit par la multiplication double, 1, 2, 4, 8, 16, 32, 64, 128, 256, 512, &c.

I. SI les rangs de la progreffion font en nombre pair, c'eft à dire qu'il y en ait ou 4 ou 6 ou 8 rangs, &c. les deux nombres du milieu, & puis ceux qui feront autour d'eux au premier ou fecond ou troifiéme degré, &c. fe donnent mutuellement la denomination de la partie ou portion qu'ils font en la fomme finale. Comme en cette progreffion il y a huit rangs, 1, 2, 4, 8, 16, 32, 64, 128, les deux du milieu 8 & 16, fe donnent mutuellement la dénomination de la portion qu'ils font en la fomme 128, c'eft à dire que 8 en eft la feiziéme partie, & 16 la huitiéme, en forte que fe multipliant l'un l'autre, ils font la fomme 128; 8 fois 16 ou 16 fois 8, 128. De mefme les deux qui font autour, fçavoir 4 & 32 : 4 en eft la trente-deuxiéme partie, & 32 en eft la quatriéme, c'eft à dire que 4 fois 32 ou 32 fois 4 font 128. Ainfi des autres, 2 & 64.

II. Si les rangs font en nombre impair ou 5 ou 7 &c. comme 1, 2, 4, 8, 16, 32, 64, celuy du milieu, fçavoir 8, fe donnera à luy-mefme la dénomination de la portion qu'il fait en la fomme 64, dont il eft la huitiéme partie. Puis à fes côtez 4 & 16, 4 en eft la feiziéme, & 16 la quatriéme, & puis 2 & 32, 2 en eft la trente-deuxiéme, & 32 la deuxiéme, & enfin 1 en eft la foixante-quatriéme.

III. Et comme en ajoûtant de fuite les nombres l'un à l'autre, ils font une fomme moindre d'une unité que celuy qui fuit ceux qui ont efté ajoûtez, & qui est toûjours le double du precedent, comme 1 & 2 font 3, qui est moindre d'une unité que 4 ; & de mesme en ajoûtant 4 aux deux precedens, il viendra 7, qui est moindre d'une unité que 8, qui suit & qui est double de 4 ; & en ajoûtant 8 il viendra 15 qui est moindre que 16 d'une unité, &c.

Quand on voudra sçavoir la somme de tous les nombres de la progression, il faudra doubler le dernier de la somme proposée, & puis en ôter l'unité. Comme 1, 2, 4, 8, 16, 32, 64, 128, en doublant 128 l'on auroit 256, de qui ôtant 1, l'on aura pour la somme de tous les nombres precedens ajoûtez ensemble, 255.

IV. Entre quatre nombres pairement pairs, les deux extrêmes se multiplians, font la mesme somme que les deux du milieu multipliez l'un par l'autre. Ainsi en 2, 4, 8, 16, 2 fois 16 font 32, comme 4 fois 8.

V. Et entre trois nombres, le milieu se multipliant soy-mesme, fait autant que les deux extrêmes multipliez l'un par l'autre. Ainsi en 2, 4, 8 | 4 fois 4 fait 16, comme 2 fois 8 font 16.

CHAPITRE IV.

Des proprietez du nombre pairement impair; comme 2, 6, 10, 14, 18, 22, &c.

I. Comme il naît des impairs multipliez par 2, comme 1, 3, 5, 7, 9, 11, &c qui estant multipliez par 2, font 2, 6, 10, 14, 18, 22. Ils sont distans l'un de l'autre de 4, & n'ont qu'une division qui les fait entrer d'abord dans les impairs.

II. Cela fait que quand la dénomination de la partie est pair, la quantité est impair, comme la deuxième partie de 18 est 9, ou la sixième partie de 18 est 3 : Et quand la dénomination est impair, la quantité est pair comme la neufvième partie de 18 est 2, ou la troisième partie de 18 est 6.

III. Entre quatre nombres pairement impairs, comme en 2, 6, 10, 14, les deux du milieu 6 & 10 joints ensemble font la mesme somme que les deux extremes 2 & 14 ; c'est à sçavoir 16 de part & d'autre.

IV. Entre trois nombres pairement impairs, celuy du milieu est la moitié de la somme des deux extrêmes assemblez, comme en 2, 6, 10, le milieu 6, est la moitié de 12, qui est la somme des deux extrêmes 2 & 10, assemblez.

CHAPITRE V.

Des proprietez du Nombre impairement pair.

CE Nombre vient de la multiplication des pairemens pairs par les impairs, en sorte que chaque impair separement puisse multiplier chaque pairement pair à l'infiny, en commençant par 4 : par exemple, 3 multipliant les pairement pairs, 4, 8, 16, &c. produira les impairement pairs, 12, 24, 48, &c. 5 les multipliant produira 20, 40, 80, &c. 7 les multipliant produira 28, 56, 112, &c.

Ainsi des autres impairs qui multipliant les pairement pairs produiront toujours des impairement pairs en raison double l'un de l'autre, qui participeront de la nature des pairemens pairs, en ce qu'ils auront plus d'une division en nombres pairs ; & des pairement impairs, parce qu'ils ne descendront pas d'abord jusqu'à l'unité.

Ils auront aussi les proprietez de l'un & de l'autre, en disposant les produits de chaque pairement pair par chaque impair l'un sous l'autre en long & en large, ainsi

$$
\begin{array}{l}
\textit{long} \\
\textit{par 3.} \quad \begin{array}{|c|c|c|c|} \hline 12 & 24 & 48 & 96 \\ \hline \end{array} \\
\textit{par 5.} \quad \begin{array}{|c|c|c|c|} \hline 20 & 40 & 80 & 160 \\ \hline \end{array} \\
\textit{par 7.} \quad \begin{array}{|c|c|c|c|} \hline 28 & 56 & 112 & 224 \\ \hline \end{array} \\
\textit{par 9.} \quad \begin{array}{|c|c|c|c|} \hline 36 & 72 & 144 & 288 \\ \hline \end{array}
\end{array}
$$

I. Ceux qui sont en large, c'est à dire de haut en bas, ont les deux du milieu égaux aux deux extrêmes ; Et un seul milieu est la moitié des deux extrêmes, comme dans les pairement impairs.

Par ex. Si vous joignez 36 & 20, qui sont en large ils feront 56, dont 28 le milieu sera la moitié. Et de même si vous joignez 28 & 12, ils feront 40, dont 20 est la moitié. De même dans les autres rangs qui vont de bas en haut. Mais si entre quatre nombres vous joignez les deux extrêmes, comme 36 & 12, ils feront 48, comme aussi les deux du milieu 28 & 20 estant joins ensemble font 48.

II. Ceux qui sont en long, un seul milieu (quand il n'y en a que trois) ou les deux milieux (quand il y en a quatre) se multipliant font la même somme que les deux extrêmes multipliez l'un par l'autre, comme dans les pairement pairs.

Par ex. Si vous multipliez en long deux termes qui n'ont qu'un milieu, comme 12 & 48, qui ont 24 pour milieu, ce qui viendra de la multiplication des deux extrêmes, viendra aussi de la multiplication du milieu par luy-même ; comme 12 fois 48 font 576, & 24 fois 24 font aussi 576.

De même si vous multipliez 96 par 24, il viendra 2304 comme aussi en multipliant 48 par luy-même il viendra 2304.

Et si vous prenez deux milieux entre deux extrêmes il viendra autant de la multiplication des deux milieux l'un par l'autre que de la multiplication des deux extrêmes l'un par l'autre, comme 12 fois 96 font 1152. ainsi 24 fois 48, font 1152. &c.

V iij

CHAPITRE VI.

Du Nombre impair.

IL y en a de trois fortes, l'un eſt premier & non compoſé & n'a point d'autres meſure que l'unité, comme 3, 5, 7, 11, 13, 17, 19, 23, 29, 31, &c.

L'autre eſt ſecond & compoſé qui peut eſtre diviſé par d'autres impairs que l'unité, comme 9, 15, 21, 25, 27, 33, &c. qui outre l'unité ont d'autres impairs dont ils ſont compoſez comme 9 qui a 3; 15 qui a 3 & 5; 21 qui a 3 & 7.

Le troiſiéme eſt ſecond & compoſé en luy-même, mais premier & non compoſé à l'égard d'autres nombres, comme 9 & 25 qui n'ont point enſemble de commune meſure autre que l'unité.

Ainſi ceux qui ne ſont produits que par l'unité ſont premiers & non compoſez.

Ceux qui ſont produits par un autre que l'unité ſont ſeconds & compoſez.

Et ceux qui ſont produits par d'autres & qui eſtant multipliez chacun par leur quantité ou leur propre denominateur n'ont point de commune meſure, ceux-là ſont premiers entre eux comme 9 & 25 : Car 3 fois 3 ſont 9, & 5 fois 5 font 25, où il n'y a rien de commun. Au lieu que quand on dit 3 fois 3 font 9, & 3 fois 5 font 15, on voit que 15 eſtant produit par 3 & par 5, a deux communes meſures outre l'unité, 5 & 3, deſquels 3 eſtant commun à 9, ces deux nombres 15 & 9 ne ſont point premiers entr'eux, puiſqu'outre l'unité ils ont 3 pour commune meſure.

Or pour connoiſtre ces trois ſortes d'impairs, aprés avoir mis la progreſſion de tous les impairs à l'infiny en commençant par 3, & puis les continuant, 5, 7, 9, 11, 13, &c. on verra quel nombre en meſure un autre. Et pour le voir il faut ſçavoir que chaque impair meſure tout autre impair qui le ſuit ou le precede par tout autre impair en laiſſant le double du rang qu'il tient entre les impairs, comme par ex. 3 que nous avons mis pour le premier impair, en doublant ce rang, laiſſera deux nombres, ſçavoir 5 & 7, & meſurera 9 par luy-même; puis laiſſant deux autres nombres, ſçavoir 11 & 13, meſurera 15, par 5; puis laiſſant deux autres nombres, 17 & 19, meſurera 21 par 7, & ainſi à l'infiny.

Demême le ſecond impair 5. en doublant ſon rang d'impair, c'eſt à dire laiſſant quatre nombres, ſçavoir, 7, 9, 11, 13, meſurera 15, par le premier impair 3 ; puis en laiſſant quatre nombres 17, 19, 21, 23, meſurera 25 par le ſecond impair qui eſt luy-même ; & en laiſſant quatre autres il meſurera 35, par le troiſiéme impair 7. &c. à l'infiny.

Demême le troiſiéme impair 7, laiſſant ſix nombres meſurera 21 par le

premier impair 3 , puis 35 par le second 5 ; puis 49 par luy-même , puis 63
par le quatrième impair 9 , &c. à l'infiny.

Et les suivans de même , le quatrième impair en laissant huit nombres ,
le cinquième en laissant dix , le sixième 12 , &c. produiront ou mesureront
ceux qu'ils rencontreront dans l'ordre , par le premier 3 ; par le second 5 ,
&c. comme 9 estant au quatrième rang des impairs , & doublant ce rang
pour en laisser huit , mesurera 27 par 3 ; 45 par 5 ; 63 par 7 , &c.

Ce qui s'appelle le Crible d'Eratosthene que nous avons donné dans
l'xi. chap. du iv. Livre.

CHAPITRE VII.

Regles pour la mesure des nombres composez.

I. LE nombre 2 , mesure tout nombre pair.

II. 3 mesure tous nombres dont on ôte 3 tant qu'on le peut & qu'il ne
reste rien , comme 5439. en les adjoûtant l'un à l'autre 5 & 4 font 9 , &c.

III. 9 a la même propriété , comme 4869 en les adjoûtant & rejettant 9.

IV. 4 mesure tout nombre dont il mesure les deux premiers nombres ,
comme 69816. puisqu'il mesure 16 sans reste il mesurera de même toute la
somme.

V. 5 mesure tout nombre dont la premiere figure est ou 5 ou zero.

VI. 6 mesure tout nombre pair que peut mesurer 3 comme 4362.

VII. 7 mesure tout nombre qu'il divise sans reste.

VIII. Pour sçavoir si un nombre a sa huitième partie il faut prendre la
moitié des trois premiers nombres & s'il se divise par 4 il se mesurera par
8 comme 4368 , la moitié de 368 est 184 qui peut estre divisé par 4.

Ou bien il faut doubler la seconde figure du nombre proposé & qua-
drupler la troisiéme & ajoûter à ces deux produits la premiere. Si 8. mesure ce produit il mesurera toute la somme , comme en 4368 en doublant 6
il vient 12 , en quadruplant 3 il vient encore 12 qui fait 24 , à quoy ajoûtant 8 le premier vient 32 qui mesure 8.

CHAPITRE VIII.

Des Nombres pairs, parfait, diminué & superflu.

LEs Nombres pairs sont tous mesurez par 2 ; & outre cela par tous les
impairs & les pairs alternativement , 6 par 3 , 8 par 4 , 16 par 5 , 12 par
6 , 14 par 7 , 16 par 8 , &c.

Le nombre superflu est celuy dont les parties qui le divisent font une plus grande somme que le tout : comme 12, ou 24. Car la moitié de 12 est 6 , le tiers est 4 , le quart 3 , la sixiéme 2 , la douziéme 1 ; & toutes ces parties, 6 , 4 , 3 , 2 , 1 , font 16. De même 24 a pour sa moitié 12 , pour son tiers 8 , pour son quart 6 , pour sa sixiéme 4 , pour sa huitiéme 3 , pour sa douziéme 2 , & pour sa vingt-quatriéme 1. Or toutes ces parties 12 , 8 , 6 , 4 , 3 , 2 , 1 , assemblées font 36.

Le nombre diminué est celuy dont les parties n'égalent pas le tout , comme 8 , ou 14. Car 8 a pour sa moitié 4 , pour son quart 2 , & pour sa huitiéme 1 , qui toutes assemblées ne font que 7. de même 14 , a pour sa moitié 7 , pour sa septiéme 2 & pour sa quatorziéme 1 , qui toutes assemblées ne font que 10.

Le nombre parfait est celuy dont les parties assemblées égalent le tout , comme 6 , & 28. Car 6 a pour sa moitié 3 , pour son tiers 2 , & pour sa sixiéme 1 , qui font 6. Et 28 a pour sa moitié 14 , pour son quart 7 , pour sa septiéme 4 , pour sa quatorziéme 2 , & pour sa vingt-huitiéme 1 , qui font toutes 28. Ce nombre parfait est si rare qu'il n'y a que le 6 entre la dixaine , que 28 entre la centaine , que 496 entre mille , & 8128 entre les dix milles.

Et ces nombres parfaits finissent alternativement par 6 & par 8.

Pour trouver le nombre parfait il faut mettre d'ordre tous les nombres pairement pairs 1 , 2 , 4 , 8 , 16 , 32 , 64 , 128. &c. puis prendre 1 & luy ajoûter 2 , & voir si le nombre qui vient de cette addition est un nombre premier & non composé ; & alors on le multiplie par le dernier ajoûté comme icy est 2 qui multipliera 3 & fera 6 , nombre parfait. De même pour faire 28 après avoir ajoûté 1 & 2 qui ont fait 3 , il faut ajoûter le suivant 4 qui fait 7 nombre premier & non composé qui estant multiplié par le dernier ajoûté 4 , fera 28 nombre parfait. Mais si le nombre qui vient n'est pas premier & non composé , on le passe , & on ajoûte les pairement pairs suivans aux sommes des precedens jusqu'à ce qu'on ait trouvé un nombre premier & non composé , qu'on multiplie par le dernier ajoûté , comme après avoir ajoûté à 7 le pairement pair 8 il vient 15 qui est un nombre second , on passe outre & l'on ajoûte le suivant pairement pair 16 , il vient 31 nombre premier , qui estant multiplié par 16 dernier ajoûté fera 496 nombre parfait , &c.

CHAPITRE IX.

Du Rapport des Nombres.

UN Nombre est plus grand ou moindre qu'un autre en cinq manieres. Ou il le contient plus d'une fois precisément, comme 6 à 2 ; ou une fois & une de ses parties, 3 à 2 ; ou une fois & plusieurs de ses parties, 5 à 3 ; ou plusieurs fois & une de ses parties, 7 à 2 ; ou plusieurs fois & plusieurs de ses parties, 8 à 3.

CHAPITRE X.

Des Multiples qui contiennent plusieurs fois precisément.

I. DA ns la progression naturelle des Nombres, les suivans sont multiples des precedens chacun en son rang, ou doubles, ou triples,
ou quadruples, ou quintuples, &c. en sorte que tous les pairs l'un après
l'autre sont doubles de tous les impairs & pairs qui se suivent : comme
1, 2, 3, 4, 5, 6, 7, 8, 9, 10, 11, 12, 13, 14, 15, 16, 17, 18, 19, 20,
21, 22, &c. le premier pair 2 est double d'1, le second pair 4 est double de
2, le troisième pair 6 est double de 3, le quatrième pair 8 est double de 4,
le cinquième pair 10, est double de 5, & ainsi à l'infiny.

Les triples en passent deux (excepté le premier triple 3 qui n'en passe
qu'un, sçavoir le nombre 2) & sont triples de tous les pairs & impairs
qui se suivent, comme après 1 & 2. 3 est triple d'1, après 4 & 5, 6 est
triple de 2 ; après 7 & 8, 9 est triple de 3 ; après 10 & 11, 12 est triple de
4 ; après 13 & 14, 15 est triple de 5, &c. à l'infiny.

Les quadruples en passent trois, apres 1, 2 & 3, 4 est quadruple d'1,
apres 5, 6 & 7, 8 est quadruple de 2 : apres 9, 10, & 11, 12 est quadruple
de 3, apres 13, 14 & 15, 16 est quadruple de 4, &c. à l'infiny.

Les quintuples en passent quatre, apres 1, 2, 3, & 4, 5 est quintuple
d'1, apres 6, 7, 8 & 9, 10 est quintuple de 2. apres 11, 12, 13 & 14, 15
est quintuple de 3, &c.

Les sextuples en passent cinq, les septuples en passent 6 & ainsi à
l'infiny, chaque Multiple en passe un moins que sa denomination, les
Octuples 7, les Neufcuples 8, &c.

Or les doubles, quadruples & autres pairs sont toûjours leurs nombres
pairs ; & les triples, quintuples & autres impairs sont alternativement
leurs nombres pairs & impairs.

CHAPITRE XI.

Des Surparticuliers qui contiennent une fois & une partie.

DA ns la progression naturelle ceux qui se suivent immediatement
sont surparticuliers ou sousparticuliers de ceux qui les precedent ou
qui les suivent, à commencer par le nombre 3 qui est surparticulier de 2
lequel est double d'1. &c.

2, 3, 4, 5, 6, 7, 8, 9, 10, 11, 12, 13, 14, 15, 16, 17, 18, &c.

Or la premiere espece qu'on appelle Sesqu'altere ou d'un & demy naist
des doubles avec les triples ; la seconde Sesquitierce naist des triples avec
les quadruples, &c. X

Double
Sesquialt.
Sesquitier.
Sesquiquart.

1, 2, 3, 4, 5, 6, 7, 8, 9, 10, 11, 12, 13, 14, 15. &c.
2, 4, 6, 8, 10, 12, 14, 16, 18, 20, 22, 24, 26, 28, 30. &c.
3, 6, 9, 12, 15, 18, 21, 24, 27, 30, 33, 36, 39, 42, 45. &c.
4, 8, 12, 16, 20, 24, 28, 32, 36, 40, 44, 48, 52, 56, 60. &c.
5, 10, 15, 20, 25, 30, 35, 40, 45, 50, 55, 60, 65, 70, 75. &c.

Le premier rang des Nombres avec le second est en proportion double.

Le second avec le troisiéme en proportion sesquialtere, & ce troisiéme est triple du premier, ainsi la proportion triple vient de la double & de la sesquialtere.

Le troisiéme avec le quatriéme en proportion sesquitierce, & ce quatriéme est quadruple du premier.

Le quatriéme avec le cinquiéme est en proportion sesquiquarte, & ce 5e est quintuple du premier.

CHAPITRE XII.

Des Surpartiens qui contiennent une fois & plusieurs parties.

POur en avoir toutes les especes il faut mettre de suite la progression naturelle des nombres à commencer par 3; & leur opposer tous les impairs de suite à commencer par 5. ainsi

3, 4, 5, 6, 7, 8, 9, 10, 11, 12, &c.
5, 7, 9, 11, 13, 15, 17, 19, 21, 23, &c.

Les premiers 3 & 5, s'appellent Surbipartiens; les seconds 4 & 7, Surtripartiens; les troisiémes 5 & 9 Surquadripartiens, &c.

Ainsi ce sont autant d'especes differentes, & si l'on les veut separément continuer il faut doubler chaque nombre de chaque espece, puis le tripler, &c. comme pour la premiere il faut doubler 3 & 5 & l'on aura 6 & 10, puis 9 & 15, c'est à dire ajoûter de suite les deux premiers termes de la proportion. Ainsi pour les seconds 4 & 7. on mettra 8 & 14, 12 & 21, &c.

CHAPITRE XIII.

Des Multiples surparticuliers & surpartiens qui contiennent plusieurs fois, & une ou plusieurs parties.

CEs deux proportions sont composées des simples Surparticulieres & Surpartientes & des Multiples, c'est à dire que les nombres sont contenus plusieurs fois & outre cela une ou plusieurs parties comme 2 en 5, deux fois & la moitié, & elle s'appelle double & demy, 3 en 10, triple & & tiers, & de même 3 en 11, triple & deux tiers. 5 en 13 double & trois cinquiémes.

CHAPITRE XIV.

Comment toutes les Proportions naissent de l'égalité & en quel ordre.

Boëce s'est contenté d'appliquer à trois nombres seulement cette produ-ction qu'il appelle une Science tres-profonde ; & même ses Commenta-teurs y ont trouvé du mystere qu'ils ont fait remonter jusqu'à la Trinité, qui de l'égalité de ses trois personnes a produit l'inégalité de toutes choses : Mais Salinas en son premier Livre de Musique chap. 27. a étendu cette production & ses Regles à tant de nombres qu'on voudra.

1°. L'égalité produit les doubles ; puis des doubles viennent les triples ; des triples les quadruples : Des quadruples les quintuples &c. à l'infiny.

2°. Les Multiples renversez produisent les surparticuliers ;
Des doubles viennent les sesquialteres ;
Des triples les sesquitiers ;
Des quadruples les sesquiquarts, &c. à l'infiny.

3°. Les surparticuliers renversez produisent les surpartiens.
Des sesquialteres viennent les surbipartiens :
Des sesquitiers viennent les surtripartiens :
Des sesquiquarts les surquadripartiens.

4°. Les surparticuliers directement posez produisent les Multiples sur-particuliers chacun selon son espece.

Les surpartiens non renversez produisent les Multiples surpartiens cha-cun selon son espece.

REGLE.

Ayant posé trois Nombres pour en produire trois autres

1°. Il faut égaler le premier au premier : 2°. le second au premier & au second : 3°. le troisiéme au premier & au second doublé ou pris deux fois, & enfin au troisiéme.

Exemples.

I. Des doubles qui naissent des égaux posez trois fois.

$$\begin{array}{c|c|c} 1 & 1 & 1 \\ \hline 1 & 2 & 4 \end{array}$$

Le premier nombre inferieur sera produit en l'égalant au premier supe-rieur, 1 : le second en joignant le premier & le second superieur, 1 & 1, qui font 2 : & le troisiéme en prenant le premier 1, & puis deux fois le second 1 & 1, c'est à dire 2 qui avec le premier fait 3, & enfin le troisiéme 1, qui avec 3 fait 4.

Des triples qui naiſſent des doubles par la même regle.

1	2	4
1	3	9

Des Triples viennent les quadruples

1	3	9
1	4	16

&c.

II. Des ſurparticuliers qui naiſſent des multiples renverſez par la même regle.

Les ſeſquialteres des doubles renverſez			Les ſeſquitiers des triples.			Les ſeſquiquarts des quadruples.			Les ſeſquiquints des quintuples.		
4	2	1	9	3	1	16	4	1	25	5	1
4	6	9	9	12	16	16	20	25	25	30	36

III. Des ſurpartiens qui naiſſent des ſurparticuliers renverſez.

Les ſurbipartiens des ſeſquialteres.			Les ſurtripartiens des ſeſquitiers.			Les ſurquadripartiens des ſeſquiquarts.		
9	6	4	16	12	9	25	20	16
9	15	25	16	28	49	25	45	81

&c.

IV. Des ſurparticuliers directement poſez viennent les Multiples ſurparticuliers par la même regle.

Des ſeſquialteres les doubles ſeſquialteres.			Des ſeſquitiers les doubles ſeſquitiers.		
4	6	9	9	12	16
4	10	25	9	21	49

&c.

V. Des ſurpartiens directement poſez viennent les Multiples ſurpartiens.

Des ſurpartiens les doubles ſurbipartiens.			Des ſurtripartiens les doubles ſurtripartiens.		
7	15	25	15	28	49
9	24	64	16	44	121

CHAPITRE XV.

Retour ou Reduction des proportions inégales, à l'égalité par cét ordre.

I. LEs Multiples ſe reſoudront à l'égalité, en deſcendant des plus grandes aux moindres ; des quadruples aux triples ; des triples aux doubles, & des doubles à l'égalité.

II. Lés multiples furpartiens aux multiples furparticuliers.

III. Les fimples furpartiens aux fimples furparticuliers.

IV. Et les furparticuliers aux multiples, & des multiples à l'égalité, par la mefme voye qu'ils en avoient efté produits.

Regle.

Ayant placé les termes de la proportion qu'on veut reduire

1°. Pofer le premier nombre pour le premier terme de la Reduction.

2°. Ofter le premier du fecond, & mettre ce qui refte pour le fecond terme de la Reduction.

3°. Ofter du troifiéme le premier, & deux fois le refte du fecond, c'eft à dire deux fois le fecond terme déja pofé pour la reduction, & l'on aura le troifiéme terme de la Reduction.

Exemples.

De la Reduction des quadruples aux triples, des triples aux doubles, des doubles à l'égalité.

quadruples	8	32	128	
triples	8	24	72	
doubles	8	16	32	
égaux.	8	8	8	

CHAPITRE XVI.

Trouver en quelque Proportion que ce foit tant de termes continuellement proportionnaux qu'on voudra.

IL faut fuppofer que chaque multiple produit fon femblable furparticulier; les doubles les fefquialteres; les triples les fefquitiers; les quadruples les fefquiquarts; les quintuples les fefquiquints, &c.

Or chaque multiple en produira autant de furparticuliers qu'il fera éloigné de l'unité, ou felon le rang qu'il tiendra dans fon efpece de multiple: par exemple, 2 qui eft le premier double ne produira qu'un fefquialtere; fçavoir 3 : & 4, qui eft le fecond double en produira deux, fçavoir 6 & 9: 8 en produira trois: 16 en produira quatre; & ainfi de tous les autres. Tellement que fuivant la quantité qu'on aura befoin de furparticuliers & fuivant leur efpece, il les faudra chercher fous le rang du multiple de fon efpece.

X iij

Si l'on en a befoin de 5 de 6 ou de 7, on les prendra au 5 ou 6 ou fe ptiéme rang du multiple de l'efpece qu'on voudra produire ; du double pour les fefquialteres, du triple pour les fefquitiers, du quadruple pour les fefquiquarts, &c.

Exemple.

| Des Sefquialteres produits par les doubles. | Des Sefquitiers produits par les triples. |

Double | 1 | 2 | 4 | 8 | 16 | 32 | 64 | 128

Triple | 1 | 3 | 9 | 27 | 81 | 243

Sefquialt. | 3 | 6 | 12 | 24 | 48 | 96 | 192

Sefquit. | 4 | 12 | 36 | 108 | 324

9 | 18 | 36 | 72 | 144 | 288

16 | 48 | 144 | 432

27 | 54 | 108 | 216 | 432

64 | 192 | 576

81 | 162 | 324 | 648

256 | 768

243 | 486 | 972

1024

729 | 1458

2187

(Diagonal.)

Remarquez que chaque rang inferieur, en long, garde la proportion du premier rang perpendiculairement posée ou sesquialtere ou sesquitierce,&c. diagonalement, une proportion plus grande de l'unité que n'est celle du premier rang, triple si le premier rang est double, quadruple s'il est triple, &c.

CHAPITRE XVII.

De la Composition des Proportions.

I. SI l'on joint les deux premieres espéces surparticulieres, c'est à sçavoir la sesquialtere & la sesquitierce, il en viendra la premiere espece multiple, sçavoir la double, comme 2, 3, 4. 3 estant sesquialtere à 2, & 4 sesquitier à 3, composent la double 2 & 4.

Ou en faisant servir le milieu 3 de premier nombre, & luy donnant un double qui sera 6 ; il faudra leur trouver un milieu qui soit sesquialtere à l'une des extremitez & sesquitiers à l'autre, comme 3, 4, 6, & alors il sera toûjours vray que la double est unie par la sesquialtere, & par la sesquitierce ; 6 estant sesquialtere à 4, & 4 sesquitiers à 3.

II. De la premiere espece de multiple, & de la premiere espece de surparticuliere, c'est à sçavoir la double & la sesquialtere, vient la triple, comme 6, 12, 18. Car 12 est double de 6, & sesquialtere à 18 qui est triple à 6. Ou 6, 9, 18. | 18 est double à 9, triple à 6, à qui 9 est sesquialtere.

III. De la seconde espece de multiple & de la seconde espece de surparticuliere, c'est à sçavoir la triple & la sesquitierce vient la quadruple, comme 3, 9, 12 : 9 eſtant triple à 3, & 12 ſeſquitiers à 9 & quadruple à 3.

IV. De la quadruple & de la ſeſquiquarte, vient la quintuple comme 4, 16, 20 ; 16 eſtant quadruple à 4, & ſeſquiquart à 20, qui eſt quintuple à 4.

V. De la quintuple & ſeſquiquinte, vient la ſextuple comme 5, 25, 30.

VI. Et ainſi à l'infini chaques multiples jointes à leurs ſurpaticulieres, produiront la multiple ſuivante, comme la double jointe à la ſeſquialtere produira la triple : avec la ſeſquitierce, prodaira la quadruple : la quadruple jointe avec la ſeſquiquarte produira la quintuple, la quintuple avec la ſeſquiquinte produira la ſextuple : & la ſextuple avec la ſexquiſexte produira la ſeptuple, &c.

CHAPITRE XVIII.

Des Proportions ou Proportionnalitez.

IL y en a de trois ſortes, Arithmetique, Geometrique & Harmonique. L'Arithmetique où les differences ou diſtances ſont egales, comme 1, 2, 3. 2, 4, 6. ou comme 3, 6, 9, 12.

La Geometrique où les proportions ſont egales, comme 1, 2, 4, 8, doubles : 3, 9, 27 triples, ou comme 4 à 8, ainſi 3 à 6 double.

L'Harmonique où les proportions des extrêmes ſont egales aux proportions des differences du milieu avec les extrêmes, comme 6, 4, 3, la proportion des deux extrêmes 6 & 3 eſt double, comme la proportion des differences de 4 à 6 qui eſt 2, eſt double de la difference de 4 à 3 qui eſt 1, ainſi 6, 3, 2, 6 eſt triple de 2, comme 3 la difference de 3 à 6, eſt triple d'1, la difference de 3 à 2.

Or on appelle cette troiſiéme Harmonique, parce qu'elle comprend toutes les Conſonances que les Anciens reconnoiſſoient dans la Muſique, ſoit dans les differences, ſoit dans les rapports des extrêmes enſemble & avec le milieu, & des differences encore avec les extrêmes & le milieu, qui ſont tous ces nombres, 1, 2, 3, 4, 6, dans leſquels ſont toutes les Conſonances, le Diapaſon, ou Octave dont la proportion eſt double, & qui ſe rencontre icy entre 1 & 2, 2 & 4, 3 & 6 : le Diapenté ou Quinte dont la proportion eſt ſeſquialtere, entre 2 & 3, & 4 & 6. Le Diateſſaron ou Quarte, dont la proportion eſt ſeſquitierce entre 3 & 4. Le Diapaſon-Diapenté ou la Douziéme dont la proportion eſt triple, entre 1 & 3, & 2 & 6. Le Diſdiapaſon ou double octave ou Quinziéme dont la proportion eſt quadruple entre 1 & 4 : ſi l'on veut encore comparer 1 à 6 on aura la Dix-neufviéme ou la quinte triplée.

CHAPITRE XIX.

Des Figures des Nombres.

Il y en a de lineaires comme 2, de superficiels ou plans comme 4, de folides comme 8. parmy les plans il y en a de triangulaires comme 3, des Tetragones 4, Pentagones 5; & parmy les folides il y a des Pyramides, des Cubes, Trigones, Tetragones, &c. Il y en a de plus longs que larges d'une unité comme 6, & de plus longs de plus d'une unité comme 15, &c. & ces figures des nombres appartiennent plutoft à la Geometrie qu'à l'Arithmetique.

Ce qu'il y a ici de neceffaire c'eft l'Extraction des Racines Quarrées & Cubiques, que nous allons donner apres avoir enfeigné un nouvel ufage de

La Table de Pythagore.

1	2	3	4	5	6	7	8	9	10
2	4	6	8	10	12	14	16	18	20
3	6	9	12	15	18	21	24	27	30
4	8	12	16	20	24	28	32	36	40
5	10	15	20	25	30	35	40	45	50
6	12	18	24	30	36	42	48	54	60
7	14	21	28	35	42	49	56	63	70
8	16	24	32	40	48	56	64	72	80
9	18	27	36	45	54	63	72	81	90
10	20	30	40	50	60	70	80	90	100

LA Table de Pythagore ayant efté dreffée pour la multiplication des fimples nombres l'un par l'autre jufqu'à dix, fert encore pour tous les nombres compofez. Comme par exemple fi l'on a trouvé que 2 fois 2 font 4, on trouvera auffi que 2 fois 12, en joignant les deux premiers nombres du premier rang de la Table, font 24 en joignant auffi les deux premiers nombres du fecond rang; & que 2 fois 123, en joignant les trois premiers nombres du premier rang, font 246 en joignant les trois premiers du fecond rang; & que 3 fois 123 font 369 en joignant les trois premiers nombre du troifiéme rang. Ainfi de tous les autres nombres multipliez par quelque nombre que ce foit qui feront dans le mefme rang.

Mais comme les nombres qu'on propofe à multiplier, ne font pas toûjours de fuite, & que la multiplication produit fouvent un nombre compofé de deux figures; voicy ce qu'il faut obferver en l'un & l'autre cas. Suppofé par exemple, qu'on propofe 3578 à multiplier par 3, il faut prendre d'abord dans le rang de 3 qui eft le multiplicateur, les nombres qui repondent

dent à chaque figure du nombre à multiplier 3578, qui font 9, 15, 21, 24 : Et commençant par la premiere figure à droite qui eſt 4, on la mettera toute ſeule pour la premiere figure du multiplicateur au deſſous de 8 premiere du ſujet ; puis on joindra les figures ſeparées de deux en deux ſelon leur ſimple valeur comme on fait à l'addition, en allant vers la gauche ; en ſorte que quand elles ne ſeront pas ſeparées on ne les ajoûtera pas enſemble : Ainſi l'on joindra 2 avec 1 qui font 3 qu'on mettra pour la ſeconde figure de la multiplication ; puis 2 & 5 qui font 7 qu'on mettra pour la troiſiéme figure de la multiplication, & enfin 1 & 9 qui font 10 qu'on mettra pour les deux dernieres figures de la multiplication qui ſont les premieres à gauche ; & ainſi l'on aura pour la multiplication de 3578 par 3 ; 10734, qu'on mettra ſous le ſujet.

Or il faut remarquer qu'on ne joint jamais les deux figures qui ſont join-tes d'elles-meſmes, comme auſſi on n'en joint point deux qui ſont ſeules & ſeparées l'une de l'autre ; mais ſeulement on en joint une de deux qui ſont ſeparées avec une autre accouplée. Exemple ; ſi on propoſe 2723 à multi-plier par 3, apres avoir tiré les nombres qui ſont dans le rang de 3, ſous ceux du nombre à multiplier, qui font 6, 21, 6, 9, en commençant à droi-te on mettra ſeparement les deux nombres 9 & puis 6, ſans les joindre ; puis on ſeparera les deux ſuivans 21, parce qu'ils ſont joints d'eux-meſmes, & l'on mettra 1, puis on joindra 2 avec 6 qui ſuit & l'on aura 8. Tellement que la multiplication entiere de 2723, par 3, ſera 8169. S'il y avoit pluſieurs figures au multiplicateur, on tirera ſeparement de la Table celles qui leur répondent, & après l'operation on ajoûtera les deux ou trois ſommes de la multiplication pour n'en faire qu'une.

Cette maniere de multiplier ne ſe peut faire ſans avoir devant les yeux la Table de Pythagore. La multiplication des nombres ſimples l'un par l'au-tre juſqu'à 10, ſe peut ſuppléer par cette adreſſe. Il faut ſouſtraire le petit nombre de ſa dixaine, autant de fois que le plus grand eſt éloigné de 10. Par exemple, ſi l'on veut ſçavoir combien font 7 fois 9, il faut ſouſtraire 7 de ſa dixaine 70, une fois, parce que 9 n'eſt éloigné de 10 que d'un ; & il y aura 63 que font 7 fois 9. Ainſi 8 fois 9 font 72. | 8 fois 8, 64. | 7 fois 8, 56, &c.

Comme l'addition eſt plus facile que la multiplication, nous allons dón-ner le moyen de pratiquer celle-cy par celle-là, lorſque le multiplicateur n'a que deux figures, dont la premiere eſt l'unité comme 10, 11, 12, &c. ce qui eſt commode pour ſçavoir reduire par cette voye les piſtoles en livres, ſoit qu'elles en valent 10 ou 11 ; & les ſol. en deniers.

Si l'on multiplie par 10, il ne faut qu'ajoûter un zero au devant du nom-bre à multiplier, comme ſi l'on demande combien valent en livres 35 piſtoles à 10 livres, on mettra un zero à 35 ; & l'on aura 350 livres que valent 35 piſ-toles.

Si l'on multiplie par 11, on mettra le nombre à multiplier l'un ſur l'autre deux fois en reculant à gauche une des deux d'un rang, comme ſi l'on de-

Y

mande combien valent 35 loüis d'or a 11 livres la piece, on mettra ainsi 35 8:
35
puis on fera l'addition qui donnera 385 livres. On auroit eu la mesme chose
en plaçant entre les deux figures du nombre à multiplier la somme des deux
jointes ensemble; & si leur somme a deux figures, on mettra la premiere
au milieu, & on joindra la seconde à la premiere figure du nombre à multiplier. Comme si on demande combien valent 35 loüis d'or, on mettra entre 3 & 5 la somme de 3 & 5 qui est 8, ainsi 385: mais si on demandoit combien en valent 79; comme la somme de 7 & 9 fait 16, on mettra 6 entre-
deux, & on joindra 1 à 7, & l'on aura ainsi 869, que valent en livres 79
loüis d'or.

Si l'on multiplie par 12, on mettra le nombre à multiplier trois fois en
reculant l'un des trois. Ainsi 35 par 12, seroit mis ainsi 35 puis on feroit l'ad-
35
35
dition qui rendroit cette somme 420, qui seroit par exemple la valeur de
35 sols en deniers. Si l'on multiplioit par 13, par 14, &c. on mettroit le nombre à multiplier quatre ou cinq fois, c'est à dire une fois davantage que ne
vaut la premiere figure du multiplicateur en reculant toûjours d'un rang
vers la gauche le nombre à multiplier, & puis faisant l'addition: mais il
suffit de se servir de cette voye pour la reduction des loüis d'or en livres &
des sols en deniers, quand on veut éviter la multiplication.

CHAPITRE XX.
De l'Extraction des Racines Quarrées & Cubiques.

ON appelle Nombre Quarré le produit d'un Nombre qui s'est multiplié par luy-mesme, & le nombre qui s'est multiplié s'appelle la Racine de ce quarré: comme 2 se multipliant luy-mesme produit 4, qui est un
quarré, dont 2 est la racine. On appelle nombre Cubique ou Cube un nombre venu d'un autre, qui apres s'estre multiplié une fois par luy-mesme,
multiplie encore par luy-mesme le produit de la premiere multiplication,
comme 2 s'estant multiplié luy-mesme & ayant produit 4, multiplie encore
4 par luy-mesme 2, & produit 8 qui sera un nombre Cube dont 2 est la racine.

Avant que d'entreprendre l'Extraction des racines quarrées ou cubiques,
il faut sçavoir par cœur ou avoir devant les yeux les quarrez ou cubes, dont
les simples nombres jusqu'à 10 sont les racines.

Racines. 1, 2, 3, 4, 5, 6, 7, 8, 9, 10.
Quarrez. 1, 4, 9, 16, 25, 36, 49, 64, 81, 100.
Cubes. 1, 8, 27, 64, 125, 216, 343, 512, 729, 1000.

Regles.

I. IL faut partager toutes les figures du nombre proposé par des points, dont le premier sera mis sous la premiere figure en commençant a droite, & dans les quarrez on n'en passera qu'une, & puis on marquera la troisiéme, puis la cinquiéme, la septiéme, &c. dans les Cubes on en passera deux, & puis l'on marquera la quatriéme, la septiéme, la dixiéme, &c.

II. On mettra dans le milieu de la place où l'on veut faire ses operations, les nombres particuliers à chaque Extraction de racine. Pour les quarrées on prendra 20, qu'on mettra ainsi entre deux lignes —20—. Pour les Cubiques on prendra 300 & 30, qu'on mettra ainsi au milieu au dessous l'un de l'autre chacun entre deux lignes— 300 —

— 30 —.

III. On commencera les operations par le point qui est le premier à gauche ; & l'on en tirera le plus grand quarré, ou le plus grand Cube qui s'en pourra tirer; dont on mettra la racine ou quarrée ou cubique, à part au quotient, & on écrira encore ce quotient sous le premier point de l'operation qui est vers la gauche.

IV. Avec ce quotient on multipliera le quotient écrit sous le premier point, on fera la soustraction, & l'on mettra au dessus du point ce qu'il y aura de reste en effaçant la figure ou les figures du premier point, comme on fait en la division ordinaire.

V. Pour avoir un nouveau quotient pour l'operation du second point qui suit, il faut porter le quotient precedent & le placer vis-à-vis de 20 à gauche, pour la racine quarrée ; ou vis-à-vis de 30 à gauche pour la racine cube, & prendre le quarré du mesme quotient & le placer encore à gauche au dessus & vis-à-vis du nombre 300. Cela fait on multipliera, en la racine quarrée 20, par ce premier quotient ; & 300 en la racine Cube par le quarré du premier quotient.

VI. Le produit de cette multiplication servira de diviseur pour trouver un nouveau quotient du second point, que vous mettrez à part avec le precedent, & encore vous le placerez seul à la droite de 20 pour la racine quarrée, & puis vous en prendrez le quarré que vous mettrez au dessous du mesme côté droit ; & pour la racine cube vous le mettrez à droite vis-à-vis de 300. puis vous mettrez son quarré au dessous vis-à-vis de 30 du mesme côté, & puis son cube au dessous du mesme côté. Cela fait vous multiplierez l'un par l'autre les trois du premier rang en la ligne de 20 pour la racine quarrée, & au produit vous ajoûterez le quarré qui est au dessous, puis vous ferez la soustraction du second point par le moyen de ce produit & de cette addition.

Et pour la Racine Cubique, vous multiplierez les trois du premier rang, puis les trois du second rang, & aux deux sommes de ces multiplications ajoûtées ensemble, vous ajoûterez le nombre seul qui est le Cube du quotient, puis vous ferez la fouftraction du fecond point par le produit de ces deux multiplications & de cette addition, ajoûtez enfemble.

VII. Pour le troifiéme point fuivant, prenez tout le quotient & le mettez à gauche, pour la racine quarrée vis-à-vis de 20: multipliez l'un par l'autre & portez le produit fous le troifiéme point afin d'avoir un nouveau quotient que vous mettrez avec les deux precedens à part, & que vous poferez feul à côté droit vis-à-vis de 20, & fon quarré au deffous du mefme côté droit. Vous multiplierez les trois nombres du premier rang de 20 l'un par l'autre, vous ajoûterez au produit le quarré du quotient qui eftoit au deffous du quotient à côté droit, puis vous ferez la fouftraction comme au point precedent, & vous continuerez de la forte toutes les operations qu'il y aura à faire : c'eft à dire que vous mettrez tout le quotient à gauche de 20, & vous multiplierez 20 par ce quotient ; vous porterez le produit fous le point fuivant qui refte, vous chercherez un nouveau quotient que vous ajoûterez à tous les precedens, & que vous mettrez feul vis-à-vis de 20 à droite, & fon quarré au deffous : vous multiplierez les trois nombres du premier rang l'un par l'autre, vous ajoûterez au produit le quarré du dernier quotient qui eft au deffous à droite, & vous ferez la fouftraction. Pour la racine Cubique vous pratiquerez auffi la regle precedente.

S'il ne refte rien apres la derniere operation, c'eft à dire que le nombre propofé eftoit Quarré ou Cube : S'il refte quelque chofe, il ne l'eftoit pas, & l'on met ce refte en fraction apres la racine titée, fur le nombre propofé.

EXEMPLE
Pour l'Extraction de la Racine Quarrée.

SI l'on propofe 676$201, on le partagera ainfi en commençant à droite 676$201, s'il y avoit eu une figure davantage il y en auroit eu deux fous le dernier point à gauche ; & ce dernier point à gauche va eftre le premier pour l'operation.

Apres cette premiere preparation, on mettra 20 au milieu de deux petites lignes, à l'endroit où vous voulez faire vos operations.

Puis en commençant par la gauche du nombre propofé, vous chercherez qu'elle eft la racine du premier point, qui eft icy 6 ; & comme 6 n'eft pas un nombre quarré, vous prendrez le plus grand quarré qui eft le plus proche au deffous de 6, qui eft 4, dont vous mettrez la racine qui eft 2, au quotient en un lieu feparé ; & vous l'écrivez encore fous 6, puis vous le multiplierez par le quotient 2, & vous retirerez le produit 4, du nombre 6, en effaçant l'un & l'autre & mettant deffus 6 le refte 2, comme on fait à la divifion ordinaire.

Pour la feconde operation, il faut mettre le quotient 2 vis-à-vis, & à la gauche de 20, ainfi 2 —— 20: Puis multiplier 20 par 2, il viendra 40 qu'on portera fous le fecond point, qui avec la figure reftée du precedent fait

276. Et 40 servira de diviseur pour trouver un nouveau quotient qui sera 6, qu'on mettra premierement à part avec le premier quotient qui aura ainsi 26 : puis on portera ce nouveau quotient 6 vis-à-vis & à côté droit de 20, puis on mettra au dessous de 6 du mesme côté son quarré 36, & ainsi l'on aura 2—20—6

36.

Alors on multipliera l'un par l'autre les trois nombres 2—20—6, qui feront 240, à quoy l'on ajoutera le quarré de 6 qui est 36, & l'on aura 276, qu'on retirera du second point 276, & il ne restera rien.

Pour l'operation du troisième point, on mettra tout le quotient 26 à gauche vis à vis de 20, ainsi 26—20 : On multipliera 20 par 26, afin d'en faire un diviseur pour avoir un nouveau quotient. Et comme il en vient un produit qui est plus grand que le troisiéme point qui n'est que 52, au lieu que ce produit est 520 ; on fera comme à la division, lorsque le diviseur est plus grand que le nombre à diviser, on met un zero au quotient & l'on n'opere rien. Ainsi le quotient est 260.

Pour l'operation du quatriéme point, on écrira tout le quotient 260 à gauche vis-à-vis de 20, ainsi 260—20, puis on multipliera 260 par 20, & du produit 5200, on s'en servira pour chercher un nouveau quotient du nombre du quatriéme point avec ce qui a resté du precedent & le tout estant 5201, en qui 5200 est une fois, on mettra au quotient 1 ; puis on portera ce quotient 1 vis-à-vis de 20 à droite, & puis son quarré au dessous qui est encore 1. Puis on multipliera les trois nombres du premier rang l'un par l'autre, sçavoir 260 par 20 & par 1, & il viendra 5200 à quoy l'on ajoûtera le quarré 1, qui fera 5201, qu'on retirera du nombre proposé, & il ne restera rien. Ainsi 6765201 estoit nombre quarré dont la racine est 2601, qui en effet se multipliant elle-mesme reproduira 6765201.

EXEMPLE.

Pour l'Extraction de la Racine Cubique.

SI l'on propose 238328, on le ponctuera ainsi 238;28. Puis on mettra 300 & 30, au milieu chacun entre-deux petites lignes, & l'un sur l'autre. Puis apres avoir pris la racine du cube le plus prochain des trois figures du premier point 238, qui est 216, on en mettra la racine 6 au quotient, & au côté gauche de 30, & le quarré de 6 qui est 36 au côté gauche de 300; puis on ôtera son cube 216, du premier point du nombre proposé 238, & il restera 22 ; & l'operation de ce premier point sera telle,

```
  22
 238        36—300—        ( 6
 216         6 — 30
```

Pour l'operation du second point, qui avec les deux figures de reste du precedent fait 22328, on multipliera 300 par 36, & il viendra 10800 qui suffira pour servir de diviseur à 22328 pour trouver un nouveau quotient qui sera 2, qu'on mettra premierement à part avec le precedent qui sera 62: puis on le placera au côté droit de 300: & ensuite son quarré 4, au côté droit de 30, & enfin son cube 8, au dessous du mesme côté. Ainsi l'on aura pour cette operation 36 — 300 — 2

$$6 - 30 - 4 \qquad (62.$$
$$8$$

On multipliera les trois nombres du premier rang 36—300—2, l'un par l'autre & il viendra 21600: puis on multipliera aussi les trois du second rang l'un par l'autre 6 -- 30 -- 4, & il viendra 720, on adjoûtera ensemble ces deux sommes & puis 8 qui est au dessous, & le tout sera 22328, qui estant retirez de 22328, il ne reste rien; ce qui montre que le nombre proposé estoit cube, & que sa racine cubique est justement 62. En effet si l'on prend le cube de 62, on aura 238328.

NOUS rapporterons dans le X. Livre le reste de la Theorie des Nombres, apres l'Algebre en François, avec l'application aux Regles de Pratique.

ARTIS ET SCIENTIÆ
NUMERANDI
PARS ALTERA,

ARITHMETICA SPECIOSA

SIVE

ALGEBRA,

TRIBUS LIBRIS, VIII°. IX°. ET X°.

LATINE' ET GALLICE' EXPLICATA:

CUM NOVA NUMERORUM ANALYSI.

PROLOGUS

IN ALGEBRAM VERSIBUS EXPLICATAM.

Bscurissimam Artem Algebram, ut ipsi fatentur qui in ea elucidanda desudarunt, Versibus explicare aggredimur; imò facillimam Tibi, Lector Amice, promittimus, promissisque fidem daturos confidentissimé pollicemur. Qua ratione id præstiterimus, te pluribus Gallica Præfatio, claré satis Latina Carmina docebunt. Hac igitur spe fretus, perge quisquis es, qui ardes desiderio adipiscendæ Artis formosissimæ, quæ inter alias haud immeritò Speciosæ nomen obtinuit. Neque enim te, post emensa Arithmeticæ vulgaris maria immensa, ut Argonautarum more pretiosum illud vellus consequereris, jamjam portum tenentem, diutiùs remorabimur. Quin potiùs, à nobis Ariadnes filum accipe, quo, te inextricabilibus hujus Labyrinthi ambagibus absque errore expedias, impervios tàm reconditi thesauri accessus penetres, aureumque spolium certus offendas, securus auferas, gaudens asportes, fruarisque; atque illius ope universæ Arithmeticæ divitias omnes in numerato habeas. Utere & vale.

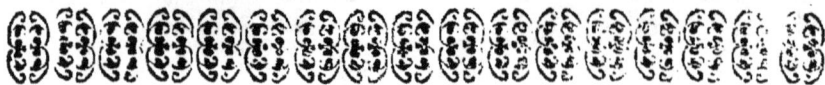

AVANT-PROPOS

OU

PREPARATION POUR L'INTELLIGENCE

DE L'ALGEBRE.

UELQUE obſcure que ſoit l'Algebre, de l'aveu meſme de ceux qui ont travaillé à l éclaircir, j'oſe promettre à mes Lecteurs de leur en donner une parfaite
intelligence, par une voye courte, facile & débaraſſée
de tout ce qui en cauſoit l obſcurité : & j eſpere que ceux qui en
feront l'eſſay, en liſant ſeulement nos Vers Latins, demeureront
d'accord que cette promeſſe n eſt ny vaine ny trop hardie. Pour
y diſpoſer ceux qui n'entendent que le François, nous allons
rendre raiſon de la methode dont nous nous ſommes ſervis pour
arriver à bout de noſtre deſſein, apres avoir dit que l Algebre en
effet eſt un treſor caché, qu on ne peut découvrir ſans guide,
qu on ne peut appercevoir ſans lumiere, qu'on ne peut mettre
en uſage ſans art, & dont on ne peut conſerver la poſſeſſion ſans
un puiſſant ſecours de memoire & d imagination. Et nous pretendons avoir pourveu à toutes ces choſes, par l'ordre que nous
avons gardé, par la clarté & l arrangement des preceptes, par le
dégagement de tout ce qui embaraſſoit cet Art, par les caracteres
que nous y avons employez, qui portant avec eux leur ſignifica-
tion, ou du moins la marque de leur puiſſance, aident l imagination & en facilitent les operations; par nos Vers Latins, qui ſou-
lagent la memoire & délaſſent l'eſprit, ou par nos Explications
Françoiſes, qui eſtant bréves & nettes produiſent auſſi le meſme
effet, Ce que nous allons voir dans les articles qui ſuivent.

De la Nature de l'Algebre & de son Origine.

POur commencer par le mot d'Algebre, il est certain qu'il est Arabe, & que ce n'est plus le nom d'un Auteur appellé Geber comme on l'avoit crû autrefois ; mais c'est un terme particulier qui signifie en cette langue, Rétablir ou Restituer, c'est à dire remettre au jour le nombre inconnu, en luy rendant ce qu'on luy avoit ôté dans les operations, ou luy ôtant ce qu'on luy avoit attribué & qui ne luy estoit pas dû. Et c'est en effet en quoy consiste l'Art de l'Algebre, de supposer qu'elle tient entre ses mains le nombre qu'on luy propose à découvrir, mais envelopé sous les conditions de la question, qu'elle dévelope en y satisfaisant de mesme que si elle agissoit sur ce nombre, & la fin de son operation est la découverte de ce nombre quelque caché qu'il soit.

Cet effet a paru si merveilleux qu'on n'a pû luy trouver un nom qui en exprimât l'excellence. Les uns l'ont appellé le Grand Art : les autres un Art Angelique & purement spirituel : d'autres ont voulu monter plus haut & l'appeller Divin, parce qu'il découvre les choses cachées d'une maniere presque surnaturelle : enfin on a jugé plus à propos de luy laisser son nom d'Algebre, qui estant inconnu luy-mesme, en exprime mieux la nature & sa maniere d'agir.

Il y en a de deux sortes, l'une Arithmetique & l'autre Geometrique. L'Algebre Arithmetique est celle qui fait ses operations par des nombres ou entiers, ou rompus, qu'on appelle rationnels ; c'est à dire, qui ont un rapport déterminé, ou une proportion certaine qu'on peut exprimer par des nombres. L'Algebre Geometrique est celle dont les operations rencontrent des nombres qu'ils appellent sourds & irrationels, parcequ'à proprement parler ce ne sont pas des nombres, & qu'ils ne se peuvent jamais exprimer par de veritables nombres. Comme cette Algebre n'appartient point à l'Arithmetique mais à la Geometrie, nous la laisserons aux Geometres.

Quant à l'origine de l'Algebre, elle a cela de commun avec celle de tous les autres Arts ou inventions des hommes, d'estre incertaine & inconnuë. Et c'est mal connoistre la nature de l'esprit de l'homme, d'accuser de negligence ou d'ingratitude les Ecrivains ou Historiens, de n'avoir pas eu soin de laisser à la posterité le nom des Inventeurs des Arts qui ont paru de leur temps. Car l'esprit de l'homme quelque relevé qu'il soit, n'estant point capable de porter d'abord les choses à leur derniere perfection, il n'y a point d'Art dont on ait jamais pû attribuer l'invention à un seul homme. Et quand on voudroit supposer qu'il y auroit eu des genies si excellens, qu'ils auroient pû rendre leurs inventions si parfaites & achevées, qu'il n'y eut eu rien à ajoûter ; il faudroit aussi supposer que tous les hommes de leur temps eussent esté capables non seulement d'apprendre ce qui auroit esté inventé de nouveau, mais de le mettre en execution aussi bien que s'ils en

euſſent pris les inſtructions dés leur jeuneſſe. Et ſi c'eſt quelque Art dont
l'execution dépend de la main des Ouvriers, pour en faire la matiere & les
machines ; comme par exemple, l'Orgue, les Montres ou Horloges por-
tatives, les Canons, & l'Imprimerie ; il faut encore ſuppoſer deux choſes:
la premiere, qu'on a trouvé des Ouvriers ſi habiles, que ſans avoir eu d'autres Maiſtres ny de modeles, ils ayent fondu & formé des tuyaux, des reſ-
ſorts, des moules, & des caracteres, avec toutes les autres machines neceſſaires, & tout cela ſi juſtement qu'il n'y ait eu rien à déſirer ny à adjoûter : la ſeconde, qu'on a en peu de temps inſtruit & fait des Maiſtres experts pour joüer & manier ces inſtrumens, en ſorte qu'ils euſſent rendu la
choſe ſi facile qu'on l'euſt fait paſſer ſans peine à la poſterité.

Ce qu'on voit n'eſtre pas poſſible, & ce qu'on ſçait n'eſtre point arrivé
en quelque Art ou invention que ce ſoit meſme les moins difficiles, puiſque
toutes les choſes inventées il y a long-temps ne ſont point encore parfaites, & qu'elles ont beſoin de l'induſtrie des hommes pour recevoir leur derniere perfection, où peut-eſtre elles n'arriveront jamais ; du moins n'y aura-t'il point d'homme ſi hardy que d'oſer aſſurer qu'on ne puiſſe plus rien
ajoûter à leur perfection.

Les Arts donc, & les inventions des hommes, reſſemblent aux ouvra-
ges de la Nature, qui ont de foibles commencemens, qui croiſſent, ſe for-
tifient, & a la fin viennent à un état de conſiſtence où ils demeurent long-
temps, & où ils peuvent encore recevoir quelque embeliſſement, & d'où
quelquefois auſſi ils déchoient. Cette décadence des Arts arrive ordinairement par la miſere des temps, lorſque les Princes ou Etats les negligent &
ne contribuent pas a leur ſoutien : ce qui fait qu'on les mépriſe & qu'enfin
peu à peu on les abandonne ; ſur tout quand ils ne ſont pas neceſſaires à la
vie, comme ne le ſont pas la plûſpart des ſciences & productions de l'eſprit. Il ne faut donc pas croire que l'Algebre ait eſté inventée tout d'un
coup & par un ſeul homme ; pour en pouvoir montrer l'origine, non plus
que de tous les autres Arts qui ſont plus connus & plus d'uſage qu'elle. Et
quand il ſeroit vray qu'un ſeul homme, par exemple Diophante, l'auroit
inventée, ce qu'il ne dit pas ; il ſeroit arrivé ce qui en effet eſt arrivé à
Diophante, que ſon art auroit eſté inconnu à ceux de ſon temps, que ſon
Livre n'auroit eſté entendu que de peu de perſonnes, & que ſi les Arabes
l'ayant découvert avoient appris ſon art, ils ne l'auroient enſeigné & fait
connoiſtre aux autres que par ſucceſſion de temps, qui en auroit fait eva-
noüir la memoire : que les premiers qui l'auroient appris ou ſous des maſ-
tres, ou par leurs meditations, n'auroient peut eſtre pas oüy parler de ſon
nom ; comme en effet tous ceux qui au ſiecle paſſé ont fait des Livres d'Algebre dans l'Europe, n'ont point connu Diophante, qui n'a commencé à
ſortir des Bibliotheques pour voir le jour qu'à la fin du ſiecle precedent. Ainſi quoy qu'il paroiſſe par ce Livre que l'Algebre eſt un art ancien, neanmoins
il eſt évident que les Grecs & Latins comme Jamblichus & Boëce, qu'on

croit avoir esté apres luy, n'ont eu aucune connoissance de son Livre, ny de la maniere d'operer qui y est enseignée. Et de là on pourroit croire que puisque ces grands Arithmeticiens avoient la clef des nombres sans Algebre, parce qu'ils en penetroient le fonds, ils auroient pû mesme negliger cet Art ; qui n'auroit commencé à estre cultivé que lorsqu'on a perdu les connoissances qu'ils avoient de la puissance des nombres.

Des Causes de l'obscurité & difficultez de l'Algebre, & des Remedes pour la rendre intelligible & facile.

NOus reduisons à quatre les principales Causes de l'obscurité & difficultez de l'Algebre. La premiere est l'imperfection des caracteres: La seconde, l'équivoque ou confusion des termes de l'Art: La troisiéme, le défaut de methode: La quatriéme, la quantité des preceptes sans aucun soulagement de memoire. A ces quatres défauts, nous avons appliqué des Remedes convenables.

Premiere Cause de l'obscurité & difficultez de l'Algebre.

COmme la pluspart de ceux à qui nous parlons icy, ne sçavent pas encore en quoy consiste l'Algebre, il est necessaire de dire en peu de mots, que les operations de l'Arithmetique ordinaire & de l'Algebre different, en ce que dans celles-là on travaille sur des nombres connus qui en produisent d'autres qui ne l'estoient pas ; mais en celle-cy on propose toûjours quelque nombre inconnu qu'il faut découvrir par les conditions de la question. Or on considere icy les nombres inconnus par rapport à quelque rang de la progression Geometrique, dont le premier caractere est l'unité, qui est tout en puissance, & qui n'est rien en effet: le second qui est la premiere puissance, s'appelle Racine: le troisiéme qui est la seconde, s'appelle Quarré: le quatriéme qui est la troisiéme puissance, s'appelle Cube, & les autres ainsi de suite comme nous les avons representez dans les Livres precedens. Ces rangs de progression Geometrique reçoivent leur valeur ou prix du second caractere, que nous avons nommé Racine, & chacune de ces puissances est produite par la multiplication de cette Racine, autant de fois qu'il est éloigné du premier caractere Par exemple, la Racine qui est la premiere puissance, n'estant éloignée du premier caractere que d'une unité, elle demeure telle qu'elle est en se multipliant par l'unité: les quarrez estant éloignez de deux unitez du premier, ils sont produits par la racine multipliée par elle, ou posée deux fois, comme 2 fois 2 font 4 qui est un quarré; 3 fois 3 font 9 qui est un quarré, &c. comme qui mettroit deux fois la racine pour se multiplier l'une par l'autre 2, 2; 3, 3, &c. les Cubes estant éloignez de trois unitez du premier, multiplient trois fois leur racine, comme si on la mettroit trois fois de suite, ainsi 2, 2, 2; ou 3, 3, 3, & qu'ils s'entre multipliaffent l'un l'autre, il viendroit 8, Cube de la racine 2, & 27, Cube de la racine 3, &c. Pour mieux entendre cet ordre de multiplication, on a eu recours aux nombres de la progreffion naturelle qu'on a difpofez fur la progreffion Geometrique, en forte que 1, répond à la racine, 2 au quarré, 3 au cube, &c. Et pour ce fujet on a appellé les nombres de la pro- greffion Naturelle, les Expofans de la progreffion Geometrique, c'eft à dire ceux qui marquoient combien chaque puiffance avoit multiplié fa ra- cine pour eftre produite. Et comme dans l'Algebre on employe ces puif- fances, foit qu'elles foient propofées dans la queftion, ou foit qu'elles s'y produifent par les operations, on a eu befoin de caracteres pour les mar- quer, & l'on a dû chercher les moyens de marquer auffi ces Expofans pour faciliter les operations de l'Algebre. On a jufqu'icy employé deux fortes de caracteres. Les uns ont pris les premieres lettres des mots de chaque puiffance, en marquant l'unité par un zero, ou par une N, pour fignifier qu'elle eft le principe des nombres, ou qu'elle n'eft rien en effet mais tout en puiffance; & pour les puiffances ils ont mis, R, Q, C, &c. c'eft à dire, Racine, Quarré, Cube, &c. Diophante fe fert de l'N pour fignifier Ra- cine, parce qu'en effet la Racine eft un nombre pur & qui n'a receu en foy aucun changement. D'autres croyant avoir mieux rencontré ont negli- gé cette dénomination des puiffances, & la marque de leur rang, ou du rap- port à leurs Expofans, & ont confideré les nombres propofez en deux ma- nieres, ou comme connus ou comme inconnus : ils expriment les premiers par les premieres lettres de l'alphabet, & les autres par les dernieres lettres de l'alphabet, fauf à leur ajoûter des nombres à côté qui défignent les puif- fances, quand il s'en rencontrera dans les queftions : & ceux-cy ont nom- mé leur Algebre la Specieufe par excellence. Mais ny les uns ny les autres n'aident point l'imagination, & ne forment aucune idée du rapport des puiffances avec leurs Expofans, & qui pis eft ne facilitent en aucune ma- niere les operations de l'Algebre, & les derniers encore moins que les premiers, qui du moins défignent le nom des puiffances.

Remede.

LEs Caracteres que nous avons choifi pour noftre Algebre font deux effets confiderables : ils aident l'imagination en luy reprefentant les Expofans des puiffances, c'eft à fçavoir la quantité de fois qu'une Racine s'eft multipliée pour produire telle ou telle puiffance, & ils facilitent les operations.

	Racines.	Quarrez.	Cubes.	Quarrez de quarrez.	
Ces Caracteres font	j	ij	iij	jv.	&c.

Ce premier caractere j, qui s'appelle Racine, fignifie qu'elle n'eft pofée qu'une fois : le fecond, ij, qui s'appelle Quarré, montre que la Racine eft

poſée deux fois : le troiſiéme, iij, qui s'appelle Cube ; qu'elle s'eſt multipliée trois fois, &c. Ainſi ces marques repreſentent à l'imagination l'origine de leur production & leur rang de puiſſances ; c'eſt à dire que ſans a-
voir recours aux Expoſans, comme dans les autres methodes, on les a devant les yeux.

Mais la facilité que ces marques ou caractéres donnent dans les operations eſt incomparable. Par exemple, ſi dans l'Algebre on multiplie une
Racine par une Racine, ou quelqu'autre puiſſance que ce ſoit par une autre, la Regle dit qu'il faut adjoûter enſemble les puiſſances qui ſe multiplient, pour en faire une plus grande puiſſance compoſée des deux. Ainſi
ſi l'on multiplie j par j, il eſt facile de les ajoûter enſemble, & de voir qu'il
en viendra ij, qui eſt un quarré. Et de meſme ſi l'on multiplie ij par j, il viendra iij, qui eſt un Cube, &c. Au lieu que dans la premiere methode il faut
avoir recours aux Expoſans, pour voir quels ſont les caractéres de la progreſſion Geometrique qui leur répondent, & ainſi pour faire les operations
il faut avoir devant les yeux les deux progreſſions Arithmetique & Geometrique, pour compoſer des caractéres dénotez par l'une & l'autre progreſſion. Et dans la ſeconde methode qu'ils qualifient de Specieuſe, ſi l'on
multiplie un a par un a, il vient diſent-ils un a^2, c'eſt à dire un a qui eſt
une ſeconde puiſſance, qu'on appelle un quarré. Et ſi vous multipliez un a
par un a^2, il vient un a^3, c'eſt à dire une troiſiéme puiſſance qui eſt un
Cube. On voit premierement l'inutilité & la multiplicité de ces caractéres
mêlez de lettres Romaines & chifres Arabes : & en ſecond lieu on n'apper-
çoit pas comment un a multiplié par un a^2 peut faire un a^3. Nous reme-
dierons dans noſtre Algebre à la neceſſité de diſtinguer les caractéres des
meſmes puiſſances quand il en ſera beſoin.

Secondes Cauſes d'obſcurité.

L'Abus ou la confuſion des meſmes noms pour ſignifier differentes choſes, eſt la ſeconde ſource d'obſcurité dans les autres methodes.

Ils ont donné le nom de Signes aux caractéres de l'Algebre, qui ſervent
pour marquer les puiſſances : ils ont donné le meſme nom aux Signes qu'ils
appellent de Plus & de Moins, & à ce qu'ils appellent les Secondes Racines, & encore aux nombres Sourds ; tellement que quand on lit dans les
Auteurs, ſur tout de la premiere methode le nom de Signe, on ne ſçait à
quoy l'appliquer. La diverſité encore des caractéres parmy les differens
Auteurs, a eſté une autre cauſe de confuſion.

Remede.

NOus avons donné à chaque chose differente un nom different. Ainsi aux Signes Cossiques ou Caracteres de l'Algebre qui representent les puissances des nombres, nous avons donné le nom de Formes : Aux Signes de Plus & de Moins, le nom de Signes ; aux Racines secondes, le nom de Notes. Nous avons aussi ôté la diversité & la confusion des caracteres, & donné le sien propre à chaque chose differente.

Troisiéme & quatriéme Cause d'obscurité.

LE défaut de methode est le plus grand de tous les défauts dans les Arts & dans les Sciences : & nous n'avons garde d'en accuser tous les Maîtres de cét Art. Ce qu'il y a de vray est, que depuis qu'on a quitté l'ancienne methode, & embrassé la derniere pour faire les operations de l'Algebre sur des lettres, on a laissé la Regle d'Algebre qui renferme en peu de mots une infinité de preceptes, ou si on l'a mise, on la cachée & enveloppée sous des voiles qui la rendent si obscure qu'on ne la connoist point. Et il a fallu à son défaut entasser une infinité de regles & de preceptes les uns sur les autres sans ordre, & selon que les occasions s'en presentoient dans les questions. Ce qui a fait deux obscuritez & difficultez remarquables, l'une par le défaut de methode & l'autre par la multitude des preceptes donnez & rapportez hors de leur place & sans ordre.

Remede.

NOus avons rétably l'ancienne ou premiere methode qui d'abord enseigne les operations de l'Arithmetique ordinaire, par les caracteres & selon les operations de l'Algebre, & ensuite la Regle d'Algebre expliquée par des Exemples. Cette Regle est si generale qu'elle peut suffire à la resolution de toutes les questions de quelque nature qu'elles soient. Elle est expliquée si clairement, & par des preceptes si bien mis dans leur ordre, que nous ne craignons point de dire que l'Algebre y est renduë aussi aisée que l'Arithmetique ordinaire, pour ne pas dire plus. Et nous ajoûterons icy nostre Paradoxe, que le moyen le plus seur & le plus commode pour la rendre claire & facile, a esté de l'avoir mise en Vers Latins. Car outre le soulagement de memoire, & le délassement d'esprit qu'apporte la Poësie, il n'y a pas eu de meilleur moyen d'ôter la confusion des preceptes, & de les representer à l'esprit & à la veuë, que par cette voye. Pour ceux qui n'entendent pas le Latin nous avons mis une Explication abregée de l'Algebre en François, d'une maniere qui suffira pour en donner une entiere & parfaite intelligence.

Ordre des trois Livres suivans.

LE Premier Livre qui est le Huitiéme de cet Ouvrage, donne les operations de l'Arithmetique par les caracteres de l'Algebre.

Le Second qui est le Neuviéme, enseigne & explique la Regle d'Algebre, avec ses dépendances.

Le Troisiéme qui est le Dixiéme & dernier de cet Ouvrage, comprend
trois parties en François ; La premiere est l'Algebre renfermée en l'explication de la seule Regle d'Algebre : La seconde est une Nouvelle Analyse
des Nombres, qui contient plusieurs Maximes generales qui peuvent estre
regardées comme le suplément ou complément de l'Algebre, dans laquelle
on ne peut gueres operer sans les sçavoir. Enfin nous fermons ce Traité
par des Questions sur beaucoup de sortes de matieres, resoluës par l'Algebre, par l'Arithmetique ordinaire, & la pluspart par le seul raisonnement. Ce qui prouvera depuis le commencement jusqu'à la fin, l'Excellence de l'Arithmetique, & son utilité pour aider à former le jugement, &
donner une grande penetration d'esprit.

LIBER

LIBER OCTAVUS.
ARITHMETICA SPECIOSA
SEU ALGEBRA.

CAPUT PRIMUM.

Quid sit Algebra.

IN Numeris quidquid latet, hoc Algebra revelat:
quidquid in Algebra latet, hoc exponere mens est.
Hanc dixêre Arabes Algebram, nos Speciosam,
Ob præclara sinu quæ vasto arcana recondit.
Occulti numeri dicta est hinc Algebra Clavis.
Illa suis signis gaudet propriisque figuris;
Cossica signa vocant Itali, quibus Algebra Cossa est,
Nos Algebraicas Formas: at Signa vocamus
Quæ numeros minuunt aut addunt, de quibus infrà.
Commixtim Numeros jungendo Signaque Formis,
Utitur his Algebra loco numeri inveniendi,
Mirandâ methodo, quæ Algebræ Regula dicta est.
Hanc luci dabimus post quædam prævia ad illam.

Aa

CAPUT II.

De Notis seu Figuris Algebraicis quas Formas vocamus:

PEr Geometricas rationes Algebra tantùm
   Progreditur, quarum ex uno procedit origo;
Multiplicesque illas omnes sic esse necesse est.
Hæc numerorum Algebraicorum nomina sunto.
Zero notat primum, Numerusque vocatur; & alter
Dicetur Radix; Quadratum tertius; inde
Quartus erit Cubus; & quintus, Quadratoquadratus;
Sextus erit Surdesolidus; reliquique priorum
Nomina subsumunt, horum duplicantque valorem.
Aut triplicant, similique aliâ ratione reponunt;
Multiplicatque prior primâ radice, sequentem:
Sic Geometrica in longum Progressio abibit.
Formas usurpant alij, variasque figuras;
Nos apponemus numeros, ratione locorum,
Apté exponentes quot Radix multiplicetur.
Romanoque charactere hos signabimus omnes,
Excepto primo quem nulla figura notabit;
Ille etenim signat numeros, Numerusque vocatur.
Unum, Radicem; duo signabuntque Quadratum;
Inde Cubum, tria; tum quatuor, Quadratoquadratum;
Sursolidum dein quinque; hinc sex, Quadratocubumque;
Septem, Sursolidum alterum; & octo, Quadratoquadrato-
Quadratum; duplicatque novem Cubum; & ad Numeros, sic
Compositos, Exponentes primi repetuntur;
Ad non compositos Surdesolidi repetuntur.
Sunt duplicis generis Formæ, Compostaque, Simplex:
Et duplices Numeri, Composti, Incompositique.
Hæc Forma est Simplex, unum quæ nomen habebit;
Et Numerus Simplex, quem solùm dividit unum.
Compositæ Formæ, duo; pluraque nomina habebunt:
Compositi numeri, quos dividit alter ab uno.
Tres primæ Formæ, primi generis; reliquæque
Impare post quartam numero, à quinque incipientes,

Ac deinceps numerûm quas primorum ordo tenebit.
Dicuntur Surdesolidi, primusque, secundus,
Tertius & quartus, quintusque, ac ordine deinceps
Quique suo numeri, quos solùm dividit unum.
Omnes Formæ aliæ ac numeri alterius generis sunt.
Hæc melius quàm verba, in margine pagina monstrat.

Nomina. Numerus. R. q. c. qq. 1's. qc. 2's. qqq. cc. &c.
   Formæ. o. j. ij. iij. jv. v. vj. vij. viij. jx. &c.
   Progressio
   Geom. dupla, 1. 2. 4. 8. 16. 32. 64. 128. 256. 512. &c.

Formæ Compositæ sub numeris Compositis.

Num. 4. 6. 8. 9. 10. 12. 14.15. 16. 18. 20. 21.22. 24. &c.
Nom. qq. qc. qqq. cc. qs. qqc. q. cs. qqqq. qcc.qqs. cs. qs. qqqc.&c.
For. jv. vj. viij. jx. x. xij. xjv.xv.xvj.xviij. xx. xxj.xxij.xxjv.&c.

Formæ Simplices sub numeris primis seu Incompositis.

Num. 1. 2. 3. 5. 7. 11. 13. 17. 19. 23. 29. 31. 37 &c.
Nom. R. q. c. 1's. 2's. 3's. 4's. 5's. 6's. 7's. 8's. 9's. 10's. &c.
For. j. ij. iij. v. vij. xj. xiij. xvij. xix. xxiij. xxix. xxxj. xxxij. &c.

CAPUT III.

De Numeratione Algebraica ; ac de Signis Pluris & Minoris ; de notis Reductionis & Æquationis ; tum de numeris Surdis.

CUm diversorum generum Numeratio semper
Existat Geometricos Algebraicosque
Inter processus ; diversa locatio eorum
Semper erit, juxta uniuscujusque valorem.
Non alios igitur, quàm quos Geometricorum
Processus facit, Algebræ Numeratio novit,
Disponens Numeros, Radices, deinde Quadratos,
Atque Cubos, reliquosque ex ordine quosuis.
Cùm numeras ergo, varias dispone figuras
Ordine quasque suo, majores deinde minores.
Si plures numeras, ut in additione, figuras:

Fac ut quifque fuo fimili refpondeat ordo:
Præpones Formis numeros ut pagina monftrat.

          12..   4 j.   3 ij.   6 iij,   8 jv.   &c.
Sic Numera, 12. quatuor Rad. tres quad. fex cub: octo quadratoquad; &c.

Si plures, Ut 4. 2 j. 2 ij. 9 iij, 10 jv.   &c..
  fic
fubjiciendi,   3. 3 j. 2 ij. 7 iij. 5 jv.   &c.

De Signis Pluris & Minoris.

Signa duo funt præterea quæ Plufve, Minufve
Signant: Crux fignum Pluris, fignumque Minoris
Linea parua facit; vel littera prima duorum.

     † Signum Pluris, vel P. | — Signum Minoris, vel M.

Hæc Numero aut Formæ præpones Signa fequenti.
Primum Signum addit Formam, minuitque Secundum.
Cùm numerus Formæ præponitur, ille fequentem
Hanc numerat, toties ponens quot in ipfo erit unum:
Cum verò numerus fine Forma apponitur, ille
Simpliciter proprium numerat fervatque valorem;
Præcedens ni forte Minus Signum, ipfe fequatur:
Nam Signum, ipfius minuit tollitque valorem.

Signum Pluris 12. † 4 j. † 2 ij, | 1 j. † 4.
   Sic enuntia: 12, plus quatuor Rad. plus 2 quadr. Una Radix, plus quatuor.

Signum Minoris. 9 — 2 j. — 1. ij. &c. | 2. j — 6
   Sic enuntia : 9 minus 2 radic. minus 1. quadr. &c. duæ rad. minus fex.

       Signum P,   20 j.   † 2 ij. — 8
         & M.   20 rad. plus 2 quad. minus 8.

De Notis Reductionis & Æquationis.

Nominis à prima capietque Reductio fignum:
Oppofitas aut Æquales fignabit O majus.

   Nota Reductionis, R : Nota Oppofitionis aut Æquationis, O;
   aliquando, &. |

De Numeris Surdis.

Sunt alij Numeri, rationem quos nec habere,
Effe nec idcircò numeros dixêre ; datumque

Ipfis Surdorum nomen : præponitur illis,
Poft Surdi fignum, Forma una Algebraicarum,
Quâ petitur, præftare quod unquam nemo valebit.
Hi fua habent præcepta tamen; tractanda feorfum :
Cùm nihil ad numeros, aliis tractanda remitto :
Quod Geometrarum eft, Geometria tractet.

 Ut $\sqrt{}$ ij 20. id eft Radix quadrata 20, quæ nulla dari poteft
Sic $\sqrt{}$ iij 18. Radix Cubica 18 quæ nulla eft; ideo hi numeri
Surdi dicuntur feu Irrationales, quorum nota eft $\sqrt{}$: qui
nihil ad Arithmeticam pertinent, fed folùm ad Geometriam.

CAPUT IV.

De Additione Algebraica.

QUando tibi Additio facienda eft : ifta notato.
 Cùm Numero aut Formæ, Signum haud apponitur ullum,
Et Numeri & Formæ fervant quæcumque valorem.
 Ut 8, 2j. 3 ij, 5 iij. id eft 8, 2 Rad. 3 quad. 5 cubi.
  Servant quæque fuum valorem quia nullum fignum apponitur,
  quafi appofitum effet fignum Pluris.

Varij Cafus Additionis.

Formæ Algebraicæ aut funt diverfæ fpeciei;
Aut funt ejufdem, nec Signum, Plufve Minufve
Tunc interferitur : vel, diverfis fpeciebus
Signa interpofita, aut eadem, aut pugnantia fecum.
Ad Cafus quofque hæc tibi funt mandata tenenda.

Primus Cafus.

Cùm variæ Formæ : Formis Numerifque retentis,
Additio ut fiat, Signum interponito Pluris.
 Ut fi addas 4 ij ad 5 iij, fient 4 ij $+$ 5 iij.

Secundus Cafus.

Si fit Forma eadem; Numeros junge, adijce Formam.
 Ut fi addas 3 ij ad 5 ij, fient 8 ij.

Tertius Casus.

Si variæ species, eadem commixtaque Signa;
Subijcito species speciebus, Signaque Signis;
Junge simul Numeros, Signis Formisque retentis.

<table>
<tr><td>Ex. I.</td><td>Ex. II.</td><td>Ex. III.</td></tr>
</table>

Ut si addas 6 ij † 8 j | 7 ij † 8 j --- 5 | 7 iij † 9 --- 3 ij
             7 ij † 10 j | 3 ij † 9 j -- 8 | 4 iij † 10 --- 5 ij

fiet Summa 13 ij † 18 j | 10 ij † 17 j --- 13 | 11. iij † 19 --- 8 ij

Ex. IV.

| 4 iij † 11 ij † 1. j --- 6
| 3 iij † 1. ij † 8 j --- 4

| 7 iij † 12 ij † 9 j --- 10.

Quartus Casus.

Signaque cùm varia occurunt Subtractio fiat;
Scilicet ex numero retrahas majore minorem;
Majoris numeri Signum præponito Formæ.

Ex. I.   Ex. II.

Ut si addas 6 ij † 8 j | 7. vj † 0. v. † 8. jv. † 0. iij — 4. j † 8.
cum   2 ij — 10 j | 7. vj † 5. v. — 11 jv — 11. iij — 0. j † 0.

fiet summa 8 ij — 2 j | 14 vj † 5 v — 3 jv — 11. iij — 4 j. † 8.

Quintus Casus.

Cum zero susdeque, nihil susdeque notetur

6 ij † 0 j † 5
3 ij † 0 j † 2

9 ij † 0. † 7.

CAPITIS IV. RESOLUTIO.

De Additione Algebraica resoluta ad numeros Arithmetica.

FOrmarum sic quarumvis Resolutio fiet.
Dupli processûs Exemplum sumimus, ad quod
Quemvis processium facili ratione reduces.
Alg. 8, 2 j. 3 ij. 5 iij.
id est, 8. 4. 12. 40. Summa 64.

Primi Casus.

Alg. 4 ij ad 5 iij faciunt 4 ij † 5 iij.
id est. 16 ad 40 faciunt 56.

Secundi Casus.

3 ij ad 5 ij faciunt 8 ij.
12 ad 20 faciunt 32.

Tertij Casus.

Vide add. suprà.

Summa 13 ij † 18 j | 10 ij † 17 j-13 | 11. iij † 19-8ij | 7 iij † 12 ij † 9 j-10
id est 52 & 36 | 40 & 21. | 88 & 19-32 | 56 & 48 & 8
Summa 88 † | 61 | 75 | 112

Quarti Casus.

Summa 8 ij — 2 j. | 14 vj † 5 v — 3 jv — 11. iij — 4 j. — 8.
id est. 28 | 8 9 6 & 160, à quo tollenda 48 & 88, & 8. addenda 8
| Summa additionis & subtractionis 920 .

Quinti Casus.

Summa 9 ij † 0 † 7
id est 43

CAPUT V.

De Subtractione Algebraica.

ADmittit præcedentes Subtractio Casus.
Primus Casus.
Cum variæ Formæ ; Signum interpone Minoris ;
Majorem Formam Formæ præpone minori.
Ut si tollas 4 ij à 5 iij, remanent 5 iij --- 4 ij.

Secundus Casus.

Si verò sit Forma eadem, Subtractio fiet,
Majore ex numero numerum retrahendo minorem,
Communi Formâ remanente, ut in Additione.
Ut si tollas 3 ij à 5 ij, remanent 2 ij.

Tertius Casus.

Si variæ species, eadem commixtaque Signa,
Subijcito species speciebus, Signaque Signis ;
Subtrahito numeros, Formas & Signa relinque.

$$
\begin{array}{l}
\text{si à 7. iij † 11. ij † 8. j --- 10.} \quad | \text{11. iij † 19 --- 8 ij} | \\
\text{tollas 3. iij † 0. ij † 8. j --- 4.} \quad | \text{4. iij † 11 --- 5 ij} | \\
\hline
\text{remanent 4. iij † 11. ij † 0. j --- 6.} \quad | \text{7. iij † 8 --- 3. ij} |
\end{array}
$$

$$
\begin{array}{l}
| \text{11. v. † 9. jv. † 14. j --- 14 † 4} \\
| \text{7. v. † 0. jv. † 9. j --- 5 † 4} \\
\hline
| \text{4. v. † 9. jv † 5. j --- 9 † 0}
\end{array}
$$

Quartus Casus.

Signaque cum varia occurrunt ; numeros simul adde,
Et Signum numeri Subtracto appone supremi.

$$
\begin{array}{l}
\text{14 vj † 5. v --- 3 jv --- 11. iij --- 4 j † 8} \\
\text{7 vj † 0. v † 8 jv † 0 iij --- 4 j † 8} \\
\hline
\text{7. vj † 5. v. --- 11. jv --- 11. iij --- 0. j † 0.}
\end{array}
$$

Quintus Casus.

Quintus Casus.

Si Subducendus superat; mutando, minorem
Subtrahito de majori, mutatoque Signum.

Ex. I.   Ex. II.

6. ij † 8. j.	9. ij † 4. j — 5
2 ij † 10j.	4 ij † 7. j — 8
4. ij — 2. j	5 ij — 3 j. † 3

CAPITIS V. RESOLUTIO.

De Subtractione Algebraica, per Arithmeticam.

Primi Casus.

Si tollas 4 ij à 5 iij, remanent 5 iij — 4 ij
id est 16 à 40   remanent   24.

Secundi Casus.

Si tollas 3 ij à 5 ij, remanent 2 ij
id est 12 à 20 remanent 8.

Tertij Casus.

Si à 7 iij † 11. ij † 8 j — 10	11. iij † 19. 8 ij	11. v. † 9 jv † 14 j - 14 † 4.
tollas 3 iij † 0 ij † 8 j — 4	4 iij † 11. 5 ij	7 v † 0 jv † 9 j - 5 † 4.
remanent 4 iij † 11. ij † 0 j — 6	7 iij † 8 - 3 ij	4. v † 9 jv † 5 j - 9 † 0.

id est si à 106	si à 75	si à 514
tollas 36	tollas 23	tollas 241
remanent 70.	remanent 52	remanent 273

Quarti Casus.

Si à 920
tollas 576
remanent 344

BB

Quinti Casus.

Ex. I.   Ex. II.

Si à	40		39
tollas	28		42
remarent	12		17

CAPUT VI.

De Multiplicatione Algebraica.

Primus Casus.

PEr numerum numerus Formæ si multiplicetur;
Accrescet solus numerus, Formâ remanente
Ut 3 in 4 j. fiunt 12 j. | 3 in 8 iij fiunt 24 iij.

Secundus Casus.

At numeros, Formasque inter se multiplicando;
Multiplica numeros inter se, ac addito Formas.
Ut 5j in 4 ij fient 20 iij | sic 3 ij in 8 iij fiunt 24 v.

Tertius Casus.

Plures, per numerum cum multiplicaveris unum;
Facto, Signum appone quod est in multiplicandis.

Ex. I.   Ex. II.

Ut 7 ij — 4 j		7 ij † 4. j.
si per 9		per 9
fit 63. ij — 36. j		fit 63. ij. † 36. j.

Quartus Casus.

Diversa aut eadem cùm Signa utrobique notata;
Signa eadem, Pluri; diversa, Minore notentur.

Ex. I.

Ex. II.

Ut, signa eadem P. 8. ij † 9
per. 8. ij † 9

multiplicatio per 9 | 72. ij † 81
per 8 ij | 64. jv. † 72 ij

Summa   64. jv. † 144 ij † 81.

Signa   8 ij — 9
diversa   8 ij — 9

per 9 | — 72 ij † 81
per 8 ij | 64. jv — 72 ij

S. 64. jv — 144 ij † 81

Ex. III.

Signa eadem & diversa, | 6 ij † 8 j — 6
2 ij — 4

per 4 | — 24 ij — 32 j. † 24.
per 2 ij   12 jv † 16 iij — 12 ij

3ː jv. † 16 iij — 36 ij — 32 j. † 24.

CAPITIS VI. RESOLUTIO.

De Multiplicatione Algebraica, per Arithmeticam.

Primi Casus.

Ex. I.

Ex 3 in 4 j fient 12 j.
id est ex 3 in 8 fit 24.

Ex. II.

Ex 3 in 8 iij fiunt 24 iij
ex 3 in 64 fit 192.

Secundi Casus.

Ex I.

Ex 5 j. in 4 ij fiunt 20 iij
id est ex 10 in 16 fit 160.

Ex. II.

Ex 3 ij in 8 iij. fiunt 24 v·
ex 12 in 64 fit 768.

Tertij Casus.

Ex. I.	Ex. II.
7 ij — 4 j.	7 ij † 4 j
per 9	per 9
fit 63 ij — 36 j	fit 63 ij † 36 j
id est 20	id est 36
per 9	per 9
fit 180	fit 324

Quarti Casus.

Ex. I.	Ex. II.	Ex. IIII.
8 ij † 9	8 ij — 9	6 ij † 8 j — 6
per 8 ij † 9	8 ij — 9	per 2 ij — 4
Sum 64 jv † 144 ij † 81	64 jv — 144 ij † 81.	12 jv † 16 iij, 36 ij 32 j
id est 41	id est 23	id est 34
per 41	per 23	per 4
fit 1681	fit 329	fit 136

CAPUT VII.

De Divisione Algebraica.

Primus Casus.

PEr Numerum, numeri Formæ Divisio cùm fit, Solus dividitur Numerus Formâ remanente.

Ex. I.	Ex. II.
Ut, 12 j. (4. j.	24 iij (3 iij.
per 3	per 8

Secundus Casus.

Per Numeros Formasque simul Divisio cum fit, Dividito numeros numeris, ac Subtrahe Formas.

Ex. I.　　　Ex. II.　　　Ex. III.　　　Ex. IV.

Ut 20 iij (5j |　24 v (3 ij |　36 vj (9 ij |　18 jv (6 j.
per 4 ij　　 per 8 iij　　 per 4 jv　　 per 3 iij

Tertius Casus.

Dividuos plures, numero cum dividis uno;
Semper dividui in quotiente apponito Signum.

　　　　Ex. I,　　　　　　　Ex. II.

Ut 63 ij -- 36j (7 ij -- 4 j |　 63 ij † 36 j. (7 ij † 4 j.
per　　　　 9　　　　　 per　　　 9

Compositas Algebra ignorat Partitiones:
Nam varias Formas, aut Signa utrobique, reducit,
Arte hac quam tradenda brevi tibi Regula monstrat.

CAPITIS VII. RESOLUTIO.

De Divisione Algebraica, per Arithmeticam.

Primi Casus.

　　　　Ex. I.　　　　　　　　Ex. II.

12 j. (4 j. id est 24 (8 |　 24 iij (3 iij |　 id est 192 (24
per 3　　　　　 per 3　　　 per 8　　　　　 per 8

Secundi Casus.

Ex. I,　　　Ex. II,　　　Ex. III,　　　Ex. IV,
160 (10 |　 768 (12 |　 2304 (36 |　 288 (12
per 16　　　 per 64　　　 per 64　　　　 24

Tertij Casus.

Ex. I.　　　Ex. II.
180 (20 |　 324 (36,
per 9　　　 per 9

CAPUT VIII.

De Probatione quatuor prædictarum Operationum Algebraicarum.

PRæter quod Subtractio ab Additione probatur,
  Atque vicissim; & Multiplicatio Partitione;
Sic aliter, Numeros, Formas & Signa resolvens,
Ad certum Examen poteris jam facta vocare.
Sic numeri & Formæ poterunt quæcumque resolui:
A dupla Radice venit Progressio dupla;
A tripla Radice venit Progressio tripla,
Et sic de Radice venit Progressio quævis:
Propositos ergo numeros Formasque resolve
Per sumptum à propriâ primâ Radice valorem;
Radix dupla valet duo; tripla valet tria; sicque
Progrediens Radix proprium fert quæque valorem.
Radices, Quadrata; Cubique Quadrata secuntur;
Quæque figura suum capit à Radice valorem:
Si Radix, duo; Quadratum, quatuor; Cubus, octo;
Et reliquæ proprium duplant quæcumque valorem.
Si Radix, tria; Quadratum ergo novem inde valebit.
Ad numeros igitur Formas quascumque resolve,
Et toties pone in numeris, quoties tibi monstrant
Appositi numeri, nisi quòd Signum Minus aufert.
De summa numeros ipsum Formasque sequentes;
Addit enim Pluris Signum, ac numeri sine Signo.
Ex Formis sic ad numeros per Signa redactis,
Immò ex sic factis numeris, certum tibi fiet
An bené vel malé sit priùs actum; Nam numeri idem
Semper provenient in facto, propositoque.
Exempli causâ: Numeri Addendi, resoluti
Idem provenient ac in Summâ resoluta:
Sic etiam numeri Subducendi, resoluti,
Idem provenient juncti Reliquo resoluto,
Cum numero resoluto à quo Subtractio facta est.
Sic de Divisis, & sic de Multiplicatis.

Ex. I. In Additione.

Ex additis, 6 iij † 4 ij
        4 iij — 8 ij
fit summa, 10 iij — 4 ij

Sic resolues in dupla progress. 6 iij valent 48. † 4 ij valent 16. 48 & 16, faciunt 64. tum 4 iij valent 32, sed — 8 ij quæ valent 32 delent 32, ergo in addendis est 64.

Nunc videndum si summa valet 64. 10 iij in eadem progressione dupla, faciunt 80, ex quibus si tollas — 4 ij id est 16, superest 64. Ergo bené stat operatio.

Ex. II. In Subtractione.

Ex subtractis, 10 iij — 4 ij
           6 iij † 4 ij
           ——————
fit reliquum   4 iij — 8 ij

Sic resolues in tripla progressione 10 iij valent 270, à quibus si subtrahas — 4 ij id est 36, remanent 234. Tum si subtractum 6 iij, id est 162, & † 4 ij, id est, 36, & 4 iij — 8 ij id est 36 simul addas, efficies item 234: bené ergo.

Ex. III. In Multiplicatione.

Ex multipl. 6 j --- 8
per   5 j --- 3
      --- 18 j † 24
   30 ij — 40 j
   ————————
S. 30 ij — 58 j † 24

Sic resolues in progr. dupla. 6 j. id est 12, — 8, faciunt 4, & 5 j. id est 10, — 3, faciunt 7.

Ex multiplicatione 4 in 7 fit 28. Atqui ex 30 ij id est 120, — 58 j id est 116 sive 4, & 14, fit etiam 28. Ergo bené.

Ex. IV. In Divisione.

Ex divis. 30 ij --- 58 j † 24
per   6 j — 8
fit quotiens (5 j --- 3)

In dupla progr. valent 28 & fit quotiés (7
              valet 4
                    valet item (7
              ergo bené.

CAPUT IX.

DE FRACTIS ALGEBRAICIS.

Reductio maximorum Numerorum ad Minimos numeros; & Formarum ad alias minores.

AD minimos numeros parili ratione reduces
Ac in Fractorum praxi; nisi quod duo, vel tres
Sæpé reducendi, quod ope communis ad omnes
Mensuræ facies: Formas retrahendo reduces.

Reductio Numerorum tantùm.	Reductio Formarum tantùm.
Sic $\dfrac{15}{5}$ reducentur ad $\dfrac{3}{1.j}$	sic $\dfrac{4\,ij}{1.jv}$ reducentur ad $\dfrac{4}{1.ij}$

Reductio numerorum & Formarum.

$$\frac{18\,ij - 9\,j}{6\,ij + 3\,ij} \text{ reducentur ad } \frac{6.j - 3}{2 + 1.j}$$

Reductio ad eamdem denominationem.

IN Cruce transversos hinc illinc multiplicato;
Duc in se Nomenclatores; addito Formas.

$$\text{Sic } \frac{3\,ij}{4.ij} \times \frac{4\,iij}{5\,vj} \text{ fiunt } \frac{15\,vij}{20} \quad \frac{16\,v}{viij}$$

Reductio Integri & Fracti ad eamdem Denominationem.

UNum suppone Integro; inde reducito ut anté.

Ut si reducenda | 6 $\dfrac{4j}{7\,ij}$ sic reduces $\dfrac{6}{1} \times \dfrac{4j}{7\,ij}$

$$\frac{42\,ij.\ 4.j}{7\,ij.}$$

Item

Item $5\,ij\ \dfrac{4.iij}{3\,ij}$ sic reduces $\dfrac{\dfrac{5\,ij}{1}\ \times\ \dfrac{4\,iiij}{3\,ij}}{\dfrac{15\,jv.\quad 4\,iij}{3\,ij.}}$

Reductio Integri cum fracto, ac fracti alius ad eamdem denominationem.

Fractum ad idem, Integrum Fractumque reducito; tandem
Utraque Fracta reduc Nomenclatore sub uno.

Ut si sint reducenda. $\dfrac{4\,ij + 2\,j}{1.iij}$ & $\dfrac{3\,ij}{1.v.}$ primo reduces
Integrum &
fractum ad
fractum idem.
& fient. $\dfrac{4\,ij + 2.j}{1\quad 1.iij.}$ $\dfrac{4.v.\quad 2.j}{1.iij.}$

Deinde priùs reductum
integrum & fractum redu-
ces cum alio fracto ad eamdem denominationem.
sic $\dfrac{\dfrac{4.v. + 2.j}{1.iij}\ \times\ \dfrac{3\,ij}{1.v.}}{\dfrac{4.x + 2.vj.\quad 3.v.}{1.viij.}}$

CAPUT X.

*De Additione, Subtractione, Multiplicatione & Divisione
Fractionum Algebraicarum.*

HAs quatuor Praxes parili ratione operare
Ac in vulgari; nisi quòd duplici utere Signo.
ADDITIO.
Fractis adductis Nomenclatore sub uno,
Omnes junge simul Numerantes ante reductos,
Ac Signum Numerantibus interponito Pluris.

Ut fi addendi
fint,

$$\dfrac{4\,j}{3} \; \mathsf{X} \; \dfrac{5\,ij}{4\,iij}$$

Sic Numerantes re-
ductos addes interpo-
nendo fignum P. per
primum Cafum Cap.
quarti.

$$\dfrac{16\,jv \;\dagger\; 15\,ij.}{12\,iij.}$$

fic reduces

$$\dfrac{16\,jv \quad 15\,ij}{12\,iij}$$

SVBTRACTIO.

Ut priùs adductis Nomenclatore fub uno,
Uulgari praxi Numerantem hunc fubtrahe ab illo.
Hos fi opus eft ad primos partitione reduces.

Ut fi proponantur.

$$\dfrac{4\,j}{3} \; \text{Subtrahendæ à} \; \dfrac{16\,jv \;\dagger\; 15\,ij.}{12\,iij}$$

Sic adduces ad eandem denominationem.

$$\dfrac{4\,j}{3} \; \mathsf{X} \; \dfrac{16\,jv. \;\dagger\; 15\,ij.}{12\,iij.}$$

$$\dfrac{48\,jv \quad 48\,jv \;\dagger\; 45\,ij}{36\,iij.}$$

Subtractio.

$$\dfrac{48\,jv \;\dagger\; 45\,ij.}{48\,jv.}$$

Reliquum.

$$\dfrac{45\,ij \quad 5\,ij}{\text{id eft}}$$
$$36\,iij \; per \; 94 \,|\, iij.$$

MVLTIPLICATIO.

Duc in fe focios; Signa adijce, & addito Formas.
Tum fi opus eft ad primos partitione reduces.

Ut fi fint
multiplicandi.

$$\dfrac{16\,jv \;\dagger\; 15\,ij.}{12\,iij} \; per \; \dfrac{4\,j}{3.}$$

fient

$$\dfrac{64\,v \;\dagger\; 60\,iij}{36\,iij} \; \text{id eft} \; per\,4. \quad \dfrac{16\,v \;\dagger\; 15\,iij}{9\,iij.}$$

DIVISIO.

Dividito Numeros; Signa adijce, subtrahe Formas.

Ut si dividendi
sint.

$$\dfrac{\dfrac{16\,v \dagger 15\,iij}{9\,iij}}{per\ 4\,j}$$
3

$$(4\,jv \dagger 3\tfrac{1}{4}\,ij$$
$$3\,iij$$

Item $\dfrac{48\,v \dagger 45\,iij}{9\,iij}$

per $\dfrac{16\,v. \dagger 15\,iij}{9\,iij}$

$(3 \dagger 3 \text{ id est } 6.$

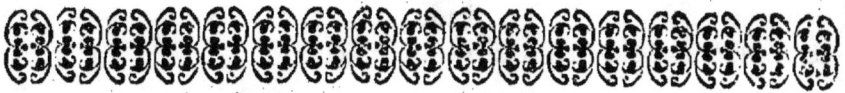

LIBER NONUS·
DE REGULA ALGEBRÆ.

CAPUT PRIMUM.

Quid sit & quàm excellens.

UREA Norma Trium; si quid pretiosius auro,
Regula nostra hæc Algebræ plusquàm Aurea nobis.
Quinetiam Angelico reputata est nomine digna:
Ecquid enim tàm est Angelicum, quàm occulta videre;
Occultos animi sensus, secretaque cordis,
Unius ad fatum numeri, reserare latentis?
Hanc ergo Angelicam methodum hîc aperire voluntas.

CAPUT II.

Textus Regulæ Algebræ.

QUando tibi solvenda offertur quæstio quædam,
Per quam aliquis numerus proponitur inveniendus;
Pone loco ignoti numeri, qui quæritur, unam
Radicem; aut totidem, quot erunt numeri inveniendi,
Ponito Radices; quin si numerus quis, alius
Multiplus fuerit, juxta multiplicitatem,
Radicum crescat numerus, Formâ remanente.
Dein vel ad hanc, vel ad has, quas quæstio continet, omnes
Examen subeant partes, dum Æquatio fiat:
Ista reducatur, si opus est: Algebraicæque
Per numerum Formæ majoris, divide partem
Æquati oppositam; vel Radicem extrahe ab ipsa,
Quam Forma ostendit: Numerum, in quotiente, petitum,

Occultum priùs, aut ipsâ in Radice, videbis.
Exemplis hæc Sole magis tibi clara patebunt.

CAPUT III.

Exemplum Occulti numeri, Inventi per Regulam Algebræ, sub positione unius tantùm Radicis.

Ecce tibi solvenda offertur quæstio talis:
Quis numerus, de quo cùm tertia, quartaque partes
Ablatæ fuerint, Reliquum Denarius exstat?

Operationes.

Pone loco Ignoti Numeri qui quæritur, unam
Radicem: Cùm autem Radix Numerusque putentur
Unum & idem; Numeri pars tertia, tertia pars est
Radicis; Numeri & quæ quarta est, quarta quoque est pars
Radicis: si adducantur sub nomine eodem,
Tertia, quartaque, dant partes septem duodenas;
Nam faciunt junctæ pars tertia, quartaque, septem:
Partibus ex septem duodenis quinque supersunt.
Atqui cum partes duodenæ æquentur & unum
Sint cum ipso numero, unum erit & denarius ipse
Cum quinque; ac cum septem, tertia quartaque partes;
Hocque modo, quæsita utrobique Æquatio prodit:
Sufficit æquari hic duodenum quinque, decemque.
Adduc illa duo Nomenclatore sub uno;
Solos dividito Numerantes, nempé minore
Dividito Numerum majorem; Resque peracta est.
Occultus numerus tandem in quotiente patebit;
Ipsius & quænam sint tertia, quartaque partes,
Per tria, per quatuor secto quotiente videbis,
Ac Reliquum superesse Decem: quod erat faciendum.

EXEMPLVM.

Quis numerus à quo ablatis tertia & quarta partibus superest 10?

Verte.

Operationes.

Operatio 1ª.	2ª.		3ª.	4ª.	5ª.
$\frac{1}{3}X\frac{1}{4}$	3 & 4 faciunt 7,	5. æquatur 10. sicut j.12.	$\frac{11}{7}X\frac{5}{12}$	ℓ	24 (8.
$\frac{4 \quad 3}{12}$	7 ex 12, restant 5.		$\frac{120.\quad 5}{12}$	$\frac{120(24}{8}$	$\frac{3}{24 (6.}$
				8	4
					8, 6 & 10,
					24

EXEMPLVM II.

In quo plures Radices sunt positæ, atque ex iis quædam aliarum multiplices.

QUamvis Radices plures ponantur, ad unam
Attamen Algebræ tota hæc operatio spectat.

Ut si ponatur 360. dividendus in tres partes quarum secunda sit dupla primæ & tertia tripla etiam primæ. Pone pro primo numero occulto 1. j. Pro secundo 2. j. Pro tertio 3. j. Tum junctis 1 & 2 & 3, habebis 6 pro numero Radicum, & per 6 divi es 360, veniet in quotiente 60, qui erit valor primæ Radicis ad quam cæterarum valorem habebis; nempe pro duabus 120, & pro tribus 180, quæ omnes constituunt numerum 360.

CAPUT IV.

Major Explicatio Regulæ Algebræ.

IN quatuor scissa est Algebræ Regula partes;
Semper binæ insunt; Æquatio, Partitioque;
Sæpe Reductio abest, Radicum Extractio sæpe.
Harum majorem lubet hic apponere sensum.

De Æquatione.

Par diversorum valor, est Æquatio dicta:
Libra valet viginti assis; pars tertia scuti est.
Septuaginta duo, bis sex Radicibus æqua,
Si sex supponas Radicem quamque valere.
Hæc in praxi est invenienda Æquatio semper
Inter Formam Algebraicam, partem oppositamque:

Cùm folam, nec bis pofitam hac in parte vel illâ,
Majorem hanc Formam cernes; Divifio fiat.
At, cùm nec folam Formam, vel bis pofitam effe
Cernes hac aut illâ parte; Reductio fiat.

Ex. I.

Ut fi æquatio fuerit inventa inter 12. j. & 72. tunc divifio fiat, quia
tum 12. j. nihil habet adjunctum, tum quia Forma j. non eft in alia
parte. Et dividendo 72 per 12. venit in quotiente (6, qui valor eft
unius Radicis.

Ex. II.

Sic fi æquatio fuerit inventa inter $\frac{4}{11}$ j & 10. tunc divifio fiat poftquam
adducta fuerint $\frac{4}{11}$ & 10 fub eodem denominatore ut fupra.

Ex. III.

At fi inventa effet æquatio inter 9. j —12 & 42. vel inter 9. j &
72 — 3j. quia in primo exemplo radix non eft fola; & in fecundo radix
eft utrabique; idcò Reductio facienda ut fequitur.

CAPUT V.

De Reductione aut Tranfpofitione Æquationis.

ERgo Reducenda eft Æquatio, cùm nec adeffe
Solam majorem Formam, vel bis pofitam effe
Confpicies hac parte vel illâ: Sicque Reduces.
Quando in parte aliquâ Signum Minus, ipfius adde
Hinc illinc numerum, tunc jufta Æquatio fiet:
A quâ retrahitur Signum Minus, additur ipfi.
Si Pluris fignum fit; fubtrahe parte ab utraque
Ipfius Numerum, tunc jufta Æquatio fiet.
Sic Signum Minus in Signum tranfponito Pluris;
Et Pluris Signum in Signum tranfpone Minoris.
Hæeque tibi femper generalis Norma tenenda eft,
Radices folæ, Numero; Quadratáque fola
Et Radicibus æquentur Numeróque: Cubófque
Solos Quadratis, Radicibus & Numero æqua.

Æquationes Reducendæ.

Ex. I.		Ex. I.
9j — 12 O 42	Reductio.	9j. O 54

Ex. II.		Ex. II.
9.j. O 72 — 3j.	R.	12.j. O 72

Ex. III.		Ex. III.
1.ij — 3j. O 108	R.	1. ij. O 3j. † 108

Ex. IV.		Ex. IV.
5. ij † 20 O 100	R.	5. ij O 80.

Ex. V.		Ex. V.
3. ij † 2j O 56	R.	3. ij O 56 — 2j.

Ex. VI.		Ex. VI.
9j † 12 O 78 — 2j.	R.	1ª. Reductio tollendo † 12.
		9j. O 66 — 2j.
		2ª. Reductio addendo — 2j.
		11.j. O 66.

CAPUT VI.

Varij Casus Reductionis Æquationum.

CUm posita in variis sit tota Reductio Signis;
Hæc serva, ut melius Signorum Operatio fiat.

Primus Casus.

Cùm Signum, tantùm pars una, Minoris habebit;
Tum Numerus, tùm Forma sequens addatur utrinque;
Adduntur Numeri aut Formæ quæ non retrahuntur.
A quâ retrahitur Signum Minus, additur ipsi.

Ex. I.

Reducenda 2ij — 3j O 104   Reducta 2ij O 3j † 104.

Ex. II.

5 ij — 40 O 10.j. Reduc. 5 ij O 10.j. † 40.

Secundus Casus.

Cum Signum Pluris, tantùm pars unica habebit;
Vel numerus, vel Forma sequens retrahatur utrinque.

Ex. I.

Reducend. 11.j $\dagger$ 12 O 78   Reducta 11.j O 66.

Ex. II.

3j. $\dagger$ 6 O 24   R.   3j O 18

Ex. III.

5 ij $\dagger$ 20 O 100   R.   5ij O 80

Ex. IV.

3 ij $\dagger$ 2.j O 56   R.   3 ij O 56 — 2. j.

Tertius Casus.

Cum Signum pars una Minoris, & altera Pluris;
Adde in parte utraque Minus; Plus subtrahe utrinque.

Ex. I.   Ex. I.

Reducend. 9.j $\dagger$ 12 O 78 — 2.j Reduct. $\begin{cases} 1^{s}. & 11.j \dagger 12 O 78. \\ 2^{s}. & 11.j O 66 \end{cases}$

Ex. II.   Ex. II.

5ij — 3j O 3ij $\dagger$ 20. Red. $\begin{cases} 1^{s}. 5.ij O 3ij \dagger 3.j \dagger 20. \\ 2^{s}. 2 ij O 3.j \dagger 20. \end{cases}$

Quartus Casus.

Si duo Signa in parte unâ diversâ notentur;
Quod Minus addatur, quod Plus retrahatur utrinque.

Ut 108 $\dagger$ 8 j O 2. ij — 12 j. $\dagger$ 60. Reductio $\begin{cases} 1^{s}. 108 \dagger 20 j O 2. ij \dagger 60. \\ 2^{s}. 2 ij O 20 j \dagger 48. \end{cases}$

Quintus Casus.

Si duo Signa in parte utrâ diversâ notentur;

Dd

Inter Signa eadem fiat Subtractio utrinque.

$$\text{Ut } 6\,j\text{---}10 \; O \; 10.j\text{---}34 \text{ Reductio. } \begin{cases} 1^a. 6.j \; O \; 10\,j\text{--}24 \\ 2^a. 0.j \; O \; 4.j\text{--}24 \\ 3^a. 24 \; O \; 4.j. \end{cases}$$

CAPUT VII.

Axiomata Reductionum.

Primum.

Signa eadem retrahunt; addunt diverfaque Signa.

<table>
<tr><td align="center">*Ex. I.*</td><td align="center">*Ex. I.*</td></tr>
<tr><td>$6.j\text{---}10 \; O \; 10.j\text{---}34$ Red.</td><td>$\begin{cases} 1^a. 6.j \; O \; 10.j\text{--}24 \\ 2^a. 4.j \; O \; 24. \end{cases}$</td></tr>
<tr><td align="center">*Ex. II.*</td><td></td></tr>
<tr><td>$6.j \dagger 6 \; O \; 12\,j\text{---}30$ Red.</td><td>$\begin{cases} 1^a. 6.j\text{---}30.O \; 6, \\ 2^a. 6.j \; O \; 36. \end{cases}$</td></tr>
</table>

Secundum.

In Signo Pluri retrahe; in Signo adde Minori.

<table>
<tr><td align="center">*Ex. I.*</td><td align="center">*Ex. I.*</td></tr>
<tr><td>$4\,j. \dagger 8 \; O \; 96.$</td><td>Red. $4j. \; O \; 88.$</td></tr>
<tr><td align="center">*Ex. II.*</td><td align="center">*Ex. II.*</td></tr>
<tr><td>$6\,j \; O \; 12\,j\text{--}24.$</td><td>Red. $6.j. \; O \; 24.$</td></tr>
</table>

Tertium.

Si retrahas, fi addas; hinc, illinc, fubtrahe & adde.

<table>
<tr><td align="center">*Ex. I.*</td><td></td></tr>
<tr><td>$4\,j \dagger 8 \; O \; 96$</td><td>fubtr. $4j. \; O \; 88.$</td></tr>
<tr><td align="center">*Ex. II.*</td><td align="center">*Ex. II.*</td></tr>
<tr><td>$4\,j.\text{---}8 \; O \; 80$</td><td>addit. $4j. \; O \; 88,$</td></tr>
</table>

Quartum.

Ex æquis, æquis sublatis, æqua supersunt.

Ut si ab æquis 1.j O ⅔ j † 15 tollas utrinq; ⅔ j. æqua supersũt ⅔ j O 15.

Quintum.

Sic æqualia erunt, si addas æqualibus æqua.

Ut si ad 4 j --- 8 O 80. addas utrinque 8. fient æqua 4. j & 88.

Sextum.

Quæ fuerint æqua uni, hæc ad se æqualia sunto.

Septimum.

Formam Algebraicam solam parti oppositæ æqua.
Hinc illinc retrahe, addeque, dum hæc Æquatio fiat.
Partes æquentur variæ, ut Divisio fiat.

CAPUT VIII.

De Æquatione per Reductionem Fractorum.

IN Cruce multiplica, ut Fractorum Æquatio fiat;
Ipsa reducatur, si opus est; te dicta docebunt.

Exemplum I.

Ut si sint
reducendi.

$$\frac{3. j † 12}{5} \quad O \quad X \quad \frac{36 \, ij --- 19 \, 8. \, j.}{3 \, j.}$$

Multiplica in Cruce
& fient. 9 ij † 36 j O 180 ij -- 990. j Reductio 19. j O 114.
Ad minimas formas 1. j † 4 O 20 j --- 110. Reducta 19. j O 114.
&
Ad minimos termi-
mines per 9.

Exemplum II.

$$\frac{4j \dagger 18 \; O \; 12j \text{---} 58}{1.j \quad X \quad 2}$$

8j † 36 O 12ij --- 58j Reducta 66.j † 36 O 12ij.

Si Res æquetur fracto, unum ponito pro Re.

Ut $\dfrac{5}{4 \dagger 1.j} \; O \; \dfrac{1}{1}$ vel fcutum aut res alia.

$$\frac{}{5 \; O \; 4 \dagger j.}$$ Reductio 1.j & 1.

CAPUT IX.

De Divifione quam præcipit Algebræ Regula.

PEr Numerum Formæ majoris divide partem
Æquati oppofitam; vel Radicem extrahe ab ipfa.
Si major Forma eft Radix, Divifio fiat:
Si Forma eft major Radice, Extractio fiat.
Per Numerum Formæ cum dividis, abijce Formam.

Exemplum I.

Si inventa eft æquatio inter 7 j. & 42, tunc fiat divifio ob caufas fupra dictas cap. 4.

Sic 42 (6. valor unius radicis.
7

Exemplum II.

6j O 72 | 72 (12 eft valor unius j.
6

Ex. III.

12j. O 72 | 72 (12 eft valor unius j.
12

CAPUT X.

De Præparatione ad Extractiones Radicum, seu de Reductione aut abbreviatione Formarum ad minimas & ad Numeros sine Forma, quos vocant absolutos.

CUm nullum Numerum sine formâ Æquatio habebit,
Semper ut é numero sine forma Extractio fiat;
Forma minor de majori Forma retrahatur:
Quæ Forma anté fuit, fiet Numerus sine formâ,
Ut sic ad Formam majorem Extractio fiat,
Aut si major sit Radix, Divisio fiat.
Ista Reductio dicta est abbreviatio Formæ.
Algebristæ vocant hypobibasin.um, id est descensum seu depressionem.

Exemplum I.

Si sit æquatio inter 2 ij & 12 j. quia ibi nullus numerus sine forma, retrahatur j à ij & fiet 2 j. & 12.

Exemplum II.

Si sit æquatio inter 10. vj & 466560 iij, sic abbreviandæ formæ per subtractionem minoris à majore, 10 iij & 466560. Unde Extractio Cubica.

Ad minimas Formas, ac ad Numeros sine Forma,
Majores quasvis Formas hac arte reduces;
Dummodò sint illæ Formæ in distantibus à se
Progressu æquali spatiis: Retrahendo minorem
Omnibus ex aliis, ac ipsâ deinde retractâ
Ex sese, (quod idem est ac si foret ipsâ reducta
Ad Numerum) minimas sic Formas omnium habebis.

Ut si sit æquatio inter 1. vj. & 1. v. † 35156. jv $\left\{\begin{array}{l}\text{Quia à se invicem} \\ \text{distant æquali spatio} \\ \text{seu arithmeticé, ideò} \\ \text{has omnes Reduces}\end{array}\right.$
vel   1. v. & 1. jv † 35156 iij
vel   1. jv & 1. iij † 35156 ij).

Ad 1. ij & 1. j † 35156. retrahendo minorem ex omnibus aliis ac deinde ex seipsâ ut fiat 0. id est Numerus sine forma.

At si uni tantum immediaté proxima Forma
Æquetur; quamvis sit nulla Reductio facta:
Majoris Formæ Numero partire minorem,
Unius in quotiente valor Radicis habetur;
Et sic Radicum jam jam est Extractio facta.

Ut si sit æquatio inter 5 v. & 30 jv. per 5 dividatur 30 & fiet. (6 valor
unius Radicis.

Et quamvis Formæ nondùm essent abbreviatæ;
Sic docet illarum interse distantia, quænam
Radicis ex quovis fuerit quotiente trahenda.
Si Formas inter, fuerit distantia tantùm
Unius Formæ, Radix quadrata trahenda est:
At si binarum, Cubica; & quadratoquadrata,
Illa trium Formarum à se distantia si sit.

Ut si sit æquatio inter 3 jv. & 12 ij. extrahenda erit Radix quadrata,
quia inter jv & ij mediat tantùm unica Forma, iij.
Si inter 4. vj & 9 iij. tunc Cubica quia duæ formæ mediant.
Si inter 20. vj. & 30. ij. tunc quadratoquadrata, &c.

Cùm Forma est major Radice, Extractio fiat,
Quadratæ, quando major sit forma Quadrata;
Vel Cubicæ si sit Cubica; aut quadratoquadratæ
Radicis, fuerit si Forma Quadratoquadrata:
Sic Formam ad majorem est Radix quæque trahenda.

Ut si æquatio sit inter 2 ij & 144 — 12 j, erit (facta prius divisione, ut
æquales sint 1. ij & 72 — 6 j) extrahenda radix quadrata ex 72 — 6 j.
quia forma major est ij.
Sic inter 1. ij & 6 j † 72. erit extrahenda quadrata.
Sic inter 10 iij & 466560, facta divisione erit extrahenda cubica ex
46656.

Cum Radix aliqua ex Numero Formaque trahenda est,
Dummodò sit numerus solus cum simplice Formâ;
Abjectâ Formâ Radicem quærito tantùm
Ipsius Numeri: qualem autem sumpseris illam,
Hac Formam partire, dabit quotiens tibi nomen
Radicis quæ de numero Formaque trahenda est.

Ut si invenienda sit radix quadrata 144 ij. radix quadr. 144 est 12,
dividatur ij per ij sit j. Ergo 12 est radix quadrata 144 ij.

Sic radix quadrata 144 vj est 12 iij, quia divisus vj per ij dat in quotiente iij.

Sic radix cubica 64 iij, est 4 j, quia radix cubica, 64 est 4, & iij divisus per iij dat j.

Item radix quadrata 25 jv est 5 ij, nam 5 est radix 25, & jv per ij divisus dat ij.

Item radix quadratoquadrata 16 viij est 2 ij, nam viij divisus per jv. qq. dat ij.

Sic radix surdesolida 32 x est 2 ij, quia x per v, divisus dat ij.

Sic radix quadratoquadrata 81 jv est 3 j, quia 3 est radix qq. 81. & jv per jv divisus dat j.

CAPUT XI.

De Radicum Extractione quam præcipit Regula Algebræ.

CUm Forma est major Radice, Extractio fiat
De Numero propé quem Forma haud apponitur ulla.
Ut teneas animo AMASIAS dabit has tibi Praxes.

Prima Praxis.

A Numero incipiens Radicum, hunc dimidiato;
Dimidium hunc Numerum servato, ac abjice Formam;
Servato dum sit finita operatio tota.

	Ex. I.	Ex. II.	Ex. III.
Quia in his Ex. Forma scilicet ij est major j, ideò fiat Extractio.	1.ij O 72 -- 6 j.	1.ij O 6 j † 72	1.ij O 18 j -- 72,
	dimidium numeri j, scilicet 6 est 3. servandum — 3.	dimidium numeri radicum est 3. servandum † 3.	dimidium numeri radicum 18. est 9. servandum † 9.

Ex. IV.

1.ij O 54 † 3 j.

dimidium 3 est.
— 1 $\frac{1}{2}$

Secunda Praxis.

MUltiplica in se dimidium, venit inde Quadratum.

Ex. I.	Ex. II.	Ex. III.	Ex. IV.
3 in se facit 9.	3 in se facit 9.	9 in se facit 81.	$1\frac{1}{2}$ faciunt $\frac{9}{4}$.

Tertia Praxis.

ADde Quadratum hoc ad numerum additione notatum:
Subtrahe de numero, si Signum illi Minus adsit.

Ex. I.	Ex. II.	Ex. III.	Ex. IV.
Quia 72 habet signum add. †, ideo ei addendum est 9 & fit 81,	sic adde ad † 72,9, & fit 81,	quia est — 72 subtrahe 72 de 81 (quia semper major de minore trahendus) & fit 9.	quia est † 54 ideo addo $\frac{9}{4}$ id est $2\frac{1}{4}$ & fit $56\frac{1}{4}$.

Quarta Praxis.

INvenienda est, é Facto Radixque trahenda,

Ex. I.	Ex. II.	Ex. III.	Ex. IV.
Radix quadrata 81 est 9.	Radix quadrata 81 est 9.	Radix quadrata 9 est 3.	Radix quadrata $56\frac{1}{4}$ est $\frac{15}{2}$ id est $7\frac{1}{2}$.

ADde ad Radicem servatum dimidiatum:
Subtrahe de Radice inventa dimidiatum:
Addito si servatum habeat Signum additionis;
Subtrahe si subducendi Signum appositum sit.

Ex. I.	Ex. II.	Ex. III.	Ex. IV.
Ut quia — 3 dimidium servatum habet signum — ideo subtrahe à radice 9 & remanent 6, valor radicis.	quia † 3 ideo addo ad 9 & fit 12.	quia † 9 addo ad 3 & fit 12.	quia — $1\frac{1}{2}$ subtraho de $7\frac{1}{2}$ & remanet 6.
Ergo radix 72 - 6 j est 6.	Radix 6 j † 72 est 12.	Radix 18 j - 72 est 12.	Radix 54 — 3 j. est 6.

CAPUT

C A P U T XII.

De Numeris binas Radices habentibus.

TUnc poterit Numeris duplex contingere Radix,
  Cum positum est Signum Minus ad numerum sine formâ,
Dat primam praxis præcedens; altera vero
Sic veniet: per præcedentem, inventa quadrata
Servato de dimidio Radix retrahatur.

Ex. I.

Ut in 3° Ex. suprapofito 18 j — 72, quia numerus fine forma 72 habet fignum minus idco duplicem habebit Radicem. Primam quæ jam extracta est. Altera seu minor fic habebitur. Radix 3 inventa per quartam praxim retrahatur de dimidio numero Radicum fervato, & remanet 6 pro Radice minore. Nam 18 j valent 108. fi radix est 6, ablatis autem 72 ex 108, remanent 36. quadratum radicis 6.

Ex. II.

20 j. — 96. fumpto dimidio numeri radicum, 10. & ex ipfius quadrato 100 fublatis 96, remanent 4, cujus radix quadrata est 2. quâ addita ad dimidium fervatum 10 fit 12 pro prima radice: altera autem habebitur fi 2 retrahas ex 10, & 8 erit fecunda radix.

At quando is numerus, quadratum dimidiati
Radicum fuerit, tunc illi est unica Radix.

Ut 1.ij & 12 j. — 36. quia 36 est quadratum 6, dimidij numeri Radicum, ideo est unica radix.

Majores Cubicâ Radices abbreviatæ
Et duplicem inter fefe fervantes rationem,
Sic ut formam aliquam componat forma quadrata
Juncta alij formæ, binas ita quæque miniftrant
Radices: Primùm Radix quadrata trahenda est
De parte oppofitâ, velut effet forma quadrata
Major compofita; ac Radix est deinde trahenda
Ex radice ipfâ, qualem indicat altera forma
Quæ media est inter numerum formamque priorem.

Ut fi fit æquatio inter 1. jv & 18 ij — 648. 1°. extrahenda est radix quadrata de parte oppofita majori formæ, fcilicet 18 ij — 648, per præce-

Ee

dentem praxim, & veniet 36. Unde etiam extrahenda est radix quadrata quia forma media inter majorem & numerum est ij.

Sic ex 1. viij & 20000 jv —78461119. 1', extrahenda est radix quadrata ac deinde quadratoquadrata ex radice quadrata inventa, quia altera forma est jv seu quadratoquadrata.

CAPUT VIII.

De Secundis Radicibus & earum Characteribus.

Ponendæ sunt diversi quandoque valoris
   Radices, quas Artistæ dixere Secundas,
Nomine communi; licèt omnibus esse Secundas
Sæpé haud conveniat: namque ex his, una secunda est,
Tertia & est alia, aut quarta; ut quo quæque locatur
Ordine, sic propriâ de sede vocabula sumat.
Et ne te similis turbet confusio Formæ,
Formas his alias dabimus, quas pagina monstrat:
Quæ quamvis alijs alium arripiantur in usum,
Nil moror, ijs licèt in rebus suprema voluntas
Sit ratio, tamen hæ formæ haud ratione carebunt,
Ob similes, quas hic cernis, cum sede figuras.
Sed quia permixtim primis Radicibus istæ
Ponuntur, nomen Notularum imponimus illis,
Nominis ut Formæ non te confusio turbet.
Sæpé locum tantùm signant Notulæ, sine Forma.

Typus Secundarum Radicum cum suis Formis quas Notulas vocamus.

2^a. radix. 3^a. rad. 4^a. rad. 5^a. rad.

Radix Prima, j | Radices Secundæ;   2.   3.   4.   5. &c.

Quandonam Secundæ Radices in usum veniant.

Propositos si inter numeros Proportio detur,
   Radices tantùm Primæ assumentur in usum:
At quando plures numeri, & Proportio nulla
Inter eos fuerit data; tunc primus sibi Primas

Radices fumet, reliqui fumentque Secundas.

Ut fi proponerentur quærendi duo numeri in proportione quadrupla, qui additi facerent 100: ad hoc fufficerent primæ Radices. Sic pro minore poneretur 1 j. pro majore 4 j. id eft, additi, 5 j. O. 100. unde divifus 100 per 5, dat pro minore 20 pro majore 80.

At fi proponerentur tres numeri quorum primus & fecundus fuperarent tertium 42; primus & tertius fuperarent fecundum 34; fecundus denique & tertius fuperarent primum 27; quæreturque quifnam effet numerus fingulorum, eorumque fumma; quia nulla datur proportio tunc poneretur pro primo 1 j. pro fecundo 1. 2, & pro tertio 1. 3. &c.

CAPUT XIV.

De quatuor Operationibus Secundarum Radicum.

Hic Algebraicis fimilis, repetendaque Praxis,
Tam multas poteram bené prætermittere Praxes;
Nam Decimus Liber has omnes fupplebit abundé:
Quin primis Radicibus has fupplere folemus,
Inter eas Signum apponendo Plufve Minufve.
Cum fit enim varius valor, hæ fejungier optant.

ADDITIO.

Cùm variæ Notulæ; Numeris Notulifque retentis
Additio ut fiat, Signum interponito Pluris.

Ut fi addas 5 z cum 6 z, fient 5 z † 6 z.

Quando eædem; Notulam Numeris apponito junctis.

Ut fi addas 5 z cum 4 z, fient 9 z.

SVBTRACTIO.

Cum variæ Notulæ, Signum interpone Minoris;
Majorem Notulam, Notulæ præpone Minori.

Ut fi tollas 6 z de 8 z, remanent 8 z — 6 z.

Si verò fuerint eædem, Subtractio fiet,
Majore ex numero numerum retrahendo minorem;
Communi Notulâ remanente, ut in Additione.

Ut fi tollas 5 z de 9 z, remanent 4 z.

Sic fi 21 z de 24 z, remanent 3 z.

MVLTIPLICATIO.

Ut bené multiplices, hæc serva: Sæpé Secundæ
Radices apponuntur solæ sine formis,
Aut numeris; sæpé anteferunt formas numerosque;
Sæpiùs at formas postponunt: hos tibi Casus,
Ac plures alios multa hæc operatio donat.

Primus Casus.

Si Numerus primæ Radicis multiplicetur
Per numerum Notulæ quæ sola sit; utraque forma,
Ordine quo fuit intersese multiplicata,
Ponatur, numeros pone in se multiplicatos.
  Ut ex 2, j. in 2 z fiunt 4 j z. id est 4. j. multiplicatæ in 1 z,
  Sic ex 2 z in 2 j. fiunt 4 z j. id est 4 z multiplicatæ in 1. j.
  Sic ex 3 ij in 4 3. fiunt 12 ij 3. id est 12 ij. multiplicatæ in 1. 3.
  Sic ex 1. j. in 1. z fit 1. j. z. id est 1. j. multiplicata in 1. z.

Secundus Casus.

Per Numerum, Numerus Notulæ si multiplicetur,
Accrescet solus numerus, Notulâ remanente.
  Ut ex 6 in 3 4. fiunt 18 4.
  Sic ex 7 in 4 3. fiunt 28 3.

Tertius Casus.

At numerus Notulæ, numero si multiplicetur
Alterius Notulæ quæ sit variæ speciei;
Post factos numeros, Notulas apponito utrasque.
  Ut ex 3 z in 9 3. fiunt 27 z 3. id est 27 z. multiplicatæ in 1 3.

Quartus Casus.

Si numerus Notulæ, numero sit multiplicatus
Alterius Notulæ quæ est ejusdem speciei
Post factos numeros, Notulam, dein pone quadratum.
  Ut ex 3 z in 4 z. fiunt 12 z ij.

Quintus Casus.

Si numerus Notulæ, vel quadraté, Cubicéve

Qualibet aut ratione alia in se multiplicetur:
Et factum, & Notulam, & Formam adjice multiplicati.

Ut ex 1 z in se quadraté fit 1. z ij, id est 1.ij. secundæ radicis.

Sic ex 1.j. z in 1j z, fit 1. ij z ij, id est 1.ij primæ radicis ductus in ij. secundæ radicis,

Sic 3 z in se quadraté faciunt 9 z ij.

Sic 3 z in se cubicé faciunt 27 z iij.

Sextus Casus.

Cum numerus Notulæ in numerum Notulæ speciei
Ejusdem, quæ formam habeat sit multiplicatus;
Censetur primus formam Radicis habere.

Ut ex 1.z in 1. z ij fit 1. z iiij. quia additur ad ij, j qui censetur adesse in prima notula.

Sic ex 3 z in 4 z iiij. fiunt 12 jv quia additur j ad iij.

Septimus Casus.

Cum numerus Formæ, in numerum qui habeat Notulamque
Formamque, est ductus, numeri in se multiplicantur;
Post factum, Formas pone & Notulam inter utrasque.

Ut ex 2 iij in 4 z ij. fiunt 8 iij z ij. hoc est 8 iij multiplicati in 1 z ij.

Sic ex 1. iij in j z ij fit 1. jv z ij. id est 1.jv ductus in 1. z ij.

Octavus Casus.

Cùm Numerum Notulæ ac Formæ quis multiplicabit
Per numerum Notulæ ac Formæ; vel sint speciei
Ejusdem aut variæ, numeris tunc multiplicatis,
Et Formis junctis, ponet Notulam inter utrasque.

Ut ex 2 z ij in 5 z iij. fiunt 10 z v.

Item ex 3 z ij in 4 z iiij. fiunt 12 z z v.

Nonus Casus.

Cùm numerum Notulæ ac Formæ quis multiplicabit
Per numerum Formæ ac Notulæ; producitur inde
Posterior numerus Formæ ac Notulæ, prior autem
Forma incremento Notulæ Radicis habentis,
Ut Sexto in Casu dictum est, apponitur aucta.

Ut ex 1 z iiij in. 1.ij z, fit 1.ij z jv.

Ee iij

Sic ex 3 𝑧 ij in 4 iij 𝑧. fiunt 12 iij 𝑧 iij. id est 12 iij. multiplicati in 1 𝑧iij.

Hos Casus quidam censent sic abbreviari
Si Notulæ ejusdem speciei; multiplicabis
Utrosque in se numeros, Notulas simul addes
Notulas ut sunt postponito facto.
Si variæ; notulæ ut sunt post factum adjiciendæ.

Ex. I. In quo notulæ sunt ejusdem speciei.

Ex 4 𝑧 in 7 𝑧. fiunt 28 𝑧 ij quia 𝑧 & 𝑧 id est j 𝑧 & j 𝑧 faciunt ij.

Ex. II. In quo variæ notulæ.

Ex 3j in 5 𝑧 fiunt 15 j 𝑧.

DIVISIO.

Partitio ut fiat, retrahet Subtractio Formas:
Divisis numeris, Notulam Formamve relinque.

Ut si dividas 8 iij 𝑧 ij per 4 𝑧 ij. retractis 𝑧 ij à 𝑧ij & divisis 8 iij per 4, quotiens erit. (2 iij.

Sic 8 iij 𝑧 ij per 4 iij. subtracto iij à iij, diversisque 8 per 4 quotiens erit. (2 𝑧 ij.

At si per Numerum Notulæ Divisio fiat
Radicis numeri, tunc ex iis Fractio fiet.

Ut si dividas 2j per 4 𝑧, fit quotiens $\dfrac{2j}{4^z}$

CAPUT XV.

Extractio Secundarum Radicum.

E Numero, Formâ rejectâ, Extractio fiat.
    Ut radix quadrata numeri 25 𝑧 ij, est 5 𝑧.
    Et radix cubica numeri 27 𝑧 iij est 3 𝑧.
    Et radix quadratoquadrata 16 ʄ est 2 ʄ.

At quando Forma, aut numerus, Radice carebit
Quæ petitur, numeros ad Surdos ista remitte,

Dando notam Surdi, Formis, numeris Notulisque.
　Ut si petatur radix cubica numeri 3 z ij; sic notabis $\sqrt{}$ iij 3 z ij.
　Sic radix quadrata numeri 4 z iij. notabitur $\sqrt{}$ ij 4 z iij.

CAPUT XVI.

Quomodo per Regulam Algebræ cognoscatur utrum quæstio sit possibilis nec ne, inepta aut nugatoria.

AN sit possibilis, vel inepta, aut quæstio plena
　Nugarum, Algebrâ poteris cognoscere certò.
Si minor æquetur majori; Formaque eidem
Æquetur Formæ, numerus numero quoque eidem;
Dic impossibilem, dic nugatoriam, ineptam.

　Ut si veniat æquatio inter 6j & 24j.
　Vel inter 3 ij † 5 & 2 ij † 4.
　Vel inter 8 ij & 8 ij.

LIBER DECIMUS.

EXPLICATIO GALLICA ALGEBRÆ.

Novaque Analysis, seu inveniendorum Occultorum Nume-
rorum methodus per Arithmeticam vulgarem ; Et ad
quarumcumque Quæstionum Resolutionem utriusque ap-
plicatio.

'ALGEBRE est une Arithmetique plus relevée
que l'Arithmetique commune, puisqu'elle peut
resoudre toutes les questions possibles qui se font
sur les Nombres, quelque cachez & inconnus
qu'ils soient, que l'autre ne peut resoudre.

Ce qui se fait par le moyen d'une seule Regle,
qu'on appelle par excellence la Regle d'Algebre, que nous donnerons apres avoir expliqué les figures & marques dont on se
sert en cet Art.

Dans l'Algebre on n'employe pour nombres que des Progressions Geometriques multiples, qui commencent par l'unité, comme sont les Progressions doubles, ou triples, ou quadruples, &c.
Et pour marquer les démarches de ces Progressions, c'est à dire,
les Racines, qui est la premiere démarche apres l'unité; les Quarrez qui font la seconde, les Cubes qui sont à la troisiéme, les
quarrez de quarrez qui est la quatriéme, &c. Au lieu des figures ou marques dont les autres Auteurs se sont servis, nous nous
servirons de chifres Romains, à qui nous donnerons le nom de
Formes; & pour cette premiere fois nous mettrons leurs noms
& leurs premieres lettres dont quelques-uns se servent pour les
exprimer, avec un Exemple de progression au dessous. Nous

ponctuerons

ponctuerons les i, & les alongerons ainſi j, quand ils ſeront ſeuls
ou à la fin, pour les diſtinguer des chifres Romains communs.

Formes ou Caractères de l'Algebre.

Leurs Noms.	Nombre.	Racine.	Quarré.	Cube.	Quarré de Sur quarré.	I. Sur quarré.	Quarré quarré, ſolide.	2. Sur quarré. cube, ſolide.	Cube. de quar. de quar.	de quar. cube.
1. Lettres.	N.	R.	q.	c.	qq.	I. S.	qc.	2. S.	qqq.	cc. &c.
Formes.	o.	j.	ij.	iij.	jv.	v.	vj.	vij.	viij.	jx. &c.
Exemple de Progreſſion double.	I.	2.	4.	8.	16.	32.	64.	128.	256.	512. &c.

Il ſe rencontre parmy ces Formes, des nombres de deux manieres; les uns s'appellent abſolus qui ſont indépendans & dé-
tachez des Formes, & nous les appellons nombres ſeuls ou nombres ſans Forme; les autres ſont attachez à des Formes & en dé-
terminent le nombre, comme 5 j. 4 ij. & cela veut dire cinq Racines, quatre Quarrez, &c. On les appelle les nombres des Formes.

Outre ces Formes qui repreſentent, comme nous avons dit,
les démarches des Progreſſions Geometriques, il y a deux autres
marques qui s'appellent Signes de Plus, & de Moins, qui ſervent à repreſenter ce qui s'adjoûte ou ſe ſouſtrait des Formes ou
des nombres, & qui ſe figurent ainſi. Signe de Plus, †, ou P.
Signe de Moins, —, ou M. Nous ne leur donnerons que le nom
de Signes.

Il y a encore d'autres marques pour repreſenter les Racines
Secondes, Troiſiémes, ou Quatriémes, &c. c'eſt à dire des Formes d'autre valeur que les premieres, qui ſe figurent ainſi, 2 c'eſt
à dire Racine ſeconde; 3, Racine troiſiéme; 4, Racine quatriéme; & ainſi de ſuite en mettant les chifres ordinaires tranchez
d'une petite barre. Et nous ne leur donnerons que le nom de
Notes. On s'en ſert quand il y a beaucoup de Racines à mettre
d'une proportion inconnuë, pour éviter la confuſion qui arriveroit ſi on n'employoit que les premieres.

Enfin comme il y a des nombres qu'on appelle Sourds & Irrationnaux, c'eſt à dire qui n'ont point ce qu'on leur attribuë, il y
a auſſi des marques pour les faire connoiſtre, que nous redui-
ſons à une ſeule qui ſe figure de la ſorte √; & cette figure ſe met

F f

au devant du nombre ou de la Forme irrationnelle, comme ✓ ij
de 6, c'est à dire, Racine quarrée de 6, & comme 6 n'a point
de racine quarrée, cette figure ✓ montre qu'elle est irrationnelle ou sourde.

Cecy presupposé, voicy le Texte de la Regle d'Algebre en
deux manieres ; la premiere simple, la seconde plus étenduë &
expliquée par des Exemples de presque tous les cas qui peuvent
arriver dans les Questions des Nombres.

SIMPLE TEXTE DE LA REGLE D'ALGEBRE, divisée en quatre Points.

I. AU lieu du nombre inconnu que vous cherchez, mettez
cette Forme j ; ou s'il y a plusieurs nombres à chercher
mettez-là autant de fois avec ce qu'ils auront de plus ou de
moins les uns que les autres. Et quand il y en aura quelqu'un
multiple d'un autre, ou double, ou triple, &c. vous mettrez devant la forme j le nombre qui designera la quantité de fois qu'il
sera multiple, 2 j s'il est double, 3 j s'il est triple, &c. La Position estant faite suivant la quantité de nombres inconnus, vous
exercerez toutes les conditions de la question qui vous est proposée, c'est à dire que s'il faut adjoûter, ou soustraire, ou multiplier, ou diviser, &c. vous ajoûterez, ou soustrairez, ou multiplierez, &c. jusqu'à ce que vous ayez trouvé une égalité ou é-
quation entre la forme ou les formes posées avec leurs operations, & les autres membres ou parties connuës de la question
proposée.

II. Vous reduirez cette equation s'il en est besoin, c'est à dire
que vous déchargerez & rendrez la plus simple qu'il se pourra la
partie qui represente les nombres inconnus. Et il ne sera pas besoin de faire de Reduction, lorsque la Forme sera seule de son
côté sans avoir aucun Signe de Plus ou de Moins ; ou que de l'autre côté opposé à l'équation cette Forme ne sera point repeté.
Mais quand l'un ou l'autre arrive, il faut faire la Reduction par
la Transposition ou changement ; en retranchant de part & d'autre ce qu'il y a de Plus, ou ajoûtant de part & d'autre ce qu'il y

a de Moins ; ou retranchant la Forme qui se rencontre des deux
côtez par la soustraction l'une de l'autre.

III. Puis par le nombre de la Forme j. vous diviserez la partie opposée à laquelle elle a esté trouvée egale. Et le quotient
sera le nombre que vous cherchez.

IV. Ou vous en tirerez la Racine, telle que la Forme vous le
montrera : & la Racine sera le nombre cherché.

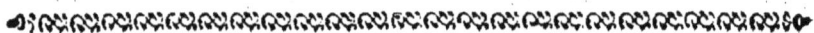

REGLE D'ALGEBRE,
expliquée par des Exemples.

PREMIER POINT.
De la Disposition & Equation.

QUand on vous propose un ou plusieurs Nombres inconnus
à chercher, mettez cette Forme j. autant de fois separement
qu'il y a de nombres à chercher ; & neanmoins quelque nombre
qu'il y en ait, le dessein de l'Algebre n'est que de découvrir la
valeur de la premiere Racine. Vous les disposerez les unes sur
les autres comme on fait en l'Addition & Soustraction de l'Arithmetique ordinaire. Il est à propos de commencer toûjours par
le moindre nombre en luy donnant simplement la premiere Forme j. quoy qu'on puisse faire autrement. Or il y a plusieurs Cas
qui se rencontrent dans les Questions, & qui font de la diversité en la position des Racines.

I. Quelquefois l'on met simplement plusieurs Racines l'une a-
pres l'autre selon les differens partages de la question, comme en
cet Exemple I.

EXEMPLE I.

Question.

Un homme laisse par testament 3000. liv. & veut que son fils ait le double de la mere, & la mere le double de ses deux filles, qu'elle sera la part de chacun ?

Mettez

Pour la premiere fille,   1. j.
Pour la seconde fille,   1. j.
Pour la mere,   2. j.
Pour le fils,   4. j.

Somme 8. j. égales à 3000. liv.

II. Souvent parmy les Nombres à chercher, il y en a qui ont quelque chose de plus ou de moins que les autres, & alors on ajoûte, après la Forme j. les signes de Plus ou de Moins, en nettant après ces Signes les nombres de Plus ou de Moins : Et quelquefois ces Signes sont pareils comme dans les Exemples II. & III. & quelquefois ces Signes sont mêlez. Exemple IV.

Exemple II.

Epheftion a deux ans moins qu'Alexandre, ou Alexandre a deux ans plus qu'Epheftion.

Clytus a l'âge des deux & quatre ans par deffus.

Califtene ayant quatre-vingt-seize ans a l'âge des trois ; quel est l'âge des trois en particulier ?

Mettez

Pour l'âge d'Epheftion.   1. j.
Pour Alexandre,   1. j † 2.
Pour Clytus.   2. j † 6.

Nota que ce † 6 se rapporte à la premiere racine, car puisqu'il a quatre ans par deffus les deux, il en a 6 plusque le premier, outre le double de leur âge.

Somme 4 j † 8. ég. à 96.

Exemple III.

La mesme question en commençant par Clytus.

Pour l'âge de Clytus.   1. j.
Pour Alexandre, $\frac{1}{2}$ j — 1
Pour Epheftion. $\frac{1}{2}$ j — 3

Somme 2. j — 4. ég. à 96.

Exemple IV.

La mesme question en commençant par Alexandre.

Pour l'âge d'Alexandre, 1. j.
Pour Epheftion.   1. j — 2.
Pour Clytus.   2. j † 2.

Somme 4. j. ég. à 96.
car — 2 & † 2, se détruisent l'un l'autre.

III. Quelquefois le nombre proposé a des parties ou Fractions, comme des tiers, des quarts, &c. alors il faut mettre aussi en fractions la Forme j.

Exemple V.

Quel est le nombre duquel il reste 10, apres en avoir ôté le tiers & le quart?

Mettez

Pour le Nombre inconnu 1. j. ôtant le tiers & le quart d'un j. qui font $\frac{7}{12}$ de j. il reste $\frac{5}{12}$ de j qui font égales à 10.

IV. Quelquefois il est necessaire de faire deux operations, & de mettre deux fois separement la mesme Forme.

Exemple VI.

Quel est le Nombre qui estant multiplié par 9, & son produit ajoûté à 90, fait autant que le mesme nombre multiplié par 14?

Mettez

Premierement pour le nombre inconnu 1. j.
& la multipliez par 9, ce sera   9. j.
qui ajoûtées à 90, font   9. j. † 90.

Puis pour la seconde Operation, mettez 1. j.
& la multipliez par 14. ce sera   14. j.
qui seront égales à la premiere Operation, à 9 j † 90.

V. Si dans la question il y a quelque multiplication de nombres à faire ou de Formes, dans lesquelles les Racines deviennent des quarrez ou autres Formes, on marquera ces Formes en mettant les plus grandes les premieres. Ex. VII. Et de mesme quand il y a quelque division à faire. Ex. VIII.

Exemple VII.

Quels sont les deux nombres qui se surpassent de 6, & qui estant multipliez l'un par l'autre produisent 475?

Mettez

Pour le moindre nombre.   1. j
Pour le plus grand.   1. j † 6
Multipliez l'un par l'autre. 1. ij † 6 j. ég. à 475.

Exemple VIII.

Deux Capitaines, dont l'un a 40 Soldats moins que l'autre, ont chacun 1200 écus à diviser à leurs Soldats, le partage estant fait les Soldats de la moindre Compagnie ont chacun 5 écus plus que ceux de la plus grande, combien y a t'il de Soldats en chaque Compagnie?

Mettez

Pour la moindre Compagnie   1. j.
Pour la plus grande.   1. j † 40.

Comme le nombre des Soldats est octuple de la somme, 40 à 5. il faut multiplier les Soldats l'un par l'autre, & octupler la somme. Les Soldats feront 1. ij † 40· j. égaux à la somme 1200 octuplée 9600.

VI. Enfin il arrive quelquefois qu'en la question proposée il y a des nombres de différente valeur, & dont la proportion ou valeur est incertaine, alors on mettra pour le premier nombre inconnu cette Forme j. Pour le second celle-cy 2 ; Pour le troisiéme 3 ; Pour le quatriéme 4, &c. pour exprimer ce qu'on appelle Racines Secondes, & lors on exercera la question proposée sur les unes & sur les autres. Ex. IX.

Exemple IX.

		Par les premieres Racines.	
Diviser le nombre 24 en trois parties telles que les deux moindres égalent la plus grande, & que les deux plus grandes soient quintuples à la plus petite.		Pour le petit 1. j. Pour les deux, 5 j.	ou bien. 1. j.
Mettez			2. j.
Pour la plus petite.	1. j.	Somme 6. j.	3. j.
Pour la moyenne.	1. 2.		
Pour la plus grande.	1. j † 1. 2	Somme 6. j.	

Si 1. j † 2 2 qui sont la somme des deux plus grands nombres, sont quintuples du plus petit 1. j. les 2 2 en vaudront quatre premieres, & puis les 2 j, ce feront 6 j égales à 24.

LA Forme j. ayant esté posée autant qu'il est necessaire, vous exercerez sur elle & luy appliquerez toutes les qualitez & conditions de la question proposée, jusqu'à ce que (dit la Regle) vous ayez trouvé une égalité ou équation entre la Forme avec ses operations, & les parties ou membres de la question. C'est à

dire que comme on vous donne en la queſtion ou quelque nombre, ou quelque proportion, ou quelque difference, ou quelque
parties de nombre, vous devez ſuppoſer que la Forme que vous
poſez au lieu du nombre inconnu, doit à la fin devenir égale à
la partie qui luy eſt oppoſée, ce qui s'appelle Equation. Comme
dans le premier Exemple, en aſſemblant les operations de la
Forme on a trouvé 8 j, égales à 3000 qui eſtoit le nombre donné
dans la queſtion. Dans le II. Exemple, entre 4 j † 8 & 96.
Dans le III. entre 2 j --- 4 & 96. Dans le IV. entre 4 j & 96.
Dans le V. entre ⅟₇ de j & 10. Dans le VI. entre 14 j & 9 j † 90.
Dans le VII. entre 1. ij † 6 j & 475. Dans le VIII. entre 1. ij † 40
& 9600. Dans le IX. entre 6 j & 24.

Dans leſquelles operations vous voyez qu'on fait l'Addition ou
des ſimples nombres, ou des nombres des Formes de meſme
qu'en l'Addition ordinaire; & quand on aſſemble les ſommes
d'eſpeces differentes, on met les plus grandes les premieres, puis
apres le ſigne de Plus, on met les moindres eſpeces comme dans
le II. Exemple, 4 j † 8.

De meſme dans la Soutraction de differentes eſpeces, quand
les Signes ſont les meſmes, on fait la ſoutraction des nombres en
laiſſant les formes & les ſignes de Plus ou de Moins tels qu'ils
eſtoient auparavant, mettant les eſpeces en leur ordre.

$$
\begin{array}{ll}
\text{Comme ſi de } 4\,j \dagger 12 & \text{\& ſi de } 7\,ij - 4\,j \dagger 7. \\
\text{on ôte } 2\,j \dagger 9 & \text{on ôte } 3\,ij - 2\,j \dagger 5. \\
\hline
\text{il reſtera } 2\,j \dagger 3 & \text{il reſtera } 4\,ij - 2\,j \dagger 2.
\end{array}
$$

Mais lorſque les Signes ſont differens on ajoûte les nombres
& l'on met le Signe du nombre ſuperieur, c'eſt à dire de celuy
dont il faut ſouſtraire.

$$
\begin{array}{l}
\text{Comme ſi de } 5\,ij - 3\,ij \dagger 7. \\
\text{on ôte } 3\,ij \dagger 5\,j - 4. \\
\hline
\text{il reſtera } 2\,ij - 8\,j \dagger 11.
\end{array}
$$

Signa eadem retrahunt; addunt diverſaque ſigna.
Signum, in diverſis addens, appone ſupremi.

Enfin quand le nombre à ſouſtraire eſt plus grand que celuy
dont il le faut ſouſtraire, & qu'ils ont tous deux les meſmes Si-

gnes ; alors on fait la fouſtraction du plus grand nombre , & l'on change les Signes en laiſſant les Formes.

$$\text{Comme ſi de } 9 \text{ ij } \dagger 4 \text{ j} - 5$$
$$\text{on ôte } 4 \text{ ij } \dagger 7 \text{ j} - 8.$$
$$\text{il reſtera } 5 \text{ ij} - 3 \text{ j } \dagger 3.$$

Si ſubducendus ſuperat, mutando, minorem
Subtrahe, mutato Signo, Formáque retenta.

Quant à la multiplication, ſi c'eſt un ſimple nombre qui mul-tiplie le nombre de la Forme, il ne faut multiplier que le nom-bre & laiſſer la Forme, comme ſi l'on multiplie 4 j par 3, il vien-dra 12 j.

Accreſcet ſolus numerus, Formâ remanente.

Mais ſi on multiplie des nombres & des Formes par d'autres nombres joints à des Formes, on multipliera les nombres, & on adjoûtera les Formes l'une à l'autre,

$$\text{Comme } 4 \text{ ij } \dagger 5 \text{ j.}$$
$$\text{par } 3 \text{ j.}$$
$$\text{font } 12 \text{ iij } \dagger 15 \text{ ij.}$$

Multiplica numeros inter ſe, ac addito Formas.

Ainſi dans le VIII. Exemple, multipliant 1. j. par 1. j. il vient 1. ij. Et à l'égard des Signes dans la multiplication, les meſmes Signes ſont marquez par Plus, les differens par Moins.

Signa eadem, Pluri ; diverſa, minore notantur.

La diviſion qui ſe rencontre dans le premier Point ſe fait par les meſmes Regles de la multiplication, c'eſt à dire qu'on diviſe les nombres par les nombres, & qu'on fouſtrait les Formes l'une de l'autre ; & qu'à l'égard des Signes on obſerve la Regle cy-def-ſus. *Signa eadem, &c.*

Ces quatre Regles d'Addition, Souſtraction, Multiplication, Diviſion, ſe peuvent icy rencontrer ſelon les conditions & qua-litez des queſtions. Il y a une autre Diviſion dont nous parlerons au troiſiéme Point.

SECOND

SECOND POINT.

De la Reduction ou Transposition de l'Equation.

POur le second Point, la Regle ajoûte, vous Reduirez cette
Equation s'il en est besoin. Or il n'est pas besoin de reduire
l'Equation, c'est à dire d'y rien changer, quand la Forme demeure toute seule de son côté sans y avoir aucun Signe de Plus ny de
Moins, ou que de l'autre côté opposé à l'Equation, cette Forme
n'est point repetée.

Ainsi dans les Exemples I. IV. V. & IX. il n'est point besoin
de Reduction, puisque dans tous ces Exemples il n'y a rien d'a-
joûté à la Forme j. & que cette Forme n'est que d'un côté.

Au lieu que dans les Exemples II. III. VI. VII & VIII. la
Reduction est necessaire, ou parce que la Forme n'est point seule, comme dans le second, 4 j † 8; dans le troisiéme, 2 j --- 4;
dans le septiéme, 1. ij † 6 j. dans le huitiéme, 1. ij † 40 : Ou parce que la mesme Forme est repetée ou mise des deux côtez, comme dans le sixiéme Exemple, 14 j sont opposées ou égalées à
9 j † 90. Il est donc necessaire de reduire ces Equations. Ce qui
se fait en cette maniere.

Quand la mesme Forme est des deux côtez comme en l'E-
xemple VI. 14 j & 9 j † 90. il faut soustraire l'une de l'autre a-
vec son nombre, c'est à sçavoir la moindre de la plus grande, &
ainsi il ne restera d'un côté que la Forme seule, diminuée par la
soustraction de l'autre qui sera ainsi détruite, & de l'autre côté
il n'y aura que le nombre seul, auquel la Forme restante sera é-
galée : comme icy ayant ôté 9 j de 14 j, il restera 5 j égales à 90.
Quelquefois le nombre seul est d'un côté avec quelque Forme,
mais il faut que cette Forme soit autre & moindre que la Forme
qui doit estre seule de son côté, comme nous allons voir dans
le VII. Ex. ou l'Equation restera entre 1. ij & 475 --- 6 j.

Quand la Forme majeure n'est que d'un côté, mais qu'après
elle il y a quelque chose de Plus ou de Moins comme dans les
Exemples II. III. VII. & VIII. On ôtera de part & d'autre le
nombre ou la Forme moindre, qui a le Signe de Plus; ou on a-

Gg

joûtera de part & d'autre le nombre ou la Forme moindre qui a le Signe de Moins.

In Signo Pluri, retrahe; in Signo adde Minori.

Ainſi dans le II. Ex. où l'on avoit trouvé l'Equation entre 4 j † 8 & 96; on ſoutraira 8 de part & d'autre, & l'Equation reſtera entre 4 j & 88. dans le III. Ex. où l'Equation avoit eſté trouvée entre 2 j -- 4 & 96. on ajoûtera 4 de part & d'autre, & l'Equation ſera entre 2 j & 100. dans le VII. où l'Equation eſtoit entre 1. ij † 6 j, & 475. on ôtera 6 j. de part & d'autre, & il y aura Equation entre 1. ij & 475 --- 6 j. Et de meſme dans le VIII. où l'Equation eſtoit entre 1. ij † 40 j & 9600. en ôtant 40. j de part & d'autre, l'Equation ſera entre 1. ij & 9600 -- 40. j.

Il y a une autre eſpece de Reduction que nous appellerons Rabaiſſement, à qui les Auteurs donnent le nom barbare d'hypobibaſme, qui ſe fait pour reduire ou rabaiſſer les plus grandes Formes à de moindres : & ce Rabaiſſement eſt une preparation pour la Diviſion ou pour l'Extraction des Racines. Il ſe fait par la ſoutraction des Formes, comme s'il y avoit une Equation entre 10 vj & 90 jv, en ôtant la Forme jv de la Forme vj, l'Equation ſera reduite entre 10 ij & 90.

Et parce qu'il eſt neceſſaire pour faire l'Extraction de Racine qu'il y ait toûjours un nombre abſolu ou ſans Forme; quand dans quelque Equation il n'y en aura pas, il ne faudra que faire la ſoutraction des ſommes; comme de 2 ij & 12 j, il reſtera 2 j & 12.

On reduira auſſi le nombre de la Forme majeure à l'unité, & l'on rabaiſſera tous les autres nombres, en diviſant le tout par le nombre de la plus grande Forme.

Ainſi on rabaiſſera cette Equation, 2 ij & 144 -- 12 j, à celle-cy en diviſant le tout par 2, 1. ij & 72 -- 6 j.

TROISIÉME POINT.

De la Diviſion requiſe par la Regle d'Algebre.

LA Reduction eſtant faite quand il en eſt beſoin, la Regle ordonne la Diviſion pour le troiſiéme Point, ou l'Extraction de Racine pour le quatriéme. Or on fait la Diviſion quand la plus grande Forme de l'Equation est j. & l'Extraction de Racine quand la Forme est plus grande que j, c'est à dire qu'elle est ou ij ou iij, &c.

Pour la Division, il faut prendre le nombre de la Forme, sans avoir aucun égard à la Forme mesme, & par ce nombre diviser l'autre partie de l'Equation, & tout est achevé, c'est à dire à l'égard de l'Algebre, qui ne se met en peine que de découvrir un nombre inconnu sous la Forme j. dont le Quotient de la Division montre la valeur : & par son moyen elle découvre tous les autres, suivant les conditions de la question proposée, comme nous allons voir dans les operations des Exemples cy-dessus où la Division estoit à faire.

Operation du premier Exemple.

L'Equation estant trouvée entre 8 j & 3000, on divisera 3000 par 8, en laissant la Forme j. & il viendra au quotient 375 qui sera la valeur d'1 j. ou la part d'une des filles, & par ce moyen on aura les parts d'un chacun dans la somme de 3000. liv. suivant la volonté du Testateur.

Pour la premiere fille.	375. liv.	valeur d'1. j.
Pour la seconde fille.	375.	1. j.
Pour la mere.	750.	2. j.
Pour le fils.	1500.	4. j.
	3000. liv.	8. j.

Operation du II. Exemple.

LA Reduction ayant esté faite & l'Equation trouvée entre 4 j & 88, il faut diviser 88 par 4, & il vient pour la valeur de la premiere j, 22 qui est l'âge d'Ephestion, qui donne le moyen de trouver l'âge des autres suivant ce qu'ils ont de plus que luy.

Ans d'Ephestion.	22	valeur d'1. j.
d'Alexandre.	24	1. j † 2.
de Clytus.	30	2. j † 6.
du Pere de Calistene, ou somme 96		4. j † 8. Reduites à 4 j. égales à 96 — 8, ou 88.

Operations du III. & IV. Exemple.

Ans de Clytus.	50. 1.j.		Ans d'Alexandre 24. 1.j.	
d'Alexandre.	24. $\frac{1}{?}$ j — 1.		d'Epheſtion.	22. 1. j — 2
d'Epheſtion.	22. $\frac{1}{?}$ j — 3.		de Clytus,	50. 2. j † 2
Caliſth.	96 2 j — 4 Red. à 2 j.		Caliſt. ou ſomme. 96. 4 j & 96.	
	égales à 100. (50		96 (24.	
	diviſez par 2.		4	

Operation du V. Exemple.

L'Equation eſtant entre $\frac{1}{?}$ j & 10, à cauſe de la fraction on les met en meſme dénomination. Ainſi $\frac{?}{?} \times \frac{?}{?}$ puis on diviſe les deux Numera-

$$\frac{110 \quad 5}{11}$$

teurs l'un par l'autre, $\frac{110}{5}$) 24. Et ce quotient 24 eſt le nombre qu'on cher-choit, duquel ôtant le tiers qui eſt 8, & le quart qui eſt 6, il reſte 10. Ce qui eſtoit à faire.

Operation du VI. Exemple.

LA Reduction de l'Equation ayant eſté faite & miſe entre 5 j & 90. di-viſant 90 par 5, il vient 18 au quotient, qui eſt le nombre cherché. En effet 18. multiplié par 9 fait 162, à quoy adjoûtant 90, c'eſt 252. Et le meſme 18 multiplié par 14 produit auſſi 252. comme veut la queſtion. Ainſi 1. j. multiplié par 9 fait 9 j, y ajoûtant 90 ce ſont 9 j † 90. Puis 1. j. multiplié par 14 fait 14 j. égales à 9 j † 90. Reduites à 5 j & 90. & 90 diviſé par 5 donne au quotient 18, nombre cherché.

Operation du IX. Exemple.

Par premieres & ſecondes Racines.

Pour la moindre partie.	1. j.
Pour la moyenne.	1. 2.
Pour la plus grande.	1. j. † 1. 2.
Somme	2. j † 2 2. égales à 24.

Par les seules Racines premieres.

Pour la moindre. 1. j.
Pour les deux autres, quintuples. 5. j.

6. j & 24. (4. 8. 12.

4 & 8 égaux à 12.	A 1. j.	A B
8 & 12 qui font 10.	B 2. j.	3 j
quintuples à 4.	C 3. j.	B C
		5 j. quintuples d'A. 1. j.

6. j. ég. à 24. (4.

Or pour trouver la valeur tant des premiers que des secondes racines, il faut ainsi raisonner par les conditions de la question proposée. Puisque la moyenne & la plus grande qui font 1 j. + 2 ℥, sont quintuples de la premiere qui n'est qu'1 j. sans doute 2 ℥ en vaudront quatre comme la premiere : joignant ces quatre avec les 2 j, la somme sera en racines premieres 6 j. égales à 24. & divisant 24 par 6, il vient 4 pour la moindre part, & 8, valeur d'1 ℥ pour la moyenne : & 12, valeur d'1 j. & d'1 ℥. pour la plus grande part. Ainsi toutes les conditions de la question se trouvent dans cette operation : 4 & 8 qui font 12, & qui sont la moindre & la moyenne parties, sont égaux à 12 la plus grande ; & 8 & 12 qui font 20 & qui sont la moyenne & la plus grande parties, sont quintuples de 4 la moindre partie ; enfin 4, 8 & 12 font 24. ce qui estoit requis.

QUATRIEME POINT.

Extraction de Racines.

LE quatriéme & dernier Point qui demande l'Extraction de Racine, est le plus difficile. Et neanmoins il sera aisé par cette methode. Apres avoir rabaissé les Formes comme il a esté dit cy-dessus avant le troisiéme Point, & l'Extraction se devant faire quand la Forme est plus grande que j. telle dit la Regle que le montre la Forme, c'est à dire Quarrée, quand la Forme est ij, Cubique quand la Forme est iij, &c. Comme dans le V 1. Ex où apres la Reduction il est resté 1. ij. égal à 475 — 6 j : il faut,

1°. Prendre la moitié du nombre de la Forme j, qui est 6, dans noſtre Exemple, & cette moitié ſera 3, qu'on reſervera pour la derniere operation.

2°. Il faut quarrer cette moitié, ce ſera 9.

3°. Il faut ajoûter ce quarré au nombre qui ſe trouve ſeul, quand ce nombre a le Signe de Plus, comme en noſtre Exemple; il faut ajoûter 9 à 475. qui eſt entendu avoir le Signe de Plus n'ayant pas celuy de Moins, & ce ſera 484. Si ce nombre eût eu le Signe de Moins, il en eût fallu ſouſtraire le quarré 9. Et quand le quarré eſt plus grand que le nombre ſeul, on ſouſtraira le moindre.

4°. Il faut extraire la Racine quarrée du nombre 484. par l'Extraction de Racine enſeignée dans l'Arithmetique commune, & il viendra 22.

Enfin il faut ſouſtraire de cette Racine trouvée, la moitié du nombre des Racines cy-devant priſe & reſervée, quand ce nombre a le Signe de Moins, comme en noſtre Exemple — 6 j; & ainſi 3 eſtant ôté de 22, reſte 19 qui eſt la valeur de la Racine ou Forme 1. j. poſée pour le moindre nombre de la queſtion propoſée. Si le nombre des Racines eut eu le Signe de Plus, on eut adjoûté ſa moitié à la Racine extraite, 22. Par ce moyen on a trouvé le moindre nombre de la queſtion, & par luy les autres parties inconnuës de la queſtion, comme il ſe voit par cette

Operation du VII. Exemple.

Où l'on demandoit deux nombres qui ſe ſurpaſſaſſent de 6, & qui eſtant multipliez l'un par l'autre produiſiſſent 475.

Car ayant trouvé pour la premiere j, le nombre 19 qui eſt le moindre, l'autre qui le paſſera de 6, ſera 25, & ces deux nombres ſe multipliant font 475.

$$19 \text{ valeur d'1. j.}$$
$$25 \qquad 1. \text{ j. } \dagger \text{ 6.}$$
multipliez 475 $\qquad$ 1. ij † 6j. égal à 475.
$$\text{par Reduction 1. ij & 475 — 6j.}$$

Operations du VIII. Exemple.

Ayant ſuppoſé, par la doctrine des proportions, qu'il doit y avoir meſme proportion de la ſomme à diviſer avec le nombre des deux compagnies de ſoldats, multipliez l'un par l'autre, que de la difference de la ſomme avec la difference des ſoldats. Or la difference des ſoldats qui eſt

40, est octuplée de la différence de la somme qui est 5. Il faudra donc multiplier les nombres des soldats l'un par l'autre, & octupler le nombre de la somme.

Ainsi ayant mis pour le moindre nombre de soldats. 1. j.

Et pour le plus grand nombre.   1. j † 40.

Puis multipliant 1. j † 40 par 1. j. il viendra   1. ij † 40 j.

Et comme on suppose qu'1. ij † 40 j. est octuple de la somme 1200. pour les égaler il faut octupler 1200. & il viendra 9600. égaux à 1. ij † 40 j. La Reduction estant faite, l'Equation sera entre 1. ij & 9600 — 40 j. dont on extraira la Racine.

Extraction de la Racine Quarrée de 9600--40 j. veu que la Forme est 1. ij.

LA moitié du nombre des Racines est 20, le quarré de 20 est 400, qui estant ajoûté à 9600; fait 10000. dont la racine quarrée est 100, duquel 100, ôtant la moitié du nombre des Racines qui estoit 20, il reste 80, pour la valeur d'1. j qui est le moindre nombre de soldats, & par consequent le plus grand nombre qui passe l'autre de 40, sera 120. Or partageant 1200 à 80, ils auront chacun 15, & partageant 1200 à 120, ils n'auront que 10 chacun, c'est à dire 5 moins que les autres. Ce qui estoit requis par la question proposée.

De l'Extraction de deux Racines.

QUand le nombre seul ou absolu, est marqué du Signe de Moins, alors il y a deux Racines à extraire. (à moins que ce nombre ne soit le quarré de la moitié du nombre des Racines, comme 36 est le quarré de 6, qui est la moitié de 12, nombre des racines en cet Exemple 1. ij & 12 j -- 36.)

En tout autre cas où le nombre seul a le Signe de Moins, il faut extraire deux Racines l'une apres l'autre, comme en cet Exemple, où l'Equation estant trouvée entre 1. ij & 18 j -- 72, on extraira deux Racines la grande & la petite. La grande ou premiere par la methode precedente, & la petite ou seconde, en ôtant de la premiere Racine déja trouvée, la moitié du nombre des Racines qui avoit esté pris & reservé dans la premiere Operation de l'Extraction de la premiere Racine.

Operations du X. Exemple, ayant double Racine.

Extraction de la premiere Racine, d'1.ij & 18j — 72.

1°. La moitié du nombre des Racines 18 est 9.
2°. Le Quarré de 9 est 81.
3°. — 72 estant ôté de 81, reste 9.
4°. La Racine quarrée de 9 est 3.
5°. † 9 adjoûté à 3, fait 12.

Et 12 est la plus grande Racine quarrée de 18j — 72. Car 18j valent 216, si chaque Racine vaut 12, puisque 12 fois 18 fait 216 : & souttrayant — 72 de 216, reste 144, dont 12 est la Racine quarrée.

Extraction de la seconde Racine.

La Racine quarrée cy-devant trouvée en la premiere Operation au quatriéme Point, est 3, Racine de 9, en l'ôtant du nombre des Racines 9, reste 6, qui sera la seconde Racine, dont le quarré sera 36. En effet 18j valent 108, si la Racine vaut 6, puisque 6 fois 18 font 108 : & souttrayant — 72 de 108, reste 36, dont 6 est la Racine quarrée.

Donc 12 & 6, sont les deux Racines d'1.ij & 18j — 72.

CONCLUSION.

Voylà en quoy consiste l'Art entier de l'Algebre des Nombres. Car l'Algebre des Nombres Sourds ou Irrationnaux appartient plûtost à la Geometrie qu'à l'Arithmetique, puisqu'à proprement parler les Nombres Sourds ne sont pas des Nombres, mais des grandeurs qu'ils appellent incommensurables.

Or toute l'addresse de l'Algebre consiste principalement à bien concevoir & bien poser les questions. Quand on les conçoit bien, il est aisé de les bien poser, & la chose est plus qu'à demy-faite quand la question est bien posée. Il n'y a guere de question qui ne se puisse proposer, & par consequent poser en plusieurs manieres. La position la plus aisée est de mettre toûjours 1.j. pour le moindre nombre de la question, parce que par ce moyen on évite souvent les Fractions : quoy qu'on puisse faire autrement & que mesme il y ait des rencontres où l'on y soit obligé, comme nous l'avons fait en quelques-uns des Exemples cy-dessus.

Il y a aussi beaucoup de questions de l'Algebre qui peuvent se resoudre par l'Arithmetique commune ; mais ce qui fait l'avantage

tage

tage de l'Algebre par deſſus l'autre Arithmetique, c'eſt qu'il n'y a icy qu'une Regle pour toutes ſortes de queſtions, au lieu que dans l'Arithmetique commune il faudroit autant de Regles que de Queſtions, & que l'on n'y va qu'en tatonnant. D'ailleurs l'Algebre ne ſert pas ſeulement comme on le croit, pour reſoudre des queſtions inutiles, mais elle fournit un fonds pour une infinité de Theoremes en toutes les parties des Mathematiques. Elle ouvre l'eſprit & luy donne une grande penetration pour les Sciences, l'appprochant en quelque façon de la nature Angelique, lorſqu'elle luy fournit les moyens infaillibles de découvrir des choſes cachées que meſme l'eſprit humain avec toute ſon application auroit peine à trouver.

Pour en faciliter la Pratique nous allons donner des Exemples de tous les cas cy-deſſus expliquez, & quelques-uns en beaucoup de manieres, afin de ſçavoir mieux manier les queſtions; apres que nous aurons donné des Maximes generales pour la reſolution ou découverte des Nombres inconnus par l'Arithmetique ordinaire.

Hh

NOUVELLE
ANALYSE DES NOMBRES,
OU
MAXIMES GENERALLES

Pour découvrir toutes fortes de Nombres inconnus par le moyen de l'Arithmetique ordinaire, & fans Algebre.

PREFACE.

UOY qu'il foit vray de dire que toutes les Operations de l'Arithmetique ordinaire, ne tendent qu'à découvrir des Nombres inconnus ; par exemple, que l'Addition découvre la fomme de deux ou plufieurs Nombres qui eftoit auparavant inconnuë ; la Souftraction leur refte, la Multiplication leur produit, la Divifion leur partage, la Regle de Trois, un quatriéme inconnu, & de mefme les Regles de Fauffe Pofition & fes compagnes, & l'Extraction des Racines : Neanmoins on a fait cet honneur à l'Algebre de l'appeller l'Art ou la Clef des Nombres cachez. Si cet Art tel qu'il eft, eft de l'invention des Arabes ou des derniers Grecs Egyptiens, nous croyons que quand à fon effet les Anciens le poffedoient, c'eft à dire qu'ils avoient une fi parfaite connoiffance de la puiffance des Nombres, que rien ne les arreftoit, & que par-là ils nous ont fait voir qu'on fe pouvoit paffer de ce nouvel Art, qui paroift d'autant plus merveilleux, qu'il découvre les Nombres inconnus par une voye toute-à-fait inconnuë. Nous tâcherons de donner icy les principales Maximes qui peuvent fervir à ce deffein, apres avoir pofé dans les Livres precedens les Fondemens de la Speculation & puiffance des Nombres, dont nous ne repeterons icy que les plus neceffaires.

CHAPITRE I.

Reflexion sur les differentes valeurs des Nombres.

LA valeur des Nombres se considere en trois manieres.

La premiere s'appelle valeur de Numeration, où tous les Nombres qui se mettent de suite ne valent chacun que l'unité qui reçoit seulement sa dénomination du rang où elle se trouve. Ainsi 1, 2, 3, 4, 5, 6, &c. est la mesme chose que si on mettoit de suitte, 1, 1, 1, 1, 1, 1, &c. comme l'on fait dans le calcul de jettons, où par exemple le quatriéme nombre 4, ne vaut qu'un, placé au quatriéme rang.

La seconde, est la valeur de Progression ou de Figure, où chaque nombre est estimé valoir ce que represente son caractere. Par exemple, si l'on met 6 hommes d'un côté & 7 de l'autre, on entend qu'en effet il y en a 6 & 7 qui font 13, c'est à dire treize fois un. De mesme quand on dit qu'en la progression naturelle des quatre premiers nombres, 1, 2, 3, 4, sont dix, on entend que chaque nombre vaut ce que son caractere represente, que 2 vaut deux unitéz, que 3 en vaut trois, &c.

La troisiéme est la valeur de Proportion ou de Comparaison, dans laquelle on regarde non seulement la seconde maniere, mais encore on compare ce qu'un nombre a par dessus un autre, & cette comparaison s'appelle Proportion Geometrique : Comme lors qu'on compare ces nombres 1, 2, 3, 4. on dit que le second est double du premier, c'est à dire qu'il le contient deux fois, que le troisiéme est triple du premier, & qu'il contient le second une fois & sa moitié ; que le quatriéme est quadruple du premier, double du second, & qu'il contient le troisiéme une fois & son tiers.

Il y en auroit bien une quatriéme dont se servent les Musiciens, que nous avons appellée Numeration Harmonique, & qu'on employe pour conter les jours de la semaine, où apres le septiéme nombre les suivans jusqu'au quinziéme, & de-là jusqu'au vingt-deuxiéme, & ainsi apres chaque septiéme, les autres ne font que la repetition des premiers, & où la valeur n'est que la dénomination de la distance du premier nombre. Mais comme elle n'est d'aucun usage en Arithmetique, nous ne nous y arresterons pas. Nous dirons seulement en passant que c'est dans la disposition de ces nombres ou Intervalles que nous avons découvert le Secret admirable de la Composition en Musique à quatre Parties sur une Basse donnée. Ce qui fait voir assez qu'en quelque disposition qu'on mette les nombres, ils contiennent des richesses infinies.

Souvent on mêle les deux premieres especes de valeur, comme quand on dit que 2 est la difference de 5 & 7, & que 5 & 7 font 12. On prend le 2 comme si c'estoit deux unitez placées entre 5 & 7, qui sont pris la premiere fois comme estant dans le 5 & 7e. rang des unitez, & la seconde fois comme s'ils avoient chacun autant d'unitez qu'en dénomme leur figure 5 & 7.

Mais quand on dit que 2 est le milieu entre 1 & 3, on n'en détermine point la valeur quoy qu'il semble se devoir plutost prendre en la premiere maniere aussi bien que les deux autres pour chacun une unité, dont 1 est la premiere, 2 la seconde, & 3 la troisiéme.

Souvent aussi on mêle les deux dernieres especes. Comme dans l'Exemple des Nombres des Pythagoriciens que nous avons rapporté en la page 152, quand ils disoient que les changemens arrivoient en 6, 8, 9 & 12 jours, & que ces nombres faisoient 35 jours, ils prenoient alors ces nombres selon la valeur de Progression: & quand ils leur appliquoient les Consonances de la Musique, ils les prenoient selon la valeur de Proportion.

Ces trois sortes de valeurs ont leur usage & leurs regles pour la découverte des nombres inconnus.

CHAPITRE II.

Maximes de Numeration pour la découverte des Nombres inconnus.

TOut nombre est la moitié de la somme des deux nombres qui sont autour de luy en égale distance. Comme 6 est la moitié de 12, que font 5 & 7 | 4 & 8 | 3 & 9 | 2 & 10 | 1 & 11 | qui sont tous de deux en deux également distans de 6.

Ainsi en toute progression Arithmetique où les nombres sont toûjours également éloignez l'un de l'autre, celuy du milieu sera toûjours la moitié de ses deux collateraux, comme 5, 11, 17 | 11 est la moitié de 22, que font 5 & 17 | de mesme 7, 11, 15, 19, 23, 27, 31, &c. Quelque nombre que vous en preniez, il sera la moitié de la somme des deux autres également distans de luy.

Conséquence de cette Maxime pour la proportion des quarrez des nombres du milieu, avec la somme des deux Collateraux.

LE premier des nombres qui en a deux autres autour de luy est 2, dont le quarré qui est 4 est égal à la somme de ses collateraux 1 & 3. Le second qui est 3, & qui a deux collateraux de chaque côté qui sont 2 & 4, 1 & 5, qui font 6, a son quarré 9, sesquialtere de leur somme. Le troisiéme 4 a son quarré double de la somme de ses collateraux. Le quatriéme 5 a son quarré double & demy de la somme de ses collateraux. Le cinquiéme 6, l'a triple. Le sixiéme 7, l'a triple & demy. Le septiéme 8, l'a quadruple. Le huitiéme 9, l'a quadruple & demy. Le neufiéme 10, l'a quintuple. Le dixiéme 11, quintuple & demy. L'onziéme 12, sextuple, &c. toûjours en augmentant d'un demy, Et l'on trouvera tout d'un coup ces degrez de multiples,

& de multiples furparticuliers, en rapportant tous les nombres au nombre 2: ainſi 3 luy eſtant ſeſquialtere, 4 double, 5 double & demy, ils auront leurs quarrez en meſme proportion avec la ſomme de leurs collateraux. Il n'eſt pas neceſſaire de remarquer que comme la ſomme des deux
collateraux eſt double du nombre du milieu puiſqu'il n'en eſt que la moitié, les quarrez auſſi doubleront à ſon égard la proportion qu'ils ont avec
la ſomme des collateraux. Ainſi l'égale ſera double, la ſeſquialtere triple,
la double quadruple, la double & demy, quintuple ; la triple, ſextuple &c.
Parce qu'en effet tout nombre ſe multipliant luy-meſme pour faire ſon
quarré, c'eſt à dire ſe produiſant ou mettant autant de fois qu'il a d'unitez, ſon quarré prendra ſa dénomination de multiple, du rang que le nombre tient dans la progreſſion naturelle des nombres ; le quarré de 2 ſera double, celuy de 3 ſera triple, celuy de 4 ſera quadruple &c.

Si donc on demandoit quel eſt le nombre dont le quarré eſt triple de la
ſomme des deux nombres, qui ſont également éloignez de luy : On le
trouveroit, & tous les autres en quelque proportion que ce ſoit, en rapportant toutes ces proportions au nombre 2. Ainſi le triple de 2 c'eſt 6, dont
le quarré 36 eſt triple de 12, dont il eſt la moitié ; le quadruple de 2 eſt 8,
dont le quarré 64 eſt quadruple de 16, la ſomme des deux nombres également éloignez de 8. Ainſi le quadruple & demy de 2 c'eſt 9, dont le quarré
81 eſt quadruple & demy à 18, double de 9, ainſi à l'infiny. Tellement qu'on
peut faire cette Maxime generale : Telle qu'eſt la proportion de la racine
d'un quarré avec le nombre 2, telle eſt celle du quarré avec la ſomme des
collateraux de ſa racine, c'eſt à dire avec le double de ſa racine. Et conſequemment on peut faire celle-cy : Tout quarré a meſme proportion
avec ſa racine, que ſa racine a avec l'unité. Ainſi 5 eſtant quintuple à 1,
ſon quarré 25 ſera quintuple à 5. Par ces degrez nous ſommes deſcendus à
la reſolution du principe des quarrez, qui en effet ne ſont les quarrez
d'un nombre que parce que ce nombre s'eſt multiplié autant de fois qu'il
a en luy d'unitez, & ce nombre qui eſt la racine de ce quarré, n'a tant &
tant d'unitez qu'autant qu'il eſt éloigné de l'unité premiere qui eſt la racine
de tous les nombres. Nous pourrons tirer d'autres Conſequences de cette
Maxime en parlant des quarrez.

II. La difference de deux nombres eſtant partagée en deux moitiez égales, & l'une de ces moitiez eſtant ou adjoûtée au moindre nombre, ou
ſouſtraite du plus grand, eſt la moitié de leur ſomme : comme la difference
entre 6 & 10 qui eſt 4, eſtant partagée en 2 & en 2 ; & 2 eſtant ajoûté à 6,
on ſouſtrait de 10, fait 8 qui eſt la moitié de 16, la ſomme de 6 & de 10.
Ainſi la difference de 6 & de 9, qui eſt 3 eſtant partagée en $1\frac{1}{2}$ & $1\frac{1}{2}$, &
l'une des deux moitiez adjoûtée à 6 ou ſouſtraite de 9, fait 7 & $\frac{1}{2}$ la moitié de 15 leur ſomme.

III. La difference de deux nombres eſtant adjoûtée à leur ſomme, fait
e double du plus grand, eſtant ſouſtraite elle fait le double du moindre :
comme la difference entre 5 & 7, qui eſt 2, eſtant adjoûtée à leur ſomme

qui est 12, fait 14 double de 7, & estant soustraite laisse 10 double de 5.

On peut faire une infinité de questions sur cette Maxime, & qui sont faciles à resoudre par son moyen. Par exemple, si on demande quel est l'âge en particulier de deux hommes, dont l'un a 40 ans plus que l'autre, & qui tous deux ont 100 années. On aura les années du plus âgé en adjoûtant 40 à 100 qui font 140, & prenant la moitié qui est 70, & on aura l'âge du plus jeune en retranchant 40 de 100, & il restera 60 dont la moitié est 30, & 30 & 70 font 100.

Mais en ces questions il ne suffit pas de dire la difference des deux nombres il en faut encore dire la somme, parce que par exemple, 40 peut estre la difference d'une infinité de nombres depuis 1 & 41, jusqu'à l'infiny.

IV. La somme de deux nombres estant partagées en deux moitiez égales & leur difference aussi, si l'on adjoûte la moitié de la difference à la moitié de la somme, on aura le plus grand nombre : Et si l'on retranche la moitié de la difference de la moitié de la somme, on aura le moindre nombre.

Cette Maxime sert à resoudre toutes les questions de la precedente ; si par exemple on partage 100 en 50 & 50, & 40 en 20 & 20, & qu'on ajoûte 20 à 50, on aura 70 pour le plus grand nombre, & si l'on retranche 20 de 50, il restera 30 pour le moindre.

V. La difference de deux nombres multipliant leur somme, produit la difference de leurs deux quarrez, comme 3 qui est la difference de 2 à 5, multipliant leur somme qui est 7, fait 21, qui est la difference de 4 à 25, les deux quarrez de 2 & de 5. Ainsi 3, difference de 6 & de 9, multipliant leur somme 15, fait 45, qui est la difference de 36 à 81, quarrez de 6 & de 9.

VI. Si deux nombres se multiplient l'un l'autre, le produit de cette multiplication sera en mesme proportion avec le quarré du moindre des deux nombres, que les deux nombres avoient avant leur multiplication : soit que ces deux nombres fussent pris à plaisir, soit qu'ils fussent le partage d'un autre nombre. Comme si 100 estant partagé en 20 & 80 qui sont en proportion quadruple, ces deux nombres se multipliant l'un l'autre produiront 1600, qui est aussi en proportion quadruple avec 400, le quarré de 20. Cette Maxime qui est plutost de Proportion que de Numeration, s'exprime encore en ces termes.

Tout nombre plan est avec le quarré du moindre de ses côtez, en mesme proportion que ses deux côtez ; comme le plan de 4 par 5, qui est 20 a la mesme proportion avec 16, quarré de 4, que 4 & 5.

VII. Tout nombre estant divisé en tant de parties que l'on veut, a son quarré egal, tant aux quarrez de toutes ses parties, qu'aux doubles de tous les plans de chaque partie. Ainsi si l'on divise 9 en 2, 3 & 4, ou en 4 & 5, ou en 3 & 6, son quarré 81 sera egal aux quarrez de 2, 3 & 4, sçavoir 4, 9 & 16 qui font 29, & aux doubles des plans de 2 par 3, de 3 par 4, & de 2 par 4, sçavoir 12, 24 & 16, qui font 52, qui avec 29, font 81 : Ou aux deux quarrez de 4 & de 5, 16 & 25 qui font 41, & au double de leur plan qui fait

40, & avec 41, 81: Ou aux quatrez de 3 & de 6, qui font 45; & au double de leur plan 36, qui fait 81.

VIII. La différence de deux nombres quarrez est égale au quarré de la différence de leurs racines, & au double de la multiplication de la moindre racine par la différence des deux racines. Comme la différence des deux quarrez de 3 & 5, qui font 9 & 25, qui est 16, est égale tant au quarré de la différence des deux racines 3 & 5, sçavoir 2 dont le quarré est 4, & au double de la multiplication de 3 par 2, sçavoir 12, qui avec 4 fait 16.

IX. Les différences ou excez de deux ou plusieurs nombres inconnus estant retranchez de leur somme donnée, & le reste estant divisé par la quantité des nombres inconnus; par 2 s'il n'y en a que 2, par 3 s'il y en a 3, &c. le quotient sera le moindre nombre, & il sera aisé de trouver les autres en ajoûtant ou retranchant les excez ou différences que les uns ont sur les autres. Où vous remarquerez que lors qu'un des nombres a le double ou le triple d'un autre, &c. on le doit conter pour faire la division, ou pour 2, ou pour 3, &c. Et les excez ou différences se doivent toûjours prendre par rapport au moindre nombre.

Cette neufiéme Maxime est la principale pour la découverte des nombres, & c'est d'elle qu'est tirée la Regle d'Algebre pour les simples nombres, dont les sommes & les différences sont données, quoyque les nombres soient inconnus. Nous en ferons donc une Regle generale.

CHAPITRE III.

Regle pour resoudre les Questions, où la somme & les differences de deux ou plusieurs nombres sont donnez.

10. IL faut retrancher de la somme donnée les différences ou excez donnez.

2°. Il faut diviser le reste par la quantité des nombres inconnus, en contant celuy qui auroit le double, ou le triple, ou le quadruple &c. du premier, pour deux ou pour trois ou pour quatre, &c. & celuy qui auroit le double du second, ou le triple ou le quadruple, &c. pour quatre, ou pour six, ou pour huit, &c. à l'égard du premier, & le quotient qui viendra sera le moindre nombre inconnu.

3°. Apres avoir égalé à ce premier nombre, le second, en luy adjoûtant ce qu'il aura de plus; on égalera à ce second le troisiéme, & ainsi de suite en ajoûtant ce qu'ils ont de plus les uns que les autres.

I. Exemple de deux nombres inconnus à trouver, dont la somme est
donnée & leur difference.

LEs âges de deux hommes font 100 années , l'un en a 40 plus que l'autre, combien en ont-ils chacun ?

Nous avons déja donné trois moyens pour resoudre ces sortes de questions , ou en retranchant de la somme donnée la difference donnée , & prenant la moitié du reste pour le moindre nombre, sur lequel il est aisé de
trouver le plus grand en luy adjoûtant la difference , comme icy apres avoir
ôté 40 de 100 , il reste 60, dont la moitié est 30 pour le moindre nombre,
auquel ajoûtant 40 la difference, on aura 70 pour le plus grand.

Ou en ajoûtant la difference à la somme donnée, & divisant le tout en
deux, on aura le plus grand nombre en la moitié, sur lequel il sera aisé
d'avoir le moindre en retranchant la difference, comme icy 40 adjoûté à
100 fait 140 dont la moitié est 70 pour le plus grand nombre, d'où retranchant 40 la difference, on aura 30 pour le moindre.

Ou enfin en retranchant la moitié de la somme & la moitié de la difference, & ajoûtant ou retranchant la moitié de la difference à la moitié de
la somme , comme icy adjoûtant 20 à 50, l'on aura 70 & le retranchant on
aura 30. Mais nous ne nous arresterons icy qu'à la premiere pour estre la
plus aisée & plus generale.

I I. Exemple.

LEs âges de deux hommes font 100 années : l'un en a quatre fois plus
que l'autre , combien en ont ils chacun ? il faut diviser 100 par 5, il
vient 20 pour le plus jeune, & 80 pour le plus âgé.

E X E M P L E S.

De trois nombres inconnus à trouver , dont la somme & les differences
font données.

I. Exemple.

LE Peré de Callisthene à 96 ans ; qui est l'âge d'Ephestion, d'Alexandre,
& de Clytus. Alexandre a 2 ans plus qu'Ephestion : Clytus a les années
d'Ephestion & d'Alexandre, & 4 par dessus, quelles font les années d'un
chacun ?

1°. Les differences ou excez qui font 8, parce que Alexandre en a 2 plus
qu'Ephestion, & Clytus qui en a 4 plus que les deux autres, en a 6 plus
que le premier , qui avec 2 font 8, estant retranchez de la somme 96, il
reste 88. 2°. 88 estant divisé par la quantité des nombres inconnus, qui
font icy 4, quoy qu'il n'y en ait que trois nommez, parce que Clytus en
a 2 puisqu'il a autant que les deux autres , il vient au quotient 22 pour l'âge
d'Ephestion. 3°. En égalant Alexandre à 22 , & luy donnant ce qu'il a de
plus, il aura 24 ans : Et Clytus ayant autant que les deux autres qui en
ont

ont 46, & 4 par deſſus il en a 50, & ces trois âges font 96 qui eſt l'âge du pere de Caliſtene.

Autre Exemple.

Rois hommes ont 100 écus, le ſecond en a 20 plus que le premier, le troiſiéme en a 24 pluſque le ſecond : combien en ont-ils chacun?

La ſomme des excez 20 & 44 (parceque le troiſiéme qui en a 24 plus que le ſecond, eſt ſuppoſé en avoir 20 autant que le ſecond) qui font 64 eſtant retirée de 100 laiſſe 36 qu'il faut diviſer par 3 le nombre des nombres inconnus, & il vient 12 pour le moindre nombre, 32 pour le ſecond, & 56 pour le troiſiéme, leſquels nombres, 12, 32, & 56, font la ſomme 100.

EXEMPLES.

De quatre nombres inconnus, dont la ſomme eſt donnée & les differences.

Exemple I.

Uatre hommes ont partagé entre eux 300 écus; le premier en a pris peu, le ſecond en a pris 25 plus que luy, le troiſiéme en prend 75 plus que le ſecond, & enfin le quatriéme en prend 15 plus que le troiſiéme, & il ne reſte rien : Combien en avoit pris le premier, & combien les trois au-tres en ont-ils chacun?

L'excez du ſecond 25, du troiſiéme qui a 100, (car 25 & 75 font 100) & l'excez du quatriéme 115, qui font 240, eſtant retirez de la ſomme 300, laiſſent 60, qui eſtant diviſé par 4 le nombre des perſonnes ou nombres in-connus donne 15 pour la part du premier, & conſequemment 40 pour le ſecond, 115 pour le troiſiéme, & 130 pour le quatriéme, & toutes ces ſom-mes, 15, 40, 115, 130, font 300.

Autre Exemple.

Ur la ſomme de 100 livres, le ſecond en a 10 plus que le premier, le troiſiéme en a 16 plus que le ſecond, & le quatriéme en a 8 pluſque le troiſiéme, combien en ont-ils chacun.

Les excez 10, 16 & 34 qui font 70, eſtant retranchez de 100 laiſſent 30, qui eſtant diviſé par 4, donne $7\frac{1}{2}$ pour le premier, & par conſequent $17\frac{1}{2}$ pour le ſecond, 33 & $\frac{1}{2}$ pour le troiſiéme, & 41 & $\frac{1}{2}$ pour le quatrié-me. Et ces ſommes $7\frac{1}{2}$, $17\frac{1}{2}$, $33\frac{1}{2}$, $41\frac{1}{2}$, font la ſomme de 100.

Ainſi de tous les autres cas où les ſommes & les differences ſeront don-nées entre tant de nombres qu'on voudra.

CHAPITRE IV.

Trouver la somme totale inconnuë de plusieurs nombres joins dif-
feremment, & separez d'un seul, par les excez donnez de
plusieurs sur un seul.

SI l'on propose une certaine quantité de nombres inconnus, ou 3, ou 4,
ou 5, ou tant qu'on voudra, & qu'au lieu d'en donner la somme totale
comme dans les exemples precedens, on donne seulement les excez de deux
nombres sur un troisiéme quand il y en a 3, de 3 sur un quatriéme quand il
y en a 4, de 4 sur un cinquiéme quand il y en a 5, &c. en sorte qu'on les
accouple ou joigne differemment ; par exemple quand il y en a 3, on joint
les deux premiers ensemble, puis le premier & le troisiéme, & enfin les
deux derniers, en disant seulement ce que les deux qui sont joins ensemble
ont par dessus l'autre : Et quand il y en a 4, on joint d'abord les 3 premiers ;
puis le premier, 2 & 4 ; puis le premier, 3 & 4, & enfin les trois derniers, &
ainsi quand il y en a davantage, on en separe toûjours un seul de la compagnie des autres, & l'on dit ce que les autres assemblez ont par dessus luy :
Alors il sera facile de découvrir ces nombres quand on sçaura quel rapport
aura la somme totale des excez donnez avec la somme inconnuë des nombres. En voicy les rapports en toutes les quantitez de nombres possibles.

En 3 nombres la somme des 3 excez donnez est égale à la somme totale des
trois nombres inconnus. Nous en donnerons incontinement les exemples.

En 4 nombres la somme des excez donnez est double de la somme des
nombres inconnus.

En 5 nombres la somme des excez est triple de celle des nombres.

En 6 nombres, elle est quadruple.

En 7 elle est quintuple. Et ainsi à l'infiny la somme des excez est dans
un rang de multiple deux degrez au dessous de la quantité des nombres.

En 8 elle est sextuple. En 10 octuple, &c.

Cela supposé voicy la Regle Generale pour découvrir les nombres inconnus par la somme des excez donnez.

1°. Il faut assembler les excez donnez en une somme.

2°. Il faut reduire cette somme à l'égalité de la somme des nombres inconnus, suivant les suppositions precedentes.

3°. Il faut ensuite retrancher de cette somme reduite chaque excez l'un
apres l'autre, en faisant autant d'operations qu'il y aura de nombres inconnus & d'excez donnez : apres ce retranchement la moitié du reste de la
somme sera toûjours un des nombres qu'on cherche : Et le plus petit excez
retranché donnera le plus grand nombre inconnu, comme au contraire le
plus grand excez donnera le plus petit nombre.

EXEMPLES.

En trois nombres, où la somme des excez donnez est egale à la somme des nombres inconnus.

Rois hommes ont une somme d'écus : le premier & le second en ont

	Ex. I.	Ex. II.
plus que le troisiéme,	40	ou 82
Le premier & troisiéme en ont plus que le second,	20	ou 400
Le second & troisiéme en ont plus que le premier,	10	ou 566
Combien en ont-ils chacun?		
1°. La somme des excez est,	70	ou 1048

2°. Puisque dans trois nombres la somme des excez est égale à celle des nombres, il n'y a point de reduction à faire.

Premiere Operation.

3°. Otant le premier excez 40 de la somme 70, il reste 30 dont la moitié est 15 pour le moindre nombre.

Ou retranchant 82 de 1048 il reste 966 dont la moitié est 483 pour le plus grand nombre.

Seconde Operation.

Otant 20 de 70 il reste 50, dont la moitié est 25 pour le second nombre.

Ou retranchant 400 de 1048 il reste 648 dont la moitié est 324 pour le second.

Troisiéme Operation.

Otant 10 de 70, il reste 60 dont la moitié est 30 pour le plus grand nombre.

Ou retranchant 566 de 1048 il reste 482, dont la moitié est 241 pour le moindre nombre.

Ainsi les trois nombres inconnus estoient 30, 25, 15 | ou 241, 324, 483.

Et la somme de ces nombres se trouve egale à celle des excez 70 | ou 1048.

Où vous remarquerez que les nombres inconnus viennent par un ordre renversé, le dernier vient le premier, & le premier le dernier.

EXEMPLES.

En quatre nombres, où la somme des excez donnez est double de la somme des nombres inconnus.

QUatre hommes sont nez en differens temps , ou bien ont differentes sommes d'écus , estant accouplez avec d'autres; combien en ont-ils chacun.

	Ex. I.	Ex. II,
Le premier, second & 3e. ont ensemble plus que le 4e.	40 ans.	ou 36 écus.
Le premier, second & 4e. ont ensemble plus que le 3e.	80	ou 22
Le premier 3e. & 4e. en ont plus que le second ,	120	ou 16
Enfin le second, 3e. & 4e. en ont plus que le premier,	160	ou 14
1o. La somme des excez est	400	ou 88.

2o. Parce qu'elle est double de la somme des nombres , il la faut reduire à la moitié.   200 | ou 44.

Premiere Operation.

3o. 40 ôté de 200 , il reste 160 dont la moitié est 80 pour le quatriéme.
Ou 36 ôté de 44 , il reste 8 dont la moitié est 4 pour le quatriéme.

Seconde Operation.

80 ôté de 200 laisse 120 , dont la moitié est 60 pour le troisiéme.
Ou 22 ôté de 44 laisse 22 , dont la moitié est 11 pour le troisiéme.

Troisiéme Operation.

120 ôté de 200 laisse 80 , dont la moitié est 40 pour le second.
Ou 16 ôté de 44 il reste 8 , dont la moitié est 4 pour le second.

Quatriéme Operation.

160 ôté de 200 reste 40 dont la moitié est 20 pour le premier.
Ou 14 ôté de 44 reste 30 dont la moitié est 15 pour le premier.
Ainsi les 4 nombres inconnus estoient 20, 40, 60, 80, dont la somme est 200, moitié de 400.
Ou 15, 14, 11, 4, dont la somme est 44, moitié de celle des excez 88.
Et il est aisé de voir dans ces exemples comme aussi dans les precedens, qu'en effet les excez de plusieurs sur un des nombres , estoient tels & tels,

EXEMPLE.

En cinq nombres, où la somme des excez donnez est triple de la somme des nombres inconnus.

LEs quatre premiers en ont plus que le cinquiéme.   10
Le premier, second, troisiéme, & cinquiéme surpassent le 4e de 14
Le premier, second, quatriéme, & cinquiéme, surpassent le 3e. de 18
Le premier, troisiéme, quatriéme, & 5e. surpassent le second de 22
Enfin les quatre derniers surpassent le premier de   26

La somme des excez est   90. R. à 30.

1ere. Oper. $\frac{30}{10}$ reste 20 dont la moitié est 10 pour le cinquiéme.

2e. Oper. $\frac{30}{14}$ reste 16 dont la moitié est 8 pour le quatriéme.

3e. Oper. $\frac{30}{18}$ reste 12 dont la moitié est 6 pour le troisiéme.

4e. Oper. $\frac{30}{22}$ reste 8 dont la moitié est 4 pour le second.

5e. Oper. $\frac{30}{26}$ reste 4 dont la moitié est 2 pour le premier.

Ainsi les nombres inconnus sont 2, 4, 6, 8, 10, dont la somme est 30 soustriple de 90 celle des excez.

EXEMPLE.

En six nombres où la somme des excez est quadruple.

Premier excez 18. | second excez 22. | troisiéme excez 26. | quatriéme excez 30. | cinquiéme excez 34. | sixiéme excez 38. |
Somme des excez 168, dont le quart est 42 pour la somme des nombres inconnus.

1ere. Oper. 42 reste 24, | 2e. Oper. 42 reste 20. | 3e. Op. 42 reste 16.
18 moitié 12. | 22 moitié 10. | 26 moitié 8.

4e. Op. 42 reste 12. | 5e. Oper. 42 reste 8. | 6e. Op. 42 reste 4.
30 moitié 6. | 34 moitié 4. | 38 moitié 2.

Ainsi les six nombres inconnus sont 2, 4, 6, 8, 10, 12, dont la somme est 42.

EXEMPLE.

En sept nombres, où la somme des excez est quintuple.

Nombres inconnus, 2, 4, 6, 8, 10, 12, 14.

	Excez, 28	32	36	40	44	48,	52	Sôme 280 R. à 56.
Operations, sommes,	56	56	56	56	56	56	56	
Excez	52	48	44	40	36	32	28	
Reste	4	8	12	16	20	24	28	

Moitiez ou nombres inconnus. 2 4 6 8 10 12 14 Somme 56.

Ainsi de tous les autres nombres dont les excez seront donnez.

Remarquez que s'il arrivoit qu'au lieu d'excez il y eût du moins, alors on feroit trois choses. 1°. Après la reduction de la somme des excez à l'égalité de la somme des nombres inconnus, on retrancheroit le moins de la somme totale des excez. 2°. On le rabliroit dans l'operation où ce moins se rencontreroit ; c'est à dire qu'on i ioûteroit à la somme totale des excez, de mesme que si c'estoit un veritable excez pour cet égard seulement. 3°. Après l'avoir ajoûté on ne feroit pas de retranchement en cette operation, mais on prendroit la moitié de la somme augmentée de ce moins pour un des nombres inconnus, comme si on la prenoit de la moitié du reste de la soustraction qui se fait de chaque excez de la somme des excez reduits.

Exemples où il se rencontre du moins parmy les excez, en trois nombres.

SI on demande quels sont les trois nombres, dont les deux premiers sont surpassez de deux par le troisiéme, ou, ce qui est la mesme chose, ont deux moins que le troisiéme, & dont le premier & troisiéme ont six plus que le second : & enfin dont le second & troisiéme ont 14 plus que le premier.

La somme des excez est 20 moins 2, c'est à dire 18, & comme il n'y a que trois nombres inconnus, la somme des excez est égale à celle des nombres inconnus, & ainsi il n'y a point de reduction à faire.

Comme c'est dans la premiere operation que se rencontre ce moins 2, au lieu de le retrancher de la somme 18 dont il a déja esté retranché, on le remet & il y a 20, dont on prend la moitié 10 pour le troisiéme nombre inconnu. Puis à la seconde operation on retranche l'excez 6 de 18, & il reste 12 dont la moitié est 6 pour le second nombre : & enfin on retranche de 18 le troisiéme excez 14, & il reste 4 dont la moitié est 2 pour le premier nombre inconnu.

Ainsi les trois nombres inconnus sont 2, 6, 10, dont la somme est 18, & dont les deux premiers assemblez ont 2 moins que le troisiéme, &c..

En quatre nombres.

Le premier excez est moins   4
Le second excez est   16
Le troisiéme excez est   20
Le quatriéme excez est   24

Somme des excez est 64 R. à 32 — 4 ou 28.

Premiere operation, il faut ajoûter moins 4 à 28 & l'on aura 32, dont la moitié est 16 pour le quatriéme nombre inconnu.

Seconde oper. 28 reste 12
              16 moitié 6 pour le troisiéme.

Troisiéme oper. 28 reste 8
               20 moitié 4 pour le second.

Quatriéme oper. 28 reste 4
               24 moitié 2 pour le premier nombre inconnu.

Ainsi les quatre nombres inconnus sont 2, 4, 6, 16, dont la somme est 28, & dont les trois premiers 2, 4, 6, ont 4 moins que le quatriéme, &c.

Suitte de cette Maxime en d'autre Cas.

QUand la somme d'un des nombres est donnée separement, & que les excez ou differences des autres nombres inconnus ne sont specifiées que par rapport à cette somme donnée, & aux autres nombres inconnus : Alors il faut d'abord faire descendre d'un degré quant à la valeur, & monter d'un degré quant à la dénomination les sommes inconnuës, par exemple de la moitié au tiers, du tiers au quart, du quart au quint, &c. Puis chercher un nombre qui contienne precisement les parties ainsi diminuées quant à la valeur ou augmentées quant à la dénomination ; duquel nombre les parties ôtées, il reste le nombre premierement donné. Or ce nombre se cherche par la simple Regle de Faux enseignée dans le cinquiéme Livre de l'Arithmetique, & que nous donnerons cy-apres dans les Maximes de Proportion.

Exemple I.

UN Testateur legue son argent à trois personnes sans en specifier la somme, il donne à Pierre 10000. liv. il veut que Jacques ait la moitié de Pierre & de Jean, & que Jean ait le tiers de Pierre & de Jacques, qu'elle est la somme totale, & la part de Jacques & de Jean ? Ayant reduit la moitié au tiers, le tiers au quart, je cherche quel est le nombre d'où ayant retiré le tiers & le quart il reste 10000. & je trouve que c'est 24000. dont le tiers est 8000 pour Jacques, & le quart est 6000 pour Jean. Ainsi Jacques a la moitié de Pierre & de Jean, qui ont ensemble 16000. liv. & Jean a le tiers de Pierre & de Jacques, qui ont ensemble 18000. liv.

Exemple II.

PAul, André & Simon, ont partagé une somme d'argent : Paul a eu 25 écus pour sa part, André en a eu la moitié de Paul & de Simon ; Simon en a eu le tiers de Paul & d'André, qu'elle estoit la somme totale, & les parts d'André & de Simon. La Reduction estant faite de la moitié au tiers, & du tiers au quart ; & 60 estant le nombre duquel ôtant le tiers & le quart il reste 25, André aura 20, & Simon 15. Ainsi 25 & 15, qui font 40, sont le double de 20, la part d'André : & 25 & 20 qui font 45 sont le triple de 15, la part de Simon. Si Paul en avoit eu 30, la somme totale auroit esté 72, & la part d'André auroit esté 24, & celle de Simon 18.

Exemple III.

UN Grand Roy apres sa campagne achevée à la fin d'Avril, divise son armée en trois corps, qu'il destine contre trois sortes d'ennemis, il envoye contre les premiers une armée de 76000 hommes, contre les seconds le quart de toutes ses troupes, & contre les troisiémes la cinquiéme partie ; quel est le nombre entier de ses troupes, & en particulier des deux corps destinez contre les seconds & troisiémes ? Apres avoir reduit le quart au quint & le quint au sixiéme, on trouve 120000 hommes en toutes les trois armées ; sçavoir 76000 dans la premiere, & 24000 dans la seconde, & 20000 dans la troisiéme.

Exemple IV.

LEs Apôtres ayant pesché d'un coup de filet une quantité de poissons apres la Resurrection de Nostre-Seigneur, supposant qu'ils les partagerent ; Pierre en prit pour luy 33, le reste fut ainsi partagé entre les dix autres, de deux en deux. Jean & Jacques en eurent 40 pour eux, chacun 20. André & Philippe eurent le tiers de la somme des huit autres : Thomas & Barthelemy en eurent le quart : Mathieu & Jacob en eurent le quint : Simon & Jude n'en avoient que le dix-neuviéme ; mais Pierre leur en donna six des siens, & Pierre n'en eut plus que 27, quelle fut la quantité des poissons, & quelle la part d'un chacun des dix autres Apôtres ? Apres la reduction du tiers au quart, du quart au quint, &c. le nombre d'où ayant retranché le quart, le quint, le sixiéme & le vingtiéme, il reste 40, est 120, dont le vingtiéme est 6, le sixiéme est 20, le cinquiéme est 24, & le quart est 30, qui font 80, & avec 40 le nombre de 120. Ainsi Jean & Jacques en eurent chacun 20, les deux suivans chacun 15, les deux autres chacun 10, & les derniers qui n'en avoient chacun que 3 en eurent 6 chacun, & tout cela faisoit la somme de 126, qui avec les 27 de Pierre font 153, qui fut le nombre des poissons peschez & partagez.

CHAPI-

CHAPITRE V.

De la Progreſſion, en tant qu'elle peut ſervir à la découverte
des Nombres inconnus.

ENcore que les Progreſſions ſoient des Proportions parce qu'elles continuent toûjours dans le meſme rapport qu'elles ont commencé ; neam-
moins quant à la valeur elles ſont differentes les unes des autres, c'eſt pourquoy nous en traiterons ſéparément.

Il y a deux ſortes principales de Progreſſions continuës, car c'eſt de celles-là que nous pretendons parler non pas des interrompuës ; la Progreſſion
Arithmetique qu'on appelle naturelle où les nombres ſont également
diſtans les uns des autres, ſoit de l'unité comme 1, 2, 3, &c. ſoit du binaire,
comme 1, 3, 5, 7, &c. ou 2, 4, 6, 8, &c. ſoit du ternaire comme 3, 6, 9, 12, &c.
& la Progreſſion Geometrique qui garde toûjours les meſmes raiſons, c'eſt
à dire, où le ſecond eſt contenu autant de fois dans le troiſiéme qu'il contient le premier, & ce troiſiéme dans le quatriéme qu'il contient le ſecond, &c. comme 1, 2, 4, 8, &c.

CHAPITRE VI.

De la Progreſſion Arithmetique.

LEs Progreſſions Arithmetiques ſont ou entieres ou partielles.
Les entieres ſont celles qui continuent ſans interruption tant qu'on
veut, comme 1, 2, 3, 4, 5, 6, 7, 8, &c.
ou 2, 4, 6, 8, 10, 12, &c.
Les partielles s'arreſtent à chaque nombre de leur dénomination ;
La Binaire de deux en deux. 1, 2, | 3, 4, | 5, 6, | 7, 8, | &c.
La Ternaire de trois en trois. 1, 2, 3, | 4, 5, 6, | 7, 8, 9, | 10, 11, 12, | &c.
La Quaternaire de quatre en quatre. 1, 2, 3, 4 | 5, 6, 7, 8 | 9, 10, 11, 12 | &c.
Ainſi des autres.

Remarquez que les Progreſſions partielles finiſſent toutes apres la premiere par un terme qui eſt toûjours multiple du dénominateur de la progreſſion, que le dernier du ſecond rang eſt double du dernier du premier
rang, que le dernier du troiſiéme en eſt triple, du quatriéme en eſt quadruple, &c.

Et par conſequent le dernier du ſecond eſt en proportion double avec
le dernier du premier, le troiſiéme avec le ſecond en proportion ſeſquialtere, & le quatriéme avec le troiſiéme en proportion ſeſquitierce, & ainſi
toûjours en diminuant, ce qui paroiſt à la ſeule inſpection de ces progreſſions.

On peut encore inventer d'autres Progreſſions , qui peuvent avoir leur uſage pour la découverte des nombres , comme ſont celles qu'on appelle de repetition , & qui ſont encore partielles ; parce qu'elles repetent toûjours le nombre où elles ont finy le rang precedent,

comme 1, 2, 3 | 3, 4, 5 | 5, 6, 7 | 7, 8, 9 | &c.

ou bien en nombres pairs , 2, 3, 4 | 4, 5, 6 | 6, 7, 8 | 8, 9, 10 | &c.

On en peut encore prendre de multiples de toutes manieres , c'eſt à dire dont le dernier terme eſt au premier , ou double , ou triple , ou quadru-ple , &c. comme nous avons fait en noſtre Arithmetique Harmonique à l'égard des progreſſions doubles , où mettant de ſuitte les progreſſions partielles de tous les nombres doubles , en obmettant comme nous avons fait là les nombres qui ne ſont pas meſurez , ou qui ne naiſſent pas de la mul-tiplication mutuelle des ſix premiers 1, 2, 3, 4, 5, 6 , nous avons trouvé qu'il ſembloit que la nature eut diſpoſé les nombres pour la Muſique, ou qu'elle eut tiré la Muſique de la diſpoſition naturelle des nombres. Il n'eſt pas be-ſoin de la remettre icy puiſque nous en avons fait là tout l'uſage qui s'en pouvoit faire.

CHAPITRE VII.

Des Progreſſions Geometriques.

LEs Progreſſions Geometriques prennent leur nom du premier nombre qui ſe met apres l'unité & continuë de meſme. Si par exemple on met 2 , on l'appelle progreſſion double, c'eſt à dire que tous les nombres qui ſe ſuivent immediatement , doivent eſtre doubles de leur precedent. Ainſi a-pres 2 on met 4 , puis 8 , puis 16 , &c.

Si apres 1 on met 3 , la progreſſion eſt triple , & on doit mettre enſuite 9, 27, 81, &c. Ainſi des autres.

On a donné differens noms à tous les nombres de la Progreſſion Geo-metrique , le premier apres l'unité s'appelle Racine , le ſecond s'appelle Quarré , le troiſiéme Cube , &c.

On peut prendre ſéparément ces nombres de la Progreſſion Geometri-que qu'on appelle des puiſſances , & donner à chacun ſa progreſſion parti-culiere. Par exemple , celle des racines qui n'eſt point autre que la progreſ-ſion naturelle ou Arithmetique , 1, 2, 3, 4, 5, 6, 7 , &c. à l'infiny: car tous les nombres ont cette faculté de pouvoir eſtre la racine ou la ſource de la dénomination de la progreſſion Geometrique.

Celle des quarrez ſe fait en mettant de ſuitte tous les quarrez de chaque nombre , c'eſt à dire tous les produits de la multiplication de chaque nom-bre par ſoy-meſme , & le nombre qui ſe multiplie ſoy-meſme s'appelle la ra-cine de ce quarré. Ainſi pour mieux entendre cette progreſſion des quar-rez , on a accoûtumé de mettre la racine au deſſus de chaque produit , c'eſt à dire la progreſſion naturelle des nombres ſur celle des quarrez. Souvent auſſi on met au deſſous leurs differences, qui eſt la progreſſion naturelle des nombres impairs.

Racines   1, 2, 3, 4,   5,   6,   7,   8,   9,   10, &c.
Quarrez   1, 4, 9, 16, 25, 36, 49, 64, 81, 100, &c.
differences 3, 5, 7, 9, 11, 13, 15, 17,   19, &c.

De meſme on fait celle des Cubes, c'eſt à dire des nombres dont la racine ſe multiplie deux fois, la premiere fois en ſe multipliant ſoy-meſme, elle fait ſon quarré, & la ſeconde en multipliant par elle-meſme ſon quarré.

Racines 1, 2, 3, 4, 5,   6,   7,   8, &c.
Cubes 1, 8, 27, 64, 125, 216, 343, 512.

Nous ne mettrons pour exemple que les Progreſſions des Quarrez & des Cubes, parce que les Anciens n'alloient pas plus avant; outre qu'il eſt aiſé d'en ajoûter à l'infiny en ajoûtant toûjours une nouvelle multiplication du produit par la racine meſine.

CHAPITRE VIII.

Des Progreſſions dépendantes de l'Arithmetique & Geometrique, comme les Combinaiſons, les nombres Parfaits, Diametraux, & Figurez.

Apres ces Progreſſions Geometriques, il y en a beaucoup d'autres qui y ont du rapport, comme la Progreſſion des Combinaiſons qui ſert à faire voir combien des choſes differentes peuvent eſtre combinées, placées ou changées entre elles differemment. En cette Progreſſion le nombre de ces changemens ſe trouve par la multiplication mutuelle des nombres de la progreſſion naturelle, juſqu'à celuy du rang que vous cherchez. Par exemple ſi vous voulez ſçavoir combien 2, ou 3, ou 4, ou 5, ou 6, ou tant qu'il vous plaira de choſes, pourront eſtre placées differemment, il faut mettre de ſuite la progreſſion naturelle, & vis-à-vis la multiplication reciproque des nombres, & de leurs produits.

1,   2,   3,   4,   5,   6,   &c.
1,   2,   6,   24, 120, 720,   &c.

Ainſi deux choſes pourront eſtre placées deux fois differemment; 3, ſix fois; 4, 24 fois; 5, 120 fois, &c. en multipliant chaque nombre de la progreſſion naturelle par celuy du rang inferieur qui le precede; comme 3 par 2, 4 par 6, 5 par 24, &c.

La ſeconde Progreſſion qui dépend de la Geometrique, eſt celle qui découvre les nombres Parfaits, qui ſont ſi rares qu'il ne s'en trouve qu'un entre dix, un entre cent, un entre mille, un entre dix mille, un entre cent mille, &c. Pour les avoir tous à l'infiny, il ne faut que mettre de deux en

deux les nombres de la Progreſſion double Geometrique; retirer du plus
grand des deux l'unité, & multiplier le reſte par le moindre des deux, le produit ſera toûjours un nombre parfait, qui alternativement aura pour ſa
derniere figure, 6 ou 8. Il faut commencer cette progreſſion double par 2
& non pas par l'unité ; & dans le ſecond rang on remettra pour cette fois
ſeulement le nombre 4 qui avoit déja occupé la ſeconde place du premier
rang. Ainſi.

Prog. double. 2, 4 | 4, 8 | 16, 32 | 64, 128 | 256, 512 | 1024, 2048 | &c.
Nombres Parfaits. 6 | 28 | 496 | 8128 | 130816 | 2096128 | &c.
par 2 fois 3 | 4 fois 7 | 16 fois 31 | 64, 127 | &c.

La troiſiéme Progreſſion qui dépend de l'Arithmetique & Geometrique eſt
celle qui donne les nombres Diametraux, c'eſt à dire ceux dont le diametre
a ſon quarré égal à la ſomme des deux quarrez des côtez : comme 12 eſt un
nombre diametral produit par la multiplication de 3 & 4, dont les quarrez 9
& 16 ſont égaux au quarré de 5, 25 ; & 5 s'appelle le diametre de 12. Et ces
trois nombres 3, 4 & 5, ſont ce qu'ils appellent un Triangle Rectangle en
nombres. Tous ces nombres diametraux ſont contenus dans ces deux rangs
de Progreſſion de nombres entiers & de Fractions.

Premier Rang.

$1\frac{1}{3}$ $2\frac{1}{5}$ $3\frac{3}{7}$ $4\frac{4}{9}$ $5\frac{5}{11}$ $6\frac{6}{13}$ $7\frac{7}{15}$ $8\frac{8}{17}$ $9\frac{9}{19}$ &c.

Second Rang.

$1\frac{7}{8}$ $2\frac{11}{12}$ $3\frac{14}{15}$ $4\frac{23}{24}$ $5\frac{11}{24}$ $6\frac{17}{24}$ $7\frac{11}{12}$ $8\frac{35}{36}$ $9\frac{9}{8}$ &c.

Pour avoir tel nombre diametral qu'on voudra, il faut reduire en une
fraction le nombre entier & la fraction de chacun de ces nombres contenus en ces deux rangs. Par exemple, le premier du premier rang $1\frac{1}{3}$ donnera 4 & 3 qui ſont les côtez de 12 nombre diametral. Or 12 eſt un nombre
diametral, parce que le quarré de 5 qui eſt ſon diametre, ſçavoir 25, eſt é-
gal aux deux quarrez de ſes deux côtez 4 & 3, ſçavoir 16 & 9 qui ſont 25. De
meſme le ſecond de ce premier rang $2\frac{1}{5}$ donnera $\frac{11}{5}$ ou 12 & 5 qui ſont les
côtez de 60 nombre diametral, dont le diametre eſt 13 racine du quarré 169,
égal aux deux quarrez de 12 & de 5, 144 & 25. Ainſi le premier du ſecond
rang $1\frac{7}{8}$ donnera $\frac{15}{8}$ qui ſont les côtez de 120 nombre diametral, &c.

Or non ſeulement ces deux rangs ſe peuvent continuer à l'infiny ſuivant
la progreſſion naturelle des nombres comme ils ont commencé, mais encore chaque nombre entier avec ſa fraction en particulier, reduit en une
fraction, peut produire une infinité de nombres diametraux, & par conſequent une infinité de quarrez qui ſont compoſez de deux autres quarrez,
puiſque le diametre de chaque nombre diametral eſt la racine d'un quarré
compoſé de deux autres quarrez. L'on aura cette infinité de nombres diametraux en la multiplication d'un ſeul de ces nombres, ou par 2, ou par 3,
ou par 4, &c, à l'infiny. Par exemple, le premier nombre du premier

rang 1 ½ eſtant reduit en une fraction ³⁄₂, produira par 2 | ⁸⁄₆, par 3 | ¹¹⁄₇, par 4 | ¹⁶⁄₁₁, &c. dont les nombres diametraux ſont 12, 48, 108, 192, &c. & dont les quarrez compoſez de deux autres quarrez ſont 25, de 9 & 16 ; 100, de 36 & 64 ; 225, de 81 & 144 ; 400, de 144 & 25, &c.

Et comme chaque rang peut aller à l'infini, & que chaque nombre de chaque rang peut eſtre multiplié à l'infini, on aura ainſi une infinité d'infinitez à l'infini de nombres diametraux. Et c'eſt une merveille que dans cette infinité de nombres diametraux il ne s'en trouvera pas un dont la premiere figure à main-droite ne ſoit ou 8, ou 2, ou zero. Surquoy nous aurions bien des reflexions à faire ſi le temps ne nous emportoit ailleurs.

Remarquez qu'encore qu'un nombre diametral puiſſe avoir beaucoup de côtez, neanmoins il n'y en a que deux qui puiſſent luy donner ſon diametre, c'eſt à dire qu'il ne peut eſtre diametral que d'une ſeule maniere.

Les Nombres Triangulaires viennent de l'addition de la Progreſſion naturelle des nombres 1, 2, 3, 4, 5, &c.

Les quarrez de l'addition de la meſme progreſſion, en laiſſant un, comme 1 & 3, font 4. | 1, 3, 5, font 9 | 1, 3, 5, 7, font 16, &c.

Les Pentagones en paſſent deux, 1 & 4 font 5 | 1, 4, 7, font 12, &c.

Ainſi toutes les figures des nombres en paſſent toûjours un nombre davantage pour les produire : elles en paſſent 3 pour les Hexagones | 4 pour les Heptagones, &c.

La progreſſion de ces nombres figurez appartient plutoſt à l'Arithmetique, qu'à la Geometrique.

Il eſt maintenant temps de donner les Regles ou Maximes de découvrir les nombres cachez, ou les ſommes de toutes les Progreſſions.

CHAPITRE IX.

Regles pour trouver les ſommes de toutes ſortes de Progreſſions Arithmetiques & Geometriques multiples.

POur avoir la ſomme de la Progreſſion Arithmetique, ſoit de celle qui commence par l'unité, & qui continuë par tous les nombres de ſuite, & dans leur ordre naturel,

ainſi 1, 2, 3, 4, 5, 6, 7, 8, 9, 10, 11, 12, &c.

Soit de celle qui les interrompt ou du binaire, ou ternaire, &c. en commençant par l'unité ou par un autre nombre,

comme 1, 3, 5, 7, 9, &c. | ou 2, 4, 6, 8, 10, &c. |

ou 1, 4, 7, 10, 13, &c. | ou 2, 5, 8, 11, 14, &c.

ou 1, 5, 9, 13, 17, &c. | ou 2, 6, 10, 14, 18, &c.

Sans repeter toutes les Regles que nous en avons données au Chap. III. du V. Livre, nous nous contenterons de celle-cy.

Il faut 1. joindre les deux extrémes, c'eſt à dire le premier & le dernier

des nombres propofez. Puis il faut multiplier le produit de cette addition,
par la moitié du nombre des termes de la Progreffion, fi ces termes font en
nombre pair : Ou s'ils font en nombre impair, on multipliera le nombre
des termes par la moitié du produit de l'addition des deux extrêmes. Par
exemple, fi l'on propofe cette progreffion naturelle,

1, 2, 3, 4, 5, 6, 7, 8, 9, 10.

Les deux extrêmes 1 & 10, ajoûtez font 11, qui eftant multipliez par 5 la
moitié des 10 termes de la progreffion, qui eft en nombre pair, on aura 55
pour la fomme.

Mais fi l'on propofe cette progreffion en nombres impairs, quant au
nombre des termes,

1, 2, 3, 4, 5, 6, 7, 8, 9.

Apres avoir joint les deux extrêmes 1 & 9 qui font 10, on prendra la moitié de 10 qui eft 5, & par luy on multipliera le nombre des termes qui eft 9,
& l'on aura pour la fomme de la progreffion, 45.

Cette Regle eft generale pour toutes les progreffions Arithmetiques de
quelque dénomination qu'elles puiffent eftre.

Pour avoir la fomme de la Progreffion Geometrique double, il faut doubler le dernier & puis en ôter l'unité.

Par exemple, 1, 2, 4, 8, 16, 32, 64, | deux fois 64 font 128, d'où reti-
rant l'unité il refte 127 pour la fomme des nombres precedens.

Pour avoir la fomme de toutes les autres progreffions multiples Geometriques, il faut 1°. retirer le premier nombre du dernier : 2°. divifer le refte
par un nombre qui foit moindre d'une unité que le dénominateur de la progreffion propofée : 3°. il faut adjoûter le quotient de cette divifion au dernier nombre tel qu'il eftoit avant qu'on en eût retranché le premier.

Exemple I.

3, 9, 27, 81, 243, | ôtant le premier 3 de 243 il refte 240, qu'il faut
divifer par 2, parce que la progreffion eft triple, & il viendra 120 au quotient, qui eftant adjoûté à 243 donne pour la fomme 363.

Exemple. II.

4, 16, 64, 256, 1024, | refte 1020, qui eftant divifé par 3 donne au
quotient 340, qui eftant ajoûté à 1024 donne pour la fomme 1364. Ainfi
de toutes les autres Progreffions Geometriques multiples.

CHAPITRE X.

Trouver la somme de toutes les Progreſſions des Nombres Figurez,
Triangulaires, Quarrez, Pentagones, Hexagones, Heptagones,
Octogones, &c.

LEs Triangulaires eſtant formez de l'addition des nombres de la Progreſſion naturelle, 1, 2, 3, 4, 5, 6, &c. comme nous avons enſeigné dans
la premiere Regle des Progreſſions Arithmetiques, donnent ainſi par ordre
les nombres Triangulaires.

Progreſſions Arith. 1 2 3 4 5 6 7 8 9 &c.
Progr. Triangul. 1 , 3, 6, 10, 15, 21, 28, 36, 45, &c.

Quand on cherche la ſomme des nombres Triangulaires, c'eſt outre cela
chercher la ſomme des ſommes particulieres déja trouvées.

Pour découvrir ces autres ſommes des nombres Triangulaires, il faut
1°. mettre de ſuitte la progreſſion naturelle des nombres partagée de trois
en trois, & deſſous y mettre une autre progreſſion partagée auſſi de trois
en trois, dont les trois premiers termes ſeront égaux à ceux de la progreſſion naturelle; puis les trois du ſecond ternaire, ſeront ſeparez de deux
unitez de ceux du premier & entr'eux auſſi, c'eſt à dire que le premier nombre du ſecond ternaire ſera ſeparé de deux unitez du dernier nombre du premier ternaire; & qu'enſuite les nombres de ce ſecond ternaire ſeront éloignez entr'eux de deux unitez, ceux du troiſiéme ternaire ſeront ſeparez du
ſecond de trois unitez, & entr'eux auſſi; ceux du quatriéme ternaire ſeront
ſeparez du troiſiéme de quatre unitez, & entr'eux auſſi; ceux du cinquiéme
le ſeront du quatriéme de cinq unitez, & entr'eux auſſi; & toûjours de meſme tant qu'on en voudra, ils ſeront ſeparez du ternaire precedent & entr'eux, d'autant d'unitez que la dénomination de leur rang l'indiquera, de
6 aux ſixiéme rang, de 7 au ſeptiéme, &c.

Ainſi 1, 2, 3 | 4, 5, 6 | 7, 8, 9 | 10, 11, 12 | 13, 14, 15 | &c.
     1, 2, 3 | 5, 7, 9 | 12, 15, 18 | 22, 26, 30 | 35, 40, 45 | &c.

Cela fait il faudra multiplier les nombres de chaque ternaire de la progreſſion naturelle par ceux de la ſeconde progreſſion qui leur répondent,
& le premier & le ſecond de chaque ternaire produiront juſtement la ſomme des nombres Triangulaires propoſez, & pour le troiſiéme de chaque
ternaire il faudra ajoûter au produit de la multiplication le tiers du nombre de la progreſſion naturelle qui luy répond. Ainſi vous aurez les ſommes de tous les nombres Triangulaires propoſez.

Sommes des Nombres Triangulaires.

Du 1er. ternaire.	du 2.	du 3.	du 4.	du 5e.	&c.
1, 4, 10	20, 35, 36	84, 120, 165	210, 286, 364	455, 560, 680	

Mais afin de trouver aisément les rapports ou correspondances de ces deux progressions, sans que mesme il soit besoin de les écrire ny de les avoir devant les yeux, il faut suivre cette methode. 1°. On trouvera en quel ternaire sera le nombre proposé des sommes, en divisant ce nombre proposé par 3, car comme chaque ternaire de la progression naturelle finit par un nombre qui est mesuré par 3, s'il ne reste rien apres la division le quotient vous montrera justement en quel rang des ternaires il est le troisiéme: par exemple, si on vous demandoit la somme de 12 nombres, en divisant 12 par 3, il vient 4 au quotient, qui signifie que 12 est le troisiéme dans le quatriéme rang des ternaires. Si apres le quotient il reste deux, c'est à dire que le nombre proposé est le second dans le rang du ternaire qui suit le quotient, s'il n'a resté qu'un, c'est à dire que le nombre proposé est le premier dans le rang du ternaire qui suit le quotient trouvé. Comme si on vous proposoit 10, ou 11; en les divisant par 3, il viendroit 3 au quotient & resteroit 1 à 10, & 2 à 11, ce qui signifieroit que 10 est le premier dans le quatriéme rang des ternaires de la progression naturelle, & qu'11 y est le second. Il est donc aisé de trouver par ce moyen en quel rang des ternaires de la progression naturelle sont les nombres qu'on peut proposer.

Voyons maintenant à trouver les nombres de la seconde Progression, qui répondent à cette premiere. Et pour cela voicy une methode merveilleuse, & qui sert à faire voir combien il y a de tresors cachez dans les differentes dispositions des nombres.

Comme tous les derniers nombres de chaque rang de ternaires de cette seconde progression sont aussi mesurez par 3, il arrive que chaque dernier nombre de chaque rang estant divisé par 3, donne de suite tous les nombres triangulaires chacun en leur rang: le premier qui est 1, dans le premier rang, parce que 3 estant divisé par 3 donne 1: le second qui est 3 dans le second rang, parce que 9 estant divisé par 3 donne 3: le troisiéme qui est 6 dans le troisiéme, parce que 18 estant divisé par 3 donne 6: le quatriéme qui est 10 dans le quatriéme, parce que 30 divisé par 3 donne 10, &c. à l'infiny. Tellement qu'ayant trouvé premierement dans la progression naturelle, par le quotient de la division des ternaires, en quel rang des ternaires est le nombre proposé, on trouve à mesme temps par ce mesme quotient quel est le nombre Triangulaire qui se trouve dans la seconde progression. Comme ayant divisé 12 par 3, d'où il vient 4, qui signifie que 12 est precisément le troisiéme dans le quatriéme ternaire; on apprend aussi à mesme temps que le nombre qui luy répond dans la seconde progression est le quatriéme nombre triangulaire 10, qui est venu de la division par 3 du troisiéme nombre du quatriéme ternaire de la seconde progression, & qui par consequent estant multiplié par 3, restituë ce nombre qui est 30, qui répond à 12 de la premiere progression. Et comme on sçait le rang des ternaires de la seconde progression par le moyen de ceux de la premiere, on sçaura aussi qu'elle place ces nombres tiendront dans leur rang de ternaires, & ce qu'il en faudra soutraire de la multiplication du nombre triangulaire trouvé par 3. Car

comme

comme ceux du quatriéme ternaire font diſtans l'un de l'autre de quatre
unitez ; il en faudra retrancher 4 pour le ſecond rang, & 8 pour le premier.
Ainſi ayant trouvé que 30 répond à 12 de la progreſſion naturelle, & que ce
30 eſt dans le quatriéme rang des ternaires, il en faudra retrancher 4 pour
le ſecond de ce quatriéme rang, & l'on aura 26 qui répond à 11 ; & il en
faudra retrancher 8 pour le premier de ce quatriéme rang & l'on aura 22
qui répond à 10. Par ce moyen l'on aura les ſommes des dix premiers nombres triangulaires en multipliant 10 par 22, & il viendra 220 pour leur ſomme ; & des onze premiers en multipliant 11 par 26, & il viendra 286 ; & enfin des 12 premiers en multipliant 12 par 30 & il viendra 360 auquel ajoûtant le tiers de 12 qui eſt 4, on aura 364 pour la ſomme des douze premiers nombres triangulaires. Ainſi des autres.

Autre Methode pour trouver la ſomme des Nombres Triangulaires propoſez.

NOus allons donner une autre Methode qui ſera en quelque maniere
generale pour les autres nombres figurez.

Il faut comme auparavant partager la progreſſion naturelle des nombres
par ternaires, ainſi

1, 2, 3 | 4, 5, 6 | 7, 8, 9 | 10, 11, 12 | &c.

Puis multiplier l'addition des nombres de cette progreſſion, qui fait les
nombres triangulaires, c'eſt à dire qu'il faut multiplier chaque nombre
triangulaire par le nombre de la dénomination de chaque ternaire, ceux du
premier ternaire par 1 ; ceux du ſecond par 2 ; ceux du troiſiéme par 3, &c.
Le premier de chaque ternaire, par cette multiplication donnera juſtement
la ſomme ; il faudra ajoûter au ſecond de chaque ternaire apres la multiplication, le tiers du nombre triangulaire qui ſera venu de l'addition des nombres de la progreſſion naturelle : & au troiſiéme de chaque rang il faudra
ajoûter les deux tiers du nombre triangulaire.

Exemple.

Si l'on   'es ſommes de 4 ou 5, ou 6 nombres triangulaires : comme ces   nt dans le ſecond ternaire, il faudra multiplier par 2
leurs non   triangulaires 10, 15, 21, & adjoûter au ſecond 5, au troiſiéme
14, & il viendra 20, 35 & 56 pour les ſommes de ces trois nombres. Ainſi
de tous les autres.

EXEMPLE.

Des Sommes des quinze premiers nombres Triangulaires, suivant les deux methodes precedentes.

Premiere Methode.

Prog. Nat.	1, 2, 3	4, 5, 6	7, 8, 9	10, 11, 12	13, 14, 15
Seconde Prog.	1, 2, 3	5, 7, 9	12, 15, 18	22, 26, 30	35, 40, 45
Nombres Triang.	1, 3, 6	10, 15, 21	28, 36, 45	55, 66, 78	91, 105, 120
Somme des Nombres Triang.	1, 4, 10	20, 35, 56	84, 120, 165	220, 286, 364	455, 560, 680

Seconde Methode.

	1, 2, 3	4, 5, 6	7, 8, 9	10, 11, 12	13, 14, 15
Nombres Triangul.	1, 3, 6	10, 15, 21	28, 36, 45	55, 66, 78	91, 105, 120
Multiplicateur des Nombres Triangl.	1	2	3	4	5
Sommes.	1, 4, 10	20, 35, 36	84, 120, 165	220, 286, 364	455, 560, 680

CHAPITRE XI.

Trouver la Somme de tous les quarrez proposez.

Disposez la Progression naturelle des nombres de trois en trois, & sous elle disposez une autre progression de trois en trois, qui repete toûjours son troisiéme terme pour recommencer un autre rang de ternaires. La premiere finira toûjours par un nombre qui sera mesuré par 3, & la seconde toûjours par un impair. Ainsi

1, 2, 3	4, 5, 6	7, 8, 9	10, 11, 12	13, 14, 15	&c.
1, 2, 3	3, 4, 5	5, 6, 7	7, 8, 9	9, 10, 11	&c.

Cela fait il faut assembler la somme de la progression naturelle jusqu'au nombre des quarrez proposez, & ensuite multiplier le produit de cette addition par le nombre de la seconde progression, qui répondra au nombre des quarrez proposez. Sous le premier de chaque rang de ces ternaires, la somme des quarrez proposez se trouvera justement par cette multiplication : Sous le second de chaque rang, on retranchera du produit de la multiplication le tiers de la somme de la progression naturelle du nombre qui luy répond : Et sous le troisiéme de chaque rang on retranchera les deux tiers de la somme de la progression naturelle.

Par exemple : si l'on demande la somme des sept premiers quarrez ; apres avoir ajoûté la somme de la progression naturelle des sept premiers nombres qui fait 28, on regardera quelle place tient dans son rang de ternaire le nombre 7, & quel est le nombre qui luy répond dans les ternaires de la seconde progression, par qui le produit de l'addition des sept premiers nombres doit estre multiplié. On voit qu'il est le premier dans le troisiéme ternaire de la progression naturelle, & que c'est 5 qui luy répond & qui est aussi par conséquent le premier dans le troisiéme ternaire de la seconde progression: Ainsi la multiplication de 28 par 5 donnera justement la somme des sept premiers quarrez qui est 140. Ainsi la somme des huit premiers quarrez sera 204, parce que 36 qui estoit le produit de l'adition de la progression naturelle des huit premiers nombres, estant multiplié par 6 qui répond à 8, faisoit 216, d'où retranchant le tiers de 36 qui est 12 il reste 204. Ainsi la somme des neuf premiers quarrez sera 285, parceque 45 qui est la somme de la progression naturelle des neuf premiers nombres estant multipliez par 7 donnoit 315, d'où retranchant les deux tiers de 45 qui sont 30, il reste 285. Ainsi de tous les autres nombres en chaque rang.

Et afin qu'il soit facile de trouver la correspondance de ces deux differentes progressions, sans mesme les écrire, voicy la methode qu'il faut suivre. Comme les deux premiers ternaires de l'une & l'autre progression sont égaux, que les seconds sont distans de l'unité en chacun de leurs nombres; que les troisiémes sont distans de deux unitez, les quatriémes de trois unitez, & ainsi toûjours une unité moins que la dénomination de leur rang, on sçaura aisément leur correspondance quand on sçaura précisément les rangs des ternaires de la progression naturelle. Or il est aisé de trouver ces rangs par la methode que nous avons donnée cy-devant pour les nombres Triangulaires; c'est à sçavoir en divisant par 3 le nombre proposé de quarrez dont on demande la somme. Car si la division est juste, c'est à dire qu'il ne reste rien, le quotient marquera le troisiéme ou dernier du ternaire qu'il indique: par exemple, du cinquiéme ternaire si c'est 5, du sixiéme si c'est 6, &c. s'il en reste deux apres le quotient, il sera le second dans le rang des ternaires qui suit la dénomination du quotient; & s'il n'en reste qu'un, il sera le premier du ternaire qui suit la dénomination du quotient. Par exemple, si on demande la somme des dix-huit premiers quarrez, on divisera 18 par 3, pour sçavoir en quel ternaire est 18, & comme 18 est justement divisé par 3, qui donne 6 pour quotient, cela veut dire que 18 est le troisiéme ou dernier nombre du sixiéme ternaire. Si l'on en demande 17, en divisant 17 par 3, il vient 5 au quotient & reste 2, qui signifie que 17 est le second dans le sixiéme ternaire; & si l'on en demande 16, en divisant 16 par 3, il vient 5 & reste 1, qui fait voir que 16 est le premier dans le sixiéme ternaire.

Or il sera aisé ensuite de donner les nombres de la seconde progression qui leur répondent. Car puisque les nombres de la seconde progression sont distans de ceux de la premiere d'autant d'unitez, une moins que la dénomination des rangs des ternaires; les nombres de la seconde progression qui répondent & sont au sixiéme rang des ternaires, seront distans chacun de cinq unitez de ceux de la progression naturelle du sixiéme rang des ternaires, & par consequent dans la seconde progression 11, répondra à 16; 12 à

17, & 13 à 18. Et multipliant par 11, par 11, & par 13, les additions de la progreſſion naturelle des nombres 16, 17, & 18, qui ſont 136, 153, 171 ; il viendra pour la ſomme des 16 premiers quarrez 1496. | pour celle des 17, (le retranchement fait de 51) 1785 | & pour celle des 18 premiers quarrez, (le retranchement fait de 114) 2109. |

Ainſi ſi l'on demande la ſomme des cent premiers quarrez, en diviſant 100 par 3, il viendra au quotient 33, & reſtera 1, & par conſequent 100 ſera le premier du ternaire ſuivant qui eſt le 34e. & le nombre de la ſeconde progreſſion qui luy répondra, ſera diſtant de luy de 33 unitez, & ſera par conſequent 67, par lequel il faudra multiplier la ſomme de l'addition de la progreſſion naturelle des cent premiers nombres qui eſt 5050, & le produit ſera 338350 pour la ſomme des cent premiers quarrez, de laquelle ſomme il n'y a point de retranchement à faire, parce que les deux nombres de la premiere & ſeconde progreſſion, occupent la premiere place dans leurs ternaires.

CHAPITRE XII.

Trouver la ſomme de tous les Pentagones propoſez.

LEs Nombres Pentagones ſe forment en ajoûtant depuis l'unité, tous les nombres de ſuite, qui laiſſent entre eux deux unitez, comme 1, 4, 7, 10, 13, 16, 19, &c. qui font ces pentagones 1, 5, 12, 22, 35, 51, 70, &c.

Pour en avoir la ſomme & de tous ceux qu'on propoſera, il faut multiplier la ſomme des nombres de la progreſſion naturelle par le nombre des pentagones qu'on demande ; par exemple, ſi l'on en propoſe deux, on multipliera par 2, l'addition des deux premiers nombres qui eſt 3, & il viendra 6, qui eſt la ſomme des deux premiers pentagones 1 & 5, par 3 ſi l'on en demande trois, 1, 2, 3, qui font 6, par 3 c'eſt 18 pour la ſomme des trois premiers 1, 5, 12.

Par 4, les 4 premiers 1, 2, 3, 4, qui font 10, par 4 c'eſt 40. Par 5 les cinq premiers qui font 15, il viendra 75. Ainſi de tous les autres.

CHAPITRE XIII.

Trouver la ſomme de tous les Hexagones propoſez.

LEs Nombres Hexagones ſe forment en ajoûtant tous les nombres depuis l'unité, qui laiſſent entr'eux trois unitez, comme 1, 5, 9, 13, 17, 21, &c. qui font ces Hexagones, 1, 6, 15, 28, 45, 66, &c.

Pour avoir la ſomme des Hexagones propoſez, il faut premierement dreſſer ces deux progreſſions, dont on trouvera les correspondances par la voye des diſtances que gardent ces ternaires, comme nous avons fait dans les precedentes.

1, 2, 3 | 4, 5. 6 | 7. 8, 9 | 10, 11, 12 | 13, 14, 15 | &c.
1, 2, 3 | 5, 6, 7 | 9, 10, 11 | 13, 14, 15 | 17, 18, 19 | &c.

Il faut multiplier la ſomme de l'addition de la progreſſion naturelle par le nombre de la ſeconde progreſſion qui luy répond. Dans le premier de chaque ternaire la ſomme viendra juſtement par cette multiplication : Dans le ſecond de chaque ternaire, il faudra ajoûter à la ſomme de la multiplication le tiers de la ſomme de la Progreſſion naturelle ; Dans le troiſiéme, il faudra ajoûter à la ſomme de la multiplication les deux tiers de la ſomme de la progreſſion naturelle. Exemple. Si je veux la ſomme des quatre premiers hexagones qui eſt 50, je l'auray en multipliant 10, qui eſt la ſomme de la progreſſion naturelle des quatre premiers nombres, par 5 qui répond à 4, & il viendra juſtement 50, parce que ces deux nombres ſont les premiers dans leur ternaire, Si je veux la ſomme des cinq premiers je l'auray en multipliant 15 par 6, & il viendra 90, à quoy ajoûtant 5 le tiers de 15, j'auray 95 pour la ſomme des cinq premiers hexagones Enfin j'auray la ſomme des ſix premiers en multipliant 21 par 7, d'où viendra 147, auquel ajoûtant les deux tiers de 21 qui ſont 14, j'auray 161 pour la ſomme des ſix premiers hexagones. Ainſi de tous les autres.

CHAPITRE XIV.

Trouver la ſomme de tous les Heptagones propoſez, & des Cubes.

LEs Nombres Heptagones ſe forment en ajoûtant tous les nombres depuis l'unité qui laiſſent entr'eux quatre unitez, comme 1, 6, 11, 16, 21, 26, &c. qui font ces Heptagones 1, 7, 18, 34, 55, 81, &c.

Pour avoir la ſomme des heptagones propoſez, il faut dreſſer ces deux progreſſions, qui pourront eſtre continuées tant qu'on voudra dans l'ordre & la diſtance des ternaires qu'elles ont commencé.

1, 2, 3 | 4, 5, 6 | 7, 8, 9 | 10, 11, 12 | &c.
1, 2, 3 | 6, 7, 8 | 11, 12, 13 | 16, 17, 18 | &c.

Puis on multipliera la ſomme de la progreſſion naturelle par les nombres de la ſeconde progreſſion. Sous le premier de chaque ternaire la ſomme des heptagones viendra juſtement : Sous le ſecond de chaque ternaire il faudra ajoûter à la ſomme de la multiplication, les deux tiers de la ſomme de la progreſſion naturelle : Sous le troiſiéme il faudra ajoûter à la ſomme de la multiplication, quatre tiers de la ſomme de la progreſſion naturelle, c'eſt à dire, & la ſomme meſme de la progreſſion naturelle, & encore ſon tiers. Exemple. Pour la ſomme des quatre premiers heptagones, 6 fois 10 donne juſtement 60 qui eſt la ſomme des quatre premiers heptagones 1, 7, 18, 34. | Pour les cinq premiers, 7 fois 15 font 105, auquel ajoûtant les deux tiers de 15 qui font 10, il vient pour la somme 115, somme de 1, 7, 18; 34, 55 | pour les six premiers, 8 fois 21 font 168, auquel ajoûtant 21 & son tiers 7 qui font 28, on aura 196 qui est la somme des six premiers heptagones, 1, 7, 18, 34, 55, 81. Ainsi des autres.

A l'imitation de ces methodes, chacun pourra inventer des voyes d'assembler toutes les sommes de quelques nombres figurez & reguliers quels qu'ils soient. Car nous n'avons pas entrepris de tout faire ny de tout dire. Nous donnerons encore icy le moyen de

Trouver la somme de tous les Cubes proposez.

ASsemblez la somme de leurs racines, qui ne sont autres que les nombres de la progression naturelle, & quarrez cette somme vous aurez la somme des Cubes proposez. Par exemple, si vous voulez la somme des quatre premiers cubes, en quarrant 10 qui est la somme des quatre premiers nombres ou racines, il viendra 100 qui est la somme des quatre premiers cubes, 1, 8, 27, 64. | &c.

CHAPITRE XV. ◆

Exemples des Questions qui se peuvent faire sur les Progressions.

TRois hommes entreprennent de vuider un étang en l'espace d'un jour de douze heures, & on leur promet pour recompense à chacun une livre pour chaque muids d'eau, à la premiere heure ils en vident un, & gagnent un écu pour eux trois, c'est à dire chacun une livre: à la seconde heure ils en vuident deux & gagnent six livres: à la troisiéme ils en vuident trois & gagnent neuf livres, & ainsi ils augmentent le nombre des muids selon le nombre des heures, & par consequent leur recompense augmente par la mesme progression de trois en trois. Ce qui fait ces deux progressions Arithmetiques.

muids. 1,   2, 3, 4, 5, 6, 7, 8, 9, 10, 11, 12.
argent. 3, ^{liv.} 6, 9, 12, 15, 18, 21, 24, 27, 30, 33, 36.

On demande combien ils ont vuidé de muids d'eau en douze heures, & combien il leur faut donner d'argent?
Muids, 1 & 12 font 13, qui multipliez par 6, donnent la Reponse, 78 muids.
Argent, 3 & 36 font 39, qui multipliez par 6, donnent la Réponse, 234 liv.

Il y a des progressions Arithmetiques composées. Par exemple, on demande combien feroit de pas ou de lieuës un homme qui voudroit rapporter cent pommes distantes chacune d'un pas dans un panier qui seroit à un pas de la premiere pomme, en les allant querir l'une apres l'autre. Comme il feroit deux pas pour apporter la premiere pomme dans le panier, sçavoit un en allant & l'autre en revenant, qu'il en feroit 4 pour la seconde, 6 pour la troisiéme, 8 pour la quatriéme, & ainsi doublant les pas pour le nombre des pommes, il en feroit 200 pour la centiéme, & par consequent, (sans qu'il soit besoin d'écrire toute la progression Arithmetique distante du binaire jusqu'à 200 | 2, 4, 6, 8, 10, &c.) en assemblant 2 le premier nombre, & le dernier 200, on aura 202, qui estant multipliez par 50 la moitié du nombre des termes qui est 100, donneront 10100 pas, il aura fait cinq lieuës & 100 pas, en mettant deux mille pas pour chaque lieuë.

I. Quelquefois dans les questions de la progression Arithmetique, on ne donne que les deux extrêmes avec le nombre des termes, sans donner leur difference ou distance.

II. Quelquefois on donne les deux extrêmes & leur difference qui est entre les nombres, sans donner le nombre des termes.

III. Quelquefois on donne la difference & le dernier nombre, & le nombre des termes, sans donner le premier de la progression.

IV. Quelquefois on donne le premier, la difference & le nombre des termes sans donner le dernier de la progression.

V. Enfin quelquefois on donne le premier, la difference & le nombre des termes sans donner les termes du milieu, soit qu'on donne le dernier ou non, & neanmoins il faut trouver la somme de la progression, comme aussi en tous les cas precedens, pour lesquels voicy autant de Regles expliquées par des Exemples.

I. Pour le premier cas, on trouve la difference ou distance des termes, en retirant le premier du dernier, & divisant le reste par le nombre des termes diminué de l'unité. Comme si on donne 5 pour premier, 26 pour dernier, & 8 pour le nombre des termes ; 5 estant ôté de 26 laisse 21, qui estant divisé par 7 donne 3 pour la difference, sur laquelle on peut mettre les huit termes de la progression, & répondre ainsi à la question, combien un homme faisant l'aumône huit jours durant, & ayant donné le premier jour cinq livres & le dernier vingt-six livres, il auroit donné chaque jour en augmentant ses distributions également tous les jours pour pouvoir donner huit fois l'aumône, depuis 5 jusqu'à 26 ? Réponse.

5, 8, 11, 14, 17, 20, 23, 26. | qui font 124 livres,

II. Pour le second cas, on trouve le nombre des termes en retirant le premier du dernier, & divisant le reste par la difference, le quotient estant augmenté de l'unité sera le nombre des termes. Exemple. Si un homme a mis deux ouvriers en besogne, & que chaque jour il en augmente quatre jusqu'à ce qu'il en aye trente, combien de jours aura-t'il fait travailler. En retirant 2 de 30 il reste 28, qui estant divisé par 4 la difference des nombres, il viendra 7, qui estant augmenté d'1 fera 8 pour le nombre des termes. Ainsi.

2, 6, 10, 14, 18, 22, 26, 30.

III. Pour le troisiéme cas, on trouve le premier nombre de la progression en multipliant la difference par le nombre des termes diminué d'une unité, & retirant du dernier nombre le produit de cette multiplication, le reste sera le premier qu'on cherche. Exemple. Un homme a travaillé à un ouvrage de trois en trois jours, il y a travaillé sept jours & est arrivé au trente-troisième jour, quel jour du mois precedent qui avoit 30 jours a-t'il commencé? Operez & vous trouverez 15, 18, 21, 24, 27, 30, 33.

IV. Pour le quatriéme cas, on trouve le dernier nombre de la progreffion en multipliant la difference, par le nombre des termes diminué de l'unité, & le produit de la multiplication estant adjoûté au premier nombre, fera le dernier qu'on cherche. Le revenu d'une terre ou metonniere a rapporté à fon maiftre cinq livres la premiere année, & a pendant douze ans augmenté chaque année de quatre, quel a esté le revenu la douziéme année. 4 fois 11 font 44, qui ajoûtez à 5 donne 49 pour le dernier, & la progreffion eft telle.

5, 9, 13, 17, 21, 25, 29, 33, 37, 41, 45, 49.

V. Enfin pour le cinquiéme cas, on trouvera aifément la fomme de la progreffion, foit qu'on n'en donne pas le dernier, foit qu'on ne donne pas les nombres du milieu, qu'il ne fera pas ainfi neceffaire d'écrire. Si l'on ne donne pas le dernier, on le trouvera par le cas precedent, & quoy qu'on n'écrive pas tous les termes de la progreffion, ce fera affez d'en avoir le premier, la difference, le nombre des termes, & le dernier, puifque ce n'eft que par le moyen de ces quatre chofes, fçavoir le premier, la difference, le nombre & le dernier, qu'on découvre la fomme de toute la progreffion, en ajoûtant comme il a efté dit cy-deffus, le premier au dernier, & multipliant cette addition par la moitié du nombre des termes, fi ce nombre eft pair; ou multipliant le nombre des termes par la moitié de l'addition du premier avec le dernier, fi le nombre des termes eft impair. Exemple. Un Collecteur de tailles amaffe fept jours durant fa taille dans une Paroiffe de la campagne, le premier jour deux livres, & tous les autres jours il augmente fa collecte de trois livres par jour, on demande combien il aura levé au bout de la femaine: vous trouverez ce qu'il aura levé le dernier jour en multipliant 3 la difference par 6, nombre des termes diminué d'une unité, car il y a fept jours, & il viendra 18 auquel ajoûtant le premier nombre qui eft 2, vous aurez 20 pour le dernier. Et puis par la regle de l'addition des fommes de la progreffion, dont le nombre des termes eft impair, multipliant la moitié de 22 qui eft 11 par 7, il viendra 77 qui eft la fomme de cette progreffion 2, 5, 8, 11, 14, 17, 20.

Quelquefois il y a des progreffions Arithmetiques compofées de deux differentes progreffions, dont la premiere conferve toûjours fon premier terme ou dénominateur, & la feconde a tous les termes diftans entre eux de l'unité, foit qu'elle commence par l'unité 1, 2, 3, &c. ou par quelqu'autre nombre 2, 3, 4 | ou 3, 4, 5, &c. Et nous les mettrons icy pour un fixiéme cas.

Exemple. Deux hommes entreprennent un mefme voyage, & partent le mefme jour & arrivent à mefme temps au terme de leur voyage, quoy qu'ils faffent chaque jour different chemin. Le premier fait tous les jours

huit.

huit lieuës, le second ne fait que trois lieuës le premier jour, quatre le second, cinq le troisiéme, & ainsi toûjours de suite il augmente d'une lieuë à chaque jour. On demande quand ils arriveront & combien ils auront fait de lieuës l'un & l'autre, puisque dans la supposition ils doivent arriver le mesme jour, ils en auront fait autant l'un que l'autre. Regle pour toutes les questions de cette nature. Doublez la distance des deux premiers termes, (qui sont icy 8 & 3, dont la distance 5 estant doublée donne 10) adjoûtez au produit l'unité, (& vous aurez 11) par ce premier produit multipliez le premier terme ou le dénominateur de la premiere progression (qui est icy 8) & le produit de cette derniere multiplication sera le nombre cherché : comme icy 8 multiplié par 11 donne 88, qui est le nombre des lieuës qu'ils auront fait tous deux, & 11 sera le nombre des jours qu'ils auront employé à leur voyage, qui donnera ces deux progressions, dont les deux sommes sont pareilles, & font 88.

8, 8, 8, 8, 8, 8, 8, 8, 8, 8, 8.
3, 4, 5, 6, 7, 8, 9, 10, 11, 12, 13.

II. Exemple. Un homme perce deux muids de vin le mesme jour, & en tire du premier douze pintes par jour, & du second une pinte le premier jour, deux le second, trois le troisiéme, & ainsi de suite jusqu'à ce que les deux muids viennent à l'égalité. En combien de jours cette égalité arrivera-t'elle, & combien aura-t'on tiré de pintes de chaque muids ? Réponse. En vingt-trois jours l'on aura tiré de chaque muids 276 pintes ; & puisque le muids tient 288 pintes il en restera 12 dans chacun. Operation. Les deux premiers termes sont distans d'11, lesquels estant doublez font 22, & l'unité adjoûtée ce sont 23, qui multipliez par 12 premier terme du dénominateur de la premiere progression, donne 276. Comme aussi la progression de 23 nombres depuis l'unité, donne pour sa somme 276. Car 1 & 23 font 24, dont la moitié 12 multipliant 23 fait 276.

Quelquefois on donne le nombre des termes, leurs differences & leur somme, sans donner les deux extrêmes, ny specifier ceux du milieu. Puisque la somme est produite par la multiplication du premier & du dernier, par la moitié du nombre des termes, quand on n'a pas ce premier & dernier on voit quel produit peut faire la moitié du nombre des termes, & sur quel nombre, afin de pouvoir faire la somme, & alors par le moyen des differences, on peut trouver quels sont ces extrêmes. Exemple. Une fontaine à dix jets d'eau ; le second jet d'eau en verse pendant une heure deux pintes plus que le premier ; le troisiéme deux plus que le second, & ainsi de suite chacun en verse deux plus que le precedent ; ce qui fait la somme de 100 pintes d'eau. On demande ce qu'en versent le premier & le dernier, & ceux encore du milieu. Puisqu'il y a dix termes dont la somme doit faire 100, & la distance d'un chacun est 2, la moitié du nombre des termes qui est 5, doit multiplier 20 pour faire les 100 pintes, en divisant 100 le nombre des pintes, il vient 20, & par consequent le premier jet

Mm

d'eau n'en verse qu'une pinte, & le dernier 19 qui font en l'addition 20 ;
& ainsi tous les 10 nombres font 1, 3, 5, 7, 9, 11, 13, 15, 17, 19, dont la fomme est 100. Quoy qu'il y ait beaucoup d'autres nombres qui puissent faire
celuy de 20, estant ajoûtez comme 2 & 18, 3 & 17, neanmoins il n'y a qu'1
& 19, entre lesquels il s'en trouvent huit autres pour faire le nombre des
termes qui est 10 dans la question proposée.

CHAPITRE XVI.

Questions sur les Progressions Geometriques.

IL y a des Progressions Geometriques qui ne font à proprement parler
que des multiplications, qui finissent par la destruction de leur premier terme, de leur second, de leur troisiéme, &c. ne laissant que le dernier ; & dans ces progressions on n'a point de sommes à adjoûter. On les
employe dans la production des semences qui finissent, & font détruites
quand elles en produisent d'autres. Mais il y a des progressions Geometriques dont on doit assembler la somme de tous les produits, depuis le premier jusqu'au dernier. Voicy un exemple de l'une & l'autre.

Joseph ayant été étably par Pharaon sur toute l'Egypte pour faire la provision de bleds necessaire, pendant les sept années de fertilité, afin de subve-
nir aux sept années de sterilité, supposant qu'il donna ordre à douze Gou-
verneurs d'autant de Provinces d'Egypte, de faire semer dans leurs Provinces chacun mille septiers de bled, & que comme chaque grain devoit
produire le centuple, ils eussent toûjours soin de faire semer toute la recol-
te jusqu'à la septiéme année. On demande combien ils recüeillirent de
bled la septiéme année.

Les 12000 septiers en avoient produit la premiere année,	1200000
La seconde année, ceux-cy en produisirent	120000000
La troisiéme année,	12000000000
La quatriéme,	1200000000000
La cinquiéme,	120000000000000
La sixiéme,	12000000000000000
La septiéme, ils en recüeillirent	1200000000000000000

C'est à dire un quintilion, (qui vaut un milliard de milliards de milliars,
de milliars de millions de mille) deux cens quadrilions de septiers, qui est
une si prodigieuse quantité, que quand toutes les maisons de l'Egypte eussent esté converties en greniers, elles ne l'eussent pû contenir. Et supposant que Joseph eut vendu ce bled à une livre le boisseau la premiere année de la sterilité, deux livres la seconde, trois livres la troisiéme, quatre livres la quatriéme, cinq livres la cinquiéme, six livres la sixiéme,

& fept livres la feptiéme, il auroit receu cette prodigieufe fomme d'argent.

La premiere année,	20571428571428571742 livres.
La feconde,	41142857142857724284 liv.
La troifiéme,	61714285714285714286 liv.
La quatriéme,	82285714285714285868 liv.
La cinquiéme,	102857142857142857870 liv.
La fixiéme,	123428571428571428572 liv.
La feptiéme,	1440000000000000000000. liv.

Somme totale.   57599999999999999999982 livres.

Cette fomme s'énonce ainfi, 57 quintilions, 599 quadrilions, 999 trilions, 999 bilions, 999 milions, 999 mille, 982 livres.

Suppofant que Pharaon ayant mis tout cet argent en fes coffres, demanda à Jofeph qu'elle recompenfe il vouloit pour luy, de tant de richeffes qu'il luy avoit amaffées, & que Jofeph demanda au Roy une livre de rente pour la premiere année, deux pour la feconde, quatre pour la troifiéme, huit pour la quatriéme, & ainfi toûjours en doublant jufqu'à 24 années, ce qui fit pour la vingt-quatriéme année la fomme de 16777216, feize millions fept cent feptante-fept mille deux cens feize livres, & affemblant toutes les fommes qu'il a receuës pendant les 24 années, elles fe montent à 33554431 livres, c'eft à dire 33 millions 554 mille 431 livres. Car pour avoir toutes les fommes precedentes en une, il ne faut que doubler la derniere & en retirer l'unité, puifque c'eft la proportion double.

On peut faire une infinité de queftions fur ces progreffions Geometriques, qui fervent mefme à prouver des veritez de l'Ecriture-Sainte ; comme par exemple, comment il s'eft pû faire qu'en l'efpace de 210 ans, il foit venu de 70 Chefs de famille des douze tribus d'Ifraël qui eftoient defcendus en Egypte, le nombre de fix cent mille combattans, fans conter les femmes, les enfans au deffous de 20 ans, les vieillards au deffus de 60, & les perfonnes inutiles : Car on peut prouver qu'il en pouvoit fortir un beaucoup plus grand nombre d'une feule famile, en fuppofant que Jofeph par exemple qui s'eftoit marié à l'âge de 20 ans, ait eu 10 enfans mâles jufqu'à l'âge de 30 ans ; que fes dix enfans s'eft uns mariez à la mefme âge ayent eu pareil nombre d'enfans jufqu'à l'âge de 30 ans, & quoy qu'ils en puffent avoir un grand nombre par-de-là les 30 ans, & qu'ils vécuffent long-temps pour pouvoir voir les enfans de leurs enfans, neanmoins nous ne les faifons feconds que jufqu'à cet âge, & qu'ils mouroient tous à l'âge de 80 ans, afin de ne rien admettre d'extraordinaire dans cette preuve. Il fe trouve que la premiere generation des dix enfans de Jofeph, en aura produit 100, trente ans apres : la feconde, 1000 trente ans apres : la troifiéme, 10000 trente ans apres : la quatriéme 100000, la cinquiéme un million, la fixiéme cent millions ; & toutefois les 210 ans ne font pas encore accomplis, & à la fin il y auroit un milliard cent millions d'enfans de la feule famille de Jofeph, d'où retranchant ce qu'il vous plaira pour les morts, les enfans, les femmes & les vieillards, il reftera encore plus de cinq cent millions de combattans d'une feule famille, que ce feroit-ce donc fi l'on en prenoit de 70 familles ? Ainfi bien loin d'eftre obligez de recourir au miracle pour prouver ce nombre d'enfans d'Ifraël qui fortit de l'Egypte, à la fin de 210, c'eft au contraire un miracle de ce qu'il n'en fortit pas davantage, & il fallut que la cruauté des Egyptiens & la mifere de ce peuple fut bien grande pour avoir efté opprimez & reduits à un fi petit nombre, en comparaifon de celuy qui pouvoit venir & fubfifter naturellement.

III. Exemple.

Un Roy ayant fait plufieurs conqueftes fur fes voifins pendant la Guerre, demeure d'accord dans le Traitté de Paix qu'il rendra 40 Villes ou Châteaux, à condition que pour le dédommager des frais de la guerre on luy payera un denier pour la premiere ville, deux pour la feconde, quatre pour la troifiéme, huit pour la quatriéme, & ainfi toûjours en doublant: on demande à quelle fomme montera le payement de ces 40 villes ou châteaux ? Il faudra 1099611627775 deniers, qui eftant reduits en écus (en divifant ce nombre par 720, qui eft ce que contient de deniers un écu de 60 fols, à 12 deniers le fol,) font la fomme de 1527099483 écus, c'eft à dire un milliard cinq cens vingt-fept millions, quatre-vingt dix-neuf mille, quatre cens quatre-vingt trois écus : ou en livres, 4581308449 livres, & cet argent eftant mis à interest à 5 pour 100, ou au denier 20, produiroit 76354974 livres, c'eft à dire 76 millions, 374 mille, 974 livres de rente annuelle.

IV. Exemple.

Didon s'eftant refugiée en Afrique demanda aux habitans du pays, feulement autant de terre qu'il en faudroit pour femer un grain de bled, avec ce qui en pourroit venir pendant huit ans. Chaque grain n'occupant qu'un pouce de terre, & n'en produifant que 40 chacun, à la fin des huit années ce grain en avoit produit 3973600000000, & pour le femer la derniere des 8 années, il fallut 9934000000 pouces de terre. Et comme en mille pas en quarré il y a 640000000 de pouces ; divifant le premier nombre 9934000000 par le fecond 640000000, il luy fallut 153 milles pas en quarré qui font plus de 73 lieuës en quarré.

Avant que de quitter ces progreffions, il faut donner la methode de trouver les derniers nombres des progreffions, fans eftre obligé de mettre les premiers & ceux du milieu de fuite. Pour cela il faut fçavoir que tout nombre qui fe multiplie luy-mefme en produit un autre qui eft autant éloigné de luy que celuy qui fe multiplie eft eloigné de l'unité. Par exemple dans la progreffion double

1, 2, 4, 8, 16, 32, 64, 128, 256, 512, 1024, &c.

16 fe multipliant produit 256, qui eft autant éloigné de luy, qu'ill'étoit

de l'unité. Car comme 16 estoit au cinquiéme lieu apres l'unité, ayant entre luy & l'unité, 2, 4, 8, ainsi 256 est au cinquiéme lieu apres 16, ayant entre luy & 16, 32, 64, 128. Ainsi de tous les autres en quelque progression Geometrique que ce soit. Et afin de connoistre mieux en quel rang vient le nombre produit, on dresse ces deux progressions naturelle & Geometrique l'une sur l'autre, en sorte que la naturelle ne commence l'unité que sur le second de la Geometrique, ainsi

$$0, 1, 2, 3, 4, 5, 6, 7, 8, 9, 10 \quad 11, \text{ \&c.}$$
$$1, 2, 4, 8, 16, 32, 64, 128, 256, 512, 1024, 2048, \text{ \&c.}$$

Le nombre qui se multiplie soy-mesme en la progression Geometrique, fait un produit qui est sous un nombre de la progression naturelle, qui est double de celuy qui s'est multiplié. Par exemple, 16 se multipliant, produit 256, qui est sous 8, qui est double de 4, sous lequel estoit 16.

Et un nombre en multipliant un autre, fait un produit qui est dessous un nombre qui est composé des deux qui estoient sur les deux qui se font multipliez, comme 8 multipliant 16, produit 128 qui est sous 7, parce que 7 est composé de 3 & de 4, sous lesquels estoient 8 & 16. C'est donc assez d'avoir les 5 ou 6 premiers nombres de la progression Geometrique telle qu'elle soit, pour pouvoir produire tous les autres plus grands sans écrire ceux du milieu. Car si par exemple on veut le neufiéme nombre de la progression double Geometrique, & que vous ayez devant les yeux les 6 premiers nombres de cette progression, vous aurez le 9, en multipliant ou 64 par 8, parce que ces deux nombres sont sous 6 & 3 qui font 9, ou 32 par 16, qui sont sous 5 & 4; & il viendra 512, &c.

CHAPITRE XVII.

Des Combinaisons ou divers changemens que peuvent avoir plusieurs choses entr'elles.

NOus avons dit que la progression des Combinaisons se faisoit par la multiplication mutuelle des nombres de la progression naturelle, & de leurs produits, ce qui fait monter ces Combinaisons à de bien plus grands nombres que ne font les progressions Geometriques.

I. Exemple.

Les douze Apôtres de JESUS-CHRIST ayant disputé devant luy de la preference, il leur fit entendre que celuy qui voudroit estre le premier seroit le dernier, & le dernier le premier. Supposons qu'en suitte de cette leçon d'humilité, chacun voulut ceder la premiere place, la seconde & la troisiéme à son compagnon, & qu'ainsi ils resolurent de ne demeurer jamais ensemble dans une mesme disposition de lieux, on demande combien ils pouvoient changer de place, en sorte qu'ils se rencontrassent toûjours les uns à l'égard de tous les autres en différente situation? Réponse. 479001600, c'est à dire quatre cens soixante dix-neuf millions mil six cens fois.

Et si nous supposons qu'ils voulussent toûjours faire l'honneur à Pierre de le laisser le premier, comme en effet il semble qu'ils l'ayent ainsi fait, puisque que quand les Evangelistes les ont tous nommez, ils ont bien changé la place des autres, mais non celle de Pierre qu'ils ont non seulement mis le premier dans l'ordre, mais à qui ils ont ajoûté la qualité de premier. Comme en S. Mathieu chap. 10. *Le premier Simon qui est appellé Pierre, & Andrè son frere, Iacques &c.* En S. Marc, chap. 3. *Le premier fut Simon à qui il donna le nom de Pierre, Iacques fils de Zebedée & Iean, &c.* Dans les Actes des Apôtres, Saint Luc commença à les nommer dit au premier Chapitre. *Pierre, Iean, Iacques, &c.* Supposant, dis-je, que les autres laissassent toûjours la premiere place à Saint Pierre, il n'y en avoit qu'onze (apres l'élection de S. Mathias en la place de Judas) qui fissent des changemens qui estoient au nombre de 39916800, c'est à dire trente-neuf millions neuf cens seize mille huit cens. Comme aussi on peut changer ce vers Latin en autant de manieres.

Sol, lux, pax, fax, lex, Rex, fons, mons, ver, rosa, flos, ros.

Parce qu'encore qu'il y ait douze mots, celuy de *Rosa* doit estre immobile pour faire la cadence du Vers. Mais ce vers François peut estre changé en 479001600 manieres.

Foy, loy, Roy, Ciel, mer, pont, mont, fort, sort, lot, mort, port.

II. Exemple.

On auroit peine à croire que huit Enfans de Chœur pussent estre tellement disposez dans leurs places au Chœur differemment trois fois par jour, à Matines, à la Messe, & à Vespres, qu'on employeroit trente-sept ans & trente-six jours à faire ces changemens differens. Et neanmoins il est constant que huit choses souffrent quarante mille trois cens vingt changemens, & comme il s'en feroit 3 par jour, en divisant 40320 par 3, il y en auroit pour 13440 jours, qui font 37 ans 45 jours, & ôtant les 9 jours des années de bissexte, reste 37 ans 36 jours, pendant lesquels il faudroit chaque jour faire trois changemens.

III. Exemple.

Mais ce que nous allons dire est bien plus surprenant. Si on donnoit à écrire les noms de 24 personnes qui n'occuperoient que deux lignes, & qu'on en put mettre 1440 lignes en chaque feüille de papier, c'est à dire y mettre ces 24 noms 720 fois, & que chaque rame de papier fut tellement pressée & battuë qu'elle ne fut pas plus épaisse qu'un pouce, c'est à dire la douziéme partie d'un pied de Roy; il faudroit beaucoup plus de rames de papier pour écrire ces 24 noms differens dans tous les changemens & differentes dispositions qu'ils peuvent recevoir, qu'il n'en faudroit les unes sur les autres depuis le centre de la terre jusqu'au firmament; car il n'y a que 2886264000000, c'est à dire 28 milliards de milliards, 862 milliards, 640 millions de pouces du centre de la terre aux étoilles, & il faudroit 17512455603645539 42, c'est à dire un quintilion, 751 quadrillons, 245 trilions, 560 bilions, 364 milions, 553 mille, 942 rames de papier & plus, pour écrire les 620448401733239439360000, c'est à dire 620 fextilions, 448 quintilions, 401 quadrilions, 733 trilions, 239 bilions, 493 millions, 360000 mille changemens que peuvent recevoir ces 24 noms, parce que chaque rame de papier contenant 500 feüilles, & chaque feüille 720 changemens, chaque rame de papier contiendroit 360000 de ces changemens. Or divisant les 24 nombres 620, &c. des changemens des 24 noms, par celuy que contiendroit chaque rame, il vient 1751245560364553942 $\frac{1}{3}$, qui est un nombre plus grand que celuy des pouces qu'il y a depuis le centre de la terre jusqu'au firmament, de 17512166977245539 42. C'est à dire que quand l'espace qui est depuis le centre de la terre jusqu'aux étoilles, contiendroit encore un quintilion, sept cens cinquante-un quadrilions, deux cens seize trilions, six cens nonante-sept bilions, sept cens vingt-quatre milions, cinq cens cinquante-trois mille, neuf cens quarante-deux pouces, qui est un nombre dix-sept mille cinq cens fois plus grand que n'est cet espace, les changemens des 24 noms suffiroient pour le remplir, ce qu'on auroit peine à concevoir si la démonstration n'en convainquoit l'esprit, & pour ainsi dire les yeux, par le moyen de l'Arithmetique. C'est un grand bien de pouvoir sans peine & sans frais faire ces démonstrations avec la plume ; car s'il en falloit venir à l'experience, tous les Roys & Princes du monde ne pourroient payer le papier quand la rame n'en coûteroit que 20 sols, & cent mille personnes employées pour écrire ces changemens, quand elles en écriroient chacune une rame par semaine en écrivant nuit & jour, en sorte que chaque personne remplît plus de 71 feüilles par jour, qui feroient cinq millions deux cens mille rames par an, seroient 336047223141, c'est à dire trois cens trente-six miliards, quarante-sept milions, deux cens vingt-trois mille, cent quarante-un an, à écrire ces vingt-quatre changemens ; & si on leur donnoit à chacun deux cens livres par an, pour leur salaire, nourriture, vestement, logement, plume & ancre, ce seroit 20000000, vingt millions par an, outre les cinq millions deux cens mille livres pour le papier par an, & cela à continuer pendant trois cens trente-six miliards, quarante-sept millions, deux cens vingt-trois mille, cent quarante-un années, qui feroient la somme de six cens nonante-six quintilions, six cens sept quadrilions, six cens vingt trilions, deux cens trente-un bilions, cinq cens trente-deux millions de livres d'argent.

Pour montrer que ce n'est point icy une pure imagination, nous allons mettre la progression des combinaisons des dix premiers nombres, qui servira d'une démonstration generale pour tous les nombres possibles qui se multiplient de suite.

Les premiers nombres de la progression naturelle representent les choses

qui peuvent estre changées ; Les seconds montrent la quantité des changemens qui leur arrivent.

Choses.	1	2	3	4	5	6	7	8	9	10	&c.
Changemens.	1	2	6	14	120	720	5040	40320	362880	3628800	&c.

Pour abreger la peine d'écrire les multiplications éntieres de ces nombres, on peut en commençant par 6, mettre 1 au lieu de 6, puis multiplier
les suivans de suite, une fois 7, fait 7 | 7 fois 8, fait 56 | 9 fois 56, fait 504 |
10 fois 504, fait 5040 | &c. Et pour trouver par ce moyen la somme des
changemens desdits nombres 6, 7, 8, 9, 10, &c. il faut multiplier leurs produits, 1, 7, 56, 504, 5040, &c. par 720. (comme si c'estoient des écus mul-
tipliez par la somme de leurs deniers qui est 720. |

	6	7	8	9	10	
		5040	40320	362880	3628800	&c.
& il viendra	720	720	720	720	720	
	1	7	56	504	5040	

CHAPITRE XVIII.

Avis sur les Combinaisons.

IL est fort inutile d'appliquer cette doctrine des Combinaisons à des
changemens bizarres, & qui ne produisent que des choses superfluës &
extravagantes ; comme par exemple, d'aller chercher combien il peut y
avoir d'Anagrammes dans un nom composé de dix ou douze lettres ; combien on peut faire de mots des divers arrangemens des vingt-quatre lettres
de l'Alphabet, puisqu'on sçait bien qu'il y a une infinité de con binaisons,
ou dans ces changemens de dix ou douze lettres, ou dans les vingt-quatre
de l'alphabet qui n'ont aucun sens, & que par exemple les quatre premieres
lettres de l'Alphabet dans leur ordre ordinaire, ou en telle autre plus grande quantité qu'on les prenne, ne font aucun mot significatif en quelque
langue que ce soit.

De mesme d'aller chercher tous les Chants possibles qui se peuvent rencontrer dans l'étenduë d'une Octave, ou par dessus, puisqu'on sçait qu'il n'y
a que les quintes justes & au dessous, dont les notes differentes puissent
admettre des chants ou intervalles raisonnables ; & que par de-là on n'en-
tonne point ny sixte majeure, ny le triton, qui se rencontreroit dans la
sixte mineure, ny de septiémes, ny de neufviémes, ny de dixiémes, ny d'on-
ziémes, ny autre intervalle au dessus d'une octave, &c.

Il est bon de sçavoir que quand il y a des lettres, notes, ou autres choses qui sont repetées, qu'elles diminuent le nombre de leurs combinaisons

autant

autant de fois qu'elles font repetées, en le divifant par ce nombre. Par exemple, fi dans un nom de cinq lettres il y en a deux repetées comme dans *Maria* ou l'*a* eft deux fois ; il faudra divifer le nombre des changemens de cinq lettres qui eft 120, par 2 le nombre des lettres repetées, & il viendra 60, c'eft à dire qu'un nom de cinq lettres qui en a deux femblab'es ne reçoit que 60 changemens, au lieu des 120 qu'il recevroit fi toutes les lettres eftoient differentes.

Second Avis touchant les *fuppofitions des Mathematiciens.*

Quoyque les Mathematiciens puiffent fuppofer ce qu'il leur plaift, & que leurs fuppofitions n'eftant pas déraifonnables, ayent des fuites & des confequences infaillibles ; il faut neanmoins remarquer, que les effets de ces fuppofitions font ou contingens, ou neceffaires, ou mixtes. Nous appellons effets contingens qui peuvent ou arriver ou n'arriver pas, comme dans la production & multiplication des grains ou au quarantiéme, ou au foixantiéme, ou au centiéme ; il fe peut faire que les mulots, la fecherefle, ou la trop grande pluye, la nielle & mille autres accidens détruiront cette production. Telle eft auffi celle des generations que nous avons tantoft fuppofées de la famille de Jofeph, où il a pû arriver que beaucoup n'auront point eu de mâles qui ayent vécu jufqu'à l'âge fuppofé, ou qui n'auront point eu le nombre d'enfans fuppofé, &c.

Les neceffaires font ceux qui ne dépendent pas des caufes naturelles, comme la combinaifon des changemens que nous avons dit que peuvent recevoir, ou huit chofes, ou douze, ou vingt-quatre, ou tant qu'il vous plaira, parce qu'encore qu'on ne mette pas en effet ces changemens, neanmoins rien ne peut empefcher qu'on ne les puiffe mettre. Les mixtes font ceux qui peuvent arriver en effet, mais qui moralement n'arrivent pas. Comme font les fuppofitions qu'on fait fur les Genealogies qui remontroient par la proportion double, s'il ne fe faifoit point d'alliances ; mais comme il eft moralement impoffible que les familles d'une mefme ville, ou mefme d'un Royaume, ne s'allient entre elles, cette progreffion double eft interrompuë.

Or il eft évident que les Genealogies montent par progreffion double, car un homme eft fils d'un pere & d'une mere, & ce pere & cette mere ont chacun leur pere & leur mere, ce qui fait déja les trois premiers termes de la progreffion double, 1, 2, 4. Et ces quatre perfonnes ayant chacun leur pere & leur mere, ce font 8, & ces huit chacun leur pere & leur mere, ce font 16, & ces feize en ont 32, pour pere & pour mere, ces trente-deux en ont 64, & toûjours ainfi en remontant ; tellement qu'un homme qui remontroit à fa dixiéme generation auroit 1024 perfonnes, qui ayant chacun leur pere & leur mere feroient le nombre de 2048 perfonnes, qu'il conteroit en fa ligne droite afcendante.

Mais auffi il eft evident qu'il fe fait neceffairement des alliances qui di-

minuent cette progreſſion, & à peine monte-t'on juſqu'à la cinquiéme generation dans les familles ordinaires, & preſque jamais dans la troiſiéme
dans les familles illuſtres, que ces progreſſions ne ſoient interrompuës par
les alliances, comme on en peut voir l'exemple dans tous les Princes de l'Europe, & principalement en Monſeigneur le Dauphin, Fils de Loüis XIV.
& de Marie-Thereſe, glorieuſement Regnants.

On doit mettre au rang de ces progreſſions mixtes, les mécontes qui
arrivent en ceux qui reglent leurs dépenſes par leurs revenus, & les plain-
tes que font les ſujets contre leurs Princes ou leurs Miniſtres, ſur l'admi-
niſtration des Finances, qui ne peut eſtre tellement reglée qu'elle ne ſoit
interrompuë par une infinité d'accidens.

CHAPITRE XIX.

DES PROPORTIONS en general.

C'Eſt principalement le propre des Proportions, par deſſus toutes les
puiſſance des nombres, de découvrir ceux qui ſont inconnus.

Quoyque nous ayons déja beaucoup de fois parlé des differentes ſortes
de proportions, il eſt neceſſaire de les retoucher icy ſommairement.

I. Il y en a de ſimples qu'on appelle ſimple rapport ou comparaiſon,
quand on compare un nombre ſeul à un autre, comme 2 à 3. Il y en a de
compoſées, quand on en compare pluſieurs à pluſieurs, & celles-là s'appellent proprement Proportion, comme quand on dit, ainſi que 2 eſt à 3,
ainſi 4 eſt à 6, & 6 à 9, &c.

II. Cette ſeconde ſorte de Proportion eſt diviſée en trois autres ſortes
particulieres. La premiere s'appelle Arithmetique, où il y a meſmes diſtances, comme 2 à 3, ainſi 4 à 5. La ſeconde s'appelle Geometrique, où
il y a meſme raiſon ou proportion, c'eſt à dire où un nombre en contient
autant de fois un autre ou eſt contenu dans l'autre, que le troiſiéme contient ou eſt contenu dans le quatriéme. Comme 3 à 2, ainſi 6 à 4; c'eſt à
dire que de meſme que 3 contient 2 une fois & ſa moitié, ainſi 6 contient
4 une fois & ſa moitié. La troiſiéme s'appelle Harmonique, dans laquelle
trois nombres ſont tellement diſpoſez, qu'il y a meſme proportion entre
les deux extrêmes, que des deux diſtances des deux extrêmes avec le milieu,
comme 6, 4, 3. Car de meſme que 6 eſt double de 3, ainſi la diſtance de
6 à 4 qui eſt 2, eſt double de la diſtance de 4 à 3 qui eſt 1. Nous ne parlerons pas davantage de cette troiſiéme, non plus que de la premiere Arithmetique, dont nous avons aſſez parlé dans les progreſſions.

III. La Geometrique (ſans conter la proportion d'égalité) eſt de cinq
ſortes, qui ont chacune une infinité d'eſpeces.

La premiere eſt celle qui contient une fois & une partie; comme 3 à 2,
4 à 3, &c.

La feconde qui contient une fois & plufieurs parties, comme 5 à 3, 7 à 5, &c.

La troifiéme eft celle qui contient plufieurs fois précifement, comme 2 à 1, 6 à 2, 8 à 2, &c.

La quatriéme qui contient plufieurs fois & une partie, comme 5 à 2, 7 à 3, 9 à 2, &c.

La cinquiéme qui contient plufieurs fois & plufieurs parties, comme 11 à 3, 13 à 5, &c.

C'eft à dire que quelques nombres qu'on puiffe donner, ils ont l'un à l'autre une de ces cinq Proportions.

CHAPITRE XX.

Regles des Proportions.

POur trouver en quelle Proportion font les nombres propofez, il les faut réduire à leurs moindres termes, comme il a efté enfeigné dans le II. Chapitre du III. Livre : par une divifion alternative, jufqu'à ce qu'on ait trouvé leur commune mefure qui les divife fans refte ; ou qu'on foit defcendu à l'unité, auquel cas ces nombres quelque grands qu'ils foient, font les moindres ou premiers de leur proportion.

LA REGLE DE TROIS, ou de Proportion.

CEtte Regle enfeigne à trouver un nombre proportionnel aux nombres precedens, foit qu'il n'y en ait que deux, ou trois, ou quatre, ou tant qu'on voudra, aufquels il faille ajoûter un troifiéme, ou un quatriéme, &c. foit que la proportion des nombres donnez foit connuë ou inconnuë : foit que les nombres augmentent ou diminuent. Nous allons donner des Exemples de tous ces Cas, & les moyens de

Trouver un troifiéme Nombre proportionnel à deux autres donnez, fans mefme fçavoir quelle eft la proportion.

COmme fi à 40 & 60 on veut ajoûter un troifiéme en proportion : Il faut multiplier 60 par luy mefme, & divifer le produit 3600 par 40, il viendra 90 au quotient, qui fera le troifiéme proportionnel, 40, 60, 90.

Trouver ce troifiéme inconnu quand on fçait la proportion.

IL faut multiplier le fecond nombre par le plus grand terme de la proportion, & divifer le produit par le plus petit terme de la proportion, le quotient fera le troifiéme qu'on cherche. Exemple. 40 & 60, font dans la proportion de 2 à 3, multipliant 60 par 3, il vient 180, qui estant divisé par 2 donne 90 pour troisiéme, 40, 60, 90.

CHAPITRE XXI.

Trouver un quatriéme qui ait mesme proportion avec le troisiéme, que le second avec le premier, quoyque la proportion soit inconnuë.

Multipliez le troisiéme par le second, divisez le produit de cette multiplication par le premier, & le quotient sera le quatriéme que vous cherchez. Exemple, Trois rames de papier coûtent 18 livres, combien en couteront 9 ? 18 fois 9 font 162, qui divisez par 3 donnent 54 pour le quatriéme nombre. 3, 18, 9, 54.

Trouver ce quatriéme quand la proportion est connuë.

Multipliez le troisiéme nombre par le plus grand terme de la proportion, & divisez le produit par le plus petit terme de la proportion, le quotient sera le quatriéme. Si 15 donne 20, combien 30, en la proportion de 3 à 4 ; 30 multiplié par 4 fait 120, qui estant divisé par 3 donne 40 pour quatriéme terme, 15, 20, 30, 40. De mesme en proportion sextaple, si 3 donne 18, 9 donnera 54.

CHAPITRE XXII.

Trouver un troisiéme ou quatriéme proportionnel à 2 ou 3 precedens en diminuant.

Cela se fait par la mesme regle que ceux qui s'augmentent, sçavoir en multipliant le dernier par soy-mesme, quand il n'y en a que deux, ou par son voisin precedent quand il y en a trois, & divisant le produit de cette multiplication par le premier. Et quand on sçait la proportion, multipliant le dernier par le plus petit terme de la proportion, & divisant par le plus grand terme. Si 24 donne 16, combien 15 ? (10. Si 16, 12 ; quel sera le troisiéme ? 9.

$$
\begin{array}{cc}
16 & 12 \\
\hline
240 \quad (10 & 144 \quad (9 \\
24 & 16 \\
\end{array}
$$

La proportion de 16 à 12 estant connuë, c'est à dire de 4 à 3 : on aura le troisiéme à 16 & à 12, en multipliant 12 par 3, & il viendra 36, qui estant divisé par 4 donnera 9 pour troisiéme. Et de mesme sçachant la proportion de 24 à 16, qui est de 3 à 2 ; on aura le quatriéme proportionnel à 15, en multipliant 15 par 2, & il viendra 30, qui estant divisé par 3 donnera 10 au quotient, pour quatriéme. Comme ces Exemples sont en proportion surparticuliere, c'est à dire dont les moindres termes ne sont distans que de l'unité, le quotient de la division est justement le quatriéme terme. Mais de peur qu'on ne se trompe dans les autres proportions, voicy la

Regle generale pour operer dans la Regle de Trois, par les moindres termes de la proportion.

SI les termes de la proportion vont en augmentant comme 8, 12, 18. Apres avoir reduit les deux premiers nombres à leurs moindres termes, par exemple 8 & 12, à 2 & à 3 ; divisez le troisième par le moindre terme premier, par exemple 18 par 2, & ajoûtez au troisième nombre, par exemple à 18, le quotient 9, autant de fois que les deux moindres termes de la proportion sont éloignez l'un de l'autre. Or 2 & 3 qui sont les moindres termes de cette proportion, ne sont éloignez que de l'unité, & par consequent il ne faut ajoûter 9 à 18 qu'une fois, & il viendra 27 pour le quatrième, 8, 12, 18, 27. Ainsi dans la proportion de 4 à 7, si l'on propose 32, 56 & 96 ; apres avoir reduit 32 & 56 à leurs moindres termes 4 & 7, & divisé 96 par 4 ; on ajoûtera à 96 le quotient 24 trois fois, qui font 72, parce que 4 & 7 sont éloignez de 3, & le quatriéme terme sera 168. 32, 56, 96, 168.

Si les termes de la proportion vont en diminuant comme 27, 18, 12. Apres avoir reduit les deux premiers nombres à leurs moindres termes 3 & 2, divisez le troisième 12 par le plus grand terme de la proportion 3, & il viendra 4, que vous retirerez du troisième 12 autant de fois que les deux moindres termes de la proportion sont éloignez l'un de l'autre, c'est à dire en cet exemple une fois, il viendra 8 pour le quatriéme nombre 27, 18, 12, 8. Ainsi dans cette proportion de 7 à 4 ; 168, 96, 56 ; apres avoir reduit les deux premiers nombres 168 & 96 à 7 & à 4, & divisé 56 par 7, vous retirerez trois fois le quotient 8 de 56, & il restera 32 pour le quatriéme nombre, 168, 96, 56, 32.

CHAPITRE XXIII.

LA REGLE DE TROIS en Fractions.

SI l'on propose trois nombres en Fractions ; comme $\frac{2}{3}$, $\frac{5}{6}$, $\frac{3}{4}$; pour avoir le quatriéme il faut multiplier les deux derniers numérateurs 5 & 3 par le premier dénominateur 3, & il viendra 45, car 3 fois 5 font 15, & 15 fois 3 font 45 : puis il faut multiplier les deux derniers dénominateurs 6 & 4 par le premier numérateur 2, en disant 2 fois 6 font 12, & 12 fois 4 font 48,

Nn iij

enfin on reduira ces deux produits 45 & 48 à leurs moindres termes, qui seront $\frac{15}{16}$ pour le quatriéme nombre de la proportion. Ainsi $\frac{1}{7} \cdot \frac{3}{8} \cdot \frac{3}{4} \cdot \frac{15}{16}$.

La Regle de Trois en Entiers & Fractions.

S'Il y a des Entiers & Fractions, en sorte qu'il y ait quelqu'un des 3 nombres qui soit entier, & qu'un autre soit mêlé d'entier & de fraction : On reduira tout en Fractions, sçavoir l'Entier en luy soucrivant une unité pour dénominateur, & reduisant les entiers joints à des fractions, tous en fractions, Et quand tout sera en fractions, on operera comme en la regle precedente. Comme si on propose 3, $3\frac{1}{2}$, $2\frac{2}{3}$; on les reduira ainsi $\frac{3}{1}, \frac{7}{2}, \frac{8}{3}$; puis on operera comme en la regle precedente, sçavoir en multipliant les deux derniers numerateurs 7 & 8, par le premier dénominateur 1, & il viendra 56; & multipliant aussi les deux derniers dénominateurs 2 & 3, par le premier numerateur 3, & il viendra 18; enfin on reduira 56 & 18 à leurs moindres termes, & il viendra $3\frac{1}{9}$, car en 56, 18 y est trois fois, & reste $\frac{2}{18}$, c'est à dire $\frac{1}{9}$; ainsi l'on aura les quatre termes, 3, $3\frac{1}{2}$, $2\frac{2}{3}$, $3\frac{1}{9}$; c'est à dire que si dans un partage on avoit donné à trois hommes differemment, à l'un trois écus, à l'autre trois écus & demy, c'est à dire dix livres dix sols, au troisiéme deux écus & deux tiers d'écu, c'est à dire huit livres, & qu'on voulut donner au quatriéme autant à proportion, au dessus du troisiéme, que le second en auroit eu au dessus du premier, il luy faudroit donner trois écus & un neuviéme d'écu, c'est à dire neuf livres six sols huit deniers.

Ce qui seroit arrivé de mesme si l'on avoit tout reduit en deniers; & c'est ainsi qu'on reduit en fractions où il y a des especes differentes, des livres, des sols, & des deniers, reduisant tout en la plus petite fraction qui se rencontre, comme est icy celle des deniers, Et les quatre termes de la proportion seroient tels. 2160 deniers, 2520 deniers, 1920 deniers, 2240 deniers.

Equivalant en deniers à celle-cy.   9 livres.   10 liv. 10 sols.   8 liv.   9. l. 6. s. 8.

REGLE DE TROIS RENVERSE'E,
Où le premier terme à mesme proportion avec le troisiéme, que le quatriéme inconnu doit avoir avec le second.

I L faut multiplier le premier par le second, & diviser le produit par le troisiéme, le quotient sera le quatriéme. Exemple. 24, 12, 16 ? (18. |

$$
\begin{array}{cc}
& 24 \qquad 1\overset{2}{2} \\
\text{Operation} \quad 12 \quad \cdots \quad 288 \\
\overline{} \qquad \overset{}{16} \quad (18 \\
288 \qquad \overset{}{16}
\end{array}
$$

CHAPITRE XXIV.

REGLE DE COMPAGNIE.

Qui partage un nombre donné en tant de parties qu'on veut proportion-
nelles à d'autres en pareil nombre.

ASsemblez en une somme les parties ou proportions proposées : Puis
avec cette somme divisez le nombre donné, & multipliez le quotient
par chacune des parties ou proportions proposées, le produit de chaque
multiplication sera une des parties données. Cette Regle est de grand
usage dans les proportions de la Musique. Exemple. Diviser le nombre
369 en deux portions qui soient en proportion double. Ayant assemblé
les deux termes de la proportion double 2 & 1 qui font 3, avec 3 je divise
369, il vient au quotient 123, qui estant multiplié separément par les deux
termes de la proportion 1 & 2, il y a pour le moindre 123, & pour le plus
grand 246; qui sont tous deux en proportion double & font le nombre
donné 369. II. Ex. 600, à diviser en trois termes qui ayent entre eux la
proportion double, la sesquialtere, & la sesquitierce, je joins leurs termes
1, 2, 3, 4, qui font 10, avec 10 je divise 600, il vient 60, qui estant multiplié separément par 1, par 2, par 3, & par 4, donne pour le premier 60,
pour le second 120, pour le troisiéme 180, & pour le quatriéme 240, qui
tous quatre font le nombre 600, & sont entre eux dans les proportions
requises, &c.

Autre maniere par la Regle de Trois.

SUpposé qu'on veüille partager un nombre donné en trois parties proportionnelles à trois autres données. On fera trois fois la Regle de
Trois. On assemblera en une somme les trois parties, on mettra pour premier terme cette somme, pour second à chaque operation une des parties
données, & pour troisiéme le nombre donné à partager ; on pratiquera la
Regle de Trois droite, c'est à dire qu'on multipliera le troisiéme qui sera
le nombre donné, par le second qui sera une des parties données, puis on
divisera le produit de cette multiplication par le premier terme, c'est à
dire par la somme des parties données, & le quotient de chaque operation sera une des parties proportionnelles qu'on cherche. Exemple. 18 à
partager en trois nombres proportionnels à 4, 2, & 3.

Ayant assemblé 4, 2, & 3 qui font 9, je mets toûjours 9 à la premiere place, & un des trois nombres 4, 2, & 3 à la seconde, & toûjours 18 à la troisiéme, & j'opere ainsi.

1re. Oper. 9, 4, 18? 8 | 2e. Op. 9, 2, 18? 4 | 3e. Op. 9, 3, 18? 6 | & 8, 4 & 6
$\qquad \underline{4} \qquad\qquad\qquad \underline{2} \qquad\qquad\qquad \underline{3} \qquad$ | font 18.
$\qquad 7^{2}(8 \qquad\qquad\qquad \underline{36} \qquad\qquad\qquad \underline{54}$
$\qquad \underline{9} \qquad\qquad\qquad\quad 9 \qquad\qquad\qquad\quad 9$

On peut appliquer ces nombres à des choses.

Exemple I.

Trois associez ont mis dans une bourse commune, l'un 4000 livres, l'autre 2000, & l'autre 3000, qui font 9000 livres ; ils ont gagné neuf autres mille livres, & ainsi ils ont à partager 18000 livres, & doivent prendre chacun à proportion de ce qu'il a mis. On trouvera que celuy qui aura mis 4000 livres, en doit retirer 8000 livres, celuy qui en aura mis 2000 en aura 4000, & celuy qui en aura mis 3000 en aura 6000.

Exemple II.

Un vase, une fontaine, ou un muids, a trois ouvertures différentes fermées en bas : la plus grande estant ouverte vuide toute l'eau en deux heures, la seconde ouverte la vuide en trois heures, & la troisiéme en six heures, en combien de temps toute l'eau peut-elle estre vuidée par les trois ouvertures? Reponse. Puisque la premiere vuide toute l'eau en deux heures, elle en vuidera la moitié en une heure ; la seconde en vuidera le tiers en une heure, & la troisiéme un sixiéme ; Or la moitié, le tiers & un sixiéme, font un entier, donc toute l'eau sera vuidée en une heure par les trois ouvertures. On aura la mesme solution de toutes les autres questions de mesme nature.

Exemple III.

Trois ouvriers entreprennent separement un ouvrage, par exemple, un fossé, un puits, ou l'Impression d'un Livre; l'un le peut faire en six mois, l'autre en neuf, & le troisiéme en douze : s'ils travaillent tous trois ensemble, en combien de temps l'auront-ils achevé? l'un en un mois en fait la sixiéme partie, l'autre la neufviéme, l'autre la douziéme, qui font $\frac{13}{36}$; parce que 36 est le nombre qui a sans fraction son sixiéme qui est 6; son neufviéme qui est 4, & son douziéme qui est 3. Or 6, 4 & 3 font 13. Pour sçavoir donc en combien de temps les trois ouvriers feront l'ouvrage entier, il faut ainsi faire la Regle de Trois, & dire si 13 donnent un mois de trente journées, de 12 heures chacune, combien donneront 36? Si 13, 360 heures, combien 36? 996, $\frac{12}{13}$; c'est à dire 2 mois, 23 jours, & $\frac{12}{13}$ d'heures, ou 83 journées de 12 heures chacune, & pres d'une par dessus.

CHAPITRE XXV.

Regle d'Alliage, Mélange, ou Mixtion.

CEtte Regle enseigne à connoistre le prix de differentes choses mêlées. Elle est necessaire aux Orfévres, Monnoyeurs, & Fondeurs, pour l'alliage des métaux ; aux Marchands de grain & de vin, de laine & de soye, &c.

Il y

Il y a deux especes d'alliage, la premiere fait seulement le mélange de differentes choses, & en cherche le prix. L'autre demande une quantité déterminée, avec un certain prix des choses mélées. Ces deux especes ont chacune leurs Regles, que nous expliquerons par des Exemples.

Regle & Exemples, de la premiere espece d'Alliage.

POur sçavoir le prix des choses mélées, on multiplie chaque chose par son prix : on ajoûte les produits de cette multiplication en une somme, on divise cette somme par le nombre des choses mélées, & le quotient est le prix du mélange.

Exemple I.

On méle 8 septiers de froment à 6 livres le septier, avec 12 septiers de segle à 3 livres le septier ; quel sera le prix du mélange ou méteil ? Multipliant 8 par 6, & 12 par 3, qui sont les nombres & les prix du froment & du segle, il vient 48 & 36 qui font 84, lesquels estant divisez par 20 qui est le nombre des choses, c'est à dire des 8 & 12 septiers de froment & de segle, il vient 4 livres 4 sols, qui est le prix du septier de méteil.

Exemple II.

Un Orfévre a de l'argent de quatre sortes d'alloy ; sçavoir à 18, à 19, à 23, & à 36 livres le marc : Il les méle ensemble, c'est à dire qu'il met un marc de chaque titre, quel est le prix de l'alliage ? Il n'y a point icy de multiplication à faire, parce qu'il n'y a qu'un marc de chaque alloy : Il faut seulement assembler en une somme les differens prix, 18, 19, 23, 36, qui font 96, qu'on divisera par 4 qui est le nombre des choses, & il viendra 24, qui sera le prix du marc de l'alliage.

Exemple III.

On fait un mélange de froment à 30 sols le boisseau, de segle à 24 sols, & d'orge à 20 sols, à quel prix revient le boisseau de ce mélange ? assemblez 30, 24 & 20, qui font 74, qu'il faut diviser par 3 le nombre des choses, il vient 24 sols & 8 deniers pour le prix du boisseau de ce mélange.

Regle & Exemples de la seconde espece d'Alliage, suivant la Methode commune.

QUand on propose une quantité déterminée, & pour le nombre des choses, & pour le prix composé du mélange de plusieurs choses de differens prix, pour faire ce mélange il faut chercher ce qu'on doit prendre déterminément d'un chacun des prix differens, afin d'avoir un prix moyen demandé. Ainsi le prix moyen proposé doit en avoir necessairement de plus grands & de moindres que luy. Comme si l'on proposoit à prendre

100 boisseaux mêlez de froment à 30 sols le boisseau, de segle à 14 sols, &
d'orge à 10; & que neanmoins le boisseau (qui dans ce mélange vaut 14
sols 8 deniers, comme nous venons de voir) ne valût que 22 sols, combien
en faudroit-il prendre d'un chacun pour faire les 100 boisseaux à 22 sols le
boisseau, qui feroient la somme de 2200 sols ou 110 livres? De mesme de
toutes les autres questions où il y a plus ou moins de prix differens. Et toutes ces questions se reduisent à deux cas, d'avoir differens prix au deslus &
au deslous du prix moyen, ou egalement ou inégalement, c'est à dire, ou
qu'il y en ait autant d'un côté que d'autre, ou davantage au deslous du
prix moyen, ou davantage au deslus.

Regle.

1°. MEttez les differens prix des choses l'un sur l'autre, comme on fait
en l'Addition. Et quoy qu'il soit indifferent de commencer par
les plus grands prix, comme nous avons jugé à propos de le faire, ou par
les moindres, neanmoins il faut mettre les valeurs de suite. 2°. Posez à
côté gauche le prix moyen où l'on veut les choses, soit que ce prix moyen
ait esté donné, ou soit qu'il l'ait fallu chercher. 3°. Mettez à droite les differences du prix moyen aux plus grands prix vis-à-vis des moindres prix,
& la difference des moindres prix au prix moyen, vis-à-vis des plus grands
prix. S'il n'y a que deux prix differens, vous mettrez la difference du prix
moyen au plus grand prix vis-à-vis du moindre prix, & la difference du
moindre prix au prix moyen vis-à-vis du plus grand prix, comme en l'Ex. I.
qui suit. S'il y a trois prix differens, & qu'il y en ait deux plus grands que
le prix moyen, vous mettrez vis-à-vis du moindre prix les deux differences du prix moyen aux deux plus grands prix, & vis-à-vis de chacun des
deux plus grands prix, vous mettrez la difference du moindre prix au prix
moyen, qui sera ainsi mise deux fois, comme en l'Ex. II. Et au contraire
s'il n'y a qu'un prix qui soit plus grand que le prix moyen, vous luy donnerez les deux differences des moindres prix au prix moyen, & à ces deux
moindres prix vous leur donnerez chacun la difference du plus grand prix
au prix moyen, comme en l'Ex. III. S'il y en a quatre, & qu'il n'y ait
qu'un prix moindre ou plus grand que le prix moyen, vous donnerez à ce
seul les differences des trois autres au prix moyen, & à ces trois autres à
chacun la difference au prix moyen de celuy qui sera seul, ou moindre ou
plus grand que le prix moyen, comme en l'Ex. IV. Et si ces differens prix
sont également partagez, c'est à dire qu'il y en ait deux plus grands & deux
moindres que le prix moyen, on mettra la difference du prix moyen au plus
grand prix vis-à-vis du plus grand des moindres prix, c'est à dire à celuy
qui suit en valeur le prix moyen; & la difference du prix moyen au moindre
des plus grands prix, vis-à-vis du moindre prix : Et la difference du plus
petit prix au prix moyen, on la donnera au moindre des plus grands prix;
& la difference du plus grand des moindres prix au prix moyen, on la donnera au plus grand prix. Comme en l'Ex. V. S'il y en avoit cinq, & qu'il

y en eut trois ou moindres ou plus grands que le prix moyen, on donnera la différence du prix moyen au plus grand prix, à celuy qui fuit immediatement le prix moyen en descendant ; puis à celuy qui le fuit, on luy donnera la différence du prix moyen au second plus grand prix, & s'il y en a trois plus grands, on donnera encore à ce dernier la différence du prix moyen, au moindre des plus grands prix. Puis on donnera au plus grand prix la différence du prix moyen au prix qui le fuit en descendant, & aux deux autres à chacun la différence du plus bas prix au prix moyen, comme en l'Ex. VI. 4°. Vous assemblerez toutes les différences en une somme. 5°. Vous ferez la Regle de Trois autant de fois qu'il y aura de prix differens, en mettant à chaque operation pour le premier terme la somme des differences ; pour le second une des differences, & pour le troisiéme la quantité déterminée des choses qui doivent composer le mélange. Et le quatriéme de chaque operation, vous montrera combien il faudra prendre de parties des differens prix pour faire la somme ou masse demandée.

Exemple I.

Il y a du froment à 30 sols le boisseau, & du segle à 22 sols, combien en faut-il prendre d'un chacun pour faire 20 boisseaux à 24 sols chacun, qui vaudront ainsi 24 livres ?

Mettez les deux prix differens 30 & 22 l'un sur l'autre : posez à gauche le prix moyen 24 : mettez à droite vis-à-vis de 22 la différence de 24 à 30, qui est 6, & vis-à-vis de 30, la différence de 22 à 24 qui est 2 : Assemblez en une somme les deux differences 6 & 2, qui font 8. Puis faites deux fois la Regle de Trois en mettant pour premier terme 8, la somme des differences : pour second terme une des differences, ou 2, ou 6 : pour troisiéme terme 20 qui est la quantité demandée : & le quatriéme terme viendra par la premiere Regle de Trois, 5, qui montrera qu'il faudra prendre 5 boisseaux de froment à 30 sols, qui vaudront 7 livres 10 sols ; & par la seconde Regle de Trois, il viendra 15, c'est à dire qu'il faudra prendre 15 boisseaux de segle à 22 sols, qui vaudront 16 livres 10 sols, & qui feront 24 livres, avec les 7 livres 10 sols de froment.

Operation.

differens prix.

prix moyen 24 $\begin{cases} 30 \\ 22 \end{cases}$ differences $\begin{matrix} 2 \\ 6 \end{matrix}$ quantité demandée. 20, valeur 24 livres.

Somme des differences 8

Premiere Regle de Trois, 8, 2, 20 ? 5, qui valent à 30 s.   7 l. 10 s.
Seconde Regle de Trois, 8, 6, 20 ? 15, qui valent à 22 s. 16 l. 10 s.

Somme 20   Somme 24 livres.

Exemple II.

On demande 100 boiſſeaux à 22 ſols le boiſſeau, pris du mélange de trois ſortes de grains, ſçavoir de froment à 30 ſols, de ſeigle à 24, & d'orge à 20, combien en faut-il prendre d'un chacun pour avoir 100 boiſſeaux à 22 ſols le boiſſeau, qui vaudront 110 livres?

Operation.

prix differens.

prix moyen 22 $\begin{cases} 30 \\ 24 \\ 20 \end{cases}$ differences $\begin{matrix} 2 \\ 2 \\ 8, 2, \text{ou } 10. \end{matrix}$ quantité demandée 100, valeur 110. liv.

Somme des differences. 14.

Premiere Regle de Trois, 14, 2, 100? $14\frac{2}{7}$ qui valét à 30 ſ. 21 l. 8 ſ. 6 d. $\frac{6}{7}$ d.
Seconde, 14, 2, 100? $14\frac{2}{7}$ qui valét à 24 ſ. 17 l. 2 ſ. 10 d. $\frac{2}{7}$ d.
Troiſiéme, 14, 10, 100? $71\frac{3}{7}$ qui valét à 20 ſ. 71 l. 8 ſ. 6 d. $\frac{6}{7}$ d.

Somme 100.   Somme 110 liv.

Exemple III.

On demande 100 boiſſeaux à 24 ſols le boiſſeau pris du mélange de trois ſortes de grains; ſçavoir de froment à 28 ſols, de ſeigle à 22, & d'orge à 20, combien en faut-il prendre d'un chacun pour avoir 100 boiſſeaux à 24 ſols le boiſſeau, qui vaudront 120 livres?

Operation.

24 $\begin{cases} 28. \\ 22. \\ 20. \end{cases}$ $\begin{matrix} 4, 2, \text{ou } 6. \\ 4 \\ 4 \end{matrix}$ 100. valeur 120 liv.

14

14, 6, 100? $42\frac{6}{7}$ qui valent à 28 ſ. 60 liv.
14, 4, 100? $28\frac{4}{7}$ qui valent à 22 ſ. 31 l. 8 ſ. $\frac{4}{7}$
14, 4, 100? $28\frac{4}{7}$ qui valent à 20 ſ. 28 l. 11 ſ. $\frac{4}{7}$

Somme 120 liv.

Exemple IV.

Un Fondeur entreprend de faire une cloche du poids de 3500 livres, pour le prix de 500 livres d'argent. Il a quatre ſortes de metaux de divers prix, dont il doit compoſer ſa cloche; le cent du premier métal vaut 12 livres; le cent du ſecond, 15; celuy du troiſiéme, 17; & celuy du quatriéme, 20: combien en doit-il prendre d'un chacun pour faire ſa cloche, en ſorte

que pefant 3500 livres, le mélange vale 500 livres d'argent. Il faut premiè-
rement trouver le prix moyen par la Regle de Trois, en mettant pour le premier terme le poids demandé 3500 ; pour le fecond, le prix ou valeur demandée 500 livres d'argent ; & pour le troifiéme, le 100 de métal. Ainfi
3500, 500, 100? 14 $\frac{2}{7}$ qui fera le prix moyen. Puis vous difpoferez ainfi
le prix moyen, les prix differens, leurs fommes, le poids ou quantité demandée, & le prix ou valeur de la quantité demandée.

prix.   differences.

$$14\frac{2}{7}\begin{cases}20\\17\\15\\12\end{cases}\quad\begin{array}{l}2\frac{2}{7}\\2\frac{2}{7}\\2\frac{2}{7}\\5\frac{5}{7},\ 2\frac{2}{7},\ \frac{5}{7},\ \text{ou }9\frac{2}{7}\end{array}\qquad 3500,\ \text{valeur } 500 \text{ livres.}$$

Somme des differences 16.

Puis vous ferez quatre fois la Regle de Trois, mettant toûjours pour
premier terme la fomme des differences 16 ; pour fecond une des differen-
ces l'une apres l'autre ; aux trois premieres 2 $\frac{2}{7}$; & à la quatriéme 9 $\frac{2}{7}$;
pour troifiéme terme toûjours 3500 ; & pour quatriéme toûjours 500. Et
vous aurez la preuve par la fomme des poids, & par l'évaluation des prix.

16, 2 $\frac{2}{7}$, 3500? 500, qui valent à 20 liv. le cent, 100 livres d'argent.

16, 2 $\frac{2}{7}$, 3500? 500, à 17 livres le cent, 85 livres d'argent.

16, 2 $\frac{2}{7}$, 3500? 500, à 15 livres le cent, 75 livres d'argent.

16, 9 $\frac{2}{7}$, 3500? 2000, à 12 livres le cent, 240 livres d'argent.

Sommes des poids 3500.   Somme d'argent 500 livres.

Exemple V.

Un Orfévre veut faire un ouvrage pesant 35 marcs d'argent au prix de 25 livres le marc : & parce qu'il n'a point d'argent à ce titre justement, mais qu'il en a de quatre differens titres ; le premier à 21 livres, le second à 23, le troisiéme à 29, & le quatriéme à 30 livres ; combien en doit-il prendre d'un chacun pour faire les 35 marcs proposez à 25 livres le marc, qui vaudront en argent 875 livres.

$$25 \left\{ \begin{array}{ll} 30 & 2 \\ 29 & 4 \\ 23 & 5 \\ 21 & 4 \end{array} \right. \qquad 35. \text{ valeur } 875 \text{ livres en argent.}$$

$$\overline{15}$$

15, 2, 35?   4 m. $\frac{2}{7}$ qui valent à 30 liv. 140 livres.

15, 4, 35?   9 m. $\frac{1}{7}$ qui valent à 29 liv. 270 liv. 13 f. 4 d.

15, 5, 35? 11 m. $\frac{2}{7}$ qui valent à 23 liv. 268 liv. 6 f. 8 d.

15, 4, 35?   9 m. $\frac{1}{7}$ qui valent à 21 liv. 196 liv.

35 marcs valent à 25 l.   875 liv. 0 f. 0 d.

Exemple VI.

Un homme faisant un festin, veut 30 bouteilles de vin à 10 sols la bouteille, prises du mélange de cinq sortes de vin, dont le premier vaut 20 sols la bouteille, le second 16, le troisiéme 12, le quatriéme 10, & le cinquiéme 6 ; combien en faut-il prendre d'un chacun pour faire les 30 bouteilles à 10 sols la piece ?

Operation.

$$10 \left\{ \begin{array}{ll} 20 & 2 \\ 16 & 4 \\ 12 & 4 \\ 8 & 10 \\ 6 & 6, 2 \text{ ou } 8 \end{array} \right.$$ 30. valeur 15 livres.

Somme 28

28, 2, 30? 2 $\frac{1}{7}$ valent 1 liv. $\frac{3}{7}$ de 20.

28 4 30 4 $\frac{2}{7}$ 3 liv. 4 $\frac{3}{7}$ de 16.

28 4 30? 4 $\frac{2}{7}$ 2 liv. 8 f. $\frac{4}{7}$ de 12.

28 10 30? 10 $\frac{5}{7}$ 4 liv. $\frac{2}{7}$ de 8.

28 8 30? 8 $\frac{4}{7}$ 2 liv. $\frac{1}{7}$ de

30.

VOyla la maniere commune de traiter la Regle d'Alliage que nous n'approuvons nullement, pour estre embarassée par les fractions irregulieres où elle conduit. Ce qui nous a obligé d'en chercher une autre que nous pouvons appeller nouvelle, puisque nous ne sçavons point qu'elle ait esté enseignée par aucun Arithmeticien que nous ayons veu. Et l'avantage de cette methode est qu'elle fournit toutes les manieres possibles en nombres entiers d'allier les grandeurs proposées. Or il est fort necessaire que cette Regle ne se pratique qu'en nombres entiers, parce que souvent on n'a qu'une certaine mesure pour faire ses partages ; par exemple un boisseau duquel il seroit impossible de prendre precisément les $\frac{3}{7}$ & $\frac{2}{3}$ parties, comme il s'est rencontré dans les operations cy-dessus.

Nous n'appellerons neanmoins cette nouvelle Methode qu'un Essay, afin de laisser l'honneur de l'invention à ceux qui voudront étendre cette Regle, & en tirer les consequences qui s'en peuvent tirer pour l'Arithmetique, & mesme pour la police où il est important de sçavoir en combien de manieres on peut allier des choses de differens prix & qualité.

CHAPITRE XXVI.

Essay d'une nouvelle Methode pour trouver en nombres entiers tous les Alliages possibles de la seconde espece.

AFin de faire mieux concevoir la voye que j'ay prise pour parvenir à cet Essay, je vas mettre tous les exemples precedens, où il y a plus de deux prix differens à allier, & qui doivent dans une quantité demandée faire une certaine valeur. Car en deux prix il ne se trouve qu'une maniere d'alliage.

Il y a icy deux operations à faire, la premiere pour trouver le premier & plus petit mélange ; la seconde pour en continuer la progression en nombres entiers tant qu'elle est possible ; c'est à dire que comme il y a des prix qui vont les uns en augmentant & les autres en diminuant, il faut déterminer les degrez par lesquels les uns montent & les autres descendent : & la borne de la progression sera lorsque celuy ou ceux qui descendent par certains degrez, viennent enfin si pres de l'unité, qu'ils ne peuvent plus descendre.

PREMIERE OPERATION.
Pour trouver le premier ou plus petit Mélange.

D'Abord il faut mettre les differences de tous les prix au prix moyen, & puis les assembler en une somme, poser aussi la quantité demandée avec sa valeur à côté, comme il a esté fait cy-dessus & que nous l'allons faire cy apres.

Et d'autant que parmy ces differences il y en a qui doivent demeurer telles qu'elles sont, & d'autres qui doivent changer par augmentation, pour faire un mélange qui donne la quantité demandée & sa valeur ; voicy la voye pour sçavoir quelles sont les differences qui ne doivent point changer, & celles qui doivent recevoir de l'augmentation expliquée par des Exemples, sur lesquels il faut avoir toûjours les yeux, afin de la mieux entendre.

Ex. I.

$$22 \begin{vmatrix} 30, & 2 \\ 24, & 2 \\ 20,8, & 2, ou\ 10. \end{vmatrix} \quad 100. v. 110\ l.$$

$$14$$

Ex. II.

$$24 \begin{vmatrix} 18, 4, 2, ou\ 6. \\ 22, & 4 \\ 20, & 4 \end{vmatrix} \quad 100. v. 120\ l.$$

$$14$$

Ex. III.

$$22 \begin{vmatrix} 30 & 2 \\ 25 & 2 \\ 20,8, & 5\ ou\ 11. \end{vmatrix} \quad 35. v. 381. 10 s.$$

$$15$$

Ex. IV.

$$51 \begin{vmatrix} 20 & 3 \\ 28 & 3 \\ 16 & 3 \\ 12, 5, 3, 1, ou\ 9. \end{vmatrix} \quad 636. v. 95\ l. 8 s.$$

$$18$$

Ex. V.

$$25 \begin{vmatrix} 30, & 2 \\ 29, & 4 \\ 23, & 5 \\ 21, & 4 \end{vmatrix} \quad 35. v. 875\ l.$$

$$15$$

Ex. VI.

$$10 \begin{vmatrix} 20 & 2 \\ 16 & 4 \\ 12 & 4 \\ 8 & 10 \\ 6, 6, 2, ou\ 8. \end{vmatrix} \quad 30. v. 15. l.$$

$$28$$

Remarquez qu'en trois, quatre ou cinq prix, il y doit avoir deux differences sujettes au changement, l'une au dessus du prix moyen, l'autre au dessous. Et generalement parlant on doit prendre les deux differences qui se trouveront vis-à-vis des prix qui sont egalement distans du prix moyen, soit que ces prix soient immediatement au dessus & au dessous de luy, soit qu'il y en ait d'autres entre-deux : soit aussi que ces differences soient seules, ou soit qu'elles soient accompagnées d'autres differences plus grandes ou moindres. Ainsi dans le I. Ex. ce sera 2, qui est vis-à-vis de 24, & 2 qui est vis-à-vis de 20, auprès de 8 ; parce que ces differences sont vis-à-vis de 20 & de 24, qui sont egalement distans de 22, le prix moyen. Ainsi dans le II. Ex. ce sera 4 qui est vis-à-vis de 28, & 4 qui est vis-à-vis de 20 ; parce que 28 & 20, sont egalement distans de 24 prix moyen. Ainsi dans le IV. Ex. ce sera 3 qui est vis-à-vis de 18, & 3 qui est vis-à-vis de 12, accompagné de 5 & d'1, parce que 18 & 12 sont egalement distans de 15. Or où il y a plusieurs differences ensemble vis-à-vis d'un prix, comme dans ce IV. Ex.

&

& dans le premier, on prend celle qui est la différence de l'autre prix au prix moyen, dont la différence qui est vis-à-vis doit recevoir changement aussi bien que la sienne, comme dans le I. Ex. c'est 2 qui est vis-à-vis de 20 & non pas 8, parce que 2 est la différence qui luy a esté donnée de 24 au prix moyen, & que c'est la différence qui est vis-à-vis de 24 qui doit aussi estre changée. De mesme dans le IV. Ex. il faudra prendre 3 qui est vis-à-vis de 12, & non pas 5 ny 1 pour la mesme raison. Et dans le V. Ex. ce sera 4, qui est vis-à-vis de 19, & 4 qui est vis-à-vis de 21, parce que 19 & 21 sont egalement distans de 25 prix moyen. De mesme dans le VI. Ex. ce sera 4 qui est vis-à-vis de 12, & 10 qui est vis-à-vis de 8, parce que 12 & 8 sont egalement distans de 10, prix moyen. Et lorsqu'il n'y aura pas de prix qui soient egalement distans du prix moyen, on prendra les différences qui sont vis-à-vis des deux prix plus proches du prix moyen au dessus & au dessous, comme dans le III. Ex. on prendra 2 qui est vis-à-vis de 25, & 3 qui est vis-à-vis de 20 en compagnie de 8, parce que 25 & 20 sont les prix plus proches de 22, prix moyen. Toutes les autres différences demeureront sans changement pour le premier mélange.

Le choix estant fait des différences qui doivent recevoir augmentation; voicy la Regle pour la faire.

1°. Otez de la quantité demandée la somme de toutes les différences. 2°. Mettez en une somme les différences qui doivent recevoir augmentation; avec cette somme divisez le reste de la quantité demandée. 3°. Multipliez le quotient de cette division par chacune des simples différences, dont la somme avoit divisé le reste de la quantité demandée. 4°. Adjoûtez le produit de chaque multiplication à chaque différence qui l'a produit, & si elle est accompagnée de quelque autre différence, joignez-là aussi à ce produit; & par ce moyen on aura le premier mélange qui est composé tant des différences qui n'ont point changé que de celles qui ont receu augmentation. Et la preuve de l'operation est en ce que les différences avec leurs changemens, composent non seulement la quantité demandée, mais encore sa valeur & son prix, comme vous l'allez voir dans les operations particulieres de chaque Exemple.

Exemples du premier & plus petit mélange.

I.   Premier mélange.

30	2		100			valeur.
24	2		14		2	3 l.
22	20, 8, 2, ou 10.		862 (21 $\frac{1}{2}$		45	54 l.
	14		44 2		53	53 l.
			43		100	110 l.

II.   Premier mélange.

```
   | 28,4, 2, ou 6.  100                | 49 v. 68 l. 12 ſ.
   | 22,4              14               |  4     4 l.  8 ſ.
24 | 20,4            ‾‾86( 10 ½         | 47    47 l ½
   |    14             8  4             |
   |                   ‾‾‾‾             |
   |                   43               |
                      ‾‾‾‾‾‾‾‾‾‾‾‾‾‾‾‾‾‾‾‾‾‾‾‾
                       160. | 120 l.
```

III.   Premier mélange.

```
   | 30  2               35            |  2  | v.  3 l.
   | 25  2               15            | 10  | v. 12 l. 10 ſ.
22 | 20  8,3, ou 11.   ‾‾‾‾‾           | 23  |   23 l.
   |    15              20 ( 4| 4      | ‾‾  |
   |                     5   2| 3   35 |   38 l. 10 ſ.
   |                     ‾‾‾‾‾‾‾        |
   |                      8 | 12       |
```

IV.   Premier mélange.

```
   | 20  3               636           |  3  | v. 12 ſ.
   | 18  3               18            | 312 |   56 l.
16 | 16  3             ‾‾‾‾‾           |  3  |    9 ſ.
   | 12,5,3,1. ou 9     618 ( 103      | 318 |   38 l.
   |    18               6   3         | 636 |   95
   |                    ‾‾‾‾‾          |
   |                     309           |
```

V.   Premier mélange.

```
   | 30  2               35            |  2  | v.  60 l.
   | 29  4               15            | 14  |    406 l.
25 | 23  5             ‾‾‾‾‾           |  5  |    115 l.
   | 21  4              20 ( 2 ½       | 14  |    294 l.
   |    15               8  4      35  |    875 l.
   |                    ‾‾‾‾‾          |
   |                     10            |
```

VI.   Premier mélange.

```
   | 20  2                              |  2  | v.  2 l.
   | 16  4            30                |  4  |  3 l. 4 ſ.
   | 12  14           28                |  5  |  3 l.
10 |                ‾‾‾‾‾               |  1  |  4 l. 8 ſ.
   |                 20 ( 1             |  8  |  2 l. 8 ſ.
   |  8  10           14                | 30  | 15 l.
   |  6  6,2 ou 8   ‾‾‾‾‾
   |    28
```

Remarquez que quand les différences, qui doivent recevoir augmentation, sont égales, comme dans les Exemples I. II. IV. & V. on abregera
l'operation en partageant par 2, le reste de la quantité demandée. Ainsi
dans le premier Exemple partageant 86 par 2, il vient 43 qu'on donne à
chacune des differences. Ainsi des autres qui ont leurs differences pareilles.

SECONDE OPERATION.
Pour trouver tous les mélanges possibles ensuite du premier.

L A seconde operation donne la continuation de tous les mélanges possibles, par un artifice & suite de progressions, qui justifie ce que nous
avons repeté beaucoup de fois, qu'il y a des richesses immenses dans les
Nombres.

Les differences qui n'ont point receu de changement dans le premier
mélange, augmenteront dans tous les autres mélanges suivans, en montant par une progression Arithmetique suivant leur dénomination. Si c'est
2, il la fera binaire; ainsi 2, 4, 6, 8, &c. Si c'est 3, il la fera ternaire; ainsi
3, 6, 9, 12, &c. Si c'est 4, il montera de 4 en 4; ainsi 4, 8, 12, 16, &c.

Les autres differences qui ont esté changées pour faire le premier mélange, feront leurs progressions Arithmetiques par rapport à la moitié de
la quantité demandée, par exemple à 50, la moitié de 100 qui est la quantité demandée du premier & second Exemple. Celles qui seront au dessous
de cette moitié descendront par degrez, composez d'autant d'unitez qu'elles sont éloignées de cette moitié. Par exemple, 45 estant éloigné de 5 unitez au dessous de 50, il descendra de 5 en 5 & fera cette progression Arithmetique, 45, 40, 35, 30, &c. Celles qui sont au dessus de cette moitié feront
leur progression en montant par autant d'unitez qu'elles en seront éloignées;
ainsi par exemple, 53 estant éloigné de trois unitez au dessus de 50, fera cette progression Arithmetique en montant, 53, 56, 59, 62, &c. Et celles qui
par leur augmentation seront devenuës pareilles à la moitié de la quantité
demandée, continueront toûjours sans changer leurs nombres. Ainsi dans
le IV. Exemple, 318 estant égal à la moitié de la quantité demandée 636,
continuera de mesme & aura toûjours 318 dans tous les mélanges suivans.

Cette Regle n'est que particuliere pour les differences egales. Voyez
la Remarque ou Exception qui est apres le III. Exemple, où nous l'avons
renvoyée pour ne rien confondre.

Toutes ces Progressions continueront comme elles ont commencé, & ne
finiront, comme nous avons dit, que quand la plus petite de celles qui descendent approchera si pres de l'unité, qu'elle ne pourra plus continuer sa
progression; & alors elles cesseront toutes, & l'on aura par-là tous les mélanges possibles en nombres entiers, ou s'il se rencontre quelque fraction,

elle fera rare & ne paſſera guere un demy, qui n'eſt pas une fraction ir-
reguliere comme celles qui viennent par la methode commune.

Exemple I. Avec les progreſſions de tous ſes mélanges.

UN Marchand de bled veut faire 100 boiſſeaux à 22 ſols le boiſſeau,
qui vaudront ainſi 110 livres, pris du mélange de froment à 30 ſols le
boiſſeau, de ſeigle à 24 ſols, & d'orge à 20 ſols, combien en doit-il prendre d'un chacun, & combien peut-il varier ſon mélange?

Premier mélange.	2	3	4	5	6	7	8	9ᵉ.	& dernier mélange.
100 à 22 110 l.	30, 2 24, 2 20, 8, 2	2 45 53	4 40 56	6 35 59	8 30 62	10 25 65	12 20 68	14 15 71	16 10 74	18 5 77
	14	100	100	100	100	100	100	100	100	100

valeurs 3 l. | 6 l. | 9 l. | &c. en augmentant toûjours de 3. l.
54 l. | 48 l. | 42 l. | &c. en diminuant toûjours de 6 l.
53 l. | 56 l. | 59 l. | &c. en augmentant toûjours de 3 l.

110 l. 110 l. 110 l. &c. ce ſera toûjours la meſme ſomme
de 110 l.

Exemple II.

Il en a à d'autres prix, & voicy les mélanges qu'il en a pû faire, dont
il fait porter la montre au marché & le numero des boiſſeaux de chaque
eſpece & prix, qu'il fait entrer dans les 100 boiſſeaux de mélange.

100 à 24 110 l.	28, 4, 2 22, 4 20, 4	49 4 47	48 8 44	47 12 41	46 16 38	45 20 35	44 24 32	43 28 29	42 32 26	41 36 23	40 40 20	39 44 17	38 48 14	37 52 11	36 56 8	35 60 5	34 64 2
	14	100	100	&c.													

valeurs 65 l. 12 ſ. | 7 l. 4 ſ. | 65 l. 16 ſ. &c. en diminuant toûjours de 28 ſ.
4 l. 8 ſ. | 8 l. 16 ſ. | 13 l. 4 ſ. &c. en ajoûtant toûjours 4 l. 8 ſ.
47 l. 44 l. 41 l. &c. en diminuant toûjours de 3 l.

120 l. 120 l. 120 l. &c. il y aura toûjours 120 l.

Exemple III.

Il retourne au marché avec d'autre bled mêlé seulement en trois manieres.

35	30	2		2	4	6	les 2 à 30 ſ. font 3 l. les 4, 6 l. les 6, 9 l.
à 22	25	2		10	6	2	les 10 à 25 ſ.fōr 12 l. 10 ſ. les 6,7 l. 10 ſ. les 2, 2 l. 10 ſ.
38 l. 10 ſ.	20	8, 3,	23	25	27	les 23 à 20 ſ. font 23 l. les 25, 25 l. les 27, 27 l.

| 15 | 35 35 35 | 35 | 38 l. 10 ſ. 35 38 l. 10 ſ. 38 l. 10 ſ. |

Remarque.

LA Regle donnée cy-deſſus pour la continuation des progreſſions par rapport à la moitié de la quantité demandée à l'égard des differences qui ont receu du changement, n'eſt pas juſte icy n'eſtant que particuliere pour les differences égales.

Ce qui nous donne lieu de faire une Remarque qui rendra la Regle plus generale, en rendant raiſon à meſme temps des progreſſions de la Regle precedente. Ces progreſſions ſe faiſoient en ſorte qu'apres le premier mélange, les differences qui avoient receu du changement montoient ou deſcendoient par autant de degrez que les autres differences en recevoient en montant, afin de conſerver toûjours la meſme proportion dans tous les mélanges, comme on le peut voir en repaſſant ſur les Exemples precedens. Ainſi nous pouvons établir cette maxime, les differences qui n'ont point receu de changement dans le premier mélange, monteront par les degrez de leur dénomination, le 2 par 2, le 3 par 3, le 4 par 4, &c. les autres qui doivent monter ou deſcendre partageront les degrez de ces premiers. Si par exemple en trois prix il y en a deux qui doivent monter comme dans le premier Exemple, il y en a un qui monte par 2 degrez, & l'autre par 3, qui font 5, celle qui deſcend diminuera auſſi ſes progreſſions de 5 degrez. S'il y en a deux qui deſcendent comme dans le ſecond Exemple, où il y en a un qui monte de 4 degrez, les deux autres rempliront ces 4 degrez en deſcendant. Ainſi 49 deſcendra d'une unité, & 47 de trois, qui rempliront les 4 de celle qui monte. En ce III. Exemple, les démarches pour monter & pour deſcendre ſont ainſi déterminées : la premiere difference ou le premier prix du premier mélange qui eſt 2, doit monter par ſa dénomination : la ſeconde, ou le ſecond prix du premier mélange, qui eſt 10, doit deſcendre par 4, à 6 : & le troiſiéme prix du premier mélange qui eſt 23, doit monter par 2 à 25 ; (nous allons donner la regle pour trouver ces deux démarches) & ainſi la deſcente par 4 que fait le ſecond prix du premier mélange, qui eſt 10, eſt recompenſée par les deux autres qui montent chacun de deux.

Regle plus generale pour la continuation du premier mélange.

DOublez les différences, & retirez leur fomme de la quantité demandée: divifez le refte par la fomme des premieres différences qui ont
fervy à trouver le premier mélange, & multipliez le quotient par chacune
de ces différences, & en ajoûtez le produit aux différences doublées, & s'il
y en a quelqu'une qui les accompagne, il l'a faut auffi doubler & l'ajoûter,
laiffant aux différences qui n'ont point receu de changement dans le premier mélange, à faire leurs démarches ou progreffions fuivant leur dénomination, & vous aurez le fecond mélange, & par celuy-là tous les fuivans, en les augmentant ou diminuant des mefmes degrez que le fecond a
au deffus ou au deffous du premier mélange. Ainfi pour le faire voir par les
Exemples precedens, en doublant les différences du premier Exemple, on
aura 4, 4, 4 & 16, au lieu de 2, 2, 2 & 8, dont la fomme eft 28, qu'il faut retirer de 100, & il refte 72. divifez par 4 qui eft la fomme des premieres differences égales 2, 2 ; puis multipliez le quotient 18 par 2 & par 2, vous aurez 36, qui eftant ajoûté d'un côté à 4, fait 40 pour un des prix du fecond
mélange, & de l'autre à 20 qui eft le double des deux différences qui font
enfemble 2 & 8 qui font 10, vous aurez 56 qui eft un des prix du fecond mélange; & ces deux prix avec celuy qui n'avoit point receu de changement,
& qui a fait icy fa progreffion fuivant fa dénomination 2, 4 ; feront la quantité demandée, ainfi des autres. Et pour le III. Exemple, ayant doublé les
différences 2, 2, 8 & 3 qui font 30, lequel ôté de la quantité demandée 35,
refte 5, qui eftant divifé par 5, la fomme de 2 & de 3 laiffe 1, qui eftant multiplié par 2 & par 3, donne 2 & 3, lefquels eftant adjoûtez feparément à
leurs différences doublées 4 & 22, font du côté de 4, 6, & du côté de 22,
font 25. La progreffion continuera pour tous les mélanges fuivans par les
mefmes nombres de cette feconde à l'égard du premier mélange, foit en
augmentant foit en diminuant; ainfi le premier prix fait cette progreffion 2,
4, 6, par 2; le fecond prix fait celle-cy, 10, 6, 2, par 4; le troifiéme prix
celle-cy, 23, 25, 27, par 2, en montant.

Exemple IV.

Un Fondeur a du métal à 20 livres le cent, à 18, à 16 & à 12 : il en veut faire une cloche à 15 livres le cent, qui peze 636 livres, & qui par conséquent vaudra en argent 95 livres 8 sols, combien en doit-il prendre d'un chacun pour faire son alliage ?

Première Operation pour trouver le premier mélange.

```
       20 l.     3       3        636. valeur 95 l. 8 f.
       18 l.     3     312          18
15 l.  16 l.     3       3          ____
       12 l.  5,3,1 ou 9 318       618    ( 309.
              ____      636         2
               18
```

Seconde Operation pour la progression des mélanges.

Premier mélange. 2 mél

3	6	9	12	15	18	21 &c.	il y aura
312	306	300	294	288	282	276 &c.	52 mélanges.
3	6	9	12	15	18	21 &c.	
318	18	318	318	318	318	318 &c.	

Somme 636 | 636 | 636 | 636 | 636 | 636 | 636.
valeurs.

12 f. car à 20 l. le cent, c'est 4 f. la livre ; & 3 livres valent 12 f.

56 l. 3 f. 2 d. à 18 l. le cent, c'est 3 f. 7 d. la livre, & il reste 20 d. 312 l. valent 56 l. 3 f. 2 d.

9 f. 8 d. à 16 l. le cent, 3 f. 2 d. reste 40 d. 3 livres valent 9 f. 8 d.

38 l. 3 f. 2 d. à 12 l. le cent, c'est 2 f. 4 d. la livre, reste 80 d. 318 livres valent 38 l. 3 f. 2 d.

Sôme 95 l. 8 f.

Exemple V.

Un Orfévre a de l'argent à 30 livres le marc, à 29, à 23, & à 21, il en veut faire 35 mars à 25 livres le marc, combien doit il prendre d'un chacun pour faire l'alliage ?

Première Operation pour le premier mélange.

```
      30|2|2 val.  60 l.      35 marcs à 25 l. le marc, valent 875 l. d'argent.
      29|4|14 v.  406 l.
25    23|5|5       115 l.          35             35
      21|4|14      294 l.          15              2  (17 ½
Sôme 15|35 m.     875 l.          ___
                                   20  (10
                                    2
```

Seconde Operation pour la progreſſion du mélange.

2	4	6	9	
14	10 $\frac{1}{2}$	7	3 $\frac{1}{2}$	fin.
5	10	15	20	
14	10 $\frac{1}{2}$	7	3 $\frac{1}{2}$	

Sõme 35 | 35 | 35 | 35 |

valeurs.			preuve.
60 l.	120 l.	180 l.	à 30 l. le marc, 2 marcs valent 60 l.
406 l.	304 $\frac{1}{2}$	203	à 29 l. le marc, 14 marcs valent 406 l.
115 l.	230	345	à 23 l. le marc, 5 marcs valent 115 l.
294 l.	220 $\frac{1}{2}$	147	à 21 l. le marc, 14 marcs valent 294 l.

Sõme 875 l.   875   875   Sommes 35 marcs valent 875 l.

Exemple V.

Un Cabarettier veut mêler cinq fortes de vin, à 20 f. la pinte, à 16, à 12, à 8, & à 6 : pour en faire trente pintes à 10 f. la pinte, qui vaudront ainſi 15 livres ; combien doit-il prendre d'un chacun, & en combien de façons les peut-il mêler ?

Premiere Operation pour le premier mélange.

	20	2	2 valent 2 l.	30. valent 15 l.	
	16	4	4	3 l. 4. f.	28	30
10	12	4	5	3 l.		
	8	10	11	4 l. 8. f.	2 (1	15
	6 6, 2, ou 8. 8		2 l. 8 f.	2	

Somme 28 Sõme 30.   val. 15 l.

Il n'y a point de feconde Operation ny d'autre mélange, parce que ceux qui devroient diminuer ne le peuvent par autant de degrez qu'ils font éloignez de 15, qui eſt la moitié de la quantité demandée.

CHAPITRE XXVII.

Regle de Fauſſe-Poſition ſimple.

Q Uand on cherche un nombre qui avec une de ſes parties en compoſe un autre, par exemple, ſi on demande quel eſt le nombre qui avec ſa moitié faſſe 18, on en prend un au hazard, & qui n'eſt pas celuy qu'on cherche,

cherche, à qui l'on donne le nom de Faux, & apres luy avoir ajoûté la partie requise, par exemple sa moitié, on en fait un second nombre qui n'est
point celuy qui devroit venir : Alors pour avoir le vray nombre qu'on
cherche, en operant par la Regle de Trois, on multiplie par le nombre Faux,
le nombre donné, & puis on divise le produit par celuy à qui on avoit a-
joûté la partie demandée, & il vient au quotient le vray nombre. Par exemple, supposé que pour trouver un nombre, qui avec sa moitié fit 18, on
eût pris 6, qui avec sa moitié 3 ne fait que 9 : apres avoir multiplié 18 par 6,
on divise le produit 108 par 9, & il vient 12 qui est le vray nombre qu'on
cherche, car 12 avec sa moitié 6 fait 18.

Operation.   9, 6, 18 ? 12.

Avertissement.

POur faire commodément la Regle de Fausse-Position où il y a plusieurs
parties demandées, il faut choisir pour le nombre Faux le moindre
qu'on peut, qui ait les parties demandées sans fraction ; par exemple si on
demandoit un nombre qui eût un sixiéme, un quart, un tiers, il faudroit
prendre 12, qui a toutes ces portions sans fraction, sçavoir 2, 3, 4 : Si l'on
demandoit un nombre qui eût un tiers & un cinquiéme, il faudroit prendre 15, qui est le moindre qui ait ces portions en entiers, car 3 fois 5 font 15 ;
de mesme si on demandoit un nombre qui eut un tiers & un septiéme, il faudroit prendre 21, qui est le premier qui soit mesuré par 3 & par 7, &c. comme nous avons veu dans le Crible d'Eratosthene, Livre IV.

Ensuite pour operer par la Regle de Trois, on dispose les nombres en
mettant le nombre Faux en la seconde place, les retranchemens ou additions faits au nombre Faux en la premiere, & le nombre énoncé à la troisiéme ; puis par la Regle de Trois, on multipliera le troisiéme par le second ; on divisera le produit par le premier, & le quotient sera le nombre
cherché. Exemple. Une armée a esté entierement défaite, le tiers a esté tué,
le quart s'en est fuy, & il en a esté pris prisonniers 8000. Pour avoir le
nombre de l'armée, je prens pour nombre faux 12, parce qu'il a un tiers
& un quart sans fraction, qui font 4 & 3, d'où retranchant le tiers & le
quart qui font 7, il reste 5, au lieu de 8000. Je place ainsi mes nombres,
5, 12, 8000, (on peut ôter les zero dans l'operation) & j'opere par la Regle
de Trois, multipliant 8000 par 12, & le produit 96000, estant divisé par 5,
j'ay au quotient 19200 ; qui est justement le nombre vray dont l'armée estoit
composée. Car si de 19200 j'ôte le tiers qui est 6400, & le quart qui est
4800, qui font ensemble 11200, il restera 8000.

Q1

CHAPITRE XXVIII.

Regle d'Algebre.

C'Est de cette Regle de Fausse-Position qu'est née la Regle d'Algebre. Car au lieu du Faux nombre qu'on met icy, on met dans la Regle d'Algebre une racine ainsi marquée 1. j. sur laquelle on opere de mesme qu'on fait icy sur le faux nombre, c'est à dire qu'on en fait les retranchemens, additions, soustractions, multiplications & divisions, apres avoir fait la reduction des fractions à une mesme dénomination. Et pour le faire comprendre nous allons operer sur le mesme Exemple par la Regle de Faux & par la Regle d'Algebre, qui produiront toutes deux le mesme effet.

Question.

Quel est le nombre d'où ayant retranché le tiers & le quart, il reste dix ?

Resolution par la Regle de Faux.

JE suppose que c'est 12, & je voy bien que ce n'est pas 12, parce qu'en ayant retranché le tiers qui est 4, & le quart qui est 3, & qui font 7, il ne reste que 5, au lieu de 10. Je ne laisseray pas de trouver par 12 le veritable nombre, en disposant ainsi le reste du retranchement, le faux, & le nombre énoncé ou donné, 5, 12, 10; multipliant 10 par 12, il vient 120, qui estant divisé par 5 donne 24 au quotient qui est le nombre cherché. Car ôtant de 24, 8 qui en est le tiers, & 6 qui en est le quart, & qui font ensemble 14, il reste 10, comme on avoit demandé.

Resolution par la Regle d'Algebre.

JE pose 1. j. que je suppose estre égale au nombre cherché. Je mets à part un tiers & un quart en fractions, ainsi $\frac{1}{3}$ $\frac{1}{4}$; je les reduits à mesme dénomination, ainsi $\frac{4}{12}$ $\frac{3}{12}$; je les ajoûte ensemble & j'ay $\frac{7}{12}$; j'en fais la soustraction comme demande la question, & il reste $\frac{5}{12}$, & parce que j'ay trouvé que $\frac{5}{12}$ sont égales à 10, apres avoir reduit en fraction $\frac{10}{1}$ & $\frac{5}{12}$, je les multiplie en croix pour les reduire à mesme dénomination, & il vient $\frac{120}{5}$; enfin je divise les deux Numerateurs l'un par l'autre, 120 par 5, & il vient au quotient 24 qui est le nombre cherché, dont ôtant le tiers & le quart il reste 10, comme on avoit demandé.

CHAPITRE XXIX.

Regle de Fausse position double.

Quoy qu'on ne se serve de cette Regle de Fausse position double que lorsque la simple ne peut resoudre la question, neanmoins pour plus de facilité nous allons prendre un simple nombre sur lequel nous ferons les deux Regles ou Cas de cette Regle de position double.

Pour resoudre une question on prend deux nombres differens, qui ne sont ny l'un ny l'autre celuy qu'on cherche. On écrit separément les deux nombres l'un au dessus de l'autre, & vis-à-vis de chacun la distance au nombre donné. Comme si on avoit demandé quel est le nombre qui avec sa moitié fait 9 ; & qu'on eut pris pour la premiere supposition le nombre 2, avec sa moitié 1, il ne fait que 3, qui est distant de 9, de 6, ainsi l'on a pour cette premiere supposition 2 & 6. Et si pour la seconde supposition on avoit pris 4, avec sa moitié il ne fait que 6 & non pas 9, il s'en faut 3 : Donc pour la seconde supposition on a 4 & 3. Or il faut remarquer que ces deux distances 6 & 3, du nombre 9, sont toutes deux au dessous de 9, à la difference de celles qui passent le nombre donné. Apres avoir écrit les nombres pris, & leurs distances vis-à-vis de chacun, ainsi ², ⁶ on les multiplie en croix & il vient 6 & 24. Cela fait on regarde si les distances sont pareilles, c'est à dire si elles sont toutes deux ou moindres que le nombre donné, comme en cet Exemple, ou toutes deux plus grandes que le nombre donné : Ou si elles sont dissemblables, c'est à dire que l'une soit au dessous du nombre donné & que l'autre le passe, alors on agit differemment. Au premier cas, où les distances sont semblables, on soustrait les produits de la multiplication en croix l'un de l'autre, comme icy 6 de 24, & il reste 18 ; puis on soustrait les distances l'une de l'autre comme icy 3 de 6, & il reste 3. Avec ce reste 3, on divise l'autre reste 18, & il vient au quotient 6, qui est le nombre cherché, qui avec sa moitié 3 fait 9.

Au second cas ou les distances sont dissemblables, c'est à dire où l'une est moindre que le nombre donné & l'autre le passe. Comme si dans la question precedente, quel est le nombre qui avec sa moitié fait 9, nous avions pris pour la premiere supposition 2, qui avec sa moitié 1, ne fait que 3, dont la distance à 9 est 6 qui est au dessous de 9. Et que pour la seconde supposition nous eussions pris 8, qui avec sa moitié 4 fait 12 qui est plus grand que 9 de 3. Apres avoir mis les deux nombres pris à plaisir 2 & 8, & mis leurs distances 6 & 3 vis-à-vis de chacun, & les avoir multipliez en croix, ainsi ⁸ₓ²⁶ Alors au lieu que dans le premier cas, on soustrait les produits de la multiplication, & les distances les unes des autres ; icy au contraire, on les ajoûte les uns aux autres, puis on divise une des sommes par l'autre, &

le quotient est le nombre cherché. Comme icy ayant ajoûté les deux produits de la multiplication en croix 6 & 48, qui font 54 ; & les deux distances 6 & 3, qui font 9, on divise 54 par 9, & il vient au quotient 6 qui est
le nombre cherché, qui avec sa moitié fait 9 comme on avoit demandé.

CHAPITRE XXX.

MAXIME GENERALE

*Pour trouver en tous les genres de Proportions données, les
nombres inconnus par leur distance ou différence donnée ou
trouvée, quoy qu'il n'y ait aucun nombre donné.*

IL faut diviser la distance donnée ou trouvée par la distance des deux
moindres termes de la proportion donnée, & multiplier le quotient
par chacun des deux termes de la proportion, le moindre terme donnera
le moindre nombre inconnu, & le plus grand terme donnera le plus grand
nombre inconnu.

Exemples en tous les genres de Proportions.

En la proportion Surparticuliere.

QUels sont les deux nombres en la proportion sesquialtere qui sont
distans l'un de l'autre de 12 ? Les deux premiers termes de cette proportion sont 2 & 3, qui ne sont distans que de l'unité, & divisant 12 par 1,
il vient 12 au quotient, qui estant multiplié par 2 le moindre terme de la
proportion donne 24 pour le moindre nombre inconnu, & multiplié par 3
le plus grand terme de la proportion, donne 36 pour le plus grand nombre
inconnu, & 24 & 36 sont en proportion sesquialtere & éloignez l'un de
l'autre de 12, ce qu'en avoit demandé.

En la proportion Surpartiente.

QUels sont les deux nombres distans de 6, en la proportion surbipar-
tiente trois, dont les premiers termes sont 5 & 3 ? 5 & 3 estant éloignez l'un de l'autre de 2 ; & 2 divisant 6, il vient au quotient 3, qui estant
multiplié par 3 & par 5, donne 9 & 15, qui sont en la proportion demandée
& distans l'un de l'autre de 6.

En la proportion Multiple.

QUels sont les deux nombres distans de 15 en la proportion quadruple ?
les premiers termes sont 4 & 1, qui sont distans de 3, lequel divisant
15 donne au quotient 5, qui estant multiplié par 1, donne 5 pour le moindre
nombre inconnu & multiplié par 4, donne 20 pour le plus grand nom-

bre inconnu, & 5 & 20 font en proportion quadruple diſtans de 15.

En la proportion Multiple Surparticuliere.

QUels ſont les deux nombres en la Triple ſurtierce diſtans l'un de l'auÍ
tre de 35 ? les deux premiers termes de cette proportion ſont 10 & 3 qui
ſont diſtans de 7, lequel diviſant 35, donne au quotient 5, qui eſtant mulÍ
tiplié par 3 & par 10, donne 15 & 50, qui ſont diſtans de 35, & en proporÍ
tion triple ſurtierce, comme on avoit demandé.

En la proportion Multiple Surpartiente.

QUels ſont les deux nombres diſtans de 28 en la proportion double ſurÍ
bipartiente cinq ? les premiers termes 12 & 5 ſont diſtans de 7, qui diÍ
viſant 28, donne au quotient 4, qui eſtant multiplié par 5 & par 12 donne
20 & 48, en la proportion demandée & diſtans de 28.

Ainſi dans toutes les eſpeces de chaque genre de proportion.

Application de cette Maxime.

C'Eſt par cette maxime qu'on reſout une infinité de queſtions qu'on avoit
creû ne ſe pouvoir reſoudre que par l'Algebre. Tel eſt l'enigme du
mulet & de l'aneſſe propoſé par Euclide, dont on trouve la ſolution par la
découverte de la diſtance dans la proportion qu'il dit eſtre double. L'eÍ
nigme eſt tel, ſi je vous donne une de mes meſures, nous en aurons autant
l'un que l'autre ; & ſi vous m'en donnez une des voſtres, j'en auray le douÍ
ble de vous. Combien en avoient-ils chacun ? Il faut raiſonner icy pour le
découvrir. Premierement puiſqu'à la fin l'un en auroit le double de l'auÍ
tre : voyla la proportion donnée, qui eſt la double. Il ne faut que chercher
la diſtance ou difference de leurs charges, & on la découvre ainſi. Quand
celuy qui en a le plus en donne une à l'autre qui en a le moins, & qu'ils deÍ
viennent égaux, aſſurément celuy qui en avoit le plus en avoit deux plus
que l'autre ; puiſqu'en donnant une & l'autre en recevant une, il devient
égaux. Et quand celuy qui en a le plus en reçoit une de celuy qui en avoit
deux moins, celuy qui en avoit deux de plus commence à en avoir quatre
plus que l'autre, puiſque l'un augmente d'une, & l'autre diminuë d'une.
Donc 4 eſt leur diſtance ou difference en la proportion double. Diviſez 4
par la difference de 2 à 1 qui ſont les premiers termes de la proportion douÍ
ble, & cette difference n'eſtant que l'unité, le quotient ſera 4, qui eſtant
multiplié par 1 & par 2, on aura les deux nombres inconnus 4 & 8 qui ſont
doubles l'un de l'autre ; & chacun reprenant ce qu'il avoit, c'eſt à dire 4 en
reprenant 1 aura 5, & 8 en rendant 1 qu'on luy a donné en aura 7, qui eſtoient
les deux nombres des meſures qu'ils avoient auparavant.

Car ſi celuy qui en a 7 en donne 1 à celuy qui en a 5, ils en auront tous
deux 6, & ſi celuy qui en a 5 en donne 1 à celuy qui en a 7, celuy qui en aÍ
voit 5 n'en aura plus que 4, & celuy qui en avoit 7 en aura 8. Le diſcours
eſt icy plus long que l'operation, & nous l'avons étendu pour montrer

comment-il faut raifonner dans les autres Exemples, où la proportion eft donnée & où il faut chercher la diftance quand elle n'eft pas clairement exprimée.

II. Exemple. Deux armées eftoient auffi nombreufes l'une que l'autre au commencement de la Campagne. La premiere a entrepris quatre fieges où elle n'a perdu que deux milles hommes & a reüffi; l'autre n'a fait qu'un fiege qu'elle a levé apres y avoir perdu 12000, & 6000 deferteurs; en forte que la premiere armée s'eft trouvée à la fin de la campagne, eftre plus nombreufe deux fois que l'autre. Combien y avoit-il de foldats en l'une & l'autre au commencement de la campagne, & combien à la fin? La differerence eft 16000 en proportion double. Réponfe. Il y avoit en l'une & l'autre armée 34000 hommes au commencement de la campagne; & il en eft refté 32000 en la premiere, & 16000 en l'autre.

Que fi on avoit fuppofé que les armées euffent efté de 40000 chacune, & qu'elles n'euffent fait chacune que la mefme perte, alors la proportion auroit changé, & ainfi l'on auroit par fon moyen trouvé le refte de mefme.

CHAPITRE XXXI.

MAXIMES

Pour changer les Proportions données en d'autres proportions demandées.

SI à deux nombres en proportion double, foit qu'ils foient tous deux pairs, foit qu'il y en ait un impair, on ajoûte une fois le moindre au plus grand, laiffant ce moindre au mefme état, la proportion deviendra triple, comme 2 à 4, double, 2 à 6 triple, 3 à 6 double, 3 à 9 triple, &c. Si on luy ajoûte deux fois, elle fera quadruple 4 à 8 double, 4 à 16 quadruple, 5 à 10 double, 5 à 20 quadruple. Si trois fois elle fera quintuple 6 à 12 double, 6 à 30 quintuple. Si quatre fois, fextuple, & ainfi à l'infiny elle fera multiple deux rangs davantage que le nombre de fois que le moindre nombre aura efté ajoûté au plus grand dans la proportion double: parce qu'en effet le moindre eftoit déja deux fois dans le plus grand.

Comme au contraire autant de fois qu'on retirera le moindre nombre du plus grand, la proportion abaiffera feulement autant de rangs qu'on le retirera de fois. Si de la proportion quintuple, on ne le retire qu'une fois, elle deviendra quadruple, &c.

Ce changement de proportion fe fait en laiffant un des nombres, fçavoir le moindre fans changement, & en ajoûtant ou retirant le moindre nombre du plus grand; ce qui revient à l'augmentation ou diminution des puiffances, dont nous avons parlé dans les progreffions multiples Geometriques.

Voicy une autre maniere de changer les proportions, en ajoûtant ou retirant deux autres nombres des deux de la proportion donnée.

Si de deux nombres pairs en proportion triple, on ôte de chacun d'eux la moitié du moindre nombre, les diminuez seront en proportion quintuple. Exemple. Si de 36 & 12 on ôte de chacun 6, il restera 30 & 6 en proportion quintuple. Si de 30 & 10 on ôte 5, il restera 25 & 5, &c.

Comme au contraire, si à deux nombres en proportion quintuple, on ajoûte à chacun d'eux le moindre nombre, les augmentez seront en proportion triple. Exemple. De 6 & 30 viennent 12 & 36, de 4 & 20, 8 & 2, &c.

Avant que de donner la maxime pour les nombres impairs, il faut remarquer que tous les nombres impairs ont alternativement un nombre pair & un nombre impair pour leur plus grande moitié, 3 a 2, 5 a 3, 7 a 4, 9 a 5, 11 a 6; & de même à l'infiny; chacun ayant pour sa plus grande moitié le nombre qui détermine le rang qu'il tient parmy les impairs, en contant icy l'unité pour premier impair, quoy qu'en d'autres occasions nous ayons donné à 3 la qualité de premier impair. Ainsi 3 a 2 pour sa plus grande moitié, parce qu'il est le second impair, 5 a 3 parce qu'il est le troisiéme, & ainsi de tous les autres.

Voicy donc la Regle pour le changement des proportions en nombres impairs, dans les proportions comme la triple la quintuple, la septuple qui ont leur multiplication par nombres impairs.

Si de deux nombres impairs en proportion triple, on ôte deux nombres ou pairs ou impairs distans entre eux de deux unitez, que le moindre soit ôté du moindre, & le plus grand du plus grand, & que le moindre de ces deux nombres qu'on ôtera, soit la plus grande moitié du moindre nombre impair; soit que cette plus grande moitié soit un nombre pair, soit qu'elle soit un nombre impair, alors la proportion deviendra quintuple. Exemple. Si de 33 & 11 qui sont en proportion triple, on ôte 8 & 6 qui ne sont éloignez que du binaire, & dont le moindre 6 est la plus grande moitié d'11, il restera 25 & 5 en proportion quintuple. De même de 27 & 9, si on ôte 7 & 5, il restera 20 & 4. Et si de 45 & 15 on ôte 10 & 8, il restera 37 & 7, &c.

Comme au contraire si à deux nombres impairs en proportion quintuple, on ajoûte deux nombres pairs éloignez du binaire, le moindre au moindre, & le plus grand au plus grand, & que le moindre de ces deux nombres pairs ne soit elevé que de l'unité au dessus du moindre nombre impair, alors la proportion deviendra triple, comme si à 3 & à 15 qui sont en proportion quintuple, on ajoûte 4 & 6, dont le moindre 4 n'est elevé que de l'unité au dessus de 3 le moindre nombre de la proportion, il viendra 7 & 21 en proportion triple. De même si à 5 & 25, on ajoûte 6 & 8, il viendra 11 & 33. Et si à 7 & 35 on ajoûte 8 & 10, il viendra 15 & 45. Si à 9 & 45 on ajoûte 10 & 12, il viendra 19 & 57, &c.

C'est par ce moyen qu'on répond à la question que fait Clavius, quels sont les deux nombres en proportion quintuple, au moindre desquels ajoûtant 4 & au plus grand 6, il en vient une proportion triple. Car on connoiſt par 4 & par 6 qu'il faut neceſſairement que ce ſoient deux nombres impairs qui ſont en proportion quintuple, & ainſi 4 fait cennoiſtre que le moindre de cette proportion eſt 3, & par conſequent que le plus grand eſt 15, auſquels ajoûtant 4 à 3 & 6 à 15, il vient 7 & 21 en proportion triple.

Et de meſme on donnera la ſolution de toutes les autres queſtions de cette nature, quand meſme on ne donneroit qu'un des nombres qu'il faudroit ajoûter à l'un des nombres de la proportion, pourveu qu'on ſpecifie ſi c'eſt au plus grand ou au moindre.

Si de deux nombres pairs en proportion quadruple, on ôte de chacun la moitié du moindre, la proportion deviendra ſeptuple. Exemple. Si de 6 & 24, on ôte 3 de chacun, il reſtera 3 & 21. Si de 8 & 32, on ôte 4 de chacun, il reſtera 4 & 28. Si de 10 & 40, on ôte 5 de chacun, il reſtera 5 & 35, &c.

Si de deux nombres pairs en proportion quintuple on ôte de chacun la moitié du moindre, la proportion deviendra noncuple. Si de 4 & 20 on ôte de chacun 2, il reſtera 2 & 18. Si de 6 & 30, on ôte de chacun 3, il reſtera 3 & 27, &c.

Si de deux nombres pairs en proportion ſextuple, on ôte de chacun la moitié du moindre, la proportion deviendra undecuple. Si de 8 & 48 on ôte de chacun 4, il reſtera 4 & 44, &c.

Si de deux nombres en proportion ſeptuple, on ôte de chacun la moitié du moindre, la proportion ſera tredecuple. Si de 4 & 28 on ôte 2 de chacun, il reſtera 2 & 26, &c.

Ainſi à l'infiny les proportions s'augmentant, en ôtant de chacun des deux nombres pairs le moindre du moindre, elles croîtront par les dénominations impaires qui ſont moindres d'une unité que le double des premieres proportions : de l'octuple, viendra la quindecuple : de la noncuple, viendra la dix-ſept decuple, &c.

Comme au contraire ſi à chacun des deux nombres de ces proportions plus grandes, on ajoûte le moindre des deux nombres, les proportions deſcendront dans les meſmes degrez de proportion comme elles avoient monté. De la ſeptuple viendra la quadruple ; comme ſi à 3 & à 21, on ajoûte 3, il viendra 6 & 24. De la noncuple viendra la quintuple ; de l'undecuple, la ſextuple, &c. comme il eſt aiſé de voir par les Exemples de tels nombres qu'on voudra prendre.

Quant aux proportions quadruples qui ont leur moindre nombre impair & le plus grand pair ; comme 5 & 20, 7 & 28, 9 & 36, &c. elles deviendront ſeptuples, ſi on ôte du moindre ſa plus grande moitié, & ſi on ôte du plus grand un nombre eloigné de quatre unitez du nombre qui reſte apres la plus grande moitié ôtée du moindre, qui en eſt ainſi la plus petite moitié. Comme ſi en la proportion quadruple 5 & 20, on ôte de 5 la plus grande moitié qui eſt 3, il reſtera 2 qui eſt ſa plus petite moitié, & ſi on ôte 6 de 20, par ce que 6 eſt éloigné de 2 de quatre unitez, il reſtera 2 & 14 qui ſont en proportion ſeptuple. Et ſi de 7 & 28, on ôte 4 & 7 il reſtera 3 & 21.

de 9 & 36 il restera 4 & 28, d'11 & 44, il restera 5 & 35, &c.

Dans les proportions quintuples en nombres impairs, comme 5 & 25, 7 & 35, 9 & 45, 11 & 55, &c. Si on ôte du moindre nombre sa plus grande moitié, & qu'on ôte du plus grand nombre un nombre eloigné de 5 unitez de la plus petite moitié du moindre nombre, la proportion deviendra noncuple. Exemple. De 5 & 25, ôtant 3 de 5 il restera 2, & ôtant 7 de 25, il restera 18, qui est en proportion noncuple avec 2. De mesme si de 7 & 35 on ôte 4 & 8, il restera 3 & 27; & si de 9 & 45, on ôte 5 & 9, il restera 4 & 36: si de 11 & 55 on ôte 6 & 10, il restera 5 & 45, &c.

Si dans les proportions sextuples, où il y a un nombre impair & l'autre pair, on ôte du moindre impair sa plus grande moitié, & du plus grand nombre, un nombre qui soit eloigné de six unitez du reste du moindre, la proportion sera undecuple. Exemple. Si de 5 & 30, on ôte 3 & 8, il restera 2 & 22. Si de 7 & 42, on ôte 4 & 9, il restera 3 & 33, &c.

Si dans les proportions septuples, où les deux nombres sont impairs, on ôte la plus grande moitié du moindre nombre, & du plus grand un nombre qui soit éloigné de la plus petite moitié du moindre nombre, de sept unitez, la proportion deviendra tredecuple. Comme si de 7 & 49 on ôte 4 & 10, il restera 3 & 39. Si de 9 & 63, on ôte 5 & 11, il restera 4 & 52, &c.

Ainsi de toutes les autres proportions, où il y a un ou deux nombres impairs, les proportions s'augmenteront d'une dénomination moindre de l'unité que le double de la proportion proposée; quand on ôtera du moindre des deux nombres de la proportion, sa plus grande moitié, & qu'on ôtera du plus grand, un nombre elevé au dessus de la plus petite moitié du moindre nombre, d'autant d'unitez que sera la dénomination de la proportion proposée; de huit unitez dans la proportion octuple, & la proportion deviendra quindecuple: de 9 dans la noncuple, & la proportion deviendra dix-sept-decuple: de 10 dans la decuple, & la proportion deviendra nondecuple, &c.

Comme au contraire les proportions descendront dans les mesmes degrez de proportion, comme elles avoient monté, si l'on ajoûte au moindre nombre, un nombre pareil & une unité davantage, c'est à dire si on le double avec une unité par dessus, & si l'on ajoûte au plus grand nombre un nombre qui soit elevé au dessus du moindre avant le changement, d'autant d'unitez qu'est la dénomination de la proportion proposée.

Ainsi de la septuple viendra la quadruple si on double le moindre nombre, & une unité par dessus, & qu'on adjoûte à ce moindre tel qu'il estoit avant le changement, quatre unitez pour en faire un nombre qu'on ajoûtera au plus grand. Si à 3 & 21 on ajoûte 4 & 7, on aura 7 & 28. Et de la noncuple viendra la quintuple par la mesme regle, comme si à 3 & 27 on ajoûte 4 & 8, on aura 7 & 35; si à 4 & 36, on ajoûte 5 & 9, on aura 9 & 45, de l'undecuple viendra la sextuple, &c. comme on peut voir par tous les Exemples qu'on voudra prendre.

Nous laissons beaucoup d'autres changemens de proportions en d'autres,

R r

comme de la double en la sesquialtere, de la triple en la sesquitierce, de la
quadruple en la sesquiquarte, de la quintuple en la sesquiquinte, & les autres à l'infiny ; des multiples en leur surparticulieres de leur dénomination,
qui se font toutes en ajoûtant le moindre terme au plus grand, & laissant
le plus grand en son état, comme de la double on fait la sesquialtere, de
1 & 2, en transposant 1 ou l'ajoûtant à 2, & il vient 3, & laissant 2, ainsi l'on
a 2 & 3: de mesme de 3 & 6, l'on a 6 & 9. Ainsi d'1 & 3, on a 3 & 4 ; d'1 & 4
on a 4 & 5, &c. Nous laissons dis-je tous ces changemens possibles parce
qu'ils sont comme infinis, & faciles à trouver.

CHAPITRE XXXII.

Application de ces Maximes.

P Ar ces Maximes on peut aisément resoudre toutes les Questions qui
se font sur les changemens de proportions,

Par Exemple.

Deux freres ont partagé noblement l'argent de la succession de leur pere.
L'aisné en a eu quatre fois autant que le cadet. Et le cadet ayant dissipé la
moitié de sa part, & l'aisné ayant dépensé 3000 livres de la sienne, se trouve encore en avoir sept fois autant que son cadet. Combien y avoit-il d'argent dans la masse de la succession, qu'elle a esté la part de l'un & de l'autre, & combien leur en reste-t'il chacun ? Réponse. Puisqu'une proportion quadruple telle qu'estoit celle du premier partage, ne peut devenir
septuple, qu'en ôtant de chacun des deux nombres la moitié du moindre,
lorsqu'il est dit que le cadet a dissipé la moitié de sa part, il ne reste plus qu'a
ôter aussi à l'aisné une pareille somme pour les faire venir tous deux à une
proportion septuple. Donc les 3000 livres que dépense l'aisné sont la moitié de ce qu'avoit le cadet ; & par consequent le cadet avoit 6000 livres, &
l'aisné 24000, qui est le quadruple de 6000, & l'un & l'autre en ayant
moins de 3000, le cadet n'en a que 3000, & l'aisné 21000, qui sont en
proportion septuple. Consequemment la masse qu'ils ont partagée estoit
de 30000 livres, reduite à 24000 livres.

La solution de cette question & autres semblables, peut estre donnée
par un raisonnement qui sert en ces occasions de ce qu'ils appellent preuve
ou démonstration. Quand deux nombres sont quadruples l'un de l'autre, &
qu'on ôte du moindre sa moitié, laissant le plus grand en son entier, la
proportion devient octuple : Et si vous n'ôtez du plus grand qu'une partie
des huit, la proportion devient septuple. Donc quand vous specifiez cette
partie que vous ôtez du plus grand, c'est de mesme que si vous disiez qu'elle y estoit huit fois & qu'elle n'y est plus que sept fois. Et vous n'avez qu'à
la multiplier par sa dénomination, & vous avez le plus grand nombre.

Comme sept fois 3000, c'est 21000, & huit fois 3000, c'est 24000, qui est quadruple à 6000, comme 21000 estoit septuple à 3000.

Autre Question.

DEux Marchands trafiquent differemment, l'un a cinq fois l'argent de l'autre, & leurs sommes sont impaires, celuy qui en a le moins gagne 8000 livres, celuy qui en a le plus en gagne 10000, & ne sont plus qu'en proportion triple. Combien avoient-ils d'argent, & combien en ont-ils chacun ? Réponse. Si à deux nombres impairs en proportion quintuple, on ajoûte deux nombres pairs éloignez du binaire, & que le plus petit de ces deux nombres pairs, ne soit éloigné du moindre nombre de la proportion que de l'unité, alors la proportion deviendra triple. Donc le Marchand qui avoit moins d'argent, avoit 7000 livres, puisqu'on luy en ajoûte 8000, & l'autre qui en avoit cinq fois autant en avoit 35000, & par conséquent avec leurs additions ils viennent l'un à 15000 livres, & l'autre à 45000 livres, qui sont en proportion triple.

CHAPITRE XXXIII.

MAXIME

Pour trouver deux nombres inconnus en proportion donnée, qui estant retirez de deux autres nombres donnez en moindre proportion, laissent chacun un reste egal.

IL faut soustraire les deux nombres donnez l'un de l'autre, & diviser le reste par un nombre qui soit moindre d'une unité que le dénominateur de la proportion donnée des deux nombres inconnus, le quotient sera le moindre nombre cherché, & ajoûtant à ce quotient la proportion donnée, on aura le plus grand nombre cherché, & ces deux nombres trouvez estant retirez des deux nombres donnez, laisseront un reste egal.

I. Exemple. Quels sont les nombres en proportion triple, qui estant retirez de 30 & de 16, laissent un reste egal. Ayant soustrait 16 de 30, il reste 14, qui estant divisé par 2, qui est moindre d'une unité que 3 le dénominateur de la proportion triple donnée, donne 7 pour quotient & moindre nombre ; auquel on donnera son triple 21 ; & retirant 7 de 16, reste 9 ; & 21 de 30, reste 9 ; ce qu'on avoit demandé.

Si l'on eut demandé une proportion double, les deux nombres eussent esté 14 & 28, & les restes 2 & 2.

Si l'on eût demandé une proportion quadruple, les deux nombres eussent esté 4 ' & 18 ⅓ | & les restes égaux, 11 ', &c.

II. Exemple. Deux voleurs ayant pris l'argent de deux passants, dont l'un avoit 25 piſtoles & l'autre 40 ; ils leur offient cette condition, qu'encore qu'ils n'ayent pas le double l'un de l'autre, neanmoins ſi celuy qui en a le plus leur peut donner le double de ce que donnera celuy qui en a le moins, & qu'il leur en reſte autant à l'un qu'à l'autre, ils leur laiſſeront à chacun ce reſte. Ces deux paſſans qui ſçavoient cette maxime d'Arithmetique, ſatisfirent à leur deſir: celuy qui avoit 25 piſtoles en donna 15, & celuy qui en avoit 40 en donna 30, & il leur en reſta chacun 10, qu'ils ſauverent par ce moyen. Et ce qui eſt de remarquable, c'eſt qu'ils n'en pouvoient retenir ny plus ny moins, la proportion eſtant donnée telle: au lieu que ſi les voleurs leur euſſent propoſé une proportion moindre que n'eſtoit celle de leur argent qui eſtoit de 5 à 8, ils n'euſſent jamais pû ſatisfaire à la condition, c'eſt à dire que le reſte de part & d'autre n'euſt point eſté egal.

Reflexion ſur cette Maxime, & ſur la difference ou convenance
avec d'autres.

IL y a trois manieres de tirer deux nombres inconnus, ou d'une ſomme qu'ils compoſent, en donnant ſeulement la difference qu'ils ont entr'eux, comme nous avons fait dans les Maximes de la Numeration; ou d'une ſomme donnée, en diſant la proportion qu'ils ont entr'eux, comme ſi on donnoit la ſomme 100, pour en tirer deux nombres qui la compoſaſſent & fuſſent en proportion quadruple, on trouveroit 20 & 80, en diviſant 100 par 5, qui eſt compoſé des deux termes de la proportion quadruple qui ſont 1 & 4: ou enfin en donnant deux nombres deſquels on demande qu'on en retire deux autres en proportion donnée, & qu'il y ait apres la ſouſtraction un reſte egal de part & d'autre, comme l'enſeigne cette derniere Maxime qu'on peut étendre à un plus grand nombre de termes.

CHAPITRE XXXIV.

Concluſion de l'Analyſe des Nombres.

A L'imitation ou plûtoſt ſur le fonds de ces principales Maximes de Proportion, de Progreſſion, & de Numeration, on en peut établir une infinité d'autres qui ſe découvriront dans les differentes Queſtions qu'on peut propoſer ſur les Nombres, & qui ſeront ainſi reſoluës auſſi bien par l'Arithmetique ordinaire que par l'Algebre.

Mais comme nous avons dit, l'Excellence de l'Algebre conſiſte en ce que l'on n'a beſoin que d'une ſeule Regle pour reſoudre toutes les queſtions poſſibles ; par le moyen de laquelle, ſans ſçavoir, pour ainſi dire, ce que l'on fait, on voit ſortir de ſes mains les nombres inconnus, & qui meſme n'y eſtoient pas auparavant l'operation, comme par une eſpece de creation.

Pour raſſembler en un Exemple beaucoup d'operations, & pour exercer les Esprits des Curieux, nous finirons cette Analyse par une Question du temps : apres laquelle nous en rapporterons un grand nombre avec leurs Refolutions par l'Arithmetique ordinaire & par l'Algebre.

Question composée.

Neuf Princes défignez par les neuf premieres lettres de l'Alphabet, jaloux de la gloire d'un Grand Roy, fe liguent pour s'oppofer à fes Conqueftes, & levent des troupes dans leurs Eftats chacun felon fes forces. S'eftant affemblez, ils en envoyent la lifte à la diette qui fe tient à la ville défignée par K, en cette maniere.

A, dit que s'il en avoit le fixiéme de B, le dixiéme de C, le feiziéme de D, le vingtiéme d'E, le douziéme d'F, le tiers de G, le neuviéme d'H, & le quinziéme d'I, il auroit 30000 hommes.

B, dit que s'il en avoit la moitié d'A, le cinquiéme de C, le huitiéme de D, le dixiéme d'E, le huitiéme d'F, le dixiéme de G, le fixiéme d'H, & le dix-huitiéme d'I, il auroit 30000 hommes.

C, dit que s'il en avoit le quart d'A, le tiers de B, le quart de D, le cinquiéme d'E, le fixiéme d'F, le quinziéme de G, fans rien emprunter d'H, ny d'I, il auroit 30000 hommes.

D, dit qu'ayant le quadruple d'A, ou autant que B & C, il n'a befoin que d'un cinquiéme d'E, & d'un tiers d'F, pour avoir 30000 hommes.

E, dit que fi on luy donnoit ce qu'ont A & B, il auroit 30000 hommes.

F, dit qu'avec la moitié d'A, & le quart de D, il auroit 30000 hommes.

G, dit que fi on luy ôtoit la moitié de ce qu'il a, & qu'on luy rendit la moitié d'A, la moitié de B, la moitié de C, & le quart d'E, il auroit 30000 hommes.

H, dit que s'il avoit encore les troupes d'F, il s'en faudroit 30000 hommes, qu'il n'eut autant qu'I.

I, enfin dit qu'il a luy feul ce qu'ont enfemble F, G & H; & que neantmoins il a 30000 hommes moins que le Grand Roy, L, contre qui ils fe liguent tous. Et comme il leur eft fi formidable qu'ils n'oferoient l'attaquer s'ils n'ont deux fois autant de troupes que luy, ils demandent à K, 4000 hommes qui leur manquent, fans quoy ils ne peuvent rien entreprendre. Qu'elles font les troupes de chacun de ces alliez & d'L en particulier?

Solution.

A, 4000 hommes. B, 6000. C, 10000. D, 16000. E, 20000. F, 24000. G, 30000. H, 36000. I, 90000. K, donnant 4000, cela feroit 240000, le double de L, qui eft 120000. Et ces nombres fe trouveront en beaucoup de manieres données dans les Maximes, foit de Numeration, foit de Progreffion ou de Proportion. Pour en faciliter la Solution, voicy l'Operation d'un Exemple moins compofé.

Question.

Combien y a-t'il de Soldats en chacune de ces trois Armées?
La premiere dit: Si j'avois le quintuple de la troisiéme & le double de la seconde, j'aurois 60000 hommes.
La seconde dit: Si j'avois le quadruple de la troisiéme & le double de la premiere, j'aurois 60000 hommes.
La troisiéme dit: Si j'avois le double de la premiere & le double de la seconde, j'aurois 60000 hommes.

Operation.

Par la Maxime établie dans la page 255, faites descendre le quintuple au quadruple, & le quadruple au triple; s'il y avoit quatre termes on feroit encore descendre le double au sesquialtere ou un & demy. Supposez, par la Regle de Fausse-Position, que la plus petite armée qui est icy la troisiéme, parcequ'elle vient a l'égalité des autres en empruntant moins de leurs parties qui sont par consequent plus grandes; soit 1, la seconde armée sera 3, & la premiere sera 4. Faites la Regle de Trois en commençant par où il vous plaira, & vous aurez le nombre de chaque armée par une seule. Les voylà toutes trois, d'où nous retranchons le zero, qu'on ne met qu'apres les operations.

La premiere Armée qui a 4, ayant pris le quintuple de la troisiéme, c'est a dire 5, puisque cette troisiéme n'a qu'1; & le double de la seconde, c'est à dire 6, puisque cette seconde n'a que 3: ces nombres 4, 5 & 6, ne font que 15 au lieu de 60. La Regle de Trois vous donnera le veritable nombre, ainsi: Si 15, 60, combien 4: 16: c'est à dire en ajoûtant les zero, 16000.

La seconde Armée qui a 3, prenant le quadruple de la troisiéme, c'est à dire 4, & le double de la premiere, c'est à dire 8, n'a que 15 au lieu de 60. La Regle de Trois donnera son veritable nombre. Si 15, 60, combien 3? 12, ou 12000.

La troisiéme Armée qui n'a qu'1, prenant le double de 4 qui est 8, & le double de 3 qui est 6, n'a que 15 au lieu de 60. Si 15, 60, combien 1? 4, c'est à dire 4000.

Tellement que les trois armées avoient ce nombre de Soldats; la premiere 16000; la seconde 12000; & la troisiéme 4000, & leur donnant à chacune ce qu'elles ont desiré, elles auront chacune 60000 hommes.

Vous auriez eu la mesme chose en prenant tels autres nombres qu'il vous auroit plû, pourveu qu'ils eussent gardé entr'eux la mesme proportion, comme 3, 9, 12: ou 6, 18, 24: ou 5, 15, 20: ou 7, 21, 28, &c.

A propos de la Maxime que nous venons de citer de la page 255, remarquez que quand nous y avons dit qu'il falloit faire descendre les nombres inconnus d'un degré quant à la valeur, & que nous avons ajoûté, & monter d'un degré quant à la dénomination, cela ne s'entend que des sousmul-

tiples ou parties qui font moindre que l'entier, comme font des tiers, des
quarts, des cinquièmes, & ron pas des multiplies, qui defcendant quant
à la valeur, defcendent auffi quant à la dénomination.

Avis fur les Queſtions ſuivantes.

REmarquez que nous appellons, Refoudre par l'Algebre, lorſqu'on fe
fert des figures ou caracteres de l'Algebre, au lieu des nombres incon-
nûs : Refoudre par l'Arithmetique fans Algebre, quand on a befoin des
Maximes que nous avons établies dans cette Analyſe, ou d'autres femcla-
bles, que nous pretendons pouvoir fuppléer à l'Algebre ; & Refoudre par
le feul Raifonnement fans Arithmetique, lorſqu'on le peut faire en raifon-
nant fur les conditions de la queſtion, quand mefme on employeroit ce
qu'ils appellent les quatre Regles de l'Arithmetique, & la Regle de Trois,
& mefme celle de Fauſſe-Poſition, qui font plûtoſt l'effet de la raiſon que
de l'Art. C'eſt pourquoy les Anciens Grecs & Latins, comme Euclide,
Nicomaque, Jamblichus, Theon & Boëce, n'ont jamais donné aucunes de
ces Regles dans leurs Arithmetiques ; parce qu'ils les fuppofoient, comme
connûës naturellement de tous les hommes, qui fçavoient conter fans art
lorfqu'ils eſtoient capables de raifonner, & chez eux conter & raifonner
paſſoit pour la mefme chofe, comme auffi ne fçavoir pas conter & eſtre
tout-à-fait ſtupide ou beſte. Quand donc ils difoient qu'il falloit apprendre l'Arithmetique pour s'élever au deſſus de la nature humaine, ils enten-
doient parler de ces Maximes, pour lefquelles il faut une penetration d'efprit plus grande que l'ordinaire. Nous pouvons tirer de là cette confequen-
ce contre les Arithmetiques qu'on donne tous les jours au public, qui ne
contiennent que ces quatre ou cinq Regles ; qu'elles font un fecret repro-
che qu'on fait aux hommes d'avoir perdu leur raifon, ou d'avoir befoin
d'un Art pour la mettre en ufage.

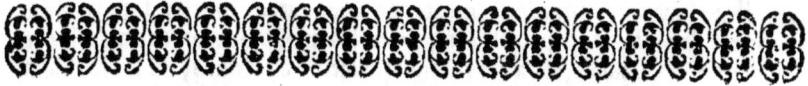

QUESTIONS RESOLUËS
PAR L'ALGEBRE ET PAR L'ARITHMETIQUE
ET QUELQUES UNES MESME QU'ON A ESTIME'ES TRES-DIFFICILES,
PAR LE SEUL RAISONNEMENT.

I.

LES neuf Mufes donnerent chacune une Couronne de fleurs à chacune des trois Graces qui en avoient déja un certain nombre, comme auſſi les neuf Mufes s'en reſerverent un certain nombre ; & leur dirent: Si nous vous en donnions encore les deux tiers de ce que nous vous en avons donné, vous en auriez 15 plus que nous, qui font le double & demy de ce que vous en aviez toutes trois, & les cinq douziémes de ce qui nous en reſte. Combien en avoient les neuf Mufes ? combien leur en reſte-t'il ? & combien les trois Graces en avoient elles chacune ? & combien en ont elles receu ?

Par l'Algebre.	Par l'Arithmetique.

Par l'Algebre.

Mettez pour les neuf Mufes, 1. j.
Pour les trois Graces, 1. z.
Nous mettons pour les trois Graces une racine feconde, feulement pour la diftinction, fans que cela change rien en l'operation.

Puis on opere ainfi fuivant les conditions de la queftion, qui d'1 j ôte trois fois 9, refte 1 j — 27. & qui à 1 z ajoûte trois fois 9, il y a 1 z † 27. & qui d'1. j — 27 ôte les deux tiers de 27, c'eft à dire 18, refte 1. j — 45. & qui à 1. z † 27 ajoûte 18, c'eft 1. z † 45.

Pour trouver l'égalité entre 1. j — 45 & 1. z † 45, & par mefme moyen toute la folution de la quef-

Par l'Arithmetique.

Il faut commencer par la fin de la queftion, & voir ce qui refte aux neuf Mufes, & ce qu'avoient les trois Graces, par rapport au nombre 15 que la queftion dit eftre les cinq douziémes de ce qui refte aux neuf Mufes & le double & demy de ce qu'avoient les trois Graces. Et quand on aura veu l'un & l'autre, on rendra aux neuf Mufes ce qu'elles avoient donné, ou on reprendra ce que les trois Graces avoient receu qui eft d'abord 27, parce que les neuf Mufes donnant aux trois Graces chacune une Couronne, c'eftoit trois fois 9 qui font 27 ; & puis les deux tiers de 27 qui font 18, & qui avec 27 font 45, que les unes

tion

tion, il ne faut que regarder le rapport de 15, avec ce qu'a-voient les trois Graces, & a-vec ce qui reste aux neuf Mu-ses. Ce qui est facile à dé-couvrir sans Algebre, & mes-me sans Arithmetique.

ont receu & les autres donné, à quoy ajoû-tant pour les trois Graces ce qu'elles a-voient qui estoit 6, dont 15 est le double & demy, elles auront 51 : d'où retirant 15 qu'el-les ont plus que les neuf Muses, il restera aux neuf Muses 36, dont 15 est les cinq dou-ziémes, & rendant ainsi les 45 aux neuf Mu-ses, elles en auront 81 qui sont chacunes 9. Ce que mesme on auroit trouvé sans Arith-metique.

Par le seul Raisonnement.

En commençant par le nombre que les trois Graces ont par dessus ce qui reste aux neuf Muses, on trouvera aisément la solution. Car entre tous les nombres, n'y ayant que 6 dont 15 soit le double & demy ; puisque deux fois 6 & la moitié de 6 font 15, on voit qu'en ajoûtant 6 à 45 qu'avoient receu les trois Graces, elles ont 51, & ôtant 15 de 51, qui est ce qu'elles ont par dessus les neuf Muses, il reste 36 qui est le nombre qui reste aux neuf Mu-ses, auquel ajoûtant 45 qu'elles ont donné, il vient 81 qu'elles avoient. Ou si l'on veut commencer par le reste des neuf Muses par rapport à 15, on trou-vera de mesme la solution. Car comme 15 est les cinq douziémes du seul nombre 36, puis qu'il contient cinq fois 3 qui est douze fois en 36, ajoû-tant 45 à 36 elles avoient 81, ou ajoûtant 15 à 36 les Graces auront 51, & par consequent elles avoient 6, & les neuf Muses 81.

II.

Hesiode ayant demandé à Homere le nombre des soldats qui estoient au Siege de Troye : il luy répondit. Il y avoit sept feux, & devant chaque feu cinquante broches, & chaque broche nourrissoit neuf cens hommes.

Par l'Algebre, par l'Arithmetique, & par le Raisonnement, c'est la mes-me operation. En multipliant 7 par 50 il vient 350, & multipliant 350 par 900, il vient 315000 pour le nombre des soldats.

III.

Pythagore estant interrogé sur le nombre de ses Ecoliers ; il ré-pondit. La moitié étudie aux Mathematiques, le quart à la Physi-que, la septiéme partie se contente de m'entendre ; & par dessus il y a trois femmes.

Par l'Algebre.

Pour le nombre inconnu des Ecoliers mettez 1. j. or $\frac{1}{2}\frac{1}{4}\frac{1}{7}$ de j, c'est à dire $\frac{25}{28}$ † 3, égaux à 1. j. donc 1. j. vaut 28 qui est le nombre des Escoliers de Pythagore ; dont la moitié est 14 qui étudie aux Mathematiques ; le quart c'est 7 qui étudie à la Physique, & la septiéme partie est 4 qui écoute, cela fait 25, à quoy ajoûtant 3 femmes, c'est 28.

Par l'Arithmetique.

Il faut prendre le moindre nombre qui ait sa moitié, son quart & son septiéme sans fraction, puis en ôter les parties demandées en la question, & ajoûter le nombre énoncé. Or 28 est ce nombre, & sa moitié, son quart, & son septiéme, font 25, à quoy ajoûtant 3 on a 28 qui est le nombre cherché.

IV. V. VI. VII. VIII.

Si je vous donnois deux de mes pistoles, vous en auriez autant que moy : Et si vous m'en donniez deux des vôtres,

IV.

J'en aurois autant que vous & la moitié par dessus.

V.

J'en aurois trois quarts plus que vous.

VI.

J'en aurois le triple de vous.

VII.

J'en aurois quatre fois & la moitié plus que vous.

VIII.

J'en aurois deux fois & trois cinquiémes plus que vous.
Combien en tous ces cas en avions-nous chacun ?

Par l'Algebre.

Nous ferons seulement l'operation de la IV. Question.

Mettez pour le premier ou plus grand nombre, 1. j. lequel ayant donné 2 pistoles au second, il luy reste 1. j — 2. & c'est ce qu'a le second quand il a receu 2 pistoles. Si le second rend les 2 pistoles

Par l'Arithmetique, & par le Raisonnement.

La Maxime pour resoudre toutes les questions de cette nature a esté donnée dans le V. Livre, chap. 22. & cydessus page 308. qui est, de diviser la distance donnée ou trouvée par le Raisonnement, par la distance des deux moindres termes de la proportion où qu'il a receuës, il luy reste 1. j — 4. & s'il donne 2 pistoles au premier, il luy reste 1. j — 6 pistoles ; & le premier aura 1. j + 2 pistoles, que la question dit estre en proportion de 3 à 2 ou d'un & demy avec 1. j — 6 pistoles qu'a le second, & par consequent, en faisant la transposition, 2 j + 4 pistoles seront égales à 3 j — 18 pistoles, & la reduction faite, 1. j qu'on avoit mis pour le plus grand nombre, est égale à 22.

Et pour l'operation, quand celuy qui en a 22 en donne 2 à celuy qui en avoit moins, & qu'ils deviennent tous deux égaux, ils en ont chacun 20, & le moindre n'en avoit que 18, & quand ce moindre en donnera 2 à 22, il n'en aura plus que 16, & le premier en aura 24, qui seront en proportion de 2 à 3, & distans de 8. Laquelle distance de 8 en toutes ces questions, se trouvant par le raisonnement, en donnera la solution.

sont les nombres proposez ou inconnus, & puis multiplier separément le quotient par chaque terme de la proportion donnée. Ainsi ayant trouvé par le Raisonnement que les deux nombres en ces cinq questions sont distans l'un de l'autre de 4 dans le premier cas de la question, parce que le plus grand en donnant 2 au moindre, ils ne peuvent devenir égaux qu'ils ne soient distans de 4 ; & celuy qui en a le moins en donnant 2 au plus grand, ils deviennent distans de 8 dans le second cas de la question, qui est celuy apres lequel on énonce la proportion qu'ils ont entre eux, estant distans de 8. Donc en cette IV. Question, qui est la premiere des cinq icy assemblées, le moindre en avoit 18 & le plus grand 22. ils estoient venus à l'égalité à 20 ; & à la fin ils se sont trouvez à 16 & à 24 qui sont en proportion de 2 à 3, & distans de 8. Dans la V. ils estoient à $12\frac{2}{3}$ & à $16\frac{2}{3}$ ils estoient venus tous deux à $14\frac{2}{3}$, & à la fin à $10\frac{2}{3}$ & $18\frac{2}{3}$ en proportion de 4 à 7, & distans de 8. Dans la VI. ils estoient à 6 & à 10, & estoient venus tous deux à 8 ; puis enfin à 4 & à 12, en proportion triple, & distans de 8. Dans la VII. ils estoient à $4\frac{2}{7}$ & à $8\frac{2}{7}$; puis tous deux à $6\frac{2}{7}$, & enfin à $2\frac{2}{7}$ & à $10\frac{2}{7}$ en proportion de 2 à 9, & distans de 8. Dans la VIII. ils estoient à 7 & à 11, puis tous deux à 9, & enfin à 5 & à 13 qui sont aussi les moindres termes de leur proportion, & distans de 8.

IX.

Voylà un sac d'argent : vous croyez qu'il y a deux cens écus, & je vous dis qu'il s'en faut beaucoup, & que si vous me donniez la moitié, le tiers & le quart de ce qu'il y a dans le sac, & que je rendisse la douziéme partie de ce qui y estoit, alors j'aurois deux cens écus ou 600 livres. Combien y a-t'il dans le sac ?

Par l'Algebre.

Pour le nombre inconnu je mets 1. j. & si on ajoûte $\frac{1}{2}$, $\frac{1}{3}$, $\frac{1}{4}$, de j qui font 1 & $\frac{1}{12}$ de j. il y aura 2 j & $\frac{1}{12}$ de j, d'où ôtant $\frac{1}{12}$ de j, il restera 2 j. égales à 600 l. & divisant 600 par 2, il vient 300 l. ou 100 écus qui estoit l'argent que j'avois.

Par l'Arithmetique.

Il est certain que la moitié, le tiers & le quart de ce que j'ay, font autant que j'ay & un douziéme davantage. Si vous ôtez donc ce douziéme, j'en auray deux fois justement autant que j'en avois. Ainsi s'il se trouve qu'avec ce que j'ay pris, j'ay deux cens écus ou 600 livres, assurément j'avois déja cent écus ou 300 l.

Par le seul Raisonnement.

Cette question est du rang de celles qu'on appelle badines, & il y a dequoy s'étonner comment d'habiles gens l'ont mise en question. Car c'est de mesme que si je disois, si j'avois encore 100 écus avec ce que j'ay, j'aurois 200 écus : Devinez combien j'ay ?

X.

Vn voyageur fait tous les jours neuf lieuës, un autre part dix jours apres & fait tous les jours quatorze lieuës, en combien de jours le second atteindra-t'il le premier, & combien auront-ils fait de lieuës l'un & l'autre quand ils se rencontreront ?

Par l'Algebre.

Mettez pour le nombre inconnu des jours 1. j. & pour l'operation multipliez d'un côté 1. j par 9, & puis luy ajoutez 90, vous aurez 9 j † 90. & de l'autre côté multipliez 1. j. par 14, vous aurez 14 j égales à 9 j † 90. Et par reduction on aura 90, égaux à 5. j. divisez 90 par 5, il viendra 18.

Par l'Arithmetique.

C'est chercher un nombre qui estant multiplié par 9, & ajoûtant au produit 90, sera égal ou sera la mesme somme que lorsqu'il sera multiplié par 14. Or ce nombre se trouve mieux par l'Algebre, en posant 1. j. pour le nombre inconnu, & faisant l'operation comme elle a esté faite par l'Algebre.

Par le seul Raisonnement.

Puisque le second fait tous les jours cinq lieuës plus que le premier qui en avoit 90 d'avance sur luy, il ne faut que voir combien il y a de fois 5 en 90, afin qu'en autant de jours le second rencontre le premier ; il y est 18 fois, & par consequent il le rencontrera en 18 jours, & ils auront fait tous deux chacun 252 lieuës, c'est à dire pour le premier, 90, & 18 fois 9 qui font 162, & avec les 90, 252 : & pour le second, 18 fois 14 font 252.

XI.

Vn Bourgeois charitable fortant de fa maifon, rencontre à fa por-
te un certain nombre de pauvres, il leur donne à chacun fept de-
niers, & il luy en refte vingt-quatre : s'il leur en eut voulu donner
à chacun neuf, il luy en auroit fallu trente-deux plus qu'il n'en a-
voit. Combien y avoit-il de pauvres, & combien avoit-il de deniers?

Refolution par l'Algebre accompagnée d'Arithmetique & de Raifonnement.

Parce qu'il y a deux fommes differentes, l'une multipliée par 7, où il refte
24, & l'autre par 9, où il manque 32 : il faut mettre d'un côté 7 j † 24, &
de l'autre 9 j — 32. & faifant la reduction il reftera 2 j égales à 56, d'où il
viendra par la divifion 28, qui eft le nombre des pauvres, fur lequel faifant
l'operation de la queftion, il viendra par 7, 196 & 24, c'eft à dire 220, pour
la fomme de deniers qu'avoit le Bourgeois en fortant. On aura la mefme
chofe par 9 ; car 9 fois 28 font 252, d'où retirant 32, refte auffi 220.

XII.

Deux Meffagers partent à mefme temps de deux villes, éloignées
l'une de l'autre de 140 lieuës, pour aller d'une ville à l'autre par le
mefme chemin, l'un fait chaque jour huit lieuës, & l'autre n'en
fait que fix, quand fe rencontreront-ils?

Par l'Algebre.

Mettez 1. j. pour le nombre
des jours, & faite, la Regle de
Trois, pour chacun des Meffagers. Si 1 jour donne 8 lieuës,
cóbien en dónera 1. j. de jours,
8. j. de lieuës. Si 1 jour, 6 lieuës,
combien 1. j ?.6. j. Ils feront
donc tous deux 14 j. de lieuës,
c'eft à dire 140 lieuës. Il y a
donc équation entre 14 j. &
140. Et faifant la divifion, 1. j.
vaut 10 jours. Ainfi ils fe rencontreront à la fin du dixiéme
jour, dont voicy la preuve. Si
un jour donne 8 lieuës, combien

Par l'Arithmetique & par le Raifonnement.

Puifque celuy qui fait 8 lieuës par jour
en fait tous les jours le tiers plus que celuy qui n'en fait que 6, ainfi quand le
fecond jour le premier a fait 16 lieuës ; le
fecond en a fait 12, c'eft à dire 4 ou fon
tiers moins que le premier. Le troifiéme
jour, le premier en a fait 24 & le fecond
18, c'eft à dire 6 moins, qui eft le tiers de
18, &c. Ils fe rencontreront quand le
nombre du premier avec le nombre du fecond, compoferont la fomme de 140
lieuës, & que le plus grand aura le tiers
par deffus le moindre comme il l'a toûjours. Ce qui fe peut trouver d'abord par

10 jours, 80 lieuës? Si un jour donne 6 lieuës, combien 10? 60 lieuës. Le premier fera donc 80 lieuës en 10 jours, & le second 60 lieuës en 10 jours, lesquels font la somme de 140 lieuës.

la Regle établie dans la page 287 ; en assemblant les deux termes de la proportion de 3 à 4, qui font 7, & divisant le nombre proposé 140, par 7, & multipliant le quotient 20 par 3 & par 4, il viendra 60 & 80 qui font 140, & ils auront chacun employé 10 jours pour chacun leur nombre de lieuës.

XIII.

Quatre Officiers subalternes d'un Regiment, partagent entr'eux une somme de 448 écus, à telle condition que quand le premier, ou plus bas Officier en prendra 2, le second en prendra 3, le troisième 4, & le quatrième 5. Combien feront-ils de partages, & combien auront-ils chacun ?

Par l'Algebre.

Mettez le nombre des racines.

Pour le premier.   2.j
Pour le second.   3.j
Pour le troisième. 4.j
Pour le quatriéme. 5.j

$\overline{\qquad}$
14.j. égales à 448.

448 estant divisé par 14 donne au quotient 32 pour la valeur d'1.j. qui est aussi les nombres des partages, ainsi 2 j. valent 64 écus pour le premier, 3 j. 96 écus pour le second, 4 j. 128 pour le troisième, & 5 j valent 160 pour le quatrième, & toutes ces sommes font celle de 448 écus.

Par l'Arithmetique.

On trouve le nombre des partages & la part d'un chacun par la Regle precedente, en assemblant en une somme 2, 3, 4, & 5, qui font 14, par lequel on divisera la somme 448, & le quotient 32 qui sera le nombre des partages, estant multiplié par chaque nombre en particulier, donnera les parts d'un chacun. Sçavoir 64 pour le premier, 96 pour le second, 128 pour le troisième, & 160 pour le quatriéme, & toutes ces sommes font la somme 448.

XIV.

J'ay quatre diamans de differens prix, qui sont estimez tous quatre valoir 164 loüis d'or. Le premier en valeur vaut le double du second, le second vaut le triple du troisième, & le troisième vaut le quadruple du quatriéme. Combien valent-ils chacun ?

Par l'Algebre:

Mettez pour le quatriéme qui est le moindre en valeur. 1.j.

Pour le troisiéme, 4.j.
Pour le second, 12.j.
Pour le premier, 24.j.

41.j.égales à 164.

164 estant divisé par 41 donne 4 pour la valeur d'une racine qui est le prix du moindre diamant.

Conséquēment le troisiéme en vaut 16
Le second en vaut 48
Et le premier en vaut 96

Lesquelles sõmes particulieres font 164

Par l'Arithmetique.

Il faut assembler les moindres termes des proportions en commençant par le moindre, 1, 4, 12, 24, qui font 41, par lequel il faut diviser 164 ; & le quotient 4, le multiplier par chaque terme en particulier, il donnera par 1, 4 pour le moindre ou quatriéme diamant : par 4, il donnera 16 pour le troisiéme : par 12, il donnera 48 pour le second, & par 24 il donnera 96 pour le premier, & toutes ces sommes font le prix des quatre diamans ; 164 loüis d'or.

X V.

Trois soldats ayant mis la main sur une cassette, demeurerent d'accord de partager également & à l'amiable ce qui se trouveroit dedans : l'ayant ouverte & voyant que c'estoient des ducatons d'Espagne, ils se jetterent dessus & chacun en prit ce qu'il pût attraper. Puis ayant appaisé leur querelle, & s'estant entre-donnez ce qu'ils croyoient chacun avoir pris de trop, il se trouva que le premier ayant receu cinq pieces d'or du second, en eut autant que ce qui en restoit au second : Le second en ayant receu sept du troisiéme, en eut autant que ce qui restoit au troisiéme. Enfin le troisiéme en ayant receu neuf du premier, en eut trois fois autant que ce qui restoit au premier. Combien y avoit-il de ducatons, & combien chacun en avoit-il pris au pillage, & combien en eussent-ils eu chacun s'ils eussent partagé également?

Par l'Algebre.

Mettez 1.j. pour ce qu'avoit pris le premier. Quand il en a receu 5 du second, il a 1.j † 5, qui est égale au reste du second. Le second avoit donc 1.j † 10 avant qu'il en eût donné 5 au premier, & apres qu'il en a receu 7 du troisiéme, il a eu 1.j † 17, qui estoit égal au reste du troisiéme. Donc le troisiéme avoit 1.j † 24, avant que d'en avoir donné 7 au second. Et quand il en a receu 9 du premier, il a eu 1.j † 33, qu'on dit estre triple de ce qui reste au premier, sçavoir 1.j — 9, dont le triple qui est 3 j — 27, est égal à 1.j † 33. Et par transposition ayant ajouté de part & d'autre 27, l'éga-

lité se trouve entre 1. j † 60 & 3 j. Et par la reduction ayant ôté de part &
d'autre 1. j. l'égalité reste entre 60 & 2 j. Et divisant 60 par 2, il vient 30·
pour le nombre du premier, & par consequent le second qui avoit 10 davantage en avoit 40. Et le troisiéme qui avoit 1. j † 24, en avoit 54. & la
somme des ducatons estoit 124 que font 30, 40, & 54. Et apres qu'ils s'entre-
surent donnez quelques pieces, le premier en eut 35 quand il en eut receu.
5 du second, qui estoit aussi ce qui restoit au second. Le second en eut 47
quand il en eut receu 7 du troisiéme, qui estoit aussi ce qui restoit au troisiéme. Et le troisiéme qui en avoit 54, en eut 63 quand il en eut receu 9 du
premier, qui estoit triple à 21, qui restoit au premier du nombre qu'il avoit
pris. Et s'ils eussent partagé egalement les 124, ils auroient eu chacun 41
ducatons & ⅓.

XVI.

Dans le dernier combat que Nicanor livra à Iudas Machabée, &
où il fut tué, son armée qui estoit rangée en bataillons quarrez
estoit composée outre ses troupes, des troupes auxiliaires de Syrie.
Il y fut tué 35000 hommes : le reste prit la fuite au nombre de 156,
sans conter les troupes auxiliaires de Syrie. Combien y avoit-il de
soldats en toute l'armée, combien y en avoit-il dans les troupes au-
xiliaires, & combien Nicanor en avoit-il en son armée?

Par l'Algebre.

Pour cette armée rangée en quatré, mettez 1. ij. dans lequel seront compris les 35000 hommes tuez, les 1,6 fuyards, & le nombre inconnu des
troupes auxiliaires. Pour ce nombre inconnu mettez 1. j. à quoy si vous a-
joûtez les morts & les fuyards, vous aurez 1. j † 35156, égaux à 1. ij. La
moitié du nombre de la racine est ½ dont le quarré est ¼, qui estant ajouté
à 35156, c'est à dire $\frac{140624}{4}$, il viendra $\frac{140625}{4}$, dont la racine quarrée est $\frac{375}{2}$,
c'est à dire 188 qui estoit le nombre des troupes auxiliaires, qui avec les
35156 qu'il avoit, font pour toute l'armée 35344, qui est un nombre quarré, dont la racine est 188.

XVII.

Vn homme en mourant laisse 3000 livres à partager entre sa
femme & ses enfans, & veut que l'aisné de ses enfans ait le dou-
ble de sa femme, & sa femme le double de son cadet & de sa fille,
& que le cadet & la fille soient égaux.

Par

Par l'Algebre en deux manieres.

En commençant par le moindre nombre.		En commençant par le plus grand.	
Mettez pour la fille. 1. j.	375	Pour l'aisné. 1. j.	1500
Pour le cadet. 1. j.	375	Pour la mere. $\frac{1}{2}$ j.	750
Pour la mere. 2. j.	750	Pour le cadet. $\frac{1}{4}$ j.	735
Pour l'aisné. 4. j.	500	Pour la fille. $\frac{1}{4}$ j.	735
8 j. egales à 3000		2. j. égales à 3000	
8		2 ..	
(375		(1500	

Par l'Arithmetique.

Il faut diviser 3000 par autant de personnes qu'il y en a dans la question, en contant pour deux ceux qui ont le double. Ainsi il s'en trouvera 8, par lequel divisant 3000, il viendra à chacun 375, & à ceux qui ont le double c'est 750, & le double de 750, c'est 1500.

XVIII.

Deux soldats viennent trouver leur Capitaine, & le plus fort le prie de partager un sac d'argent entre eux deux, en sorte que s'il y a cent écus il en veut avoir 40 plus que son camarade; s'il y en a 60, il en veut avoir 20 plus; s'il y en a 30, il en veut 8 davantage; enfin quelque nombre d'écus qu'il y ait, il dira ce qu'il veut de plus que son camarade, & prie son Capitaine de le satisfaire.

Par l'Algebre.

En commençant par le moindre nombre.

S'il y en a 100, & l'exc. 40.	S'il y en a 60 & l'exc. 20.	S'il y en a 30 & l'exc. 8.
Mettez pour le moindre 1. j.	Pour le moindre 1. j.	Pour le moindre 1. j.
Pour le plus grand 1. j. † 40	Pour le plus grãd 1 j † 20	pour le plus grãd 1. j † 8
Sõme 2 j † 40, égales à 100	2 j † 20, ég. à 60	2 j. † 8, ég. à 30.
Reduction 2 j. égales à 60	Red. 2 j. ég. à 40.	Red. 2 j. ég. à 22.
": (30 pour le moindre.	": (20. & 40.	": (11. & 19.
70 pour le plus grand.		

Et pour quelque nombre qu'il y ait il faudra mettre à la fin,
2. j. ég. à ... & faire la division par 2. &c.

Tt

En commençant par le plus grand nombre.

Pour le plus grand. 1. j. |1. j |1. j
Pour le moindre.   1. j — 40 |1. j — 30 |1. j — 8

2 j — 40 ég. à 100.|2 j — 20 ég. à 60 |2 j — 8 ég. à 30.
Red. 2 j. ég. à 140 ¹⸴¹ (70. & 30. |Red. 2 j ég. à 80 |Red. 2 j. ég. à 38
                   ¹⸴¹ (40 & 20. | ¹⸴¹ (19. & 11.

Par l'Arithmetique en trois manieres.

Voyez-les aux pages 146 & 248.

XIX.

Sept personnes charitables donnent à l'envy chacun une somme d'argent pour la Redemption des Captifs, & en supputant ce que les sommes de six ont par dessus un des sept, on trouve

Que le premier, second, troisiéme, quatriéme, cinquiéme & sixiéme, en ont donné 28000 liv. plus que le septiéme :
Le premier, 2, 3, 4, 5 & 7ᵉ. en ont donné 32000 plus que le 6ᵉ.
Le premier, 2, 3, 4, 6 & 7ᵉ. en ont donné 36000 plus que le 5ᵉ.
Le premier, 2, 3, 5, 6 & 7ᵉ. en ont donné 40000 plus que le 4ᵉ.
Le premier, 2, 4, 5, 6 & 7ᵉ. en ont donné 44000 plus que le 3ᵉ.
Le premier, 3, 4, 5, 6 & 7ᵉ. en ont donné 48000 plus que le second.
Enfin le second, le 3, 4, 5, 6, & 7ᵉ. en ont donné 52000 plus que le premier;

Qu'elle est la somme totale, & celle de chacun en particulier?

Ceux qui ont entrepris de resoudre ces sortes de questions par l'Algebre, ont remply quatre grandes pages, au lieu que par la Maxime établie dans la page 250, & pratiquée en la page 254, nous n'y employons pas plus de deux lignes.

Par l'Arithmetique.

Assemblez les excez en une somme, divisez-là par 5, & du quotient retirez en chaque excez; la moitié de chaque reste sera un des nombres inconnus. Ainsi la somme des excez 28000, 32000, 36000, 40000, 44000, 48000, & 52000, est 280000, qui est quintuple de la somme des nombres inconnus. Celle-cy est donc 56000, d'où retirant chaque excez l'un apres l'autre, & prenant la moitié de chaque reste on aura chaque nombre inconnu. Le premier sera 2000; le second 4000; le troisiéme 6000; le quatriéme 8000; le cinquiéme 10000; le sixiéme 12000; & le septiéme 14000, dont la somme totale est 56000; & les accouplant de six en six par rapport à un seul, on trouvera la solution de la question.

Remarque.

A propos de cette Maxime, il en faut établir icy une autre qui en est peu différente, pour la question suivante ; où de sept nombres on en prend six, & l'on en exclut toûjours un des sept à chaque fois qu'on en met six ensemble, l'un apres l'autre. Et nous resoudrons la question par les premieres & secondes racines de l'Algebre & par l'Arithmetique, afin de faire voir l'avantage de nos Maximes pour la facilité des operations.

La Maxime ou Regle est donc, que quand on propose plusieurs sommes differemment assemblées à l'exclusion d'un de leur nombre à chaque fois, il faut prendre la somme totale des excez, la diviser par le nombre des termes qui subsistent apres l'exclusion d'un seul ; par exemple, par 6, quand il y a sept nombres dont on en exclut un : par 5, quand il y a six nombres dont en exclut un de chaque somme, &c. du reste, ou quotient de la division il faut ôter chaque somme des excez, & il viendra à chaque operation le nombre qui avoit esté exclus, comme nous allons voir dans la question suivante, apres la Resolution que nous en donnerons par l'Algebre.

X X.

Sept debiteurs doivent à un creancier des sommes d'argent, qui sont telles de six en six à l'exclusion d'un seul.

Les six premiers, sans conter le septiéme, doivent	994 écus.
Six autres, sans conter le premier, en doivent	882
Six autres, sans conter le second, doivent	952
Six autres, sans conter le troisiéme, doivent	896
Six autres, sans conter le quatriéme, doivent	910
Six autres, sans conter le cinquiéme, doivent	840
Six autres, sans conter le sixiéme, doivent	1036

Quelle est la somme totale, & la dette d'un chacun ?

Par l'Algebre.

I. Puisque le septiéme est exclus de la somme des autres, il faut mettre pour sa dette 1.j. & ainsi il y aura pour cette premiere somme, 994 † 1.j.

II. Pour la dette du premier 1.2. & ainsi la seconde somme sera 882 † 1.2.

III. Pour la dette du second, 1.3. & cette somme sera 952 † 1.3.

IV. Pour la dette du troisiéme, 1.4. & cette somme sera 896 † 1.4.

V. Pour la dette du quatriéme, 1.5. & cette somme sera 910 † 1.5.

VI. Pour la dette du cinquiéme, 1.6. & cette somme sera 840 † 1.6.

VII. Pour la dette du sixiéme, 1.7. & cette somme sera 1036 † 1.7.

Et par ce que toutes ces sept sommes, sont sommes totales, la somme totale de la dette y est ainsi mise sept fois, & il y aura ainsi six équations ou égalitez, en comparant le premier nombre 994 avec chacun des autres féparement.

I. 994 † 1.j est égal à 882 † 1.2. Et ayant ôté 882 de part & d'autre, l'égalité restera entre 112 † 1.j. & 1.2. Et par consequent puisque l'on a mis pour la dette du premier 1.2. la dette de ce premier sera 112 † 1.j.

II. De mesme il y aura egalité entre 994 † 1.j. & 952 † 1.3. Et apres avoir ôté 952 de part & d'autre, elle restera entre 42 † 1.j. & 1.3. & ainsi la dette du second sera 42 † 1.j.

III. L'égalité sera de mesme entre 994 † 1.j. & 896 † 1.4. Et apres avoir ôté de part & d'autre 896, elle sera entre 98 † 1.j. & 1.4. & la dette du troisiéme sera 98 † 1.j.

IV. Ainsi il y aura egalité entre 994 † 1.j. & 910 † 1.5. Et apres avoir ôté de part & d'autre 910, elle restera entre 84 † 1.j. & 1.5. Et la dette du quatriéme sera 84 † 1.j.

V. Il y aura egalité entre 994 † 1.j. & 840 † 1.6. Et apres avoir ôté 840 de part & d'autre, elle restera entre 154 † 1.j. & 1.6. & ainsi la dette du cinquiéme sera 154 † 1.j.

VI. L'égalité sera de mesme entre 994 † 1.j. & 1036 † 1.7. Et apres avoir ôté 994 de part & d'autre, l'égalité restera entre 1.j. & 42 † 1.7. Et par une seconde transposition ayant ôté 42 de part & d'autre, l'égalité restera entre 1.j — 42 & 1.7. Et ainsi la dette du sixiéme sera 1.j — 42.

Et parce qu'on a mis 1.j. pour la dette du septiéme, on aura ainsi les dettes de tous les debiteurs par rapport à cette racine.

Dette du premier.	112 † 1.j.
Du second.	42 † 1.j.
Du troisiéme.	98 † 1.j.
Du quatriéme.	84 † 1.j.
Du cinquiéme.	154 † 1.j.
Du sixiéme.	1.j — 42.
Du septiéme.	1.j.

Ce qui fait la somme de 7.j † 448, egales à 994 † 1.j. lequel nombre 994 † 1.j. est egal à toute la dette comme nous avons veu. Ayant donc ôté 1.j. de part & d'autre, l'égalité sera premierement entre 6.j † 448 & 994, puis ôtant encore 448 de part & d'autre, l'égalité restera entre 6.j & 546. Et la division estant faite de 546 par 6, la valeur d'1.j sera 91, qui est la dette du septiéme, qui n'avoit qu'1.j. Apres quoy il sera aisé de trouver la dette de tous les autres. Car puisque la dette du premier estoit 112 † 1.j. sa dette sera 203, c'est à sçavoir 112 & 91, ainsi des autres, & la dette du sixiéme qui a 1.j — 42, sera 49, qui reste en ôtant 42 de 91. Telle est donc la Resolution de la question.

	Du premier.	203
	Du second.	133
Dette	Du troisiéme. 189	Somme de toutes les dettes, 1085 écus,
	Du quatriéme. 175	
	Du cinquiéme. 145	
	Du sixiéme. 49	
	Du septiéme. 91	

La preuve en est aisée. Car si vous ôtez la dette du septiéme qui est 91, les autres six devront 994 écus. Et si vous ôtez la dette du premier qui est 203, il restera pour la dette des six autres 882 écus ; ainsi des autres. Cecy est tiré de l'operation de Clavius, accommodée à nos caracteres. Voicy nôtre maniere.

Par l'Arithmetique.

La somme des excez 6510 estant sextuple de la somme totale des dettes, celle-cy sera 1085, de laquelle ôtant séparement chaque excez, le nombre de chacun viendra, & à chaque operation ce sera celuy qui avoit esté exclus du nombre, ou de la somme des autres.

Somme totale.	1085	1085	1085	1085	1085	1085	1085
Somme des excez.	882	952	896	910	840	1036	994
Dettes particulieres.	203	133	189	175	245	49	91
Du premier.	second.	3e.	4e.	5e.	6e.	7e.	

XXI.

Vn Pere de famille faisant sa provision de bled, apprend qu'il y a deux Marchands qui ont trois sortes de grains à differens prix dont il desire faire le mélange. Le premier vend le froment 30 s. le boisseau, 24 s. le seigle, & 20 s. l'orge. Le second, son froment 28 s. son seigle 22, & son orge 20. Il en veut prendre 100 boisseaux des trois sortes de chaque Marchand, en sorte neanmoins que le boisseau de mélange du premier ne luy revienne qu'à 22 s. c'est à dire 110 l. les cent boisseaux, & que le boisseau du second mélange luy couste 24 s. c'est à dire 120 l. les cent boisseaux. Il demande aux plus habiles Arithmeticiens de la Ville, combien il prendra de boisseaux d'un chacun de ces differens grains, pour en faire un mélange de cent boisseaux à 110 l. du premier, à raison de 22 s. le boisseau, & à 120 l. du second, à raison de 24 s. le boisseau. Ils luy disent tous que pour faire le premier mélange, il doit prendre du premier, 14 boisseaux & deux septiémes de boisseau de fro-

Tt iij

ment qui luy coûteront 21 l. 8 f. 6 d. & six septièmes de denier ; & de seigle 14 boisseaux, & deux septièmes de boisseau qui luy coûteroit 17 l. 2 f. 10 d. & deux septièmes de denier, avec 71 boisseaux & trois septièmes de boisseau d'orge, qui vaudront 71 l. 8 f. 6 d. & six septièmes de denier, & qu'ainsi il en aura 100 boisseaux mêlez qui luy reviendront à 110 l. à raison de 22 f. le boisseau. Que pour le second mélange, il doit prendre 42 boisseaux de froment, & six septièmes de boisseau qui luy coûteront 60 l. & de seigle 28 boisseaux & quatre septièmes de boisseau qui vaudront 31 l. 8 f. quatre septièmes de sols, & d'orge 28 boisseaux quatre septièmes de boisseau, qui vaudront 28 l. 11 f. six septièmes de sols, ce qui fera 100 boisseaux qui vaudront 120 l. Ce Pere de famille qui n'avoit jamais oüy parler de septième de boisseau, ny de septième de denier, alla au marché où il trouva les deux Marchands plus sçavans que les Arithméticiens qu'il avoit consultez, & qui luy firent voir la montre de tous les mélanges qu'ils pourroient faire de leurs grains, en les mesurant par boisseaux entiers, & luy donnerent à choisir de tous ces mélanges de l'un & de l'autre prix, qui ne luy coûteroient pas davantage les cent boisseaux, quoy qu'il y eut dans un des mélanges beaucoup plus de froment que dans les autres. Et luy firent entendre que le Juge de Police leur avoit ordonné de mettre le numero des boisseaux & la qualité des grains qui entroient dans le mélange, afin que personne ne fut trompé, & que le Marchand y trouvast toûjours son compte en retirant l'argent selon le prix & le nombre des boisseaux de chaque sorte de grains.

Quels estoient ces mélanges, & combien y en avoit-il de chacun ?

Par noftre Arithmetique.

'La folution en eft dans la page 300; & nous la remettons icy pour cor-riger les fautes d'impreffion, qui y font furvenuës dans la ligne 26.

Du premier Marchand qui vend fon froment 30 f. le boiffeau, fon fegle 24 f. & fon orge 20 f. on en peut méler 100 boiffeaux, qui à raifon de 22 f. le boiffeau du mélange, reviendront à 110 l. en ces neuf manieres.

à 30 f. le froment	2	4	6	8	10	12	14	16	18
à 24 f. le feigle	45	40	35	30	25	20	15	10	5
à 20 f. l'orge	53	56	59	62	65	68	71	74	77
Somme	100	100	100	100	100	100	100	100	100

valeurs.	3 l.	6 l.	9 l.	&c. en augmentant toûjours de 3. l.
	54 l.	48 l.	42 l.	&c. en diminuant toûjours de 6. l.
	53 l.	56 l.	59 l.	&c. en augmentant toûjours de 3. l.

Somme 110 l. | 110 l. | 110 l. | &c. ce fera toûjours 110 l.

Du fecond Marchand qui vend fon froment 28 f. le boiffeau, fon fegle 22 f. & 20 f. fon orge; on en peut méler 100 boiffeaux, qui à raifon de 24 f. le boiffeau du mélange reviendroit à 120 l. en ces feize manieres, & qui fe-ront toutes une mixtion meilleure que les mélanges du premier Marchand, par ce qu'il y a toûjours plus de froment que d'orge.

à 28 f. fr.	49	48	47	46	45	44	43	42	41	40	39	38	37	36	35	34
à 22 f. feg.	4	8	12	16	20	24	28	32	36	40	44	48	52	56	60	64
à 20 f. org.	47	44	41	38	35	32	29	26	23	20	17	14	11	8	5	2

Somme 100 | 100 | 100 &c.

valeurs	68 l. 12 f.	67 l. 4 f.	65 l. 16 f.	&c. en diminuant toûjours de 28 f.
	4 l. 8 f.	8 l. 16 f.	13 l. 4 f.	&c. en ajoûtant toûjours 4 l. 8 f.
	47 l.	44 l.	41 l.	&c. en diminuant toûjours de 3 l.

Somme 120 l. 120 l. 120 l.

XXII. & derniere Queftion.

Vn Prince faifant voyage avec une fuite d'1170 perfonnes divi-fées en 39 bandes ou compagnies, compofées chacune de 30 perfonnes de 4 differentes qualitez; fçavoir de Seigneurs, de Gentilshommes-fervans, de Dames, & de valets: il envoye fon Intendant chez un Traiteur pour le difner de ces 39 compagnies qui doivent paffer fucceffivement; à condition que pour chaque compagnie il y aura quatre tables, qui feront fervies felon leurs differentes qualitez, & pour les quatre tables on payera 100 l. pour chaque difner, en donnant pour chaque Seigneur cinq livres ; pour chaque Gentilhomme trois livres ; pour chaque Dame deux livres ; & pour chaque valet une livre. Le Traiteur qui croyoit bien fçavoir l'Arithmetique qu'il avoit apprife dans les Livres des bons Maiftres de la Ville, & qui d'ailleurs raifonnoit affez jufte lorfqu'il croyoit qu'il y auroit toujours plus de valets que de Maiftres, accepta le marché ; mais perfonne ne fut content, parce qu'il arriva tout autrement qu'il n'avoit penfé, à chaque venuë de compagnie. La premiere fois il y eut fept Seigneurs, vingt Gentilshommes, deux Dames, & un feul valet, & fuivant la lifte qu'on luy fit voir il devoit y venir fept bandes où il n'y auroit qu'un valet, & pour le plus il n'y en auroit dix qu'une feule fois, & les Seigneurs augmenteroient toûjours depuis fept jufqu'à feize, & diminueroient jufqu'à huit, & remonteroient jufqu'à quinze, & les autres qualitez qui varioient de mefme, tellement qu'encore que l'Intendant eut difpofé ces trente perfonnes, en forte que le nombre & la dépenfe de chaque qualité compofoit toûjours le nombre de trente & la fomme de cent livres ; neanmoins les tables n'eftant pas fervies felon la qualité & le nombre des gens, il fut obligé dès le fecond jour de faire affigner le Traiteur devant le Iuge de Police, qui ne fçachant gueres d'Arithmetique envoya querir des experts pour examiner la lifte que reprefentoit l'Intendant, qui fe trouva dans les regles mais d'une maniere qui leur eftoit inconnuë. Le Iuge pour fe tirer d'affaires condamna le Traiteur aux dépens, blâma les Arithmeticiens de n'avoir pas bien manié cette Regle dans leurs Livres, & fit faire un nouveau marché fur l'état reprefenté par l'Intendant, ordonnant qu'à l'avenir on ne feroit plus de pareils traitez fans confulter les Maiftres de l'Art, qui feroient obligez à peine de tous dépens, de donner fur chaque efpece les differens changemens qui fe pourroient faire en toutes les matieres de mixtions, mélanges, ou alliages. Et à fon égard il prit la refolution d'apprendre l'Arithmetique à fonds, pour n'avoir plus la confufion de confulter des Maiftres, en une chofe où tout le monde doit eftre fçavant.

     Qu'elle eftoit la difpofition de ces trente perfonnes, qui en trente neuf manieres differentes dépenfoient toûjours la fomme de cent livres, en payant par tefte felon leur qualité ?

Par

Par l'Arithmetique.

Voicy les 39 changemens que peuvent faire 30 personnes de quatre differentes qualitez, en payant chacun differens prix, sçavoir 5 livres pour les Seigneurs, 3 pour les Gentilshommes, 2 pour les Dames, & 1 pour les valets, qui doivent estre tellement disposées que cela fasse la somme de cent livres, & toûjours 30 personnes.

Nous laissons aux habiles Arithmeticiens à faire les Reflexions que merite l'ordre de ces Progressions, comme aussi à tirer toutes les consequences necessaires pour la diversité des mélanges en nombres entiers, suivant la Remarque que nous en avons faite dans la page 295, avant l'Essay de nostre nouvelle Methode.

Seigneurs.	7	8	9	10	11	12	13	14	15	16	15	14	13	12	11	10
Gentilshommes.	20	18	16	14	12	10	8	6	4	2	3	5	7	9	11	13
Dames.	2	2	2	2	2	2	2	2	2	2	4	4	4	4	4	4
Valets.	1	2	3	4	5	6	7	8	9	10	8	7	6	5	1	3

Somme 30 | 30 | &c. toûjours 30.

Seig.	9	8		9	10	11	12	13	14	15		15	14	13	12	11	10		11	12	13	14
Gent.	15	17		14	12	10	8	6	4	2		1	3	5	7	9	11		8	6	4	2
Dam.	4	4		6	6	6	6	6	6			8	8	8	8	8	8		10	10	10	10
Val.	2	1		1	2	3	4	5	6	7		6	5	4	3	2	1		1	2	3	4

	14	13	12		13
	1	3	5		2
	12	12	12		14
	3	2	1		1

Valeurs	7 Seign. dépensent	35 l.	8 dép.	40 l. &c.
	20 Gent. dép.	60 l.	18 dép.	54 l. &c.
	2 Dam. dép.	4 l.	2 dép.	4 l. &c.
	1 Val. dép.	1 l.	2 dép.	2 l. &c.

Somme 30 personnes | dép. 100 l. | 30 | dép. 100 l. & toûjours de mesme.

FIN.

Vu

TABLE

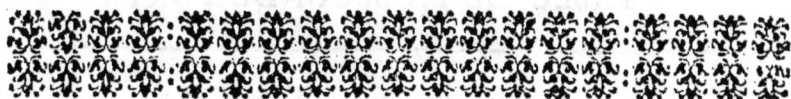

DE LA SECONDE PARTIE
DE L'ART ET DE LA SCIENCE
DES NOMBRES,
QUI TRAITE
DANS LES VIII. IX. ET X. LIVRES
DE L'ARITHMETIQUE SPECIEUSE
OU ALGEBRE,
AVEC
UNE NOUVELLE ANALYSE DES NOMBRES.

LIBER OCTAVUS.
Arithmetica Speciosa seu Algebra.

LIBER NONUS.
De Regula Algebræ.

TABLE DE LA SECONDE PARTIE.

LIVRE DIXIE'ME.

Explication de l'Algebre en François.

Avec une Nouvelle Analyse, ou Maximes pour découvrir les Nombres inconnus par le moyen de l'Arithmetique ordinaire: Et l'application de l'une & de l'autre pour la Resolution des Questions. 224

TABLE DE LA SECONDE PARTIE.

TABLE DE LA SECONDE PARTIE.

TABLE DE LA SECONDE PARTIE.

FIN.

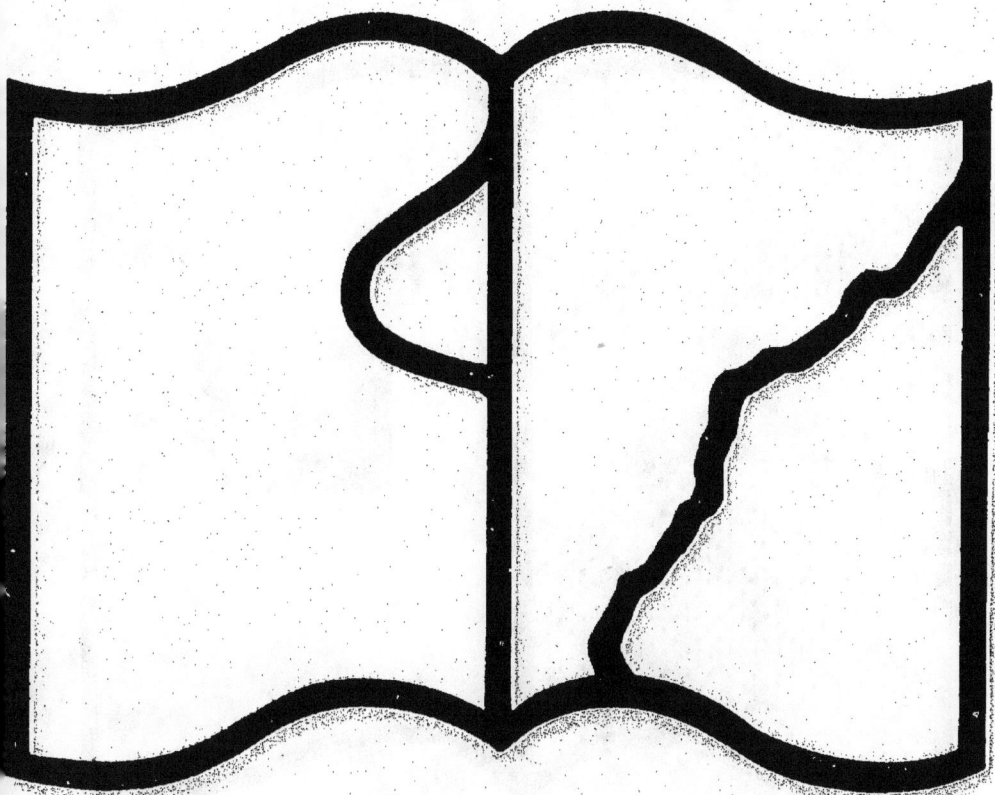

Texte détérioré — reliure défectueuse

NF Z 43-120-11

Contraste insuffisant

NF Z 43-120-14

www.ingramcontent.com/pod-product-compliance
Lightning Source LLC
Chambersburg PA
CBHW061116220326
41599CB00024B/4059